中國茶全書

安徽卷

高超君　郑　毅　主编

中国林业出版社

图书在版编目（CIP）数据

中国茶全书.安徽卷/高超君,郑毅主编.--北京:中国林业出版社,2021.12
ISBN 978-7-5219-1300-2

Ⅰ.①中… Ⅱ.①高… ②郑… Ⅲ.①茶文化—安徽 Ⅳ.① TS971.21

中国版本图书馆 CIP 数据核字 (2021) 第 153985 号

中国林业出版社

策划编辑：段植林　李　顺
责任编辑：李　顺　陈　慧　陈　惠
出版咨询：（010）83143569

出版：中国林业出版社（100009 北京市西城区刘海胡同 7 号）
网站：http://www.forestry.gov.cn/lycb.html
印刷：北京博海升彩色印刷有限公司
发行：中国林业出版社
电话：（010）83143500
版次：2021 年 12 月第 1 版
印次：2021 年 12 月第 1 次
开本：787mm×1092mm　1/16
印张：22.75
字数：450 千字
定价：258.00 元

《中国茶全书》
总编纂委员会

《中国茶全书·安徽卷》
编纂委员会

顾　　　问：丁以寿　王德安

总 策 划：樊思亮

名 誉 主 编：王镇恒

主　　　编：高超君　郑　毅

委　　　员：（排名不分先后）

廖万有　杨　庆　余华明　查道生　朱飞鸣　章传政
刘全卫　陈　宁　王亚雷　许乃新　方勇健　周美生
许乐平　郑建新　范典苍　谢一平　方继凡　王　昶
王光熙　方国强　解正定　王少武　李贤葆　袁先安
李宏武　董永泓　李自红　戈照平　柳　强　宋艳芬
余立平　张正友　尹文汉　王更生　汪令建　焦丰宝
吴满霞　殷天霁　钱子华　郑孝和　金　哲　朱海涛
陈振林　董　超　张玉美　戴江勇　胡军辉

编 写 组

主　　　任：郑　毅

副 主 任：钱子华　朱海涛

文 字 整 理：高超毅　陈晓凡　戴玉娟　陈　峰

图 片 整 理：夏　杰　孙萌萌

# 出版说明

2008年，《茶全书》构思于江西省萍乡市上栗县。

2009—2015年，本人对茶的有关著作，中央及地方对茶行业相关文件进行深入研究和学习。

2015年5月，项目在中国林业出版社正式立项，经过整3年时间，项目团队对全国18个产茶省的茶区调研和组织工作，得到了各地人民政府、农业农村局、供销社、茶产业办和茶行业协会的大力支持与肯定，并基本完成了《茶全书》的组织结构和框架设计。

2017年6月，在中国林业出版社领导的指导下，由王德安、段植林、李顺等商议，定名为《中国茶全书》。

2020年3月，《中国茶全书》获国家出版基金项目资助。

《中国茶全书》定位为大型公益性著作，各卷册内容由基层组织编写，相关资料都来源于地方多渠道的调研和组织。本套全书可以说是迄今为止最大型的茶类主题的集体著作。

《中国茶全书》体系设定为总卷、省卷、地市卷等系列，预计出版180卷左右，计划历时20年，在2030年前完成。

把茶文化、茶产业、茶科技统筹起来，将茶产业推动成为乡村振兴的支柱产业，我们将为之不懈努力。

王德安

2021年6月7日于长沙

序

安徽人与茶有着不解之缘，世代种茶、制茶、卖茶、饮茶、品茶。改革开放以来，茶区群众致力发展茶叶生产，不断提高茶叶产量和品质，实现茶农增收、茶企增效，推动了安徽茶叶经济发展，这是我多年来最大的心愿之一。欣闻《中国茶全书·安徽卷》付梓之际，应编者之邀，聊作数语以为序。

中国是茶的故乡，也是茶文化的发祥地。茶的发现、利用乃至传播至今已有五千多年，历史悠久，源远流长。茶为国饮，是中华文明宝库中璀璨的财富。

茶在历史长河的沉浮涤荡中积淀了厚重且优秀的茶文化，一叶知华夏，品茗晓天下，茶是弘扬中华文明，讲述中国故事的绝佳载体。

茶，具有丰富的民族性，我国各族人民酷爱饮茶，茶与各民族的生活和文化紧密相连，各民族以日常饮茶习惯为基础，经过长期的生活历练和朴素加工，逐渐形成各具特色的茶俗、茶礼和茶艺等，因此也极富有生活性和娱乐性。

茶，具有广泛的地域性，中华大地幅员辽阔，名山、名水、名人与名茶相得益彰，孕育了博大精深的茶文化。

茶是中国对世界的贡献，具有国际性。古老的中国茶与一些国家的历史、文化、经济及人文相结合，形成各种不同的茶文化，如英国、日本、韩国、俄罗斯及摩洛哥等国的茶文化，无不充分体现出了中国茶的优秀与包容。

安徽是驰名中外的产茶省，生态条件优越，所产茶叶种类繁多，名优茶荟萃，品质优异。1915年，祁门红茶等安徽名茶在举世瞩目的巴拿马万国博览会上获得金奖，可谓是徽茶荣耀，享誉于世。

当今，在习近平新时代中国特色社会主义思想的指引和在安徽省委、省政府的领导下，各产茶区依托独特的资源和生态优势，黄山毛峰、太平猴魁、祁门红茶、六安瓜片、霍山黄芽、广德黄金芽、泾县兰香、涌溪火青、休宁松萝、白云春毫、天华谷尖等生产工艺炉火纯青，众多名优茶在国内外备受青睐和赞誉，安徽茶业已呈现出百花齐放、日臻完善的可喜局面。

《中国茶全书·安徽卷》是中宣部国家出版基金支持的重点项目，在中国林业出版社的指导下，集茶界众人之力，按省份编纂，分工明确，是安徽省乃至全国茶界的一件大事，影响当代、惠及后世，是值得阅读与珍藏的一部较全面的茶业百科全书。

中共安徽省委原书记、安徽省徽茶文化研究会原名誉会长

目 录

第一章 徽茶地理

安徽，简称"皖"，省会合肥，位于我国东部，属于华东地区，位于北纬29°41′~34°38′、东经114°54′~119°37′，1667年因江南省东西分置而建省。安徽得名于"安庆府"与"徽州府"之首字。

安徽襟江带淮，沿江通海，经济繁荣，教育发达。下辖宿州、淮北、亳州、阜阳、蚌埠、淮南、滁州、六安、马鞍山、安庆、芜湖、铜陵、宣城、池州、黄山等16个地级市。

第一节　安徽地理环境

安徽地跨长江、淮河南北，新安江穿行而过，与江苏、浙江、湖北、江西、山东、河南接壤。地形地貌由淮北平原、江淮丘陵、皖南山区组成，境内湖泊星罗棋布，是典型的山水江南、鱼米之乡。

安徽是中国史前文明的重要发祥地，拥有淮河文化、庐州文化、皖江文化、徽州文化四大文化圈。徽商是中国古代三大商帮之一，明清时期就将贸易拓展到了东南亚、日本以及欧洲，留下"无徽不成商"的美名。

一、地理环境

（一）位置境域

安徽地处我国华东地区，经济上属于我国东部经济区；地处长江、淮河中下游，长江三角洲腹地，居中靠东、沿江通海；东连江苏、浙江，西接湖北、河南，南邻江西，北靠山东；东西宽450km，南北长570km。辖境面积140100km^2，土地面积139400km^2，占全国的1.45%，居第22位。

（二）地形地貌

安徽省平原、台地（岗地）、丘陵、山地等类型齐全，可将全省分成淮河平原区、江淮台地丘陵区、皖西丘陵山地区、沿江平原区、皖南丘陵山地五个地貌区，分别占全省面积的30.48%、17.56%、9.99%、24.91%和16.70%。安徽有天目——白际、黄山和九华山，三大山脉之间为新安江、水阳江、青弋江谷地，地势由山地核心向谷地渐次下降，分别由中山、低山、丘陵、台地和平原组成层状地貌格局。山地多呈北东向和近东西向展布，其中最高峰为黄山莲花峰，海拔1873m。山间大小盆地镶嵌其间，其中以休歙盆地为最大。

（三）气　候

安徽省在气候上属暖温带与亚热带的过渡地区。在淮河以北属暖温带半湿润季风气候，淮河以南属亚热带湿润季风气候。其主要特点是：季风明显，四季分明，春暖多变，夏雨集中，秋高气爽，冬季寒冷。

安徽又地处中纬度地带，随季风的递转，降水发生明显季节变化，是季风气候显著的区域之一。

春秋两季为由冬转夏和由夏转冬的过渡时期。全年无霜期200~250天，10℃活动积温在4600~5300℃。年平均气温为14~17℃，1月平均气温零下1~4℃，7月平均气温28~29℃。全年平均降水量在773~1670mm，有南多北少，山区多、平原丘陵少的特点，夏季降水丰沛，占年降水量的40%~60%。

（四）水　文

安徽省共有河流2000多条，河流除南部新安江水系属钱塘江流域外，其余均属长江、淮河流域。长江自江西省湖口进入安徽省境内至和县乌江后流入江苏省境内，由西南向东北斜贯安徽南部，在省境内416km，属长江下游，流域面积66000km²。长江流经安徽境内400km，淮河流经省内430km，新安江流经省内242km。

安徽省共有湖泊580多个，总面积为1750km²，其大型12个、中型37个，湖泊主要分布于长江、淮河沿岸，湖泊面积为1250km²，占全省湖泊总面积的72.1%。淮河流域有八里河、城西湖、城东湖、焦岗湖、瓦埠湖、高塘湖、花园湖、女山湖、七里湖、沂湖、洋湖11个湖泊，长江流域有巢湖、南漪湖、华阳河湖泊群、武昌湖、菜子湖、白荡湖、陈瑶湖、升金湖、黄陂湖、石臼湖10个湖泊。其中巢湖面积770km²，为安徽省最大的湖泊，全国第五大淡水湖。

二、地方文化

安徽省是中国史前文明的重要发祥地之一。在繁昌县境内人字洞发现距今约250万年前人类活动遗址，在和县龙潭洞发掘出的三四十万年前旧石器时代的"和县猿人"遗址，表明远古时期已有人类在安徽这块土地上生息繁衍。

在东至县发掘了有着安徽"周口店"之称的距今40万年前的华龙洞，在蚌埠发现了距今约7000年的双墩遗址，是淮河中游地区已发现的、年代最早的新石器时代文化遗存，是淮河流域早期文明有力证据。安徽及相邻地区的新石器时代文化遗址约有上千处。

安徽文化主要由淮河文化、徽州文化、皖江文化、庐州文化等组成。

（一）淮河文化

淮河流域是中华文明的发祥地之一。根据考古发现，早在旧石器时代，淮河流域就有人类活动，已经发现的远古时代文化遗址就达100多处。

（二）徽州文化

徽州文化是指古徽州府属六县（歙、休宁、婺源、祁门、绩溪、黟）物质文明和精神文明的总和，内涵丰富，博大精深，是宋代以后我国儒家文化在民间社会最完整的体现和最典型的代表。

（三）皖江文化

皖江文化，是以潜山为中心的古皖文化，是江淮文化的发祥地，包含以张英、张廷玉、陈独秀为代表的政治文化；以京剧、黄梅戏徽剧为代表的戏剧文化；以李公麟、邓石如为代表的书画文化；以敬敷书院、安徽大学等基础教育为代表的教育文化；以禅宗二祖、三祖为代表的宗教文化以及科技文化、旅游文化、桐城派文化、新文化、民俗文化、美食文化等。

（四）庐州文化

以庐州为代表的庐州文化，在人类历史上产生了极其深远的影响，孕育出庐剧等优秀戏曲。

三、风景名胜

安徽山多秀丽，且负盛名。其中有黄山市的黄山、齐云山，合肥的大蜀山，宣城的敬亭山、柏枧山，池州的九华山，淮南的八公山，芜湖的赭山、丫山、马仁奇峰，滁州的琅琊山、皇甫山、韭山，宿州的皇藏峪、突山，安庆的天柱山、小孤山，铜陵的浮山，六安的万佛山、大别山天堂寨，淮北的相山、龙脊山等。

安徽的水兼江、河、湖，中国第一大河——长江横穿东西，江面辽阔，我国五大淡水湖之一——巢湖，被称为东方日内瓦湖——太平湖，以及皖北第一大湖泊——龙子湖。宿州的黄河故道是安徽的湿地旅游资源。安徽的名泉极多，有江南第一泉——圣泉，天下第七泉——白乳泉。安徽主要古道有徽杭古道、旌歙古道、徽安古道、徽开古道、徽饶古道、徽青古道。

第二节　安徽古代茶叶地理

中国是茶树的原产地，是世界上最早饮茶、种茶的国家。蜀汉时期，文献上已有蜀地种茶、卖茶的记载。历经魏晋南北朝，茶树栽培扩展到长江流域、淮河地区以及沿江江南；饮茶渐成风俗，茶叶贸易初具规模。唐代时期，茶叶种植地域较以前有了很大扩展，淮河地区以南以及江南地区均有分布；茶叶种植地域不断扩大，茶园面积不断增加；

尤其是在茶树栽培、茶园管理及茶叶制作工艺方面有了长足进步，以致达到了相当高的水平。因此，许多名茶作为商品进入了市场并流入吐蕃，安徽茶叶亦然。

安徽茶叶生产最早的记载见于东汉（25—220年）时期的《桐君录》。据陆羽《茶经》记述《桐君录》载："西阳、武昌、卢江、昔陵好茗，皆东人作清茗。"可见安徽于1700多年前就已产茶，且有"客来敬茶"之举。进入唐代后，安徽茶叶生产已经具备了相当的规模。陆羽《茶经》记载：安徽茶叶产地有"舒州、寿州、宣州、歙州"等；茶树种植遍及长江南北诸多州县，茶叶贸易四通八达且声名鹊起。

陆羽在《茶经·八之出》中，将唐代全国茶区划分为淮南、山南、江南、剑南、岭南、黔中、浙东、浙西八大区域，并且评价了各地所产茶叶的品质优劣。其涉及安徽茶叶的为2个茶区：一为淮南茶区，另一为浙西茶区。《茶经》中提到的淮南，因辖地在淮河以南、长江下游以北而得名，辖境相当于今安徽省与河南省的南部、江苏省的北部、湖北省的东部。浙西，是浙江西道的简称，范围大致在浙江富春江以北以西、江西鄱阳湖东北角、安徽与江苏的长江以南。就当时安徽茶区而言，有舒州、寿州、宣州、歙州等地产茶。

陆羽《茶经》中提到的安徽4个产茶区，按照现在茶区的划分方法，可视为皖西南茶区，包括唐代的6个郡县，分别为盛唐（霍山）、太湖（潜山）、和州、庐江郡、寿春郡、凤阳郡；另一为皖东南茶区，也有6个郡县，包括宣城、太平、歙州、休宁、宁国、祁门。这无疑说明，安徽的江淮区域在唐代就已经盛产茶叶。同时，安徽在唐代时所形成的茶区分布以及格局等，均与现时的茶区分布基本类似。当然，陆羽《茶经》所载茶叶产地及名茶，反映的只是唐代中期及其以前的情况，而且不是所有的茶叶产地和名茶都囊括在内。如毛文锡《茶谱》中，就记载池州生产池阳凤岭茶。池阳是池州的别称，凤岭是池州境内九华山的凤凰岭。这也是池州茶叶第一次出现于典籍。此后，凤岭茶还发展演变为九华佛茶。

安徽产茶历史悠久。《茶经》引《续搜神记》云："晋武帝世，宣城人秦精，常入武昌山采茗。遇一毛人，长丈余，引精至山下，示以丛茗而去。俄而复还，乃探怀中橘以遗精。精怖，负茗而归。"该书又引《桐君录》云："酉阳、武昌、庐江、晋陵好茗，皆东人作清茗。茗有饽，饮之宜人。凡可饮之物，皆多取其叶。天门冬、拔揳取根，皆益人。"据专家研究发现，《桐君录》约成书于东晋以后。由此可见，魏晋时期，安徽就有茶的相关活动记载。

《茶经》记载当时全国的名茶产地共有43州44县，涉及安徽地区的有舒州、宣州、歙州、寿州等地："淮南，以光州上，义阳郡、舒州次，寿州下，蕲州、黄州又下。浙西以湖州上，常州次，宣州、杭州、睦州、歙州下，润州、苏州又下。"在唐代，全国产茶州县确切数，学界没有统一看法。其实，《茶经》所述产茶地并不全面，就安徽来说，池州、庐州、滁州以及和州等地，不仅有茶叶的生产贸易，而且茶叶品质亦好且为贡品。

一、宣　州

宣州，唐时治宣城县（今安徽宣州），辖境相当于今安徽长江以南，黄山、九华山以北地区。

《茶经》中有宣州产茶的明确记载，质量可谓上乘。据唐赵璘《因话录·卷四·角部》记载，唐德宗朝，当涂县有一僧人在山间"所居有小圃，自植茶"。润州（今江苏镇江）人许浑在唐文宗大和年间（827—835年）为当涂县令，期间曾见人制茶，其《秋晚怀茅山石涵村舍》中有"露茗山厨焙""云暖采茶来岭北"诗句。可见，许浑对采茶技术也有独到的见解。《茶经·卷下·八之出》又说："太平县生上睦、临睦，与黄州同。"《太平寰宇记·卷一〇三·宣州》记载："（太平县）上泾、下泾，邑图云产茶，味与黄州同。"这两条文献相互可以印证，太平县是重要产茶地。唐宋时期，太平县均为宣州属县。宣城、宁国和建平三县交界处的鸦山产茶。《茶经·卷下·八之出》云："宣州生宣城县雅山，与蕲州同。"

《读史方舆纪要·卷二九·广德州》云："鸦山，在（广德军建平）县南九十里。周回三十余里。产茶。山接宁国县界。"可见，《茶经》中的雅山，又叫鸦山，在宣城、宁国和广德三县交汇处，是闻名的产茶地。唐肃宗宝应二年（763年），从太平县析置了旌德县。《太平广记·卷六七·妙女》条引《通幽记》云："唐贞元元年五月，宣州旌德县崔氏婢，名妙女，年可十三四……及瘥，不复食，食辄呕吐，唯饵蜀葵花及盐茶。"又据《舆地纪胜·卷一九·宣州》载在旌德县西有鹿饮泉："泉烹茶，味极美。"

根据上述文献记载，再依据地理环境相似性及水土相宜性等特征分析，旌德县在唐代时期就已种植茶树。泾县茶在唐中后期未见相关记载，入宋代后有相关记载。据《嘉庆泾县志·卷三一》记载，宜兴人蒋之奇于宋神宗熙宁初监宣州酒税，对泾县风景尤为喜爱。《水西》云："茗丛不知数，嫩绿缘两崖。"由此可知，宣州各县基本上都有茶的分布，且分布区域较广。其中太平县、当涂县、宣城县茶的产量应该很大。

二、歙　州

歙州，唐代时治歙县（今安徽歙县），辖境包括今安徽新安江流域、祁门县以至江西婺源县等地。唐巢县令杨晔曾撰《膳夫经手录》一书云："歙州、婺州、祁门、婺源方茶，制置精好，不杂木叶。"《茶经》又说："歙州生婺源山谷，与衡州同。"唐咸通年间张途《祁门县新修阊门溪记》说祁门："山多而田少，水清而地沃。山且植茗，高下无遗土。"可见唐代歙州是普遍产茶的，而歙县、祁门、婺源的茶叶质量很好。

唐代刘津在《婺源诸县都制置新城记》中说："太和中（826—835年），以婺源、浮梁、祁门、德兴四县，茶货最多，兵甲且众，甚殷户口，素是奥区；其次乐平、千越，悉出厥利，总而管榷，少助时用，于时辖此一方，隶彼四邑，乃升婺源为郡置，兵型课税，属而理之。"为了征收茶叶税而欲"升婺源为郡"，可见这一地区的茶叶在当时国民经济中占据何等重要的地位。唐代时，歙州茶区的浮梁集散市场，因为本身处于著名茶产地，加上四周皖南、浙江茶叶的汇集，遂成为东南最大茶叶集散地；经全国各地茶商的参与交易并经长途贩运到山西、华北甚至遥远的北方，以至出现了"浮梁歙州，万国来求"（出自唐代王敷撰写的变文体写本《茶酒论》）的盛况。为此朝廷还在运路上"设邸阁，居茶取直"，以方便茶商存放茶叶，同时也借此收取一定的租金。据专家研究表明，敦煌写本《茶酒论》为唐贞元至元和期间（784—820年）的作品，也就是说是在陆羽《茶经》刊刻发行后不久的作品，可视为是对《茶经》的一种回应。

唐代的浮梁不但是歙州茶区的组成部分，且浮梁北境后来就属于歙州祁门县。所以，中国茶叶专家陈宗懋先生在其主编的《中国茶经》中就有"安徽浮梁"之记载。

三、池 州

唐代池州人殷文圭《和友人送衡尚书赴池阳副车》云："金海珠韬乘月读，肉芝牙茗拨云收"，说明池州也有茶的种植。《膳夫经手录》云："蕲州茶、鄂州茶、至德茶，已上三处出者"，可见，至德县产好茶。青阳县九华山也产茶，新罗僧人金地藏《送童子下山》云："添瓶涧底休招月，烹茗瓯中罢弄花。"北宋宣城人梅尧臣《寄建德徐元舆》云："山茗烹仍绿，池莲摘更繁"，至德县五代时更名为建德县。章贲《九华山庵》云："昼暝茶烟重，朝分塔影低。"《九华二十韵》又云："春深摘茗芽。"宋代时的池州仍然产茶并有贡茶。清代时，青阳亦产"轻清茶"。

四、舒 州

舒州，唐代时治所在怀宁县（今安徽潜山县），辖境与今安庆市同，辖怀宁县、桐城市、太湖县、望江县、宿松县，现今的潜山县、岳西县、枞阳县均包含其中，没有分立。《茶经》云："舒州生太湖县潜山者，与荆州同"，潜山即天柱山。《太平寰宇记·卷一二五·舒州》提到怀宁县多智山"有茶及蜡"。王之道《和徐季功舒蕲道中二十首》有

"春雷初过茗生芽"之句。可见，舒州在唐宋时期都是有茶叶生产的。

五、庐 州

北宋太平兴国三年（978年），庐州析置无为军，领无为、巢县、庐江三县。宋人林逋《无为军》有"茶客舟船簇两樯"的描述。古时慎县（今合肥市郊梁园镇）产茶，因此庐州产茶是有根据的。

六、寿 州

寿州，唐代时治寿春（今安徽寿县），辖境在今安徽六安市、寿县、霍山县、霍邱县一带。唐代时，寿州产茶。《册府元龟·卷五一〇》载当时"江淮人，什二三以茶为业"，说明茶是安徽人谋生的重要产业；该书的卷四九三还载唐元和十一年（816年），唐宪宗在讨伐盘踞淮西的叛将吴元济时，"诏寿州，以兵三千，保其境内茶园"。可见寿州境内（即六安霍山等地）茶园规模之大及其在唐朝重要的经济地位。李绅在唐文宗大和四至七年（830—833年）任寿州刺史，在《虎不食人》诗序言中道："霍山县多猛兽，顷常择肉于人。每至采茶及樵苏（打柴割草），常遭啖食，人不堪命"；又见盛唐县（今六安）有连理树二株，列为瑞物，引以为荣而作《别连理树》诗，有"十步兰茶同秀形，万年枝叶表皇图"的诗句，都是对当时六安产茶情况的概述。皖西地区优越的自然条件适于茶树生长，加之制作讲究，出现了享誉全国的名茶。《新唐书·陆贽传》载："（江南人陆贽任凤翔郑县尉，回江南探亲，路过寿州）寿州刺史张镒有重名，贽往见，语三日，奇之。请为忘年交。即行，取钱百万，曰，'请为母夫人一日费'。贽不纳，止受茶一串，曰：'敢不承公之赐'。"足见当时寿州（六安）茶是达官显宦们用以馈赠的珍品。

七、和 州

和州（今安徽和县）地处淮南，紧邻长江。南唐时期，安徽增加了和州等新的产茶区。宋代地理学家乐史《太平寰宇记·卷一〇五·江南西道三·池州》有和州土产为茶叶的记载。这说明至少从南唐开始，和州已经种植茶树了。

八、滁 州

唐武德三年（620年）复置滁州，辖清流、全椒、永阳三县。唐文宗大和二至四年（828—830年），亳州谯（今安徽亳州市谯城区）人李绅为滁州刺史。《大明一统志·卷一八·滁州》载："时山谷多虎，撷茶者苦之，治机阱发民迹，射不能止。绅至，尽去之，虎不为暴。"从此条文献可知，滁州产茶。北宋文学家济州钜野（今山东省巨野县）人王禹偁北宋至道元年至次年（995—996年）知滁州，曾作《庶子泉》一诗描写琅琊山，有"味将春茗宜，光与晓岚暝"之句。《方舆胜览·卷四七·淮东路》引吕元中《紫薇泉记》说欧阳修谪知滁州时，某一天"会僚属于州廨，有以新茶献者"。唐宋时期，滁州种茶应是历史事实。史载后周世宗夺取淮南后，在显德五年（958年）正月颁布了一道诏令："免濠、泗、楚、海、扬、康、滁、和等州管内罪人及蠲其残税，转征科率之物。"按曰："先是，州人于两税外，以茗茶及盐抑配户民，令输缣帛、稻米，以充其值，谓之转征。"《太平寰宇记·卷一二四·和州》也有土产茶的记载。可见，和州产茶。由上可知，唐中叶至北宋末年，皖江地区各州都有茶叶的种植和生产，茶的分布区域较广，无疑为当地茶叶经济发展奠定了地理环境基础。

第三节　安徽近现代茶叶地理

17世纪中叶至19世纪中叶，是中国茶叶占领世界市场的黄金时代。直至晚清，由于经济落后，政治腐败以及印度、日本和锡兰茶叶瓜分了世界茶叶市场，中国茶叶的生产与销售都开始中落；进入民国时期，安徽茶叶更是有起有落，最终走向衰落。

晚清至民国初期，安徽茶叶种植，无论是从茶叶种植范围，还是分布密度上，各地茶园都较明代有所增加；及至安徽茶业改良和中兴时期，一些茶区的茶园面积之多，茶叶生产增长速度之快，均成为促进皖茶进入短暂兴盛时期的重要因素。从有关资料来看，1919年，皖西茶区所属的六安、霍山等九县茶叶种植面积为28万余亩，产量38230担。到20世纪30年代，仅立煌（今金寨）、霍山、六安、舒城、庐江、岳西六县年均种植面积多达350444亩，年均产量达97151.90担。与此同时，皖西茶区各产茶县均有增加。由此可以看出，作为内销茶的皖西地区茶叶生产在"资本主义的黄金时代"是不断增长的。这与皖南外销茶区的茶叶生产发展，则是呈现了一升一降的现象。但是，皖西茶区所产绿茶占全省茶产比重不多，远不能挽救安徽茶业渐已衰退的宿命。

1912年以后，安徽茶业继续衰落。虽然抗战前也有某种程度的复苏，但这一良好进程旋即被日本侵华战争所打断，以致安徽茶叶经济加快了走向破产的步伐。抗战期间，安徽省茶叶总产量从战前的30万担左右，降至1938年的136905担，降到1939年的179841担，减产近一半。1939年，皖西茶区的茶地面积为350444亩，茶叶产量为8602720担；1940年，茶叶产量为9715190担；到了1945年，茶叶产量竟下降至5万担。战争的破坏，不仅使安徽茶叶生产停滞了七八年，也导致安徽茶园出现了大面积的荒芜；以致茶叶产量骤降，茶叶茶价猛跌。到了1945年，出现了"一斤干茶只能换到半斤盐"的困境。加之为了适应战时需要，国民政府实行的安徽"茶叶统制"政策和茶叶专卖措施，也使安徽茶叶"蒙受很大损失"。虽然民国只有短短的30多年，但是，安徽茶业却是经历了相当曲折的变化历程。主要原因是由于国内连年战争，再加上苛捐重税，全国上下经济萧条，物价暴涨，茶农生活艰难，茶园成片荒芜，茶叶生产岌岌可危，茶叶产量降到了历史最低水平。在这样的大背景下，安徽茶业也是未能幸免地走向了没落。另一方面，受第二次世界大战和新兴产茶国争夺市场的影响，荷属东印度（今印度尼西亚）、印度、锡兰（今斯里兰卡）等国茶业崛起，产量突增，输出骤盛。加之还有机械制茶，品质稳定等优点，在国际茶叶市场上具有较强竞争力。而反观中国茶叶却是故步自封，产销每况愈下，一蹶不振。同样，安徽茶业虽然在衰败的过程中也有过改良和中兴，甚至是奋起一博，最终依然是陷入穷途末路的境地。

民国时期，影响安徽茶业的因素有很多。其中有利因素是得天独厚的自然环境；增设安徽茶业指导所及茶业改良场；广泛进行实地考察；足够的人力以及耕地面积的缺失；历史悠久的名茶文化。不利因素是连年不断的战祸天灾；帝国主义列强势力的侵入；山区地域交通的不便；繁重的苛捐杂税和缺乏科学的茶树栽培、茶园管理技术以及落后的加工制作工艺等。

1947年，一向是产茶大宗的霍山和祁门两县的种植面积为97653亩，仅相当于1940年的霍山一县之产，仅为20世纪30年代霍山种植面积的一半；同样，全省毛茶平均亩产量也由1936年的36kg，降至10.5kg左右，仅为战前的四分之一。

由表1-1中的数据可推算出1947年安徽茶叶耕种面积较1916年减少了5倍左右。民国时期，安徽除为数不多的几个县外，大部分县区只是把茶业当成一种副业，种植者主要为贫困的茶农，种植非常零碎散漫，少有大规模的经营，不过总的面积还算可观。

表1-1　民国时期安徽茶园面积

年份	茶园面积/亩
1916	515520
1934	750119
1940	350441
1947	97653

当时，安徽各地茶叶质量大幅下降，名茶渐渐失传，外销高档产品也愈来愈少。截至1949年，安徽全省茶叶产量由战前的40万担下降为10.6万担，其中祁红茶仅有2000多担，下降了81.5%，屯绿茶也只有1.99万担，下降了84%。至此，安徽茶业已处于全面

崩溃的境地。这种结果的出现，原因是多方面的，它既由政治形势使然，亦有市场因素促成；既有政策性的导因，也有经营者方面的问题。

纵观安徽茶叶产区，可谓是"大江南北，几无县不产茶"。但是，安徽明代茶叶种植地域较宋、元时期，变化并不明显，只是茶叶的加工制作技术发生了巨大变革。茶叶加工技术的变化不仅催生了新的茶类，提高了茶叶品质，增加了茶叶效益，同时也改变了茶的品饮方式并推动了茶文化的发展！晚清及民国时期的安徽茶叶产区，其地理区域划分和现在的茶区分布相仿，只是因为各个茶区地理位置和茶叶类型的不同，因而呈现出皖南、皖西、江南和江淮4个特征明显的茶叶产区。

一、皖南茶区

皖南山地茶区包括旧徽州府属的婺源、歙县、休宁、祁门、绩溪、黟县；其"一府六县"的格局长达数百年。皖南茶区的产茶区域遍布各县，茶叶既多且好。同时还拥有两大名产——祁红和屯绿，这也是安徽重要的产茶区。

皖南茶区境内山势高而荫，新安江水系流灌全区，空气湿润，气候温和，雨量充沛，土壤质地疏松，排水性好。土壤以黄红壤为主，酸度适宜，是茶树生长最适宜的地区。这样的自然环境无疑是"屯绿""祁红"茶品质良好的基础保障。因此，《治事丛谈》记载："山郡（徽州）贫瘠，恃此灌输，茶叶兴衰，实为全郡所系。祁门与屯溪为红绿茶荟萃之区。"近代皖南茶区所产茶叶除祁门红茶外，皆为绿茶。婺源茶区的面积、产量为6县之最，茶叶品质亦最佳，熙春、抽蕊眉珍等茶叶名品誉满中外。休宁茶以南、北二乡产量最多，尤以"松萝""屯绿"等名茶广受欢迎。祁门红茶是在中国茶叶生产开始中落的情况下，试制成功而畅销世界市场的。因为红茶价高，销路又好，皖南及毗邻茶区相继改种红茶，因而使祁门红茶产区逐渐扩大。绩溪、黟县产茶较少，在徽州茶业格局中处于被支配地位，但是茶商众多且有名。光绪中叶以后，由于洋商的压价收货、清政府的苛捐杂税以及印度、日本等国茶叶竞争力的加强，中国茶叶的出口贸易越来越不景气，徽州茶商也随之一蹶不振。歙县知县何润生在其《茶务条陈》中称："（徽州六县所产之茶）内销者不及十分之一二，外销者常及十分之八九。"总之，皖南茶区在晚清至民国时期，有享誉世界的名声和良好的效益，也有没落的无奈和失败的教训！

（一）休 宁

休宁隶属于黄山市，位于安徽省最南端，与浙、赣两省交界；地处北纬29°24′~30°02′、东经117°39′~118°26′，属亚热带季风气候；是典型的"八山半水半分田，一分道路和庄园"山区。休宁植茶历史悠久，明代松萝茶诞生后，不仅以其技术传播各地茶区，更以品质出口世界各国；清代晚期，松萝茶演化"屯溪茶"再次风靡一时。民国时期，休宁辖下的屯溪镇更是因茶而有了"茶务都会"之名。茶叶产地主要分布在松萝山，齐云山以及方口、临溪、举坑、金台等地。民国时期著名"四源茶"产地在休宁大源（茗洲）、沂源（板桥梓坞）、平源（古林）、南源（小阜）；亦有"四小名家"之称。

（二）屯　溪

屯溪是休宁县辖的一个镇，地处天目山、黄山之间的休屯盆地，扼横江、率水与新安江汇合处，东北、东南分别与徽州区、歙县毗邻。

晚清至民国时期，屯绿茶驰名国际市场。由于皖南茶区及毗邻的浙赣茶区出产的炒青绿茶，大部集中在屯溪精制外销；遂而命名"屯绿"，即英文"Twaikay Tea"（屯溪茶）。当时的屯溪镇每逢茶季，茶行、茶号林立，故流传"未见屯溪面，十里闻茶香。踏进茶号门，神怡忘故乡"的民谣；《清史稿》中亦有"茶务都会"之名。近代历史上"屯绿"茶以歙县、休宁、婺源为主，祁门、黟县、绩溪次之，其他近之如太平、石埭（今石台），远之如江西之乐平、德兴、玉山，浙江之昌化、开化、淳安、遂安亦多以屯绿区为之容与。可谓是茶市愈旺，茶叶来源愈多。

（三）祁　门

祁门地处黄山西麓，与江西毗邻，是安徽的南大门；建县于唐永泰二年（766年），有"九山半水半分田"之称（图1-1）。祁门位于北纬29°35′~30°08′、东经117°12′~117°57′，属北亚热带湿润季风气候。祁门产茶历史悠久，早在唐代就有繁盛的茶市，近代出产内销徽茶，晚清则出产上等红茶，其品质之佳，"全国可称首屈一指，即印锡爪哇亦无出其右者。祁红为红茶领袖，徽州对于中国茶叶之贡献可谓巨矣"。祁门茶

图1-1　祁门茶园

叶产地遍布祁门各地，绿茶产区主要分布在东乡凫溪口、凫峰、杨村、李坑口和上下坑一带。祁门红茶产地主要分布在金字牌、黄畲山、宋溪等处；尤其是在闪里、里桃源、外桃源以及西乡高塘等祁红产地，茶商开设了众多的茶号。据庄晚芳的《中国茶叶》一书记载：1949年，祁门保留的茶园（山地及平地）共计975市亩，而荒废的茶园却占有1522亩，占全数茶园61%。山地荒废比平地多，山地占62.9%，平地占37.8%。另外，祁门历口河东村现存茶园只有108亩，荒废336亩，占该村总面积之70.6%。著名产茶区茶园荒废已到这种程度，可以想象当时其他地区茶园的荒废程度了。

（四）歙 县

歙县位于安徽省最南端，地处北纬29°30′~30°7′、东经118°15′~118°53′，属于中亚热带与北亚热带过渡区。歙县是产茶大县，自唐代以来，境内黄山、天目、白际等山区及丘陵地带均植茶，亦因茶品、销路甚好而"遂广种植"（图1-2）。清光绪年间"出口称盛，产亦递增"，全县每年产近5万担。据民国《歙县志·食货志》载："清道光时岁额销茶引一万五百一十八道。"由此可见，歙县茶叶产量很大。歙县主要生产炒青绿茶（包括老竹大方、黄山银钩等）、烘青绿茶（包括黄山毛峰、黄山绿牡丹等）以及茉莉花茶和珠兰花茶，个别年份还生产部分红茶。民国时期，歙县生产的炒青、红茶主要加工箱茶出口；烘青主要用于窨制花茶；主要

图1-2 歙县蜈蚣岭茶园

产地位于黄山、许村、街口等地，花茶和名茶为内销茶。1934年出版的《皖浙新安江流域茶业》记载："（歙县）本庄茶在五年前做大方者居多，而以南乡里街源之长标为最特色，乃街源大方之鼻祖，迩来烘青盛行，前之做大方者，今多做烘青，以应顾客之需求。""九·一八"事变之后，东北沦陷，大方茶运销困难，于是又纷纷改制烘青。1933年，歙县全县茶园9.44万亩，产茶2360t。据民国时期出版的《中国茶叶》介绍：1936年，歙县种茶面积9万余亩，每年产茶4万余担；全县种茶农户15000余户，约占全县总户数的20%。其中南乡大洲园河流附近所产茶叶首屈一指。1939年全县产茶3243t；次年产红茶2.6t。此后，茶园大量荒芜，产量逐年下降，至新中国成立前夕，茶农、茶工和普通

茶商，均受到严重的剥削和欺压，茶叶生产日益衰落，销路阻滞，茶园荒芜。截至1949年春，歙县茶园只有67975亩，当年产茶仅有1200t。

（五）黄　山

黄山原名黟山，也称北黟山，地理位置特殊，自然景观秀丽，自古就是名胜之地。1941年，茶学专家傅宏镇在《茶名汇考》中写道："黄山茶产于歙县黄山，该山峻严峭壁，为中国新兴名胜之一，其地产茶，驰名遐迩，有毛峰雀舌，珍眉，雪蕊，瑞草，云雾……太平嘉瑞等数种，其口味之香艳，叶身之精细，居全国产茶之冠。"清代时，诞生于明代中期的黄山云雾茶仍有生产，其核心产地如《黄山指南》云："云雾茶生黄山眉毛峰为最，桃花峰汤池旁次之，吊桥、丞相源与松谷庵、鞭蓉岭相仲伯。"然而产量有限，以致"味更香美不易得也"。另外，黄山还有抹山茶、顶谷茶（又名谷芽茶）及翠雨茶。晚清时期，黄山毛峰在小源、曹溪问世并畅销售各地。因其销路好，当时歙县各地都有毛峰茶生产。

据1937年《歙县志》记载："毛峰，芽茶也，南则陔源，东则跳岭，北则黄山，皆地产，以黄山为最著，色香味非他山所及。"后因战乱，民不聊生，黄山茶民过着"斤茶兑斤盐""斤茶换升米"的贫苦生活，其时，每年只有少量毛峰茶生产。

（六）黟　县

黟县地处安徽省南端，位于北纬29°47'~30°11'、东经117°38'~118°6'，北枕黄山，南望白岳，四面群山环抱，山川秀丽。黟县又名"鱼亭""鱼埠"，昔称"七省通衢"。由于"田少独山多"，人们多以茶业为主业，"春光三月半，村村听唱采茶歌"。清代时期，黟县产茶中心主要在城南周家园、秀里、燕窝、大原、腊曙、北原、羊栈岭头等处，其中"石墨岭产者最佳，茗家称之为石墨茶"。据1919年《黟县重要农产贩卖商调查》记载："（黟县有）七都同兴、十都松玉、十一都勤学三家茶行，年贩卖松罗茶3484石，每石购价22元，售价22.20元。"

（七）绩　溪

绩溪位于安徽省南部，地处黄山山脉和西天目山山脉结合带，长江水系与钱塘江水系分水岭，北纬29°57'~30°20'、东经118°20'~118°55'。绩溪产茶且历史悠久，清代时亦是"产处甚多""最佳者，登源之障茶，岭北上金山之茗雾茶"。绩溪青罗山、黄柏山、慕云山所产亦（茶）上乘；绩溪石门、西濠、岩下、长安也为主产区。清道光、咸丰年间，绩溪上庄村附近一二十里无不开垦植茶。金山炒青绿茶细若"雨丝"而得名"时雨茶"，俗称"鹰嘴甲"。据新版《绩溪县志》记载：上庄"金山时雨"创于清初，原名"金山茗雾"亦入贡。民国初期，亦有翠岭、高枧山茶。据1915、1920年的农商部调查称：全县茶园面积22174亩。其时，绩溪旺川茶乡"商人约占居民二分之一，大都在上海、芜湖、汉口及浙江兰溪一带"经营茶叶。

（八）婺　源

婺源位于皖、浙、赣三省交界处，位于北纬29°01′43.3″~29°34′39.3″、东经117°21′56.6″~118°12′13.7″，具有东亚季风区的特色。婺源属丘陵地貌，也是重要的绿茶产区之一。茶叶产地分布在江湾、汪口、清湾、太白小秋口、上溪头、下溪头、庆源、济溪等地，所产婺绿以外销为主。婺源茶叶以东乡产额为多，北门次之，西门又次之；其中大园所产在洋藏中最为著名。民国初期，婺源的植茶面积、茶叶产量为徽州六县之最，茶叶品质最佳；熙春、抽蕊、眉珍等茶叶名品誉满中外，婺源茶商亦是徽商中的重要力量。婺源原属古徽州六县之一，1934年划归江西上饶市。

二、江南茶区

江南低山丘陵茶区涵盖长江以南、茅山以西、黄山以北的广大丘陵地区，这个茶区包括宣城、郎溪、广德、繁昌、南陵、泾县、芜湖、旌德、至德、东流、无为、巢县、当涂、铜陵等地，属于中亚热带江南丘陵低山茶区的组成部分，气候温和，雨量充沛，红黄壤分布较广，多大片缓坡丘陵，适于茶树生长。

江南茶区产茶历史悠久，茶文化底蕴深厚，贡茶亦多。1912年后，江南茶业开始衰落，并最终走向破产。抗战后期，因市场阻于交通，销路几濒断绝，茶园多荒芜，茶叶产量较之以前不过十之一二。如泾县马岭坑新屋里一带，抗战前素以产茶著称，战后茶叶销路受阻，市价大跃；过去40~60元/担的头茶，战后降至12元/担。"茶叶生产不敷成本，茶农亏折严重，茶叶生产直线下降。"战前，马岭坑茶乡96家农户，年产茶5万担；到1940年，锐减为300担。

19世纪70年代，安徽茶业曾呈现一派欣欣向荣的繁盛景象。此时，各地都在开荒植茶。在产茶较少的芜湖郊区，茶园面积亦不断扩张。江南茶区在清光绪时期，有"宣、泾、宁、太渚山皆产松萝"。清嘉庆二十年（1815年）《宁国府志》载："宣城敬亭绿雪茶、南陵格里茶、宁国雅山茶、泾县白云茶、旌邑凫山茶、太平云雾茶，品最高。"大宗出口绿茶有眉茶和珠茶，宣城、泾县、宁国、旌邑均有生产。晚清时期，芜湖开埠后，新茶园开辟较多，主要分布在湾址、红杨两区的山岗丘陵地带。民国时期，发展近千亩茶园，以出产叶小、味浓、汤碧的"妙音茶"和"独窝茶"著称。民国时期《通志》记载："池州府属青阳、石埭、建德俱产茶。贵池亦有之，九华山闵公墓茶，四方称之。"在江南茶区其他低山丘陵地带也有零星茶园分布，如太平县在与徽州连界的地方植茶最盛。泾县赏溪流域茹麻、司查村及宁国县（现宁国市）东部岳山附近及南部胡乐一带每年都有数量可观的绿茶出口。清朝末年，泾县汀溪、爱民等地的尖茶已畅销沿江各大城市，还曾成批出口东南亚一带，故而当时尖茶又被称之为"洋尖"。建德、石埭、青阳、广德等地也都分布着大小不一的茶园，它们成为当地农家重要的副业收入。

（一）宣 城

宣城地处安徽省东南部，地跨北纬29°57′~31°19′、东经117°58′~119°40′。宣城境内有黄山、天目山、九华山余脉，属亚热带湿润季风气候，适合茶叶生长。宣城产茶历史悠久，"宛陵茗池源茶，根株颇硕，生于阴谷，春夏之交，方发萌芽"。《农政全书》记载：宣城县有丫山，形如小方饼横铺，茗芽产其上。其山东为朝日所烛，号为阳坡，其茶最胜。曰"丫山阳坡横文茶"，一名"瑞草魁"。清代时，亦有敬亭绿雪茶及塔泉茶问世，产地为鸦山、敬亭山等。

据《宣城县志》记载："城南为华阳山，其南为高峰山，峰冠云裹……其下有塔泉庵并产名茶。""水东横纹"亦闻名。"塔泉云雾"又称"高峰云雾"，清代盛行。《随见录》亦有："宣城有绿雪芽，亦松萝一类。又有翠屏等名色。"民国时期，茶叶生产开始萎缩并衰败。

（二）泾 县

泾县地处安徽省东南部，青弋江上游，位于北纬30°21′~30°51′、东经117°57′~118°41′，是长江南岸与皖南山区的相接地带，全境属于亚热带湿润季风气候。泾县以丘陵低山为主，以致茶区分布极广，以东、南、西部山区最为集中，出产白云、涂尖、雨前等珍贵名茶十数种。涌溪山的丰坑、盘坑、石井坑一带，盛产涌溪火青茶，清代时盛行。县境东部琴溪河产琴鱼配以茶，演化为"琴鱼茶"，甚有名。

（三）宁 国

宁国地处安徽省东南部，是皖南山区之咽喉，系黄山山脉和天目山脉交汇地带，跨北纬30°16′~30°47′、东经118°36′~119°24′，属于亚热带季风气候。宁国产茶，自唐末皆有载，见于古籍。清康熙《鸦山辨》云："宁国产茶不处，高峰、济川、千亩、龙潭诸池皆可入志、按一统志，鸦山产茶旧常入贡。另有雅山兰花茶，产地为兰花台、黄花山等地。"《通志》载："宁国府属宣、泾、宁、旌、太诸县，各山俱产松萝。"《宁国县志》载："（宁国）产茶以板桥高峰为最，色绿而味香醇厚，若改良焙法，不亚龙井。"民国时期，茶园面积减少、茶叶产量下降、茶产业萎缩。

（四）芜 湖

芜湖位于安徽省东南部，地处长江下游，中心地理坐标为北纬31°20′、东经118°21′，南倚皖南山系，北望江淮平原，素有"江东名邑""吴楚名区"之美誉。清代时，祁门红茶外销兴盛，茶区向芜湖一带迅速推进。1880年"芜湖背后的丘陵上，茶园和桑林正在不断地扩张"。4年后，茶已种到芜湖南部，扩展势头有增无减，当时称茶园正在扩建，2年内出口很可能迅速增加，而"增种茶树的效果在去年（1883年）开始明显了"。当时，江南茶区的宣城、太平、泾县、宁国等县的茶叶绝大多数集中到芜湖输出，芜湖本地并不产茶，因其具有长江水道的优势而对周边茶区产生了集聚效应。据当时东亚同文会的调查，平均每年由芜湖出口的茶叶在1300担上下，1915年后出口量有所下降，每年仅400担左右。

（五）旌　德

　　旌德位于皖南山区、黄山北麓；东临苏浙沪，北枕皖江；位于北纬30°7′~30°29′、东经118°15′~118°44′，属于北亚热带湿润季风气候，适宜植茶（图1-3）。旌德以产绿茶为多，曾有凫山茶、石碟茶（亦称石溪茶）等名品；主要产地为柏山、麻岭、桐川以及凫山等处。清《宁国府志》记载："旌邑凫山茶与宣城绿雪、太平云雾茶齐名"，自明至

图 1-3　江南茶区——旌德

清，均为贡品。1940年，《旌德农产品调查报告表》载："绿茶年产25000kg；1949年，全县茶园面积47.4hm^2，总产5000kg。"

（六）广　德

　　广德位于安徽省东南部，苏、浙、皖三省八县（市）交界处；地理坐标为北纬30°37′~31°12′、东经119°02′~119°40′，属于北亚热带湿润季风气候；地处天目山和黄山余脉延伸境内。广德产茶，西晋时期，已经种植茶树。清光绪七年（1881年），《广德州志》载："（茶）以石溪，阳滩山（今阳岱山）、乾溪（今甘溪）等处者为最。"1915年，"广德云雾"茶参加巴拿马万国博览会荣获金奖。1913年，广德产茶1万担；1949年，全县产茶只有586担。

（七）郎　溪

　　郎溪地处安徽省东南边陲，长江三角洲西缘，皖、苏、浙三省交界处，位于北纬30°48′45″~31°18′27″、东经118°58′48″~119°22′12″，素有"三省通衢"之称。郎溪，古称建平，产茶历史悠久；据光绪《广德县志》载：清时，广德、建平（今郎溪县）亦有贡

茶；瑞草魁产区在姚村、飞里、凌笪、十字、毕桥、南丰等地。清人谈迁《枣林杂俎》和阿世坦《清会典》中，均有建平（今郎溪县）产茶的文字记录。1914年3月，改建平为郎溪。1949年以前，全县有茶园4000亩，年产干茶75~100t。

（八）南　陵

南陵位于安徽省东南部，地处皖南丘陵向沿江平原过渡地带，位于北纬30°38′~31°10′、东经117°57′~118°30′，属北亚热带湿润季风气候；生态条件宜茶，地广坡缓，大片茶园较集中；主要生产片茶、芽尖等，《宋会要食货志》有相关茶叶生产记载。民国时期，南陵茶叶以"产格里者美，工山野茶尤胜"。茶叶主产于烟墩、三里、峨岭等地。全县茶园约有1000多亩。

（九）繁　昌

繁昌位于皖南北部，长江南岸，属于芜湖，南倚皖南山系，北望江淮平原，地理坐标为北纬30°37′~31°17′、东经117°58′~118°22′，属于北亚热带温润季风气候区南缘。地广坡缓，茶园相对集中。繁昌"山产茶，岁可数千种"，以"浮丘山，产茶最佳"；清代时，繁昌茶"品味清美"，不在松萝、龙井之下。民国时期，茶园主要分布在孙村、旧县、芦南、浮山、获港，品种为楮叶种。

（十）太　平

太平（今黄山市黄山区）地处安徽省南部，位于北纬30°00′~30°32′、东经117°50′~118°21′，全境属于亚热带湿润季风气候，小环境气候特点显著。清代时，太平生产"翠云茶"，产地位于新明和龙门乡交界处的和尚宕、凤凰尖一带。《寰宇记》记载："黄山出茶，尤为时贵。"龙门山，太平县西北40里，岩壁峭拔，中有石窦如门，产茶及诸药草。

民国时期，太平生产尖茶，主要有魁尖、毛尖。太平猴魁属尖茶类，1915年，在巴拿马万国博览会上获金质奖章和奖状。1935年，全县茶园面积4万多亩，年产茶1050t。抗战时期，茶市萧条，茶园荒芜。1944年，全县茶园面积、产量分别降至1203亩和5.38t。

（十一）青　阳

青阳位于长江中下游南岸、皖南山区北部，地理坐标为北纬36°48′~36°54′、东经117°34′~117°38′，属于北亚热带季风气候。青阳产茶，以绿茶为主；历史上因九华佛茶闻名，但数量较少。清光绪年间，茶有石芝、竹荤、金地茶及茗地源茶。民国时期，黄石溪茶有名，产于陵阳镇黄石村。

（十二）九华山

九华山又名陵阳山、九子山，位于安徽省池州市青阳县境内，素有"东南第一山"

之称，也是中国佛教四大名山之一。九华山产茶历史悠久。清代《五石瓠》记载："唐闵，长者地也，产茶不多，僧熔之岁数斤耳。""雀舌""仙茗""云雾"等茶，分别产于东崖、神光岭、下闵园龙池以及小天台南苔庵，均属绿茶之烘青类。据1933年《青阳风土志》记载："茶种类有龙眼茶，云雾茶，雀舌茶，毛尖茶，旗松茶……山乡所产地。"民国时期，九华山茶花色品种较全，但产量有限。

（十三）石　台

石台位于安徽省南部，地理坐标为北纬29°59′~30°24′，东经117°12′~117°59′，属于中亚热带湿润季风气候；有"九山半水半分田"之称，是著名的茶乡。石台原名石埭（1965年改为石台），向以茶业为重。清初"绿茶"声名鹊起，尤以石埭茶、仙寓山茶为之最。"嫩蕊"茶园常年被云雾笼罩，后人称"雾里青"。1937年，全县产茶面积5.7万亩，年产毛茶14250担。

（十四）至　德

至德（东至）位于安徽省西南部，濒临长江中下游南岸，地理坐标为北纬29°34′~30°30′、东经116°39′~117°18′，属于亚热带季风气候，生态环境优良，为安徽祁红主产区之一。清《益闻录》记载："建德为产茶之区，绿叶青芽茗香遍地。"有千两朱兰茶、万溪山茶饮誉于世。清嘉庆年间，该县销售茶引约8000道，可见茶产量较大。祁门红茶畅销后，粤商采办红茶销往汉口茶业兴旺，山区茶树的栽培面积很大；其中至德的茶大量外销，成为池州出口的大宗商品。民国时期，至德茶园面积减少，茶叶质量下降，加之苛捐杂税，导致毫无竞争力可言，以至茶产业日渐式微。

（十五）贵　池

贵池位于长江中下游南岸，中心位置地理坐标为北纬30°27′00″、东经117°33′12″，地处暖温带与亚热带的过渡地带，属于亚热带湿润季风气候。贵池产茶，茶园多分布于海拔500m以下的中低山及近山丘陵地区。清光绪以后，贵池茶叶与祁红一道外销。1949年，全县茶叶面积11612亩，产茶120850kg。

（十六）铜　陵

铜陵位于安徽省南部，长江下游南岸，地理坐标为北纬30°45′12″~31°07′56″、东经117°42′00″~118°10′6″。清初茶叶销售日旺，民国初年销茶叶量7t左右，到新中国成立前全县共有茶园300亩，产茶3.5t。

（十七）无　为

无为地处安徽省中南部，长江下游北岸，位于北纬30°56′~31°30′、东经117°28′~118°21′，属于亚热带季风气候。无为有烘青、炒青茶，主要在关河、六店、尚礼一带，新中国成立前有茶园480亩，年产茶12t。

（十八）巢 县

巢县位于安徽省中部、江淮丘陵南部，地处北纬31°16′~32°、东经117°25′~117°58′，属于亚热带湿润季风气候。巢县产茶以绿茶为多，产量较少，以销当地为多。

（十九）当 涂

当涂地处安徽东部、长江下游东岸，位于北纬31°17′26″~31°36′05″、东经118°21′38″~118°52′44″，属于北亚热带季风气候。当涂产茶以绿茶为多，产量较少，茶叶以销当地为多。

（二十）和 县

和县位于安徽省东部，长江下游西北岸，地处北纬31°22′~32°03′、东经118°04′~118°29′，属于北亚热带湿润季风气候。县境西北以丘陵、山地为主，适宜茶叶生长。和县历史上称和州，有苍山茶（有远山、茗茶等）。清初，苍山云雾茶知名度较高；茶园地处苍山、云雾山。民国时期，含山绿茶产地为环峰、林头、仙踪、昭关、清溪、陶厂等；褒禅山亦产茶，多为僧人所植。

三、皖西茶区

皖西茶区是著名的古老茶区，地处大别山区，有着优越的自然条件，西南高峻，东北低平，呈梯形分布，形成山地、丘陵、平原三大自然区域。皖西地区海拔高度适中，气候温和，土壤肥沃，适宜茶叶生产，为我国传统产茶区，一般以"六安茶"称名。皖西主要生产瓜片、霍山黄芽、黄大茶、舒绿、兰花茶等，以六安、霍山、金寨三县茶叶产量较大，其他县区产量较微，品质略逊。民国初期，改六安州为六安县；1932年，又将英山由安徽划至湖北；1947年，改立煌县为金寨县。至此，民国时期的皖西茶区基本稳定。茶区包括六安、霍山、立煌（今金寨）、霍邱、桐城、凤台、寿县、怀宁、太湖、舒城、宿松、潜山、庐江等县。但是，当时的皖西茶区唯有霍山、立煌两县全境产茶，六安唯有东南两部，舒城也仅有西南两部产茶。皖西各县所产之茶均以绿茶为主，而品质优异的茶叶则另归一类，其中以六安瓜片、霍山黄芽为代表。

皖西是安徽的四大产茶区之一，其地势是西南高、东北低，由南向北呈阶梯状分布。其中，霍山、立煌及六安东南地势较高，六安北部及霍邱地势较低。山地和丘陵面积较大，正是茶叶的理想栽培之地。加之茶区土壤肥沃、气候适宜，因此茶叶品质优良。这个茶区以盛产绿茶为主，其中六安瓜片、霍山黄大茶等都享有盛誉。关于皖西茶产区，20世纪30年代的一份调查报告表明："皖西产茶地域：概言之，为旧六安州之全属及安庐府之一部。析而言之，即今六安、霍山、立煌（即金寨）、舒城及英山、潜山、太湖、桐城、庐江等县是也。向对'皖南'而言，统称为'皖北'。最近依地势之划分，始通称'皖西'。"茶叶调查报告还特别介绍皖西："本区产茶之主要地域，纵横广袤，各约二百八九十里。除西边豫、鄂、光、黄外，其余三方，即北自立煌开顺街、六安青山街以北，东自舒城中梅河、西汤池以东，南自北岭正干以南；则或即渐少，或遂绝迹。更就各县分别言之，现霍山、立煌两县，全境皆产（茶）。六安今惟东南西部，舒城向仅西南两部产（茶）。其余英、太（湖）、潜（山）、桐（城）、庐江等县，则只与舒（城）、霍（山）接壤之处，略微产（茶），余则无茶之踪影矣。"另据史料记载，清时安庆府及辖县均产茶，只是茶叶品类不一，产量多寡不一。

清康熙《安庆府志》云："六邑俱产茶，以桐之龙山，潜之闵山者为最，蒔茶源在潜山县，香茗山在太湖县，大小茗山在望江县。"潜山县旧志历来有"望山、闵山、果老岭，其间多茶""产茶甚佳"之说。清顺治年间，安庆府《太湖县志》载："其树茶所人不减稼穑"，太湖是自宋代以来的老茶区。怀宁茶产于龙眠庵、张家山、龙池尖、大龙山等地，茶叶"品皆绝胜"。桐城"茶，凡山园皆有种者"，以"椒园最盛，毛尖芽嫩而香，龙山茶也好"。宿松产茶也较早，独山、丘家山、摩旗山等处产茶的品质独特。

1912年以后，皖西茶业产销曾经有过较为旺盛的时期。据1934年有关报纸报道："皖西茶叶以鲁省为最大销场，占十分之七八，次如北平、天津及皖北、豫省亦有相当销量。当时，茶叶上市时，皖西各镇埠，市面顿形繁荣，金融亦大券活跃，售茶进款，统计约在百万元以上。"20世纪30年代，皖西茶区的茶叶生产面积为114580亩，产量为1222630kg，然这也只是昙花一现。据不完全统计：抗战前的六安、霍山、舒城的大茶、片茶产量，共为279.15万kg；到1949年，减至为132.65万kg，减产达52.52%。也正是茶叶市场不振，茶叶产量大减，造成"茶园荒芜，茶厂倒闭"的景象，以致"茶农生活发生严重困难"的局面。

由表1-2可知，民国时期，皖西茶叶产量虽有起伏，然而趋势却是不断下降的。1941年，皖西茶叶年产量与1940年相比，骤降逾1000t。

表1-2　1939—1941年皖西各县茶叶产量

年份	六安/kg	立煌/kg	霍山/kg	舒城/kg	庐江/kg	岳西/kg	合计/kg
1939	1331850	1340250	1168410	375000	35000	50850	4301360
1940	1723180	1209000	1209000	467000	80000	51985	4740165
1941	1005315	876800	875800	763850	63250	28050	3613065

资料来源：安徽政务月刊，1935（11/12）安徽省政府统计委员会《安徽省统计年鉴》。

（一）霍 山

霍山位于安徽省西部、大别山北麓、淮河中游南岸，属南北分水岭，位于北纬31°03′~31°33′、东经115°52′~116°36′，属于北亚热带，拥有阴凉潮湿、通风多雾的独特小气候，以致有"金山药岭名茶地"之称。霍山以茶为第一物产，茶山、环境皆有，尤其是南乡的雾迷尖、挂龙尖二山所产茶叶（图1-4）"为一邑最"。晚清，霍山黄芽茶销售良好，主产区地理优势明显。如诸佛庵产区品质优良，惟"东南方产茶最佳，西北方所产

图1-4 鲜叶采摘

销逊"。又如大化坪产区品质亦好，"为东山第二佳品"。再如澜泥坳（烂泥坳）等地产茶亦盛，"远招近挹，有时茶市之佳，且有胜於漫镇也"。据《霍山县志》记载：1915年，汉口抱云轩茶庄选送霍山黄芽参加巴拿马万国博览会展览并获金牌奖。

（二）金 寨

金寨位于皖西边陲、大别山腹地，地处鄂、豫、皖三省七县交界，位于北纬31°06′41″~31°48′51″、东经115°22′19″~116°11′52″，属于北亚热带湿润季风气候。金寨产茶历史悠久，唐代时有茶；宋代时朝廷设有麻步场（麻埠）、开顺场，实行茶叶官买官卖；清代时，有抱云珍秀、天堂云片及金刚雨露茶，尤以天堂寨、齐山蝙蝠洞所产片茶有名。据《金寨县志》载：1930年，全县茶叶面积在90000亩以上。1942年，麻埠年产片茶71.6万kg，大茶29.8万kg。此后，茶园面积、茶叶产量均逐年减少。

（三）太 湖

太湖位于安徽省西南部，大别山南麓，位于北纬30°09′~30°46′、东经115°45′~116°30′，资源丰富，特产众多，茶为大宗，北宋时期成为全国十三茶场之一。境内狮子山为禅宗发祥地，禅茶之风兴盛。太湖境内的潜山，产茶为盛，"其树茶所人，不减稼穑"。南阳谷尖茶，亦享有很高声誉。民国初期，"物产茶，饭茶多出上乡"，产地分布在朱家河、野鸡河、合水涧、弥陀寺、寺前等地。

（四）舒 城

舒城位于安徽省中部、大别山东麓，位于北纬31°01′~31°34′、东经116°26′~117°15′，属于亚热带温润季风气候；地理概貌西高东低，是一个山、丘、圩兼备，集山区、库区为一体的县份。舒城产茶，历史悠久，舒城兰花为历史名茶，创制明末，兴盛清时，舒

绿为大宗茶品。民国时期，舒城茶叶产地主要分布在白桑园、磨子园、西汤池、卢镇关、新开岭、黄柏园、东西龙园等地（图1-5）。

图1-5 舒城县九一六茶园

（五）潜 山

潜山地处安徽省西南部，大别山东南麓，位于北纬30°27′~31°04′、东经116°14′~116°46′，属于季风北亚热带农业气候区。潜山天柱茶唐代时已享有盛名并成为贡品。茶叶以"闵山者为最"。清《潜山县志》亦载："闵山，县西八十里，有果老岭，其山多茶，其茶佳。"直到1920年，依然是"茶，以皖山为佳产"。潜山大宗茶叶产地为五河、石门山、来榜河、马家畈一带。

（六）怀 宁

怀宁位于安徽省西南部，地处沿江平原与皖西山区接壤地带，位于北纬30°20′~30°50′、东经116°28′~117°03′，属于北亚热带湿润季风气候。茶叶主要产地分布于龙眠庵、张家山、龙池尖、大龙山等地，茶叶"品皆绝胜"。清朝时期"旨泉冲有茶园，居民多以种茶为业"。民国初年，茶叶生产有短暂兴盛并发展到"余独山、百子山、科甲冲、甘露庵、王家坝"等处。

（七）岳 西

岳西位于安徽省西南部，位于北纬30°39′~31°11′、东经115°50′~116°33′，是为鄂、豫、皖大别山区唯一纯山区县。县域地貌以中低山为主体，境内山清水秀，有千米以上高山236座，森林覆盖率72%；境内土壤肥沃，气候温和，雨量充沛，十分适合茶叶生长。岳西茶园大多分布在海拔600~800m的深山峡谷之中，周围树木葱茏，百花溢香，云雾弥漫。清代时，姚河乡生产"兰花茶"，公山有云雾之茶翠尖茶。

（八）桐 城

桐城位于安徽省中部，是皖西南的交通枢纽和承东启西的通衢之地；位于北纬30°40′~31°16′、东经116°40′~117°09′，属于亚热带湿润季风气候，适宜茶叶及多种农作物生长。桐城"茶，凡山园皆有种者"。桐城小花久负盛名，主要产地在桐城老关岭、王屋寺、大小关、陶冲驿、龙眠山。《桐城风物记》亦载"品不减龙井"，以"椒园最盛，毛尖芽嫩而香，龙山茶也好"。

（九）宿　松

宿松位于安徽省西南边陲的皖、鄂、赣三省的结合部，地处长江下游之首的北岸，位于北纬29°47′~30°25′、东经115°52′~116°34′，属于北亚热带湿润季风气候。宿松产茶较早，独山、丘家山、摩旗山等处产茶的品质独特。清末民国以后，各山区都植茶，以"西源山、北浴河、蒋家山、叶家山为最"。宿松产茶，也有精品。1915年，宿松以茶芽制作的"罗汉尖""松萝"绿茶荣获巴拿马万国博览会金奖。此后，宿松还出现了元贞（震雷山）、广益、裕申、宏济（申云）、广生等茶号。

（十）望　江

望江地处安徽省西南边陲，皖、鄂、赣三省交界处，属于北亚热带季风气候，素有鱼米之乡美誉。茶叶多为山间野茶，茶质较好，但产量较低。

（十一）霍　邱

霍邱位于安徽省西部，地处大别山北麓、淮河南岸，北纬31°44′~32°36′、东经115°50′~116°32′，属于北亚热带季风气候。霍邱产茶历史悠久，清同治年间"近六安之山，亦种茶薅""但是所出者少，民亦不习以为业"。

（十二）庐　江

庐江地处皖中，位于北纬30°57′~31°33′、东经117°01′~117°34′，属于亚热带季风气候，四季分明，寒暑明显（图1-6）。庐江县茶资源丰富，主产绿茶，分"青大茶"（把子茶、兰花茶）和"炒青"两种。民国时期，茶园面积达5000亩，茶产80000kg；主要产地在东汤池、马槽山、柯家坦、十八长冲以及二姑尖、百花寨等地。

图1-6 庐江生态茶园

（十三）寿　县

寿县位于安徽省中部，淮河南岸，八公山南麓，位于北纬31°54′~32°40′、东经116°27′~117°04′，属于北亚热带半湿润季风气候，具有环境的独特性和区域的代表性。寿县为我国古老茶区之一，以名云雾者最佳。

四、江淮茶区

江淮丘陵茶区地处长江、淮河之间，境内涉及6个县，即滁县、来安、定远、全椒、凤阳、灵璧；其主体为长江下游平原区及江淮丘陵地区，部分属于长江流域或淮河流域；

地形多为低山丘陵，土壤主要以黄棕壤为主，为暖温带向亚热带的过渡地带。

江淮茶区内以丘陵为主，岗冲相间，岗峦起伏，海拔大都在40~100m，少数低山，其峰顶高度在300m左右。茶区面积相对较少，茶叶产量相对较低，茶叶多以炒青为主。境内涉及10个市、县，即合肥市及长丰、定远、凤阳、嘉山、全椒、滁县、来安、灵璧、天长。合肥简称庐，古称庐州、庐阳，有"江南唇齿，淮右襟喉""江南之首，中原之喉"之称。合肥地处中纬度地带，全年气温冬寒夏热，春秋温和，为亚热带湿润季风气候。庐州产茶，可追溯到唐代，开火茶为古代贡品。近代浮槎山亦产茶，然产量极少。

江淮茶区的滁县、嘉山南部、全椒西部以及来安西南部的普通黄棕壤，适宜茶树栽培，只是茶园比较零散，单产较低，生产茶类多为炒青绿茶，也产部分烘青绿茶。晚清时期，江淮茶区一些名茶生产技术失传，加之战争和自然灾害的影响，导致茶叶生产水平下降。至民国时期，江淮茶区各县茶园都处于抛荒状态，茶叶产量减少，茶叶生产日益没落，茶产业几近衰亡。

（一）滁　州

滁州地处安徽省最东部，苏皖交界地区，长江三角洲西部，北纬31°51′~33°13′、东经117°09′~119°13′，属于北亚热带湿润季风气候。琅琊山和皇甫山产茶叶、菊花，南谯贡茶亦有盛名。民国时期，滁州有"云桑名茶"，西郊施集生产滁菊、毛峰、云雾和烘青茶。

（二）全　椒

全椒位于安徽省东部，滁州市南部，早在宋代就产茶，明代出现南谯茶、北谯茶，至民国时期"汉口人多喜饮用之，京沪较少"。

（三）凤　阳

凤阳位于安徽省东北部，淮河中游南岸，位于北纬32°37′~33°03′、东经117°19′~117°57′，气候呈北亚热带向南温带渐变的过渡特征。凤阳产茶，产量较少。有非茶之茶称"藤茶"，又名眉茶、龙须茶，其味甘甜、性凉，亦称茶中奇葩。

（四）来　安

来安地处安徽省滁州市东部，介于长江、淮河之间，位于北纬32°10′~32°45′、东经118°20′~118°40′，属于亚热带湿润季风气候。来安有茶，产量不大。清代时，有"云尖""银针"茶。民国时期，半塔茶区生产大炒青类茶叶，少量烘青茶叶"香气扑鼻，滋味浓厚，售价较低"。

第二章　徽茶品类

每一款中国茶都有不一样的特色。一方水土养一方人，一方水土也孕育了不一样的地方茶。安徽位于中国华东地区，是产茶大省之一。安徽独特的地理环境使得众多好茶名誉中外。安徽盛产名茶历史悠久，佳茗数不胜数。唐代《茶酒论》中写道："浮梁歙州，万国来求。"

第一节　安徽茶叶品类

安徽茶类的主要代表有绿茶、红茶、黑茶以及黄茶。

一、绿茶类

（一）黄山毛峰

黄山毛峰是中国十大名茶之一，属于绿茶，产于安徽省黄山（徽州）一带，由清代光绪年间谢裕大茶庄所创制。因为茶叶白毫披身，芽尖锋芒，且鲜叶采自黄山高峰，遂将该茶取名为黄山毛峰。

① **主要产区**：黄山毛峰茶主要产于黄山风景区和毗邻的汤口、充川、岗村、芳村、扬村、长潭一带。

② **茶叶特点**：外形似雀舌，色泽绿中泛黄，汤色清碧微黄，香气馥郁如兰，叶底嫩匀如朵，滋味浓郁醇和（"金黄片"和"象牙色"是不同于其他毛峰的明显特征）（图2-1）。

③ **历史发展**：据《徽州商会资料》记载：清光绪元年（1875年），茶商谢正安（字静和）开办了"谢裕泰"茶行。每年清明前后，谢正安亲自到黄山充川、汤口等茶园选采肥嫩芽叶，经过精细炒焙，创制了风味俱佳的黄山毛峰茶。2001年，为保证黄山毛峰茶质量，相关部门制定了《黄山毛峰茶》地方标准，同时规范了黄山毛峰的生产和产品标准。2004年，发布并实施《黄山毛峰茶》国际标准以及《黄山毛峰茶》行业标准。2021年，发布并实施《黄山毛峰茶证明商标使用管理办法》。

④ **制作工艺**：采摘—杀青—揉捻—烘焙。

⑤ **获奖情况**：1955年被评为全国十大名茶之一；1983年获外贸易部"荣誉证书"

图 2-1 黄山毛峰茶汤

并被列为国家外事礼茶之一；2019年，"揉道·黄山毛峰"在世界绿茶评比会上获"最高金奖"。

（二）六安瓜片

六安瓜片简称瓜片、片茶，是历史名茶，也是中国十大名茶之一，属于绿茶，产自安徽省六安市大别山一带。六安在唐代产茶，至明代时"六安瓜片"已经成为名茶、清时被推为贡茶。六安瓜片是唯一无芽无梗的茶叶，由单片生叶制成（图2-2）。

图2-2 六安瓜片鲜叶

① **主要产区**：六安瓜片产于六安市裕安区以及金寨、霍山两县之毗邻山区和低山丘陵，分内山瓜片和外山瓜片两个产区。

② **茶叶特点**：外形呈瓜子形，色泽翠绿有光；汤色翠绿明亮，香气清香高爽，叶底绿嫩明亮，滋味味甘鲜醇。

③ **历史发展**：清代中叶，六安瓜片茶从六安茶中的"齐山云雾"演变而来。六安瓜片原产地在齐头山周围山区，清朝列为名品入贡，并畅销市场。据《六安史志》记载：乾隆年间，袁枚著《随园食单》列六安瓜片为名品。新中国成立后，六安瓜片一直被中央有关部门作为特供茶。1971年7月，时任美国国务卿的基辛格博士首次访华，六安瓜片作为国品礼茶馈赠美国客人。

④ **制作工艺**：采摘—扳片—生锅与熟锅—毛火—小火—老火。

⑤ **获奖情况**：1982、1986年分别被商业部评为全国名茶；2008年，六安瓜片已经获得国家质量监督检验检疫总局"地理标志产品认证"，并被列入国家非物质文化遗产目录；2020年，六安瓜片入选中欧地理标志首批保护清单。

（三）太平猴魁

太平猴魁是中国十大名茶之一，属于绿茶，产于安徽太平县（现改为黄山市黄山区）一带，创制于1900年（图2-3）。为了区别其他魁尖，用产地猴坑的"猴"字，并取茶中魁首之意，定名为"猴魁"；因出产在太平县，故市场

图2-3 太平猴魁干茶

上称之为"太平猴魁"。

① **主要产区**：太平猴魁产于安徽省黄山市黄山区（原太平县）新明一带，主产区位于新明乡三门村的猴坑、猴岗、颜家，尤以猴坑高山茶园所采制的尖茶品质最优。

② **茶叶特点**：外形平扁挺直，色泽苍绿匀润；汤色清绿明澈，香气兰香高爽；叶底嫩绿匀亮，滋味醇厚回甘。

③ **历史发展**：2003年，太平猴魁获得了国家原产地域产品保护标志。太平猴魁的年产量达到12600kg，成为太平猴魁飞速发展的标志年。2006年，"太平猴魁"注册了地理标志，地理标志的注册使太平猴魁茶产业取得了快速健康发展。2009年，被国家商标局批准使用太平猴魁证明商标。

④ **制作工艺**：采摘—杀青—毛烘—足烘—复焙。

⑤ **获奖情况**：1915年，巴拿马万国博览会上获得金质奖章；2008年，太平猴魁传统手工制作技艺被国务院批准为国家级非物质文化遗产保护名录。

（四）休宁松萝

休宁松萝为历史名茶，属绿茶类，创制于明代初期，产于休宁县松萝山。据明代冯时可《茶录》记载，松萝茶制法为大方和尚首创（图2-4）。

① **主要产区**：主产于黄山市休宁县松萝山。

② **茶叶特点**：外形紧卷匀壮，色泽绿润；汤色绿明，香气幽香高长；叶底绿嫩柔软，滋味甘甜醇和。

图 2-4 松萝茶鲜叶采摘

③ **历史发展**：松萝山在唐朝就有产茶的记载，而松萝茶的诞生及盛名远播是在明代。明人冯时可《茶录》记载："徽郡向无茶，近出松萝莱最为时尚……是茶，比天池茶稍粗，而气甚香，味更清，然于虎丘，能称仲，不能伯也。"

④ **制作工艺**：条形为鲜叶摊放—杀青—揉捻—滚（炒）湿坯—分筛摊晾—滚（炒）毛坯—分筛摊晾—足干；

针形为鲜叶摊放—杀青—揉捻—整形—干燥—去杂—提香—贮藏；

卷曲形为鲜叶摊放—杀青—揉捻—初烘—做形—炒干—去杂—提香。

⑤ **获奖情况**：2001年，松萝茶在中国国际茶博览交易会上获国际名优茶优质奖；2018年，"王光熙松萝茶"荣获安徽省第十二届国际茶产业博览会首届斗茶大赛金牌奖；

2020年，"王光熙松萝茶"获2020安徽名优农产品暨农业产业化交易会参展展品金奖；2020年，"王光熙松萝茶"在"中茶杯"第十届国际鼎承茶王赛中获金奖。

（五）泾县兰香

泾县兰香茶，属于特种烘青绿茶，产于安徽省宣城市泾县，是泾县代表性名茶。泾县兰香茶是在高档尖茶的采制工艺基础上，进一步提高采摘标准，强化做形技术，按照传统工艺精制而成，其色、形、味别有特色，并具有特殊的兰花香。2018年9月5日，农业农村部正式批准对泾县兰香实施农产品地理标志登记保护。

图 2-5 泾县兰香

① **主要产区**：主要产于安徽省泾县东南部山地茶区。

② **茶叶特点**：干茶呈绣剪形、平直舒展，色泽翠绿、匀润显毫；冲泡后清香馥郁、带有花香，滋味鲜爽、醇厚回甘，汤色嫩绿、清澈明亮，叶底嫩绿、肥壮成朵；尤以"绣剪形，兰花香"的品质特征而享誉大江南北（图2-5）。

③ **制作工艺**：鲜叶摊晾—杀青—做形—初烘—摊凉—复烘。

④ **获奖情况**：2017年，第三届亚太茶茗大赛评选中荣获金奖；2018年9月5日，农业农村部正式批准对"泾县兰香茶"实施农产品地理标志登记保护；2018年5月，荣获第二届中国国际茶叶博览会金奖；2019年，泾县兰香获评"合福高铁沿线2019最具特色的旅游商品"。

（六）涌溪火青

涌溪火青为历史名茶，属于炒青绿茶，产于安徽省泾县榔桥镇。据《中国茶经》载："涌溪火青起源于明朝"，曾为历朝贡品。但新中国成立前夕，涌溪火青每况愈下，濒于绝迹。直至新中国成立，才得以重焕生机。

图 2-6 涌溪火青干茶

① **主要产区**：主产于安徽省泾县城东50km远的涌溪山盘坑、枫坑、石井坑、弯头山一带。

② **茶叶特点**：成品茶外形腰圆紧结，色泽墨绿显毫；香气浓郁持久，滋味醇厚回甘；汤色黄绿明亮，叶底肥嫩成朵（图2-6）。

③ **历史发展**：涌溪火青起源于涌溪弯头山"金银茶树"的美丽传说，清代已是贡品，曾盛极一时。1955年，涌溪人恢复制作火青茶，并将2.5kg精品寄往北京，国务院办公厅回函鼓励涌溪人民："此茶很好，希再接再厉。"1979年仲夏，邓小平登黄山路过泾县，品尝了当地的涌溪火青后称赞道："此茶甚好……以后就喝此茶。"但在1984年分户生产、加工之后，手工工艺因一时难以适应大量茶叶在锅内挤压成形的特殊性，火青质量骤然下降。当地技术人员和茶农针对这一情况，积极探索，于1994年设计出火青炒干做形机，借助机械的力量，少量茶坯可在短时间内翻炒挤压成形，同时引入滚筒杀青机等设备，实现了火青机械加工；且使"干看色暗""汤色杏黄"的传统火青成功转为"清汤绿叶"，香气也随之提高。此举被王镇恒教授等专家评委称赞是"救活了一个历史名茶"。

2008年，涌溪火青产地成立火青茶业合作社及多家企业，开始了涌溪火青的规模化加工，产品质量有了保障，火青茶产业再现辉煌。

④ **制作工艺**：鲜叶摊晾—杀青—揉捻—抖坯—摊凉—做形—炒干—烘焙—筛分。

⑤ **获奖情况**：1982年，涌溪火青被商业部和中国茶学会联合评定为"全国名茶"。1997年，机制火青被农业部茶叶检测中心授予名茶质量证书；1998年，涌溪火青获农业部"名茶推荐产品"称号；2007年，涌溪火青通过了国家"绿色食品"认证和"QS"认证。2009年，在（日本）世界绿茶评比中获品质得分第一名，夺得"最高金奖"；2011年，农业部批准对"涌溪火青"实施农产品地理标志登记保护；2012年，经中国茶叶学会推荐，参加国际名茶评比，再获金奖；2018年，在农业农村部举办的第二届中国国际茶叶博览会上荣获金奖。

（七）屯 绿

屯绿为历史名茶，属于炒青绿茶，创制于清嘉道年间，由松萝茶加工演化而来。屯绿起源于安徽、浙江、江西三省交界处的安徽省休宁县，主产于安徽休宁县、歙县、黟县、绩溪县、祁门县等毗邻地区。历史上江西省婺源县属徽州管辖，也是屯绿的主产区。浙江的淳安、建德、开化一带，早期生产的毛茶，大多集中在安徽屯溪加工输出，历史上统称屯绿。屯绿曾被誉为"首屈一指的好茶"以及"绿色金子"。

① **主要产区**：主要产于休宁县、歙县、黟县、祁门县、绩溪县等。

② **茶叶特点**：外形纤细美观，条索匀整壮实，色绿带灰有光泽；香气清高持久，滋味浓厚醇和。

③ **历史发展**："屯绿"饮誉海外，畅销世界各地。清末民初，为"屯绿"外销鼎盛时期。清同治年间，"屯绿"年均外销达10万余引（每引50kg）。新中国成立后，国家重视"屯绿"的生产，"屯绿"销往摩洛哥、阿尔及利亚、沙特阿拉伯、法国、阿富汗、马

里、尼日尔、苏联、美国、加拿大及东南亚等50多个国家和地区。

④ **制作工艺**：炒青绿茶初制工艺流程为鲜叶—贮青—杀青—揉捻—二青—三青—辉干—毛茶。屯绿精制工艺为炒青绿毛茶通过分筛—抖筛—撩筛—风选—紧门—拣剔，初步分离出长、园、筋、片等形态茶叶，再分别加工。

⑤ **获奖情况**：1988年9月，在雅典举行的第二十七届世界优质食品评选大会上，"屯绿"获银质奖。

（八）舒城小兰花

舒城小兰花为历史名茶，创制于明末清初，属于绿茶。1980年开始形成舒城小兰花茶产品系列。

① **主要产区**：安徽舒城、桐城、庐江、岳西一带生产兰花茶。以舒城产量最多，品质最好。

② **茶叶特点**：外形芽叶相连似兰草，色泽翠绿，匀润显毫；冲泡后如兰花开放，枝枝直立杯中，有特有的兰花清香；汤色绿亮明净，滋味浓醇回甘，叶底成朵，呈嫩黄绿色（图2-7）。

图 2-7 舒城小兰花

③ **历史发展**：1919年，兰花茶不仅远销北京、天津、上海等地，而且每年有山东、徐州、苏州、南京等地茶商上门收购。可见，兰花茶早已颇负盛名。目前，兰花茶在除主销省内江淮地区外，还远销江苏、山东、上海、北京等城市。

④ **制作工艺**：采摘—杀青—初烘—足烘。

⑤ **获奖情况**：1985年参加南京全国名茶评比，被评定为国家优质名茶。

（九）老竹大方

老竹大方茶，历史上称为竹铺大方、拷方和竹叶大方，产于安徽省黄山市歙县。其形平扁光滑似竹叶，色深绿如铸铁，又有"铁叶大方"之称（图2-8）。

① **主要产区**：老竹大方产于安徽歙县东北部皖浙交界的昱岭关附近，集中产区有老竹铺、三阳坑、金川，品质以老竹岭和福泉山所产的"顶谷大方"为优。

图 2-8 大方茶

② **茶叶特点**：老竹大方茶按品质分为顶谷大方茶和普通大方茶。顶谷大方外形宽大扁平匀整，挺秀光滑，色泽暗翠绿微黄，芽藏不露披满金色茸毫；汤色清澈微黄，香气高长有板栗香，滋味浓醇爽口；叶底嫩匀，

芽显叶肥壮。普通大方外形色泽深绿褐润似铸铁，形似竹叶，称为铁色大方，又叫竹叶大方；汤色淡黄，香气浓烈略带板栗香，滋味浓纯爽口，叶底嫩匀而带黄绿。

③ **历史发展**：老竹大方是传统名茶，由安徽茶农创制于明朝，清代已入贡茶之列，创始于皖南徽州古歙老竹岭已有400多年的悠久历史。

④ **制作工艺**：采摘—杀青—揉捻—做坯—整形—辉锅。

⑤ **获奖情况**：1986年被选为国家礼茶。

（十）紫霞贡茶

紫霞贡茶，属于绿茶，创制于明代，以产地紫霞山得名，后失传。20世纪90年代经研究重新恢复生产紫霞贡茶，现产于安徽徽州（今黄山市）紫霞山。

① **主要产区**：安徽紫霞山。

② **茶叶特点**：芽壮似矛头，身披茸毫，色泽淡绿；香气高长，汤色明亮。

③ **历史发展**：紫霞贡茶历史悠久，始于宋嘉祐年间（1056—1063年），兴于明隆庆年间（1567—1572年），因产于紫霞山，故名紫霞茶。大约清道光年间，紫霞茶因其品质极佳，被清廷列为贡品。《徽州府志·贡品》载："歙之物产，无定额，亦无常品。大要惟砚与墨为最，其他则以北源茶、紫霞茶。"因紫霞茶被列为贡品，故改称"紫霞贡茶"。

④ **制作工艺**：采摘—摊青—杀青—初烘—复烘。

⑤ **获奖情况**：1992年，荣获安徽省农牧渔业厅颁发的"安徽省优质农产品"证书；1992年，荣获农业博览会颁发的"中国农业博览会优良产品奖"证书；1993年12月8—18日，在1993年中国优质农产品及科技成果设备展览会上被评为金奖产品。

（十一）黟县石墨茶

黟县石墨茶，为颗粒状绿茶，历史名茶之一，清代曾为贡品，至民国初期失传，1985年得以恢复和研制，是安徽省黄山市黟县特产，全国农产品地理标志。

① **主要产区**：安徽黟县。

② **茶叶特点**：外形圆紧重实、墨绿透翠；汤色黄绿明亮，香气嫩栗带花香，滋味醇厚回甘，叶底柔软绿亮。其独特的品质特征"圆紧墨翠、栗香甘醇"。

③ **历史发展**：石墨茶主产于黟县石墨岭，茶叶因山而名。清同治十年（1871年）《黟县三志》称："茶，六都石墨岭产者最佳，苔家谓之石墨茶。"石墨茶因手工加工复杂，民国初期而失传。1985年，黄山市科学技术委员会、黟县科学技术委员会、黟县茶叶实验场共同挖掘、研制该历史名茶，并命名为"黟县石墨龙芽茶"。1988年6月，黟县石墨茶通过安徽省鉴定。

④ **制作工艺**：采摘—摊放—杀青—揉捻—炒二青—做形—干燥。

⑤ **获奖情况**：2018年7月3日，农业农村部正式批准对"黟县石墨茶"实施农产品地理标志登记保护。

（十二）黟山雀舌

黟山雀舌为新创名茶，属于绿茶，产于安徽省黟县；创制于1979年，经茶叶专家陈椽教授定名为"黟山雀舌"。

① **主要产区**：产于安徽省黄山市黟县，主产区有黟县宏潭的五溪山、渔亭青岭山、际联金竹园、泗溪以及晓源和溪头等地。

② **茶叶特点**：形似雀舌，色泽黄绿，白毫显露；汤色明亮，香气持久，滋味鲜醇，回味甜爽；叶底嫩匀。

③ **历史发展**：1988年，由安徽农学专家詹罗九指导，当地农业局茶叶站廖克士、程戌敏等人在黟县五溪山等与农户共同研制。1988年，黟山特级毛峰荣获安徽省优质农产品证书。为与黄山毛峰有所区别，经陈椽教授建议，定名为"黟山雀舌"。

④ **制作工艺**：采摘—摊青—杀青—定型—毛火—摊凉—足火—复火。

⑤ **获奖情况**：1988年荣获安徽省优质农产品证书；1992年，黟山雀舌送安徽省农业厅参加名优茶复评，再次荣获名茶称号，并在首届中国农业博览会荣获优质产品奖证书。

（十三）黄山云雾

黄山云雾茶为历史名茶。明万历《徽州府志》载："黄山产茶，始于宋之嘉祐，兴于明之隆庆。"另据《中国名茶志》载："明朝名茶，黄山云雾，产于徽州黄山。"清康熙十八年（1679年）《黄山志》载："云雾茶，山僧就石隙微土间养之，微香冷韵。"黄山云雾茶被列为安徽省非物质文化遗产名录。

① **主要产区**：主产于黄山眉毛峰、桃花峰、吊桥庵、丞相源与松谷庵、芙蓉岭等地。

② **茶叶特点**：芽肥毫显，条索秀丽；香浓味甘，汤色清澈。

③ **历史发展**：黄山云雾茶与明代茶叶制作方法的变革有关。其制作方法源自"松萝法"炒青技艺，在炒青绿茶制作上有承袭及变化，亦有"承前启后"的作用和意义。清代黄山云雾为贡品。据清人江登云《素壶便录》记载："黄山有云雾茶，产高峰绝顶，烟云荡漾，雾露滋培，其柯（棵）有百年者，气息恬雅，芳香扑鼻，绝无俗称，当为茶品中第一。"民国时期，黄山茶农以云雾茶作为茶坯，用混合窨制的技术改制成云雾花茶并销往北京、天津等地，使黄山云雾、天都云雾在市场上有一定的名声。

④ **制作工艺**：采摘—摊青—杀青—揉捻—子烘—过筛—老烘—拣剔八道工序。

（十四）黄山绿牡丹

黄山绿牡丹，属于绿茶，创制于1986年，产于安徽歙县大谷运。

① **主要产区**：主产区位于黄山市歙县北乡大谷运的黄音坑、上杨尖、仙人石一带。

② **茶叶特点**：外形如墨绿色菊花，白毫显露，色泽黄绿隐翠，内质香气馥郁持久；汤色黄绿明亮，滋味醇厚带甘；叶底成朵，黄绿鲜活。

③ **历史发展**：黄山绿牡丹由歙人汪芳生于1986年发明，经过10年开发，产品产量由初创时的16 kg发展到1996年的15万 kg。黄山绿牡丹名茶申报国家注册商标和国家专利得到批准。

④ **制作工艺**：杀青兼轻揉—初烘理条—选芽装筒—造型美化—定型烘焙—足干贮藏。

⑤ **获奖情况**：1986年6月在安徽省名优茶评比中列为具有独特风格创新优质茶；1992年，列为国家级重点新产品；1992年6月，黄山绿牡丹被评为安徽省名茶。

（十五）黄山白茶

黄山白茶，属于绿茶，产于安徽省黄山（歙县）地区。茶树嫩芽在特定温度光照下显现出白化特征，故名黄山白茶。

① **主要产区**：黄山白茶主要产于黄山市歙县富堨镇青山村，璜田乡蜈蚣岭村。

② **茶叶特点**：外形细秀，叶片莹薄，叶张玉白，色如玉霜，叶脉翠绿，光亮油润；冲泡后形似凤羽，茎翠叶碧；汤色鹅黄，清澈明亮；香气鲜爽馥郁，滋味鲜爽，回味甘甜。

③ **历史发展**：据《新安志》记载："宋淳熙年间（1174—1189年），凤凰山在歙北……尝有凤凰于此。旧产茶，岁产不过二三斤，熙宁中（1068—1077年），丘寺丞名之为甘白香。"史料佐证黄山白茶生产应始于宋代。20世纪，蜈蚣岭村小范围无性繁殖、试种白茶，限于当时历史条件和种种原因，白茶发展终没有形成市场和规模。2009年，在歙县农业委员会等部门的大力支持下，歙县富堨镇青山村建立了黄山白茶母本园、繁育基地和白茶生产基地。

④ **制作工艺**：采摘—萎凋—杀青—做形—烘焙。

⑤ **获奖情况**：2009年，获得第八届"中茶杯"名优茶评比特等奖；2011年，获得第九届"中茶杯"名优茶评比特等奖；2013年，获得第十届"中茶杯"名优茶评比金奖。

（十六）黄山松针

黄山松针为新创名茶，属于绿茶，创制于1988年，产于安徽省黄山市。

① **主要产区**：主要产于安徽黄山市屯溪实验茶场。

② **茶叶特点**：外形紧细、园直（略带园扁），锋毫显露挺秀如针，色绿油润光亮，内质香气高爽、鲜嫩，有幽雅的熟板栗香；汤色浅绿清澈，滋味鲜醇；叶底嫩绿明亮，匀齐。

③ **历史发展**：黄山松针是1990年研制开发的新产品，黄山松针与毛峰、云雾、绿牡丹相得益彰，构成"黄山名茶四姐妹"，为黄山系列名茶增添了一个新品目。1991年，进

一步改进了黄山松针的制茶技术，完成批量试生产1500kg任务，取得显著的经济效益和社会效益。

④ **制作工艺**：采摘—摊青—杀青—揉捻—初烘—理条—筛分整理—复烘。

⑤ **获奖情况**：1991年5月，参加黄山市名优茶评审会被评为市级优质名茶之一；1994年8月，荣获安徽省农业厅科技进步三等奖。

（十七）珠兰花茶

珠兰花茶为历史名茶，属于绿茶。创制于清乾嘉年间，主要产于安徽省黄山市歙县。

① **主要产区**：主要产于安徽省黄山市歙县。

② **茶叶特点**：优质珠兰花茶外形条索扁平匀齐，色泽乌绿油润，闻起来有明显的花香味。

③ **历史发展**：珠兰花茶的大量生产，始于清代咸丰年间，1890年前后花茶生产已较为普遍。

④ **制作工艺**：鲜花护理—茶坯处理—配花和窨制时间—干燥和贮藏。

（十八）九华毛峰

九华佛茶又名九华毛峰、黄石溪毛峰，属于绿茶；创制于清初，产于九华山及其周边地区。

① **主要产区**：九华佛茶就产于九华山及其周边地区，主产区位于黄石溪、下闵园一带。

② **茶叶特点**：外形条索稍曲，匀齐显毫，色泽绿润稍泛黄，香气高长，火功饱满；汤色绿黄明亮，滋味鲜醇回甘；叶底柔软匀亮成朵。

③ **历史发展**：20世纪80年代中期，安徽农业大学茶业系林鹤松教授主持安徽省科学技术委员会"九华山名优茶开发"科研项目，研制开发九华名优茶并且取得了一定的成效。21世纪初，池州市进一步整合茶叶品牌，使九华佛茶的发展进入了一个新的历史阶段。

④ **制作工艺**：鲜叶采摘—摊青—杀青—摊凉—做形—烘干—拣剔—包装。

⑤ **获奖情况**：1996年，九华山"东崖雀舌"和"金地茶"获得了安徽省乡镇企业系统优质产品和优质食品称号；1997年，"东崖雀舌"荣获农牧渔业部优质产品称号；1993年12月，九华佛茶的"东崖雀舌"被评为安徽省乡镇企业名牌产品。

（十九）仙寓香芽

仙寓香芽属于绿茶，产于皖南石台县仙寓山麓的珂田乡和仙寓山林场，创制于1992年。

① **主要产区**：仙寓香芽产于皖南石台县仙寓山麓的珂田乡和仙寓山林场。

② **茶叶特点**：外形尖细挺直、纤毫显露，洁白如雪，色泽嫩绿新黄；茶汤清澈明

亮，香气清高之久，滋味醇甜隽永，叶底匀嫩。

③ **制作工艺**：鲜叶—杀青—毛烘—摊凉—足烘—拣剔—补火。

④ **获奖情况**：仙寓系列名优茶仙寓香芽、仙寓雾毫分别于1992、1995年在池州地区名优茶评审会上被评为名茶和优质茶；仙寓香芽获得安徽省优质农产品（1992年度）和省级名茶称号（1995年度）；仙寓香芽、仙寓雪芽分别荣获1995年度第六届国际新优发明技术及产品评选展示会茶叶类唯一的金奖和银奖。

（二十）东至云尖

东至云尖为新创名茶，属于绿茶；20世纪80年代，由安徽农业大学教授陈椽指导创制。

① **主要产区**：安徽省东至县东南部深山区。

② **茶叶特点**：外形挺直略扁，色泽润绿显毫；内质香高味醇，汤清色碧。

③ **历史发展**："东至云尖"由安徽农业大学教授陈椽指导开发，一经问世，就于当年获北京国际茶会金奖；更以其优异的内质，精美的外形深受广大消费者青睐。

④ **制作工艺**：采摘—摊放—杀青—造型—清风—干燥—摊凉。

⑤ **获奖情况**：2009年"东至云尖"系列茶叶获国家地理标志证明商标。

（二十一）贵池翠微

贵池翠微属于绿茶，产于安徽省贵池市，为20世纪80年代的新创名茶，因池州名胜古迹翠微亭而得名。

① **主要产区**：主产区位于贵池南部高坦一带。

② **茶叶特点**：成品茶外形挺直略扁，自然舒展，色泽翠绿显毫；嫩香高长，滋味鲜醇爽口，有花香风味。

③ **制作工艺**：采摘—摊青—杀青—做形—烘焙。

④ **获奖情况**：1998年，贵池翠微在安徽省农业厅新创名茶评选会上评为优质产品。

（二十二）铜陵野雀舌

铜陵野雀舌茶，简称野雀舌，为历史名茶，属于绿茶，创制于明末清初。1987年恢复试制生产。1997年野雀舌茶注册为"五松山"牌；1999年2月茶名又进行注册。

① **主要产区**：主要产于安徽省铜陵市妮姑岭脚下的五松茶林场及周边地区。

② **茶叶特点**：外形微扁似矛，嫩香；滋味鲜爽，汤色清澈明亮；叶底嫩绿明亮。

③ **历史发展**：野雀舌在明末至清末年间就有生产。1922年《安徽省六十县产业调查表》显示，野雀舌产于铜官山和东乡、西乡等山区，制茶方法是以生叶用火烘焙；茶叶质浓而味清香，惟所产甚少，年产百担，每担百元，销往芜湖顺安。但以后野雀舌工艺

失传。1987年，高级农艺师解子桂创意策划了名优茶开发项目，提出新的制茶工艺设计，对历史名茶野雀舌进行恢复和研制。

④ **制作工艺**：鲜叶—验收—拣剔—摊放—杀青摊凉—干燥（毛火—足火）。

⑤ **获奖情况**：1992、1995年两次获得省级名茶并授予优质农产品称号；1994年，荣获首届"中茶杯"一等奖；1995年，获第二届中国农业博览会金奖；1999、2001年，均获得中国国际农业博览会名牌农产品。

（二十三）金山时雨

金山时雨为上品绿茶，创名于清道光年间，原名"金山茗雾"。清代末年，"时雨"由上海"汪裕泰茶庄"独家经销；民国初年，"时雨"已销往香港、新加坡等地。

① **主要产区**：宣城市绩溪县上庄镇上庄及金山村（图2-9）。

② **茶叶特点**：条索紧细，微带白毫；味芳香淳厚、爽口，回味甘；汤色清澈明亮；叶底嫩绿金黄，耐冲泡。

图 2-9 金山时雨

③ **历史发展**：绩溪产茶可上溯于唐代，以高山绿茶品质特佳而著称海内外。清道光三十年（1850年），绩溪人创制"金山时雨"，为上海汪裕泰茶号镇店之宝。清同治七年（1868年）定名，清光绪二十年（1894年）汪裕泰号以"金山时雨"茶进贡，是为贡茶。

④ **制作工艺**：鲜叶摊放—杀青—揉捻—毛坯（滚或烘）—摊凉—做形（锅炒条理卷曲）—摊凉—足火—去碎末。

⑤ **获奖情况**：2010年，农业部批准对"金山时雨"实施国家农产品地理标志登记保护。

（二十四）瑞草魁

瑞草魁为恢复历史名茶，属于绿茶；始创于唐代，清后失传。1985年，经研究在原产地恢复生产。

① **主要产区**：主产区位于安徽省郎溪县南，宣城、广德、宁国接壤的鸦山一带。现时由郎溪县姚村乡姚家塔白阳岗茶厂生产。

② **茶叶特点**：挺直显毫，匀齐，形似绿剑，嫩绿透翠；清香高持久、鲜醇爽回甘，爽口，回味甘；汤色嫩绿清澈明亮；叶底嫩黄明亮，耐冲泡。

③ **历史发展**：郎溪茶叶生产始于唐代。瑞草魁绿茶源于地方野茶"鸦山阳坡横纹茶"，陆羽《茶经》也记载"鸦山产茶"。自唐以来，"瑞草魁"史料记载详实。清代后瑞草魁失传。1985—1986年，郎溪茶农经过反复试验，恢复"瑞草魁"生产。20世纪80年

图 2-10 新茶炒制

代，以严洁教授为主的专家组专访制茶家族传人陈全荣，挖掘、整理、研究鸦山阳坡横纹茶瑞草魁传统制茶技艺，对传统工艺进行优化整合，探索、制定了一整套完善的规范工艺流程和技术标准。

④ **制作工艺**：杀青—理条做形—烘焙（图2-10）。

⑤ **获奖情况**：1992年，瑞草魁在安徽省名茶评比总分第一，同年获首届中国农业博览会银奖；1999年，鸦山瑞草魁获国际名茶评比金奖；2000年，"瑞草魁"被中国茶叶博物馆收藏、陈列；2004年，鸦山瑞草魁被农业部认证为无公害农产品；2010年12月，农业部批准对"鸦山瑞草魁"实施农产品地理标志登记保护；2013年，鸦山瑞草魁入选宣城市第三批非物质文化遗产名录。

（二十五）黄花云尖

黄花云尖，新创名茶，属于绿茶，创制于1983年；以宁国市黄花山名之，故称黄花云尖；是安徽省宁国市特产，全国农产品地理标志。

① **主要产区**：安徽皖南山区的宁国市。

② **茶叶特点**：黄花云尖外形挺直平伏、色翠显毫、匀净；开汤后，汤色嫩绿明亮，香气清香高长，滋味醇爽回甘，叶底芽叶肥壮、嫩绿明亮；其典型品质特征是芽尖丰满、花香馥郁（图2-11）。

图 2-11 黄花云尖

③ **历史发展**：1983年，黄花云尖开始试制。1984年，茶学专家陈椽教授亲自前往指导，形成黄花云尖的独特风格。1985年，全省30多个样茶评比时名列前茅。同年在全国优质名茶评选上，综合评价是"品质优异、风格独特"，荣获农牧渔业部颁发的优质产品证书和奖杯。

④ **制作工艺**：摊青—杀青—做形—头烘—二烘—复火—拣剔—装箱。

⑤ **获奖情况**：1985年，黄花云尖荣获安徽省农牧渔业厅优质名茶称号和农业部优质名茶称号；2019年6月，农业农村部批准对"黄花云尖"实施国家农产品地理标志登记保护。

（二十六）敬亭绿雪

敬亭绿雪是一种传统名茶，属于扁条形烘青型绿茶，产于宣城市敬亭山（图2-12）。敬亭绿雪以其芽叶色绿、白毫似雪而得名。明清时期，曾被列为贡茶，亦是安徽省名茶之一。

图 2-12 敬亭山茶场

① **主要产区**：安徽省宣城市敬亭山。

② **茶叶特点**：成茶外形色泽翠绿，茶叶肥壮而全身白毫似雪；茶形如雀舌而挺直饱润，芽叶相合不离不脱，朵朵匀净宛如兰花；汤色清碧叶底细嫩，回味爽口香郁甘甜，连续冲泡两三次香味不减；茶汤清色碧，白毫翻滚，如雪茶飞舞；香气鲜浓，似绿雾结顶。

③ **历史发展**：敬亭绿雪始创于明代，明清时期被列为贡茶，约于清末失传，1972年安徽省敬亭山茶场研制恢复，1978年研制成功，后多次获名茶称号。

④ **制作工艺**：杀青—做形—烘干。

⑤ **获奖情况**：1976年，郭沫若欣然为"敬亭绿雪"命笔题名；1982年和1987年分别获国家对外经济贸易部和省名优茶证书；1989年，获安徽省首届科技大会奖。

（二十七）高峰云雾

高峰云雾亦称"塔泉云雾"，主产于安徽宣城塔泉一带的条形烘青绿茶；始产于清雍正年间，后失传；1955年恢复生产。

① **主要产区**：宣城市溪口镇吕辉村。

② **茶叶特点**：成品细紧弯曲显毫，锋苗秀丽，白毫显露，色泽深绿尚润；香气高而持久，汤色嫩绿明亮，滋味鲜醇；叶底芽叶完整成朵、嫩绿明亮。

③ **历史发展**：高峰云雾始于清雍正年间，后失传。据《宣城县志》载："城南百里华阳山，其南为高峰，峰冠云表，下有塔泉庵，并产名茶。"高峰云雾与敬亭绿雪、碧山横纹合称宣城三大历史名茶。1955年恢复生产后，由茶叶公司收购。1979年，安徽省配制高峰云雾标准样一只，产品分3个等级，标准样定在2等级。从此高峰云雾被列入安徽省名茶。1982年，全国名茶评选中获"条紧匀细，锋苗秀丽，白毫显露，色泽油润，香气清高，滋味鲜爽"的好评。

④ **制作工艺**：采摘—杀青—揉捻—烘焙。

⑤ **获奖情况**：1984年，荣获部级优质产品荣誉证书。

（二十八）天山真香

天山真香为新创名茶，属于绿茶。创制于1982年，产于安徽省旌德县。

① **主要产区**：主产区为旌德县旌德以及与黄山市黄山区接壤地区。

② **茶叶特点**：其成品外形挺直略扁平，芽叶肥壮，色泽翠绿光润，白毫显露；内质香气清高持久，带有花香；汤色浅绿，清澈明亮，滋味醇厚鲜爽，耐泡、回甜；叶底匀齐，嫩绿明亮。

③ **历史发展**：1981年，旌德县农委主持研制并开发天山真香。1987年前，"天山真香"名为"天山毛峰"。1988年，天山真香为安徽农业大学陈椽教授发现，鉴于其兰花香气高长，殊于黄山毛峰等名茶的特异品质，将其命名为"天山真香"。

④ **制作工艺**：鲜叶采摘—摊青—杀青—理条—做形—烘焙—拣剔—包装。

⑤ **获奖情况**：1988年，"天山真香"在第二届安徽省名茶评比中名列第一；1992年，"天山真香"在首届中国农业博览会上获银质奖；1997年，"天山真香"在全国名优茶评比中获一等奖；2016年11月2日，农业部正式批准对"旌德天山真香茶"实施农产品地理标志登记保护。

（二十九）太极云毫

太极云毫，原名"广德云雾"，产于安徽广德县杨滩镇五合村一带，属于直条形烘青绿茶。因茶区内有一个被称为天下四绝之一的太极洞，茶叶由此得名。

① **主要产区**：太极云毫的茶区在天目山和黄山余脉延伸境内。

② **茶叶特点**：外形扁平挺直，肥硕匀齐，色泽翠绿显毫，内质香气清高；滋味鲜双醇厚，汤色浅绿，清澈明亮，均匀成朵。

③ **历史发展**：太极云毫原名"广德云雾茶"，创制于清代。1915年，广德云雾茶在巴拿马国际博览会上获得金牌大奖。1989年，广德云雾茶更名为"太极云毫"并被评为安徽省名茶。

④ **制作工艺**：采摘—杀青—做形—烘干。

⑤ **获奖情况**：1988年，太极云毫评为省级名茶；1997年，在全国名优茶评比中获一等奖；2008年，获中国有机产品认证并被中国国际品牌协会推荐为中国著名品牌。

（三十）祠山翠毫

祠山翠毫为新创名茶，属于绿茶，创制于1987年，产于广德县境内的祠山岗茶场。

① **主要产区**：安徽省广德县境内的祠山岗茶场。

② **茶叶特点**：其内质香气属于毫香型，鲜爽纯正持久，汤色浅黄绿，清澈明亮；滋味鲜醇回甘；叶底黄绿明亮，芽壮匀齐。

③ **历史发展**：1987年，广德县开始试制祠山翠竹并参加安徽名茶评审鉴定。1988年，在安徽农业大学教授詹罗九等专家指导下，针对外形内质进行了改进及品质提升，同时更名为祠山翠毫。

④ **制作工艺**：采摘—摊放—杀青—理条—烘干—抽针。

⑤ **获奖情况**：1989年，荣获安徽省优质农产品称号；1993年，祠山翠毫系列产品祠山翠毫、祠山雀舌、祠山翠魁均被农业部茶叶监测中心评为名茶。

（三十一）西涧春雪

西涧春雪为新创名茶，属于绿茶，创制于1980年后期。历史上的"西涧春潮"曾是滁州十二景之一，"西涧春雪"茶名即取自这一景，"春"表示时间，"雪"表示该茶白毫多。

① **主要产区**：产于滁州市南谯区的琅琊山、皇甫山之间的低山丘陵。

② **茶叶特点**：芽头饱满，芽叶抱合挺直稍扁，色泽绿润，披毫似雪；清香高长，有花香，汤色清澈明亮，滋味鲜爽；有花香味，叶底全芽嫩绿匀整。

③ **历史发展**：据传，宋朝时皇甫山弥陀寺住持悟真和尚将茶种山坞中，名为南谯茶，明朝时为南谯贡茶；历经600年的风雨后，皇甫山林尚存1000多株茶树。1991年，滁州市科技人员在南谯茶基础上创制了名茶新秀"西涧春雪"和"西涧雪芽"。1993年，两款茶叶双双获得省优名茶称号；同年，西涧春雪获农博会铜奖以及国家级名茶称号。

④ **制作工艺**：采摘—杀青—烘焙。

⑤ **获奖情况**：1993年获得省优名茶称号，国家级名茶称号；1994年荣获首届"中茶杯"名优茶评比二等奖。

（三十二）白云春毫

白云春毫，属于绿茶，创制于1987年，产于安徽省合肥市庐江县，全国农产品地理标志产品。

① **主要产区**：产区主要分布在庐江县汤池、柯坦、万山等16个镇的低山丘陵地区。

② **茶叶特点**：外形细嫩显毫，色泽绿润，形似雀舌，嫩香持久；滋味鲜醇，汤色清澈明亮；叶底匀称一致，嫩绿明亮（图2-13）。

图 2-13 白云春毫

③ **历史发展**：1985年，庐江果树茶厂开始试制二姑尖毛峰并投放市场，反映良好。

1986年12月，庐江县科学技术委员会"开发二姑尖毛峰名茶"课题经安徽省科委考察论证过后，同意立项。1987年4月上旬，开始正式试制，以二姑尖茶园为鲜叶原料基地，因其成茶白毫显露，并将二姑尖毛峰改名为白云春毫。

④ **制作工艺**：鲜叶摊青—分级—杀青—摊放冷却—炒压做形—摊放—初烘—复烘—足烘—拣剔—包装等工序。白云春毫独特的制作工艺是炒压做形、既炒又烘。

⑤ **获奖情况**：1988年，白云春毫被评为安徽省名茶；2017年4月20日，农业部正式批准对"白云春毫"实施农产品地理标志登记保护。

（三十三）金寨翠眉

金寨翠眉为新创名茶，属于绿茶，创制于1986年；因主产区位于金寨县齐山一带，故又称齐山翠眉。

① **主要产区**：主产区位于安徽省六安市金寨县齐山一带。

② **茶叶特点**：外形纤秀如眉状，白毫披露，色绿油润；泡入杯中，芽头直立如笋，叶底黄绿匀亮，绿香高长，清新馥郁；饮入口中，滋味鲜醇，香甜爽心。

③ **历史发展**：1986年，金寨县农业局研制组在齐山研制出一种芽型名茶——"金寨龙芽"；1987年，被评为皖西名茶和安徽省名茶。1996年，王镇恒教授建议更名为"金寨翠眉"；1995年，金寨县再度进行金寨翠眉的研制开发并投放市场。

④ **制作工艺**：炒芽—毛火—小火—足火。

⑤ **获奖情况**：1989年，获农业部"优质农产品"称号；1993年，获得第一届农业博览会金奖；1995年，获得第二届农业博览会金奖；1997年，获得第三届中国国际农业博览会中国名牌产品；2005年，被安徽省人民政府再次认定为省级名牌农产品。

（三十四）华山银毫

华山银毫属于绿茶，为新创名茶，创制于1993年，产于六安市东河口镇和毛坦厂镇。

① **主要产区**：产于六安市东河口镇大九华山和毛坦厂镇的东石笋一带。

② **茶叶特点**：细秀匀齐，嫩绿显毫；香气鲜爽，滋味鲜醇；汤色黄绿明亮，叶底嫩绿匀亮。

③ **历史发展**：华山银毫由六安市华山名茶开发中心创制。1985年，开始承包并组织生产及投放市场；通过两年多的研制和改进，使茶叶生产技术日趋完善，名茶品质特色也基本成形并不断提高。1993年，芽蕊茶华山银毫产品正式投放市场。

④ **制作工艺**：摊放—杀青做形—抽心芽精选—烘干。

⑤ **获奖情况**：1995年5月，在安徽省第四届名优茶评审会上华山银毫被评为省级名茶，安徽省农业厅颁发安徽省优质农产品证书；1995年8月，在澳门发明城中心，华山

银毫荣获1995年度第六届国际新发明新技术新产品评选展示会优质奖；1995年10月，在第二届中国农业博览会上，华山银毫评为名茶并荣获金奖。

（三十五）岳西翠兰

岳西翠兰，创制于1983年，产于安徽省岳西县，为国家地理标志产品。

① **主要产区**：产于安徽省岳西县。

② **茶叶特点**：外形芽叶相连，舒展成朵，色泽翠绿，形似兰花；香气清高持久，汤色浅绿明亮，滋味醇浓鲜爽；叶底嫩绿明亮（图2-14）。

③ **历史发展**：1985年，包家河的石佛寺和姚河的黄树试制的岳西翠兰。1990年，岳西县又相继开发岳西翠芽、岳西翠尖，形成了岳西翠兰名优茶系列。

图 2-14 岳西翠兰

④ **制作工艺**：鲜叶采摘—摊放—杀青—理条—毛火—摊凉—足火。

⑤ **获奖情况**：1996年，岳西翠兰获农博会金奖、"安徽省十大名茶"称号、"中茶杯"金奖；2010—2012年，岳西翠兰四度成为国宾礼茶；2011年，岳西翠兰获评全国"两会"专用茶；2013年12月，岳西翠兰成功获批国家地理标志保护产品称号；2020年7月27日，岳西翠兰入选中欧地理标志第二批保护名单。

（三十六）天柱剑毫

天柱剑毫为恢复历史名茶，属于绿茶；创制于唐代，原称天柱茶，后失传。1980年，恢复生产时启用现名。天柱剑毫以其优异的品质、独特的风格、峻峭的外表已跻身于全国名茶之列，因其外形扁平如宝剑而得名。

① **主要产区**：安徽省潜山市天柱山一带。

② **茶叶特点**：色翠匀齐毫显，扁平挺直似剑；花香清雅持久，滋味醇厚回甜；汤色碧绿明亮，叶底匀整嫩鲜；以其"叶绿、汤清、香醇味厚"而闻名。品尝此茶后，有"入口浓醇、过喉鲜爽，口留余香、回味甘甜"之感。

③ **历史发展**：天柱剑毫创制于唐代，称舒州天柱茶。1980年恢复生产，因外形扁直似剑，故称天柱剑毫。天柱剑毫的开发，始于1978年；并根据陈椽教授建议，1985年定名为"天柱剑毫"。

④ **制作工艺**：摊青—杀青—炒坯—提毫—初烘—复烘—足烘—拣剔整形。

⑤ **获奖情况**：1985年全国名茶展评会上被评定为全国名茶之一；2009年"天柱剑毫"商标，被授予"安徽省著名商标"称号。

（三十七）天华谷尖

天华谷尖为恢复历史名茶，属于绿茶，原名"南阳谷尖"，产于太湖县。1986年4月，在茶学专家陈椽教授指导下，恢复生产并且易名为"天华谷尖"。

① **主要产区**：产于安徽省太湖县。

② **茶叶特点**：形似稻谷，滋味鲜爽、醇厚，色泽翠绿，汤色碧绿，叶底匀整明亮（图2-15）。

③ **历史发展**：太湖县产茶历史悠久，明清年间所产"芽茶"被列入户部贡品。1986年4月，经反复研制后恢复生产"天华谷尖"。

④ **制作工艺**：鲜叶摊放—杀青—理条—烘焙。

图 2-15 天华谷尖

⑤ **获奖情况**：2015年12月，国家质量监督检验检疫总局正式批准"天华谷尖"为原产地域保护产品（即地理标志保护产品）。

（三十八）柳溪玉叶

柳溪玉叶为新创名茶，属于绿茶，创制于1995年，产于安徽宿松县。

① **主要产区**：产于安徽省宿松县。

② **茶叶特点**：外形扁平匀直，色泽黄绿明亮，毫毛披挂，形如早春柳叶；内质香高悠长，清花香型，滋味鲜醇回甘；汤色黄绿明亮，叶底匀净成朵，嫩绿明亮。

③ **历史发展**：20世纪90年代初，凉亭镇柳溪茶厂在杭州茶叶研究所茶叶专家唐小林指导下，成功地创制了柳溪玉叶，先后被评为安庆市名茶、安徽省名茶。

④ **制作工艺**：鲜叶—摊放杀青—冷却拣剔—炒坯—提毫—毛火—足火—提香。

⑤ **获奖情况**：1995年，在第二届中国农业博览会上荣获金质奖。

（三十九）桐城小花

桐城小花为历史名茶，属于绿茶，创制于明代；产于安徽桐城市，是全国农产品地理标志产品（图2-16）。

① **主要产区**：产于安徽省桐城市，主产区位于龙眠山。

② **茶叶特点**：外形舒展、色泽翠绿、形似兰花；汤色嫩绿明亮，香气清鲜持久有兰

图 2-16 桐城小花

花香，滋味鲜醇回甘；叶底嫩匀绿明。其独特的品质特征是"色翠汤清、兰香甜韵"。

③ **历史发展**：桐城种茶历史悠久，史载："明朝大司马鲁山公（孙晋）宦游时得异茶籽，植之龙眠山之椒园。"于是，椒园茶与顾渚、蒙顶并称，跻身"贡品"之列，时称椒园茶；又因其冲泡后形似初展花朵，又名"桐城小花"。1949年后，桐城市通过引进良种，改造茶园，实行机械化制茶。

④ **制作工艺**：传统工艺为鲜叶摊放—锅炒杀青（分生锅、熟锅）—旺炭火初烘—摊凉—复烘—提香包装；现代工艺为鲜叶摊放—杀青—理条—热风初烘—摊凉—复烘—提香包装。

⑤ **获奖情况**：1983年，桐城小花获得经贸部优质产品证书；1986年，桐城小花在安徽省食品学会的会议上被评为省优质茶。2018年7月3日，农业农村部正式批准对"桐城小花"实施农产品地理标志登记保护。

（四十）雾里青

① **主要产区**：产于皖南九华山和牯牛降及周边地域，主产区位于石台县珂田、占大、大演一带。

② **茶叶特点**：全芽肥嫩，茸毫披露，嫩香持久，滋味鲜醇，汤色浅黄明亮，叶底嫩绿完整。

③ **历史发展**：据《文献通考》记载，宋代时，全国名茶37个品目，其中"仙芝""嫩蕊"就产于皖南一带，尤以石台茶仙寓山茶为之最。石台（古称石埭，1965年更为现名）是著名的皖南茶乡，自古就以盛产茶叶而闻名于世。因为"嫩蕊"产于海拔千米的云雾之中，茶园常年被云雾笼罩，所以当地人称此茶为"雾里青"。

④ **制作工艺**：制作工艺有鲜芽炒制和抽针2种。鲜芽炒制的工艺流程为鲜叶—摊放—杀青—毛烘—摊凉—足烘—拣别—补火。抽针制法为从雾毫或云尖的毛茶中抽取芽尖，拣别后补火。

⑤ **获奖情况**：2010年，"雾里青"被国家工商行政管理总局评为中国驰名商标。

（四十一）二祖禅茶

二祖禅茶源出于禅宗二祖慧可大师创制，故名"二祖禅茶"；属于绿茶，产于太湖县。

① **主要产区**：产于安徽省安庆市太湖县。

② **茶叶特点**：外形紧结卷曲，色泽翠绿，白毫显露；香气高长，滋味浓醇鲜爽。

③ **历史发展**：二祖禅茶源出于禅宗二祖慧可大师创制。2004年3月，太湖县根据史料记载，恢复开发了二祖禅茶，中国佛教协会原会长一诚法师品饮后倍加赞赏，亲笔题

写茶名。二祖禅茶面市以来深受广大消费者青睐，产量不断增加。

④ **制作工艺**：摊放—杀青—做形—干燥。

（四十二）广德黄金芽

广德黄金芽属于绿茶的黄化品种，产于安徽广德市。因其一年四季均为黄色，具有干茶亮黄、汤色明黄、叶底纯黄的特点而得名。2018年，广德黄金芽成功注册地理标志证明商标。

① **主要产区**：产于安徽广德市。

② **茶叶特点**：干茶色泽嫩黄透绿，汤色亮黄隐绿，叶底金黄含绿；三黄隐绿，香清味醇（图2-17）。

③ **历史发展**：广德黄金芽是珍稀黄化茶树种质资源品种，是国内目前培育成的唯一黄色变异茶种。因其一年四季均为黄色，具有干茶亮黄、汤色明黄、叶底纯黄的特点，且因滋味鲜爽而得名。黄金芽自20世纪90年代被发现以来，经过十余年的选育推广，目前已被市场广泛认可。

图 2-17　广德黄金芽

④ **制作工艺**：杀青—揉捻—干燥。

⑤ **获奖情况**：2017年以来，广德黄金芽参评"中茶杯"，多次荣获一等奖；2018年，广德黄金芽成功注册地理标志证明商标；2020年，在世界绿茶评比会上获得最高金奖。

（四十三）徽州莲心茶

徽州莲心茶属于绿茶，产于安徽歙县（徽州）；元、明时期流行，至清代时期失传。2000年，黄山茗雅茶业公司开始恢复生产并在原有的制作技术上有所创新，致使徽州莲心茶进入消费市场并获得国家级制作技术专利。

① **主要产区**：安徽黄山市歙县绍濂乡小溪、和平、岭口村等地。

② **茶叶特点**：芽叶细嫩、成朵、白毫显露、色褐绿；冲泡后芽叶沉底形如莲心，叶底呈嫩黄色，汤色嫩绿黄，耐冲泡且味浓、微苦有熟板栗香。

③ **历史发展**：徽州莲心茶始自元代，是古徽州歙县地区生产的炒青散芽茶；因制成的芽茶形似莲子果实的心芽，故统称莲心茶。明代史料记载，徽州茶品"细有雀舌、莲心、金芽，次者为芽下白、为走林、为罗公"等。2014年，黄山茗雅茶业有限公司恢复炒青散芽生产并创制莲心茶；技术研发人员杨林川、杨莲花获国家级莲心茶制作工艺专利以及安徽省著名商标称号。

④ **制作工艺**：采摘—摊晒—杀青—揉捻—理条—复烘。

⑤ **获奖情况**：2014年，莲心茶获北京春茶节安徽名茶推介会暨斗茶大赛陆羽奖；2015年，莲心茶荣获第三届中国茶叶博览会绿茶类斗茶赛金奖。

（四十四）歙县滴水香

歙县滴水香茶以茶树品种命名，是20世纪90年代初歙县研发的名优绿茶，也是黄山地区茶树良种之一。茶园多分布在海拔500~800m的深山茂林幽谷中，山上土壤肥沃、雨水丰沛、昼夜温差大，茶叶的酚氨比含量适中，形成了滴水香茶高香、鲜爽的独特口感。近年来，溪头镇积极贯彻落实茶园绿色防控各项措施，示范推广黏虫黄板、生物农药、生态农艺等，保证了鲜叶的安全和品质。

① **主要产区**：安徽省黄山市歙县溪头镇汪满田、大谷运、竦坑等地。

② **茶叶特点**：外形乌绿、如玉，香气清高，滋味醇厚鲜爽耐冲泡。

③ **制作工艺**：恒温贮藏—杀青—摊凉—揉捻—初烘—脱水—复炒—回潮—定形。

④ **获奖情况**：2020年12月25日，歙县滴水香被纳入2020年第三批全国名特优新农产品名录。

二、红茶类——祁门红茶

祁门红茶简称祁红，是中国历史名茶；创制于清光绪年间（1875年前后），产于安徽省祁门、东至、贵池（今池州）、石台、黟县以及江西的浮梁一带。

"祁红特绝群芳最，清誉高香不二门。"祁门红茶是中国红茶中的极品，也是英国王室喜爱饮品；祁门红茶品质优良，盛名远播，有"群芳最""王子茶"等美誉。

① **主要产区**：祁门红茶的产区分为三域，一是由祁门溶口、侯潭至历口，区域内以贵溪、黄家岭、石迹源地为最优；二是由祁门、箬坑至渚口，区域内以箬坑、闪里、高塘等地为佳；三是祁门塔坊至祁红乡及至倒湖等地，以塘坑头、棕里、芦溪、倒湖等处为代表。总体而言，祁门红茶以贵溪、历口、古溪、箬坑、闪里、平里一带为优。

② **茶叶特点**：外形条索紧细、匀齐，色泽乌黑油润；汤色红艳透明，香气清香持久；叶底鲜红明亮，滋味醇厚回甘（图2-18）。

③ **历史发展**：清光绪以前，祁门产茶均为绿茶，以安茶最负盛名。清光绪元年（1875年），黟县人余干臣由福建罢官回籍，因羡红茶畅销多利，在至德县（今东至县）尧渡街设立茶庄，仿效闽红制法，试制红茶成功。为了扩大影响，1876年

图2-18 祁门红茶

以后又在祁门历口、闪里设分庄，还劝导茶农制造红茶以扩大经营范围。由于红茶品质价高，茶农纷纷改制红茶，逐步形成了祁红茶区。另据1916年《农商公报》第二期记载："安徽改制红茶，权舆于祁（门）、建（德）。而祁、建有红茶，实肇始于胡元龙（又名胡仰儒）。胡元龙为祁门南乡之贵溪人，于清咸丰年间，即在贵溪开辟荒山5000余亩，兴植茶树。光绪年间，因绿茶销路不畅，特考察制造红茶之法，首先筹集资金六万元，建设日顺茶厂，改制红茶，亲往各乡教导园户，至今40余年，孜孜不倦。"上述两种说法并不矛盾，祁门红茶应市后，引起国内外市场的极大关注并成为畅销茶类。

④ **制作工艺**：采摘—初制（萎凋、揉捻、发酵、烘干）—精制（毛筛、抖筛、分筛、紧门、撩筛、切断、风选、拣剔、补火、清风、拼和、装箱）。

⑤ **获奖情况**：1915年，获巴拿马万国博览会金质奖章；1983年，获国家出口商品优质荣誉证书；1987年，获第26届世界优质食品博览会金奖；1992年，获香港国际食品博览会金奖；2010年，获上海世博会十大名茶荣誉称号。

三、黑茶类——安茶

安茶为历史名茶，是一种后发酵的黑茶；创制于明末清初，产于祁门县西南芦溪；抗战期间停产，20世纪80年代恢复生产。

① **主要产区**：产于祁门县西南芦溪、店埠滩和溶口一带。

② **茶叶特点**：外形紧结匀齐，色黑褐尚润；香气高长有槟榔香，汤色橙黄明亮（图2-19）。

③ **历史发展**：安茶名称的起源，有两种说法：其一，仿六安茶制法或借六安茶名，故曰"安茶"。其二，"安徽茶"简称安茶。

图2-19 祁门安茶

④ **制作工艺**：初制为杀青、揉捻、晒坯、烘干。精制为筛分、撼簸、拣剔、复烘、装篓成型。

⑤ **获奖情况**：2014年，荣获全国茶叶博览会黑茶类金奖。

四、黄茶类——霍山黄芽

霍山黄芽（图2-20），产于安徽省霍山县，国家地理标志产品；属于黄茶，始于唐代，兴于明清时期。

① **主要产区**：霍山县，主产区位于东漂河上游大山区的金鸡山、金竹坪、鸟米尖一带。

图 2-20 霍山黄芽

② **茶叶特点**：外形挺直微展，色泽黄绿披毫，香气清香持久，汤色黄绿明亮，滋味浓厚鲜醇回甘；叶底微黄明亮。

③ **历史发展**：霍山茶树种植，历史悠久。唐元和十一年（816年），唐宪宗诏寿州以兵三千保其境内之茶园。明代，霍山黄芽被列为贡品。

④ **制作工艺**：鲜叶采摘—杀青（做形）—毛火—摊放—足火—拣剔—复火。

⑤ **获奖情况**：2006年12月，霍山黄芽成功获批国家地理标志保护产品称号；2020年5月20日，入选2020年第一批全国名特优新农产品名录；2020年7月20日，霍山黄芽入选中欧地理标志首批保护清单。

安徽省其他名茶详见表2-1。

表 2-1　安徽省其他名茶一览表

品名	属性	茶类	产地	创制年代	品质特点	工艺流程
黄山银钩	新创名茶	绿茶类	歙县大谷运、岱岭	20世纪70年代	茶色银绿形曲似钩	杀青—揉捻—炒青—炒干
新安江香芽	新创名茶	绿茶类	歙县长标谷丰	1990	香气高长有兰花香	杀青—做形—毛烘—足焙
蜈蚣岭白茶	新创名茶	绿茶类	歙县蜈蚣岭	20世纪90年代	花香高长滋味鲜醇	摊放—杀青—做形—烘焙
白岳黄芽	历史名茶	绿茶类	休宁县齐云山	明代	金边镶碧鞘碧鞘裹银箭	杀青—烘焙
金龙雀舌	恢复历史名茶	绿茶类	休宁县金龙山	清代，1978年恢复	形似雀舌香味堪忧	杀青—烘焙
仙寓山尖茶	新创名茶	绿茶类	祁门县仙寓山南麓	1991	香高味醇有花香味	杀青—理条—烘焙
黄山翠兰	新创名茶	绿茶类	祁门县	1995	翠绿鲜活花香味浓	杀青—烘干
黄山贡菊	新创名茶	绿茶类	黄山市徽州区富溪	1991	蕊白叶绿茗菊香高	杀青—初烘—选芽—扎花—定型—复烘—足干
太平布尖	新创名茶	绿茶类	黄山区	2021	色泽青绿清香醇和	摊青—杀青—整形—烘干

品名	属性	茶类	产地	创制年代	品质特点	工艺流程
敬亭雪螺	新创名茶	绿茶类	宣州区敬亭山茶场	1988	卷曲如螺白毫似雪	杀青—做形—提毫—烘焙
云绿	新创名茶	绿茶类	宣州区周王茶场	1983	扁直匀秀色泽绿润	杀青—理条—烘焙
苍山春雪	新创名茶	绿茶类	宣州区周王茶场	1989	全芽壮实毫香持久	杀青—做形—烘焙
天竺云芽	新创名茶	绿茶类	宣州区天竺山	1988	翠绿披毫嫩香花香	杀青—做形—烘焙
丹山翠云	恢复历史名茶	绿茶类	宣州区天丹山	明代，1983年恢复	条直扁平白毫显露	杀青—理条—做形—烘干
天湖云螺	新创名茶	绿茶类	宣州区军天湖	1978	卷曲如螺银绿隐翠	杀青—热揉—提毫—烘焙
绿霜	新创名茶	绿茶类	郎溪县十字铺茶场	1984	白毫显露霜中隐绿	杀青—做形—烘干
阳春白雪	新创名茶	绿茶类	郎溪县十字铺茶场	1987	挺直壮实白毫密布	杀青—做形—烘干
百杯香芽	新创名茶	绿茶类	郎溪县十字铺茶场	1990	墨绿显毫香高味鲜	杀青—做形—提毫—烘焙
翠魁	新创名茶	绿茶类	郎溪县十字铺茶场	1988	色泽翠绿清香悠长	杀青—烘焙
雪针	新创名茶	绿茶类	郎溪县十字铺茶场	1990	翠绿披毫清香花香	杀青—做形—烘干
横岩云雾	新创名茶	绿茶类	绩溪清凉峰细、大障河源头一带	1985	白毫显露高香持久	杀青—揉捻—初烘—摊凉—足焙
阳峰长谷	新创名茶	绿茶类	广德市阳岱山	20世纪50年代	绿翠显毫花香持久	杀青—做形—烘干
龙潭翠毫	新创名茶	绿茶类	宁国市龙潭寺	1984	鲜醇回甘有椰子香	杀青—烘焙
野兰香	新创名茶	绿茶类	宁国市板桥	1994	绿翠显毫滋味鲜醇	摊放—杀青—烘焙
汀溪兰香	新创名茶	绿茶类	泾县汀溪	1989	肥壮显芽清香持久	杀青—做形—烘干
爱民翠尖	新创名茶	绿茶类	泾县爱民村	1994	色清叶绿滋味醇甘	采摘—杀青—散热—干燥烘焙
泾县乌龙茶	新创名茶	青茶类	泾县蔡村镇	2014	香气馥郁滋味醇厚	颗粒型：萎凋—做青—炒青—揉捻—做形—干燥；条型：萎凋—做青—炒青—揉捻—毛火—定火—焙火

品名	属性	茶类	产地	创制年代	品质特点	工艺流程
九山翠剑	新创名茶	绿茶类	芜湖县九连山茶场	1980	形似利剑色泽翠绿	杀青—做形—辉锅
九山雀舌	新创名茶	绿茶类	芜湖县九连山茶场	1990	形似雀舌清香醇爽	杀青—做形—烘焙
九山碧毫	新创名茶	绿茶类	芜湖县九连山茶场	1989	卷曲似螺银绿隐翠	杀青—揉捻—搓团—定型—烘焙
九山云针	新创名茶	绿茶类	芜湖县九连山茶场	1989	银绿披毫毫香清雅	杀青—做形—毛火—足火
九山翠芽	新创名茶	绿茶类	芜湖县九连山茶场	1988	翠绿显毫清香持久	杀青—揉捻—毛火—足火
芜绿	新创名茶	绿茶类	芜湖	20世纪50年代	色泽翠绿味道清香	鲜叶—贮青—杀青—揉捻—二青—三青—辉干—毛茶
金地雀舌	恢复历史名茶	绿茶类	青阳县九华山	清代，1984年恢复	形似雀舌黄绿油润	杀青—烘焙
秋浦玉龙	新创名茶	绿茶类	石台县秋浦河上游	1992	翠绿显毫有兰花香	杀青—揉捻—毛火—理条—足火
蓬莱仙茗	新创名茶	绿茶类	石台县詹大镇	1992	扁平挺直有兰花香	杀青—做形—毛火—整形—足火
香山云尖	新创名茶	绿茶类	东至县茶树良种场	1986	形似雀舌绿翠匀齐	杀青—做形—烘焙
甘露青峰	新创名茶	绿茶类	东至县茶树良种场	1985	扁平挺秀清香高雅	青锅—辉锅—烘焙
碧色天香	新创名茶	绿茶类	东至县紫马坑	1991	形似兰花兰香高锐	杀青—做形—烘焙
紫石兰花	新创名茶	绿茶类	东至县紫石塔	1991	绿匀显毫花香带果香	杀青—揉捻—烘焙
红牡丹	新创名茶	红茶类	东至县官港	1991	花朵形金毫显露	萎凋—揉捻—发酵—理条扎花—造型—烘焙
天柱云雾	新创名茶	绿茶类	潜山市天柱山	1989	匀润隐翠嫩香高长	杀青—揉捻—初焙—做形—提毫—焙干
天柱香尖	新创名茶	绿茶类	潜山市	1989	苍绿匀润鲜醇爽口	杀青—子烘—老烘
天柱弦月	新创名茶	绿茶类	潜山市	1979	形似新月花香持久	杀青—揉捻—炒干
宿松香芽	恢复历史名茶	绿茶类	宿松县	2005	翠嫩略显白毫滋味鲜爽甘甜	摊放—杀青—揉捻—做形—摊凉—初烘—复烘—足火
岳西翠尖	新创名茶	绿茶类	岳西县	1992	翠绿鲜活嫩香高长	杀青—做形—烘焙

品名	属性	茶类	产地	创制年代	品质特点	工艺流程
龙池香尖	历史名茶	绿茶类	怀宁县	宋代	香气清雅 滋味醇爽	杀青—做形—烘干
白霜雾毫	新创名茶	绿茶类	舒城县晓天镇	1987	毫锋显露 清鲜醇厚	杀青—烘焙
皖西早花	新创名茶	绿茶类	舒城县	1987	翠绿显毫 花香鲜爽	杀青—初烘—复烘
霍山翠芽	新创名茶	绿茶类	霍山县	1985	形似雀舌 翠绿鲜润	杀青—初烘—复烘
小岘春	恢复历史名茶	绿茶类	霍山县诸佛菴	清代，1987年恢复	色绿披毫 嫩香高爽	杀青—做形—毛烘—足烘
菊花茶	恢复历史名茶	绿茶类	霍山县诸佛菴	清代，1958年恢复	形似菊花 滋味醇和	杀青—理条—札茶—压花—烘焙
黄大茶	历史名茶	黄茶类	霍山县漫水河	清代	梗壮叶肥 金黄显褐 浓醇焦香	杀青—揉捻—初烘—堆积—拉毛火—拉老火
抱儿云峰	新创名茶	绿茶类	金寨县抱儿山	1985	挺直鲜绿 醇和回甘	杀青—烘焙
金龙玉珠	新创名茶	绿茶类	六安市金寨县	近代	馥郁清高 醇厚鲜爽	清洗—风干—萎凋—杀青—回润—做形—提香—精选
皖西白茶	新创名茶	绿茶类	金寨县油坊店乡	2003	清馨淡雅 不苦不涩	采摘—杀青—烘干
六安碧毫	恢复历史名茶	绿茶类	六安市独山	宋代，1988年恢复	直顺匀齐 嫩香持久	杀青—烘焙
华山银毫	新创名茶	绿茶类	六安市大别山区	1993	嫩绿显毫 滋味鲜醇	采摘—杀青—抽蕊
潜川雪峰	新创名茶	绿茶类	庐江县柯坦镇	1987	白毫披露 清香持久	杀青—做形—提毫—烘焙
汤池春兰	新创名茶	绿茶类	庐江县汤池镇	1990	细嫩显毫 嫩香持久	杀青—毛火—足火
昭关银须	新创名茶	绿茶类	含山县	1984	挺秀似针 香气清雅	杀青—做形—烘焙
含眉绿茶	新创名茶	绿茶类	含山县	宋代	微扁似眉 色泽绿翠	摊青—杀青—理条—整形—磨光—提香
西涧雪芽	新创名茶	绿茶类	滁州市	1988	外形卷曲 绿润显毫	杀青—揉捻—提毫—烘焙
都督翠茗	新创名茶	绿茶类	巢湖市	1998	扁平似笋 滋味鲜爽	杀青—摊凉—做形—烘焙—提香

第二节　安徽古代贡茶

中国以茶为贡品的历史，大致可追溯到公元前一千多年的西周，晋人常璩《华阳国志·巴志》有"周武王伐纣，巴蜀……茶蜜皆纳贡之"的记载。自此，贡茶形式一直保留下来并形成了制度。贡茶除了具有贡物制度的强制性敛取之外，其的缘起、延续，也与封建制度的建立密切相关。贡茶与其他贡品一样，其实质是封建社会里君主对地方有效统治的一种维系象征，更是封建礼制的需要。

贡茶是中国茶叶发展史上的一种特定现象，也是中国封建社会的特有产物。贡茶使千百万茶农蒙遭苦辛，但在客观上推动了茶叶生产技术的发展，同时也是茶文化中的一个重要内容。如五代"江南国主李璟遣其臣伪翰林学士户部侍郎钟谟等，奉表来上叙；仍进……茶茗药物等"。

茶史文献中有具体数字的贡茶记载，出现在宋政和六年（1116年）寇宗奭所著《本草衍义》中："东晋元帝时，温峤官于宣城，上表贡茶一千斤，贡芽三百斤。"自此，贡茶数量逐渐增加，贡茶品类和区域也在不断扩大。可以说，自唐代贡茶制度的确定至清代封建制度的寿终正寝以及贡茶的彻底消亡，贡茶对中国茶叶产业不仅有着积极的影响，也有着一定的促进作用。

一、唐代时期安徽贡茶

唐代时期，安徽茶区尤其是皖南、皖西茶区的茶叶经济发展很快，茶叶商品化程度也相对较高，归纳起来主要有茶树种植区域扩大、茶叶种类增多、名茶不断涌现、专业茶农与茶商增多，"山且植茗，高下无遗土""给衣食，供赋役，悉恃祁之茗"。其时，茶叶种植业迅速发展，家庭手工制茶作坊相继出现、茶叶商品化成为农产物中唯一典型。所以，初步形成了区域化、专业化的格局，同时也为贡茶制度的形成奠定了物质基础。唐人陆羽《茶经》"七之事"中记述："晋武帝时，宣城人秦精常入武昌山采茗。"又载，"东晋司马睿时（317—322年）温峤官于宣城，进贡茶一千斤，贡茗三百斤。"这也是宣城生产贡茶最早的历史记录。另据《新唐书·地理志》记载，当时的贡茶地区，计有十六个郡；涉及安徽茶区的有淮南道寿州（寿春郡）、庐州（庐江郡）、浙江西道歙州以及舒州、宣州、池州、和州等。据唐元和年间（806—820年）李肇《唐国史补》记载，唐代的贡茶有十余品目，即舒州天柱茶、宣州雅山茶、饶州浮梁茶、寿州黄芽茶，此外，尚有歙州"鸠坑"茶等。

唐代的贡茶有两种形式，一种是选择茶叶品质优异的州定额纳贡。主要有舒州、歙洲、宣州、饶州、寿州等地名茶。另一种是选择茶树生态环境得天独厚自然品质优异、产量集中、交通便捷的茶叶产品，朝廷直接设立员茶院（即贡焙制），专业制作贡茶。唐元和十一年（816年），朝廷用兵淮西，宪宗"诏寿州以兵三千，保其境内茶园"。《邦计部·山泽》可见淮南寿州境内也有规模较大的官茶园。与此同时，"茶膏"也沿着民贡的渠道出现，如歙州茶区的新安含膏、先春含膏等。唐代时期，安徽茶叶纳贡的郡县较多。《新唐书·地理志》记载，土贡中有茶叶的州府有寿州、庐州、睦州、饶州、雅州等17个州府。

《太平寰宇记·卷一二六·淮南道四·庐州》记载土产"开火新茶"。其时，寿春郡、庐江郡、凤阳郡每年都有固定的贡茶额；如唐元和十二年（817年），因讨伐吴元济，财政困难，曾"出内库茶三十万斤，令户部进代金"。

当时，进贡的茶叶堆放在内库，皇室都用不完，除了赐给"功臣""父老"之外，还变卖成现钞，以支皇家用度。这一时期，安徽茶区不仅出现了许多名茶及贡茶，茶叶种类也在增多，如宣州鸦山茶、池州九华山茶、舒州开火新茶等，均名贵一时且为"士大夫贵之"。唐武德三年（620年）庐江郡（今安徽合肥、六安一带），向朝廷进贡茶叶。庐州，在唐代以茶叶为土贡。唐时淮南道有4个州的茶叶被定为贡品，其中"寿州寿春郡……土贡丝布、茶以及石斛"。唐代末年，徽州大方散茶亦被列为贡品。

二、五代至宋时期安徽贡茶

五代时期，淮南道向中原进贡茶叶的文献记载较多。据《旧五代史·卷三一·唐庄宗纪》记载，淮南杨溥于后唐庄宗同光二年（924年）向中原进贡"细茶五百斤"；同年四月，杨吴向后唐"献鸦山茶、含膏茶"。另据《周世宗纪》载，后周世宗显德三年（956年）三月，南唐李璟贡"乳茶三千斤"。又载，后周显德五年（958年），李璟遣宰相冯延巳献犒"茶五十万斤"。五代时期，贡茶的地区基本上囊括了当时重要的茶叶产区。因此，作为茶叶主产地的安徽，在上述贡茶地区中应该是占有一定的比重。舒州天柱山产茶，五代时期成为贡茶。据《太平寰宇记·卷一二五·舒州》云舒州土产"开火茶"，当时潜山尚未建县，归怀宁管辖，开火茶为潜山所产。宋《太平寰宇记》"舒州怀宁"条目下有："多智山在县西北三百里……其山有茶及蜡，每年民得采掇为岁贡。"由此可知多智山产茶且为贡品。北宋仁宗时期（1010—1063年）有《赐知舒州洪鼎敕书》文曰："省所进奉新茶一银盒事具悉。汝辍于学馆，往布郡条。懿彼名区，育兹嘉莽，能采掇而来贡，应气序以惟新。"洪鼎知舒州，曾进献舒州茶而受到朝廷嘉奖。宣州鸦山产茶且质优，五代时期亦成为土贡茶。史载，后唐政权于同光二年（924年）四月，杨吴向后唐"献鸦山茶、含膏茶"。由此可见，五代以及北宋一朝，鸦山茶一直是朝廷指定的贡茶。《太平寰宇记·卷一○三·广德军》云广德土产有茶。《广德军》亦云广德军土贡"茶芽一十斤"，又载"广德军广德、建平：六万九千七百一十斤"。由此可见，广德军在宋代不仅产茶而且产量也大。另外，北宋欧阳修《赐知舒州齐廓进新茶并知广德军浦延熙进先春茶敕书》、宋痒《赐知广德军龚会元进先春茶敕书》均为官方文书，从敕书内容可知，广德有先春茶且为贡品。

据《旧五代史·梁书》记载，"五代十国宋辽元贡品"目录中，有"后梁太祖乾化元年（911年）十二月，两浙进大……方茶二万斤"。当时的"两浙"是指浙江东道和浙江西道，唐代建置，歙州隶属浙江西道。可见，歙县茶很早就已经形成了规模生产，而且产量相当可观。当时，生产方茶的产地还有毗邻的临安、昌化两县。新版《歙县志》（1995年）记载："五代十国时，大方茶已产两浙（浙东、浙西）并充作贡品；后晋天福七年（938年）冬十月，吴越国文穆王钱元瓘遣使进贡物品中有大茶、脑源茶二万四千斤。"又载，"后晋开运三年（946年）冬十月，吴越国忠献王钱弘佐，献晋谢恩的物品中，有脑源茶三万四千斤。""大茶"指大方茶，是一种条形散茶。

"脑源茶"则称脑子茶，是一种加入植物香料的饼茶。大方茶及脑源茶以几万斤的数量进贡，一是茶叶是当时宫廷生活的必需品；二是朝廷也以茶叶作为将士奖励品以激励其斗志。池州九华"金地茶"在宋时已是土贡产品。

周必大《九华山录》云："至化城寺……谒金地藏塔……僧祖瑛独居塔院，献土产茶，味敌北苑。"九华金地茶可与北苑贡茶相提并论，足见其品质极好。

宋代时期，朝廷时有减免贡品额度的"恩典"。如"景德四年（1007年）闰五月，诏特减放诸郡六十六处贡物，而所贡七物在其数中，且殒官吏后不得以贡为名妄有配率"，当时，徽州免贡七物亦包括芽茶。而类似免纳贡物的情形，安徽其他茶区亦有。宋治平四年（1067年）朝廷诏令，减免舒州每年土贡"新茶一银合"的贡额。另据《续资治通鉴长编·卷一一五》"宋仁宗景祐元年十一月"条载："宋仁宗景祐元年（1034年）十一月，除滁州、舒城县赡军茶岁七千三百五十斤。盖沿江南伪主时课民所输，范仲淹使淮南，请除之。"宋英宗治平四年（1067年）朝廷诏令减免舒州每年土贡"新茶一银合"的贡额。当然，这只是朝廷在某个特殊时期的一种无奈的姿态而已。

三、明代时期安徽贡茶

明代伊始，由于朱元璋有感于茶农的不堪重负和团饼贡茶的制作、品饮的烦琐，从而废团茶兴散茶，加之制茶技术的改进使炒青茶逐步取代蒸青茶。所以，明代名优茶大量涌现，贡茶的数量较之宋代有所减少。但到明中后期，朝廷和地方官吏层层盘剥，贡茶成为茶区重负。除了规模较小的几个皇家茶园外，贡茶主要依靠5个主要产茶省的进贡，安徽亦在其列。明太祖时，全国的贡茶数额分配"南直隶500斤（包括安徽）……江西、湖广、浙江、福建各省不等"。当时，茶叶加工制作技术发生了变革，茶叶品种也在不断发生变化，尤其是取代"龙团凤饼"以致散茶、叶茶流行后，不仅带动了饮茶方式的变化，同时也成了贡茶的主体。明初，各地名茶数众，然致贡者仅十余。明太祖却是独重六安茶，则为"焚荐"；以致六安茶有幸成了祭祀皇家祖先的祭品茶。茶为祭祀品，唐宋有之，明清时亦有。据有关史料记载，清同治十年（1871年）冬至，朝廷举行大祭时即有"松萝茶叶十三两"；清光绪五年（1879年），岁末祭祀祖陵的祭品中也有"松萝茶叶二斤"。六安茶、松萝茶不仅仅是宫廷祭祀的物品，更是自明代始，进贡朝廷的必备之物。明人汪应轸对此记载为："（当时）日进月进御用之茶，酱房、内阁所用之茶，俱是六安茶。"明万历元年（1573年），霍山知县黄守经为《霍山县志》作"序"并对六安茶入贡称赞曰："其地与六安州界者，各产芽茶。孟夏之朔封贡圣天子，焚香拜表，龙文锦袱，专官驰驿使，竟达长安，而题其黄缄曰：'霍山县守土臣某谨贡'。"可知，六安州除向朝廷进奉贡茶以外，还有宁王府之贡，监守太监之贡；不仅要贡芽茶，还要贡细茶等。

据《霍山县志》记载："明初规定年贡20斤。正德十年（1515年），贡宁王府芽茶1200斤，细茶6000斤。芽茶1斤买银1两，尤恐不得。"对此，曾有诗云："细篓精采云雾茶，经营唯供帝王家。"

明万历时期，宫廷太监刘若愚记载宫中的"饮食好尚"曰："茶则六安、松萝、天池、绍兴茶、径山茶、虎丘茶也。"以上足见六安、松萝茶在全国的知名度之高。但是，茶叶的贡额也是很高。据《大明会典》记载：明弘治十三年（1500年），朝廷规定地方府县需要交纳给礼部的芽茶数量；规定南直隶（今安徽、江苏两省所属）的府县需缴纳的贡茶总额为五百斤；其中常州府宜兴县一百斤，内二十斤南京礼部纳，限四十六日；庐州府六安州三百斤，限二十五日；广德州七十五斤，建平县二十五斤，限四十六日。

由此可见，在安徽茶区，六安州的茶叶贡额最高，而且上贡时限也最短。然而，六安州贡茶额却是不断增加且无定数。根据明万历年间《六安州志》记载：六安茶贡额原为三百斤。明弘治七年（1494年），增设霍山县，其地产茶采办人户多出自该县，遂定霍山贡额二百五十三斤，州贡芽茶四十七斤。由此可知，六安州贡茶额四十七斤，霍山贡茶额是二百五十三斤，合计贡茶额为三百斤。针对贡额不断增加且无定数的情形，明人汪应轸在《分豁额外荐新茶芽疏》中指出："六安茶芽，岁额三百斤，正数之外不可加者，此其旧例也。光禄寺则以为供应有常规，如岁用六安茶约余四百七斤。此外多取毫厘，即为因公科敛。虽该部审据解吏，闻报三百袋，袋多四两有余，亦非勘合正数，且无批文查销，以后或轻或重，焉知谁公谁私？"事实上，六安及霍山实际进贡的茶叶额还是超出了这个贡额，汪应轸对此也提出了"焉知谁公谁私"的质疑。其实，官贡芽茶的贡额外加收耗损高达四分之一多；这不仅是茶区的负担，也是一种额外的剥削。由此可知，明朝各地贡茶额比宋朝增加，而其增加的数额中，相当一部分是督造官吏层层加码之故。明朝时期，蒸青团饼茶渐渐减少，随着炒青芽茶的出现，各地开始改贡芽茶（即散茶）。因为芽茶品质优于团饼茶，以致官吏们趁督造贡茶之机，贪污受贿，无恶不作。

同样，如果从贡茶数量的递增和朝廷的置办要求来看，亦可想见六安、霍山茶业的历史地位。

明代时期，安徽茶叶生产进入了一个大变革的快速发展时期。因此，贡茶的数额在增长，贡茶的品类也在增加。当时，安徽各地的主要贡茶有新安松萝（又名徽州松萝），产于休宁松萝山；六安茶，产于六安；小岘春茶，产于霍山；阳坡横纹茶、瑞草魁茶，产于宣城丫山；黄山云雾茶，产于歙县黄山；石埭茶，产于石台；桐城椒园茶，产于桐城龙眠山；太湖南阳河茶，亦被列入户部贡品。明时《徽州府志》亦有贡茶记载："歙之物产，无定额，亦无常品。则以北源茶、紫霞茶。"另据明《南京户部志》记载："成化三年（1468年）奏准，朝中供库岁用茶。芽茶，坐派徽州府（今黄山市）三千斤""叶茶，徽州府二千斤，滁州二百斤，广德州三百斤"；另载，"秦淮南京库岁用茶，坐派滁州茶叶二百斤"。此后，市场上常有"云桑"茶。明嘉靖年间（1522—1566年），吏部尚书徽州婺源人汪铉以大畈灵山茶进贡，获金竹峰金匾；户部右侍郎徽州婺源人游应乾以济溪上坦源茶进贡亦获银匾。同一时期，《宁国府志》记载："旌邑凫山茶与宣城绿雪、太平云雾茶齐名。"石镊贡茶（亦称石溪贡茶）出产于旌德县凫山，自明至清均为贡品。

四、清代时期安徽贡茶

清代的贡茶制度基本上承袭了明代的做法，并在其基础上扩大了贡茶区域，贡茶数量和品种也增加了很多。从贡茶地域上看，清代贡茶的产地由明代的五省扩展到清代的十三省，几乎将所有的产茶省份纳入了其中。究其原因，一是清朝统治区域的扩大；二是清朝全国经济的一体化，从而使不同地域间的茶叶贸易量不断扩大，进而衍生出许多新的贡茶品种。因此，清代贡茶不仅是基本囊括了主要的茶叶品类，而且其规模和数量也远超前代。同时，作为中国最后一个封建王朝，清代的贡茶制度也是更加完备；不论是规定地方贡茶的数量、运抵京城的时间，还是包装运输以及京城的交接、验收和存储等环节，都形成了一套完备的制度体系，这些制度环环相扣，从而保证了清代贡茶的正常供应。

贡茶是中国茶文化中重要的一环，也是古代宫廷生活的一个重要组成部分。因此，在清朝各个时期，各地贡茶的数量，不同的茶品，在清朝各个时期也是不尽相同。据清乾隆三十三年（1768年）《宫中进单》记载：清代时期，安徽区域的部分贡茶品种有珠兰茶、雀舌茶、银针茶、六安茶、雨前茶、松萝茶、黄山云雾、黄梅片茶、六安芽茶、黄山毛峰等。当然，还有一些贡品茶未能列入清单。清乾隆五十七年（1792年）五月初二，呈为各省督抚所进土物清单（部分）记载：安徽贡茶品种主要有珠兰茶、六安茶、雀舌茶、银针茶（属六安茶）、雨前茶、松萝茶、黄山毛尖茶（黄山云雾茶）、梅片茶、六安芽茶等。清乾隆五十九年（1794年）三月廿六，安徽巡抚朱圭进贡珠兰茶、松萝茶、梅片茶、银针茶、雀舌茶、涂尖茶各二箱。清道光二年（1822年）安徽巡抚端阳进贡，其中贡茶有"珠兰茶一箱、松萝茶一箱、银针茶一箱、雀舌茶一箱、梅片茶一箱"。清人查慎行（1650—1727年）在任翰林院编修官时，编撰《人海记》并对各地贡茶列有条目云：十多个省的七十多个府县，每年向宫廷所进的贡茶即达一万三千九百多斤，其中有六安瓜片、敬亭绿雪、涌溪火青、霍山黄芽等。另据清末徐珂《清稗类钞》（朝贡类）记载：清时，安徽贡茶有六安茶、梅片茶、银针茶（属六安茶）、雀舌茶、珠兰茶、松萝茶、黄山毛尖茶（黄山云雾茶）等。

清代时期，安徽被列入贡品茶的还有六安瓜片、黄山云雾、敬亭绿雪、涌溪火青、霍山黄芽、梅片茶以及绩溪芽茶等。据清光绪《广德县志》载：明清时期广德、建平亦有贡茶，"以石溪，阳滩山、乾溪等处者为最"，"广德州芽茶七十五斤，建平（今郎溪县）芽茶二十五斤"。清代谈迁《枣林杂俎》和阿世坦《清会典》均有建平贡茶记录。清康熙二十二年（1683年），宁国张所勉《鸦山辨》一文记载："宁国产茶不处，高峰、济川、千亩、龙潭诸池皆可入志""按一统志，鸦山产茶旧常入贡"。清人陆廷灿成书于1734年的《续茶经》（八之出）记载：宣城石䂬茶在明代至清代的数百年间，一直为御用贡品。清光绪十四年（1888年）《宣城县志》记载：敬亭绿雪，贵真不贵多，"明、清之间，进贡300斤"。据新版《绩溪县志》记载：绩溪上庄"金山时雨"创于清初，原名"金山茗雾"亦入贡。另外，由于朝廷的官员也例行纳贡，只是在清代初期比较随意而已，主要是出征宗室和将领进献携归物品等。如清崇德八年（1643年）九月，料理多罗饶余贝勒、内大臣图尔格依等率军往征山东省，携归进献物品；其中，宗室拜尹图旗下阿礼哈超哈、巴雅刚进献松萝茶一斤十二两、茶一石九斗，吴赖旗进茶二石二斗等。清廷还有将贡茶等物品作为赏赐品，以奖赏或抚慰臣子以联络君臣感情，使受赏者感受莫大的荣耀；同时，还赋予了贡品礼仪的性质，以期发挥更大的效用。六安茶就扮演了这样的角色。如清雍正时期，有两臣被派往云南，临行前雍正帝御赐六安茶两瓶抵滇。清乾隆十七年（1752年）学士陈廷敬、叶方蔼，侍读王士正同入内直；其间皇上数回赐樱桃、苹果及樱桃浆、奶酪茶、六安茶等物，其中的六安茶以黄罗缄封，上有"六安州红印四月复"数字。同样，皇帝行赏赐予外国使臣的礼品中，也有安徽的贡品茶叶。如清乾隆五十八年（1793年），英国马戛尔尼使团来华之际，在诸多赏赐物中就有赏赐给英吉利国王的六安茶十瓶、赏赐给英吉利使团的六安茶八瓶。可见六安茶的珍贵，也体现了清朝对外的以礼相待。另外，宫廷对于临时特供饮食中，也会用到六安茶。清雍正八年（1730年），朝廷定文会试的三场应试的举子食物是每场供鸡150只、猪肉800斤，另外，还有六安茶20斤、北源茶30斤、松萝茶40斤。六安、松萝以及北源茶作为赏赐物，不仅是承载着皇帝对臣民的厚爱与期望；同时也印证安徽贡茶在众茶中，是一般人难以求到的赐予之物。

当时，在宫廷内能够享受到六安茶的，还有一些是在朝廷相关机构中效力的人。如清乾隆三十五年（1770年），按照皇帝谕旨，中正殿的画佛喇嘛绘制极乐世界长寿佛四轴，因为当时人手不够，新增添了画佛喇嘛一名。宫内给这位喇嘛的饮食份额中，就有每月用六安茶二两。此外，在景山学艺处效力的人也会得到赏赐的六安茶。

清代的进贡茶既有"任土做贡"的土贡贡茶，也包括各类节贡及其他不定期的进贡，即土贡和不定期贡两类，也称为土贡茶和非土贡茶。土贡即贡茶区每年进贡的定额茶叶，不定期贡则包括节日进贡及一些临时性进贡，如元旦、端阳、万寿进贡的茶叶，还有进京见贡、谢恩贡、传办贡等，这些茶叶大都随着其他的贡品一起入贡。土贡茶是地方官每年必须向朝廷进贡的贡品，为礼部掌管，由内务府广储司茶库负责收储贡茶，茶库主要职能是收贮相关的物品。据《大清会典》记载："茶库，康熙二十八年奏准，于裴缎二库内分设，管收贡茶、人参、金线、绒线、纸张、香等物。"非土贡茶由产茶地方的织造、将军、总督、巡抚等地方官直接向皇帝进贡。不定期的贡茶则是由进贡官员的亲信负责解压，到京之后交与奏事处。茶叶由奏事处转进，无须经礼部转手，如"查该省（安徽）例贡芽茶向系委员解交礼部，由礼部奏交内务府查收，存库后知照该部办给批回，其各省端阳年节应进贡品亦系由该省缮具贡单，专差解京，交奏事处转进"。值得一提的是，这些非土贡的茶叶必须要经过驿站运送至京。其时，贡茶主要是"岁进"与"年贡"。前者称之为岁进茶芽或岁贡六安芽茶，这一类贡茶额数大，朝廷对其入贡期限有严格的要求；后者年贡也称年例贡，而后者年例贡茶则是在时间上不受朝廷的限定。所以，茶叶原产地上茶农则是竭尽能事进行加工制作，期望茶叶品质能够优中见好。因此，制作加工时格外认真。如"银针茶"仅取枝顶一枪，即茶叶尚未展开的细小嫩芽；"雀舌"是取枝顶上二叶之微展者；"梅花片"是择最嫩的三五叶构成梅花头；而"松萝茶"虽非正宗产地，然仿徽州休宁松萝茶精心制作，依然是属于上乘佳品。

清代贡茶的品类较多，基本涵盖了清代时期安徽茶叶产区的茶叶品种，具有数量大、品类全的特点；同时，这种特点贯穿了清王朝贡茶制度的始终，如六安茶、松萝茶等。这些茶品在前代也是重要的贡茶品类，以致进贡时间从清初一直延续到清末。也有一些贡茶品类是从某一朝开始进贡并延续到了清末；还有一些茶叶品种，由于战乱或其他客观原因，在某个短时期内曾经开始进贡或者是停止进贡，如六安在太平天国运动时期就曾数年未贡。此外，一些贡品茶叶由于种种原因，进贡给宫廷的时间比较短，记载文字寥寥。从清廷《宫中进单》来看，一些产量较少的地方名茶，由于进贡数量少，进贡时间短，加之影响力不大，只是在方志中有简略记录。由此，推断一些地方名茶进贡的数量相对有限，进贡的次数或时间相对较短等次，可谓是不一而足。如六安州霍山茶、徽州松萝茶等，每年遇年节诸如万寿节（皇帝生日）、冬至日、元旦（春节）、端午节等节日，均由地方巡抚、总督等有身份的官员将茶进呈宫中。

清道光二年（1822年），安徽巡抚端阳贡中有"松萝茶一箱、银针茶一箱、雀舌茶一箱、梅片茶一箱"。比较而言，年节贡茶相对岁进六安芽茶品种丰富，但入宫数量与岁贡相比却是微乎其微。两种形式的贡茶，在宫内的用途则是不尽相同，而各色人等享受贡茶的数量多少亦有不同。如皇贵妃、贵妃、妃嫔每月例用六安茶十四两、天池茶八两，贵人每月六安茶七两、天池茶四两。

清朝廷对于贡茶的品质也有要求，而且是"载之甚详"。如"旧系茶户各备茶交官起解。而色类错杂，驳换迟误"以及"粗茶不堪内廷应用"的具体要求。因此，地方官不敢掉以轻心，每每茶季，乃是小心翼翼，精心于"雨前极品"。贡茶鲜叶的采摘，亦有时间讲究，如六安茶采制则是在每年清明前后。当时，一些地方官吏为了保证贡茶的品质，还会亲自入山去亲督茶户，以保证采摘的芽茶一枪一旗在精心焙制加工后，能够按照礼部规定的要求装袋、装箱。清康熙三十年（1691年），知州王廷曾以士民之请，改为官征官买，茶户但纳税银；又因霍山茶胜六安之产，故知州将茶课之银，发交霍山并办一色芽茶。每岁茶户采摘雨前极品一枪一旗，依法焙制；官以黄绢为袋，袋盛茶一肋十二两，共四百袋，分储于箱；知州敬谨钤封，恭缮贡本，限谷雨后十日起解，其解官以州、县、巡检递年轮流详委。清乾隆十四年（1749年）《霍山县志·茶考》记载："本县农户拣雨前极品，新芽一枪一旗，依法择制，以黄绢为袋封贮，共四箱，用龙旗龙袱恭进。"据清代《词林典故》记载："十七年闰三月，赐侍讲学士……上频赐樱桃苹果及樱桃浆、乳酪茶、六安茶等物，其茶以黄罗缄封，上有六安州红印。"由此可见，贡茶的包装是十分讲究的。据史料记载：贡品茶叶经过加工制作后，以一斤十二两为单位，装入黄绢袋并予以缄封，最后再封贮大箱中；大箱外还需要以龙纹装饰的包袱包裹，然后再用装饰有龙旗的大杠抬之……贡茶自谷雨后起运，要求55天内抵京。朝廷在接收的各省岁进芽茶中，对于六安芽茶却是有着特别的安排。清初，以六安芽茶送进内库，其余各种芽茶移交珍馐署，给予外藩。至清中期，六安芽茶则是直接交与掌管朝廷的宴席膳食事宜的光禄寺，然后再由光禄寺转交茶库。而其他岁进芽茶则交与户部或礼部，再转交茶库。由上可见，朝廷对岁进六安芽茶在诸多方面的倾心，而这一表现皆因对其有特别需求使然。贡品茶叶除了包装上有严格规定外，对上贡时间也有要求。对于各地贡茶，朝廷规定是每年自谷雨后的第十天开始起解，对各地送达的日期按路程远近而定。如清顺治七年（1650年），礼部照会产茶各省布政司规定："江南省常州府限四十六日，庐州府限三十五日。"这一年，礼部还照会各产茶省布政司，规定所贡茶叶，于每年谷雨后十日起解，定限日期解送到部，延缓者参处。虽然是路途遥远，运输艰难，但朝廷仍然规定"凡解纳，顺治初，定直省起解本折物料；守道、布政使差委廉干官填付堪合，水路拨夫，限程押运到京"。清代运送贡茶大都是由地方官委派专人负责押运，同时雇佣脚夫及交通工具等进行长途运送。清《皖志辑要》对此有文字记载曰："六安州并属霍山县解贡芽茶，如乙年芽茶即于甲年十二月内详请委员管解，一面由藩司填具连批，呈抚辕挂号，并移取勘合传牌，填给夫马，以便沿途应付解赴，礼部转交内务府收明，奉掣批回。其茶务须一旗一枪，装潢式样妥为备办，并先期于谷雨前将茶样照式装潢，专差赍省听候查验，饬委起运，以昭慎重。"另外，各地运送贡茶进京，都需要花费一大笔银两，如六安州霍山"始系户办纳本色交官起解，每茶一课，止徵水脚解费银二钱二三分不等"。如按照这样的花费，通算下来，每年运送400余袋六安茶就需花费运送银近百两。各地贡茶运到京城以后，"解员事竣，由部给领司，任限照正印解员于引见后填给，经杂解员于发实后填给"。如此严格的程序，对地方官运送贡茶提出了更高的要求。于是，各地官员想尽一切办法，通过各种手段，一定要想方设法地将茶叶在规定的时间内运到京城。

安徽各地贡茶的额度，历朝历代各有不同。因为茶品不同以及区域经济差异等原因，以致各个时期的贡茶数额也是不尽相同。有些茶叶的进贡数量，也因环境或其他因素的影响而发生变化。以清代时期的六安贡茶为例，据清顺治十七年（1660年）《霍山县志·贡茶》记载：自清弘治七年（1494年）分设霍山县后，随定额分办，州办茶二十五袋，县办茶一百七十五袋……国朝因之，至清康熙二十三年（1684年）奉文增办一百袋，州承办三十七袋，计六十四斤十二两，县承办二百六十三袋，计四百六十斤四两。清初，又以康熙三十七年（1698年）为基准，"六安州霍山县每年例解进贡六安芽茶三百袋"。但是，这个定额很快就有了提高。据《清稗类钞》称："礼部主客司岁额，六安州霍山县进芽茶七百斤，计四百袋，袋重一斤十二两。"然而，到了清康熙五十九年（1720年），又增加100袋贡茶；清雍正七年（1729年），因故暂停进贡；清雍正十年（1732年），再一次添加了200袋的贡茶；清乾隆元年（1736年），朝廷竟将贡茶猛增至720袋。如此几度增加贡茶额度，令茶区苦不堪言；也是因为朝廷摊派贡茶过重，以至于巡抚等官员发出民力艰难等语，后又为疏解民力而停贡两年。最后在清乾隆六年（1741年），经内务府大臣奏议：以清康熙五十九年（1720年）时的400袋贡茶额度为准（每袋一斤十二两入贡为常），不复增派。此标准一直延续到清末。

清代中期，鉴于岁进六安芽茶在宫中的各项支出，内廷清茶房及各寺庙等处，每月需用六安芽茶的数量远远超出了定额；加之六安茶用处甚广，以致每年都是供不应求。为此，宫廷内采取了很多措施：首先是乾隆帝提出慈宁宫佛堂、御花园佛堂等处，所用六安茶的供给数量都减半；其各处办道场及药房配仙药茶等项所用六安茶，也着内务府总管等酌量减半。其次是采取补缺法，由清茶房交出普洱茶等茶400余斤替补。但是，一段时间后，填补空缺仍有疑难。无奈之下，朝廷索性执行"濡额交六安芽茶实不敷用，即以散芽茶补用可也"的新方案。经过缩减供给量与其他茶品替代供用的措施下，宫内六安茶供不应求的紧张局面才得到了暂时的缓解。清人孙承泽撰述明代旧闻的《春明梦余录》中，曾有一段记载当时情况："汪应轸疏说……近照旧之旨，二说可通，彼此意见各有执。礼部则以为解纳，自有原额，如六安芽茶三百斤正数之外，不可加者，此其旧例也。光禄寺以为供应有常规，如岁用六安茶约四百七斤，故三百斤正数不得不加者，此亦旧例也。若不申明，终无定守。"清陈康祺《郎潜纪闻二笔》亦载："礼部主客司岁额，六安州霍山县进芽茶七百斤，计四百袋，袋重一斤十二两，又安徽布政司解部。其奉檄榷茶者，则六安州学正也。"当时，清徐珂《清稗类钞》中也有相同内容的文字。可以说这是清代六安、霍山贡茶的准确数额量，同时也是茶叶品质好且受欢迎的一个真实记录。清代宫廷内，面对繁多产地的贡茶却主要以六安茶为日饮茶品而论，其实谜底就在于饮食习俗与茶之特性这两个方面。作为赏赐贡品，清宫将普通的茶品赋予了礼仪的性质，以期发挥更大的效用；同时，皇帝的赏赐表示君王抚慰臣子，以联络君臣感情，而对于受赏者则是人生中莫大的荣耀，六安茶也扮演了这样的角色。

清代皇帝行赏中也有使用贡茶赐予外国使臣的，清乾隆五十八年（1793年）在英马戛尔尼使团来华之际，在诸多赏赐物中就有赏英吉利国王六安茶十瓶、赏英吉利正使团六安茶八瓶。

当然，六安、松萝贡茶作为赏赐之物，承载着皇帝对臣民的厚爱与期望，也体现了清朝对外国以礼相待的行为，同时也印证着六安、松萝茶在众茶之中，是一般人难以企求的赐予之物。值得一提的是，六安贡茶始于明初，虽然在清咸丰年间（1851—1861年）各地陆续取消了贡茶，但六安茶却是继续入贡直至清末才告结束。

清代时期的安徽茶业在明朝的基础上有所扩大，主要是以烘青茶与炒青茶为主；且制作工艺更加精细，外形千姿百态；同时，还创制了红茶、黑茶、乌龙茶、花茶等茶品。因此，安徽茶区形成了多种茶类的贡茶。所以，清时的安徽江南、江北产茶地区都有贡茶。据传有些贡茶还是皇帝封的。如清乾隆皇帝在乾隆十六年（1751年）南巡时，为搜刮地方名产，诏令曰："进献贡品者，庶民可升官发财，犯人重刑减轻。"徽州"老竹铺大方"茶就是当时老竹庙和尚创制进贡的。清道光年间，徽州紫霞茶亦被列为贡品。又据《徽州府志·贡品》载："歙之物产，无定额，亦无常品。大要惟砚与墨为最，其他则以北源茶、紫霞茶。"这无疑说明，当时徽州的北源（松萝）茶和紫霞茶不仅品质极佳，同时也成了贡品茶。

清代，安徽茶业进入了兴盛时期，其特点是形成了以产茶著称的区域和区域化销售市场；同时，商业资本逐步转化为产业资本。其时，安徽各地茶区制茶厂家不下千家，小者有数十人，大者有百余人，以茶为业者日众，业茶人数万之众，茶商茶号亦不计其数，以出口茶为大宗且效益颇丰。与此同时，发端于汉代的贡茶至清代中叶，由于社会商品经济的发展、经济结构中资本主义因素的进一步增长，贡茶制度亦是随之逐渐消亡。尽管贡茶带有强烈的超经济的强制色彩，基本上是与商品生产和商品交换无涉，然而它对茶叶的生产及发展而言，从某种程度上说，还是有着一定的促进和推动作用；主要表现是在扩大了植茶面积，增加了茶叶的产量，同时也促进了制茶技术的进步。

第三章 徽茶运输

茶叶是8世纪中叶以后得到迅速普及并进入流通的农业作物。唐代，茶叶的产地位于长江流域以南的山地，如安徽的大部分地区（如东南、皖南以及江淮地区）都生产茶叶。由于受到当时茶叶产地限制的特性，因而形成了由南而北活跃的商业交通。所以，这些商品作物栽培的发展，形成了围绕着农业生产的一个必要的规定性条件——流通。因此，要研究安徽茶叶的流通贸易，就必须了解安徽茶叶贸易的路线以及交通运输工具等。

第一节　古代安徽茶叶运输

唐代，东南地区（包括安徽）茶业发展迅速，已逐步取代巴蜀成为全国茶业中心；其所产茶叶，大多先集中到广陵（今江苏扬州），然后由大运河或两岸的"御道"转运两京或四方各地。东南及安徽茶叶从产地运出之后，通过水路或者陆路运输到市镇集中交易，然后通过新安江、扬子江、南北大运河和陆路交通，贩往北方。

纵观当时的运输路线及茶叶贸易可知，安徽茶区在一定程度上形成了相对固定的运销线路和销售市场。当时，茶叶运到北方市场后，主要有两种贸易方式：一是煎茶售卖，邹（今山东省邹县）、齐（今山东省历城县）、沧（今河北省沧县）、棣（今山东省惠民县南）、京邑（今陕西西安）等地，这些城市都通过大运河水路联系在一起，茶的购买较为方便，为路人提供茶水的店铺较为普及。二是茶叶的层层批发和零售贸易，也就是说当时茶叶贸易，是通过批发和零售覆盖到比较偏远的地区。其时，饮茶风气的普及和茶叶贸易的繁荣，还带动了茶器贸易的发展。此外，在边地唐朝和塞外少数民族的互市，茶也是主要的贸易商品，回鹘、吐蕃等地的茶叶，便是通过边疆贸易而取得。据《太平广记·卷四五二·任氏》一文，既济等"浮颍涉淮，方舟沿流"。李希烈变乱时，"江淮租输，所在艰阻"；唐廷也确曾以淮颍道代替淮汴道，"特移运路自颍人汴"，解决了战时危难。可以说，唐代中后期，淮颍道在淮西漕运中已举足轻重。尤其是汴、颍沟通，已经成为当时淮西漕运的重要运输线。宪宗时，王播提议梳理淮颍水道，扩大疏凿规模，淮颍道的水运迅速兴盛。唐宪宗元和十一年（816年），淮颍道又开辟出寿州到郾城（今属河南）的交通路线。《唐会要·卷八七·漕运》对这条线路的状况有比较详细的描述。据称由于这条路线通漕黄淮，比淮汴漕运线可以缩短500km左右。五代后周时期，韩令坤受命疏治汴、颍之间的通道，"自大梁城东导汴水人于蔡水，以通陈、颍之漕"。宋代史学家胡三省注："（此举使淮颍水道）南历陈（州）、颍（州），达于寿春，以通淮右，舟楫相继，商贾毕至。"淠河六霍的茶、麻，主要就是通过正阳进入淮河，而后北入淮颍水道，再进中原、关洛。

因此，淮颍道外，顺正阳东下，也可由淮河干道进入楚州（今江苏淮安）等地，再转行运河南下长江水道；或由正阳斥淮西上，水陆相间，进入中原。事实上，六霍的茶、麻还可经由鸡鸣冈经巢湖水道转入长江干道。鸡鸣冈—巢湖水道是由寿州古肥水南下，经鸡鸣冈20km陆路，从今南淝河入巢湖，再由濡须水通向长江。杜佑对这条线路有过较详细的论证，认为：“疏鸡鸣冈首尾，可以通舟，陆行才四十里，则江、湖、黔中、岭南、蜀、汉之粟可方舟而下，由白沙趣东关，历颍、蔡，涉汴抵东都（洛阳），无浊河诉淮之阻，减故道二千余里。”根据陈鸿《庐州同食馆记》的记述，直到唐文宗大和三年（829年），这条水陆相间的交通线路仍然处于良好的运行之中。有学者认为，新中国成立后，曾提出引江济淮和“新江淮运河”的江淮通航方案，内有“小江淮运河方案”就是重建这条历史上早已开辟的交通路线。这条水道从淮南沟通江淮水运交通，进一步扩大了江淮之间的航运。关于宋代黄淮水道，史籍有载：“宋都大梁，有四河以通漕运：曰汴河，曰黄河，曰惠民河，曰广济河，而汴河所漕为多。”其中惠民河通陈、颍，延伸为淮颍水道。北宋时期，曾多次修浚淮颍道，使这条古水道畅通而便利。史载宋太祖建隆二年（961年），由陈承昭督导，发动丁夫数万，自新郑疏导闵水与蔡水汇合，贯通京师，南经陈、颍达寿春，“以通淮右之漕”。据《宋史·卷一百七十五·食货志上三·漕运》，关于北宋淮颍道漕运的记载：“开宝五年，率汴、蔡两河公私船，运江、淮米数十万石以给兵食”“先是，四河所运未有定制……惠民河粟四十万石，菽二十万石”“粟帛……由石塘、惠民河而至京师者，陈、颍、许、蔡、光、寿六州，皆有京朝官廷臣督之”。神宗以后，由闵、蔡水汇合而成的惠民河，闸门经过修治，水流复畅，水量充盈，水利交通效益得到充分发挥，舟船如蚁，一片繁忙景象。水道的畅通，使当时淮淝流域各地的许多特产，如寿州的小绫、茶叶等，都可行销全国各地。当时，商贾可通过输粟边塞、京师而换取茶叶，再输茶转贩天下。“茶之为利甚博，商贾转致于西北，利尝至数倍。雍熙后用兵，切于馈饷，多令商人入刍粮塞下，酌地之远近而为其直，取市价而厚增之，授以要券，谓之交引，至京师给以缗钱，又移文江、淮、荆湖给以茶及颗、末盐。端拱二年，置折中仓，听商人输粟京师，优其直，给茶盐于江、淮。”茶叶经营获利多多，茶商中有一些人凭此发财致富，成为豪商。史载淮南：“土壤膏沃，有茶、盐、丝、帛之利。人性轻扬，善商贾，廛里饶富，多高赀之家。扬、寿皆为巨镇。”欧阳修在《尚书户部郎中赠右谏议大夫曾公神道碑铭》中曾说：“寿近京师，诸豪大商，交结权贵，号为难治。”金元之际，淮汴水道不畅，加上元定都北京，漕运路线必然要求东移，这便有了修治大运河之举。元至元二十八年（1291年），直沽到大都的通惠河凿通。至此，大运河全线贯通。京杭大运河的开凿，加上元廷采“参用海运”的漕运措施，使得淮汴、淮颍水道漕运功能下降。但即使如此，淮颍水道至少仍承担着六霍茶麻转输中原关洛的职能。其实在明代前期，明朝廷在安徽的漕粮仍大多通过淮河水道、淮颍水道向北运输，商船也通过淮颍道北上逐利。

明弘治二年（1489年），黄河决口，户部侍郎白昂采南疏北堵的办法进行处理。至此，明朝抑河夺淮再保运的方略正式形成。抑河夺淮保运方略的实施，进一步促成了新的不平衡的凸显，随着东南沿海和南京、北京两大都城商业贸易的发展，淮河流域沿运、沿淮和重要的水陆交通枢纽城市及其商业迅速崛起与繁荣发展，而中西部流域城市及其商业则进一步步入滞后境地。此时，安徽境内民商营运仍可由淮河、颍水等直达江苏、河南等省，淮河下游则可由洪泽湖转入大运河，并将东部省区与长江、淮河、黄河、海河水系连接了起来。

清初，淮河、淮颍等水道的民商营运效能一直保持得很好。古代运输也有多种选择，但人们一般的认识是："海运多险，陆挽亦艰。"所以，内陆水运具有明显的优势，这才会在明初一度出现"逮会通河开，海陆并罢"的现象。唐代，寿州置中都督府。境内以出产瓷器、丝绸、茶叶、粮食等著名，对外交易蜚声南北。更主要的是，唐宋时期，江淮"草市"普遍兴起，数量甚为可观。江淮草市一般分布在水陆交通要道及经济比较发达的地区，如杜牧《上李太尉论江贼书》中所云："凡江淮草市，尽近水际。富室大户，多居其间。"学者认为："宋代草市勃兴，镇市形成，是（淮河）流域城市经济发展的重要标志。"明清时期，安徽众多的江河支流组成茂密的水运交通网，遍及全省，大量商品多通过水路运往各地，所以许多集镇正是因为位处水运发达的地方才发展起来的。如《安徽通史》记载的凤阳关和芜湖关这两个皖省的钞关。两关中的凤阳关是明代中期后淮河沿线唯一的户部直属钞关。凤阳钞关置于明成化元年（1465年），包括正阳、临淮两关。正阳关设在正阳镇，此地为淠河茶麻古道的出口，南北货物水运要道，水路沿西北方向可达河南周家口，沿淮河东下可以直达江苏沿海一带，南可到六安等州县，交通十分方便，正阳码头来往商船众多。明嘉靖《寿州志·卷一·舆地·形胜》评价正阳"东接淮颍，西通关陕，商贩辐辏，利有鱼盐"，誉称其"淮南第一镇市"。临淮关在凤阳府城东十八里，位于淮河右岸的漆水河口，与正阳关同为淮河沿岸著名的商业重镇。临淮关与外地的交通也全依赖水运，如清光绪《凤阳县志·卷三·市集》所述："长淮集，明初立关，设大使把守津要，今为凤阳关口岸，向来河南货物，由颍河、涡河舟运至此，上岸登陆路至浦口，发往苏杭；有苏杭绸缎杂货，由浦口起旱，至长淮雇船运赴颍、亳、河南等处。"这里所述凤阳关下行水路，其实也是从正阳东下的另一线路。需要补充的是：明朝廷在凤阳设置所属正阳、临淮钞关，是为了征收来往商船的

"船料"，近于今日高速公路收取过路费。这点似乎与清乾隆《江南通志·卷七九·食货志·关税》所称的凤阳关负责向往来商船征收"藻蓬、竹木、排炭及鱼、茶、酒、醋杂项诸税"有些不同。

明末清初，东至茶叶生产完成了由蒸青到炒青的技术变革，从此诞生了许多茶类以及名茶。东至千两朱兰茶亦是一种。据《益闻录》记载："建德为产茶之区，绿叶青芽茗香遍地。"又据《文献通考》及《至德县志》记载，仙芝、嫩蕊就出产东至县。千两朱兰茶，饮誉于世。清同治《筹办夷务始末》载："朱兰茶，实系安徽建德所产。所经之路，由归化城走喀尔喀部落，即至库伦。由库伦即至恰克图，由恰克图出向俄边，即由俄边卖于西洋诸商。此项千两朱兰茶，惟西洋人日所必需。"又载："（千两朱兰茶）专由茶商由建德贩至河南十家店（赊店古时亦称十家店），由十家店发至山西祁县、忻州，由忻州而至归化，专贩与向走西疆之商，运至乌鲁木齐、塔尔巴哈台等处售卖。"

一、隋唐大运河茶叶北运

隋唐大运河是唐代茶商的主要贩运之路，是茶商通过大运河将茶叶贸易和饮茶风俗向北流传。因此，大运河可视为唐代饮茶之风的北渐之路。隋唐大运河全线开通于隋炀帝大业年间，呈南北走向。它流经全国经济发展、人口增长速度最快的江淮地区，对封建王朝的漕运以及改变南北经济格局、促进国内外经济文化的交流有着不可估量的贡献。唐代能成为中国封建社会的一个繁荣时期，与其最早承运河之惠是有相当密切关系的。如为中央漕运东南粮食和茶叶等物资，促进南北经济的发展以及沿岸商业城镇的繁荣等，可谓功不可没。

唐代中期前后，茶的饮用开始普及到北方。时"关西、山东闾阎、村落皆吃之，累日不食，犹得不得一日"，饮茶成为一件很家常的事；且饮茶之人多而广，已成"比屋之饮"之势。"自梁、宋、幽、并间，人皆尚之，赋税所人，商贾所赍，数千里不绝于道路"；邹、齐、沧、棣等州乃至京邑城市，茶店茶肆遍布，四方往来之人，"不问道俗，投钱取饮"，十分方便。用唐人封演的话说："按此古人亦饮茶耳，但不如今人溺之甚，穷日尽夜，殆成风俗，始自中地，流于塞外。"可见，饮茶之风气肇始于中唐。唐以来，江淮地区凭借其良好的交通条件和地理位置，迅速发展商贸。大运河的开通，更促进其水运的发达，使该地区的商贸渗透到四面八方。就茶叶而言，四方茶商云集于此，携带"银缯缯素求市""或乘负，或肩荷"，或"先以轻舟寡载，就其巨蝗"，将本地或邻近产茶州县的茶叶贩运至北方，舟楫声昼夜不息。因此，日益扩大的市场需求量刺激茶叶的生产，促使种茶和制茶技术不断革新、茶叶的产量和质量不断提高，而优质高产的茶叶又吸引更多的商贾前来争购。中晚唐时期，江淮的茶叶生产，应该说就处在这样一个良性发展的态势之中。北方人的饮茶之风，则是这一生产与市场循环系统中不可或缺的环节。由于诸多的原因，使饮茶时尚于中唐前后在全国各地风行开来。但是，要使这种风尚在饮茶尚未完全普及的北方和以肉类、乳酪食物为主的游牧区盛行，还需要适当的催化剂，这个问题在唐代随着大运河的开通而被解决了。唐代，由于产茶地多在南方，如巴蜀、江淮、两湖等地，茶商大都从这些地方集散，贩运四方。不排除他们沿陆路北行的可能，但在便于大宗货物转运的水运仍作为主要运输方式的唐代，沿运河北上无疑是茶商最佳的路线选择。正如李吉甫所说："自扬、益、湘南至交、广、闽中等州，公家运漕，私行商旅，舳舻相继。隋氏作之虽劳，后代实受其利焉。"很明显，在这支繁忙的商旅队伍里不乏茶商的身影。以致可以这样认为，大运河促进了南北两地的沟通，使北人与南人之间的交往更加频繁，风俗习惯也互相影响。没有这个文化背景，饮茶之风的北渐之路恐怕还要更长。中唐以后，唐朝廷越来越倚重江淮漕运，运河发挥的社会作用也越来越大，当茶商将茶叶沿着运河由南向北大量转运时，饮茶之风也随之日益普遍，呈现出由南而北的渐进过程。

当时，茶区广布于南方各州县，各地茶叶除留于本地消费外，若要运往外地销售，可供选择的途径是很多的。但是，茶叶如果要向北方运输，无论是从运费、运量，还是从便利程度上考虑，大运河都是各地茶商北上的首选之途，包括来自远在长江上游的蜀地的茶商。因此可以说，江淮一带除短途贩运的茶商因"东南郡邑无不通水"而可能取道其他河渠外，绝大多数以北方为主要销售地区的茶商都可能选择运河。也正因为如此，运河上才可能出现"弘舸巨舰，千轴万艘，交贸往还，昧旦永日"的盛况，晚唐的汴州城内，也才会有"水门向晚茶商闹"的热闹场面。

总之，从运河上运来的茶进入北方市场后，主要以两种方式流通：其一，茶叶的直接交易；其二，茶水作为饮料在茶肆中交易。但无论以何种方式，其结果都一样，即促使饮茶之风行于更远更广，从宫廷到民间，从文人到百姓，从僧道到隐者，无人不识茶味，无人不闻茶香。宫中饮茶不必多说，每年大量进贡的名茶就是证明。文人闲时待客、独处咏怀乃至友情往来，也都少不了茶。同时茶也进入了平常百姓家，成为民俗文化的一部分，即"尚茶成风"。所以，有理由认为，承载过无数茶船的运河就是唐代饮茶之风的北渐之路。

二、古代皖西茶叶运输

唐代时期，皖西茶叶贸易主要有水路、陆路两种运输方式。封演《封氏闻见记·卷六·饮茶》用"茶自江淮而来，舟车相继。所在山积色额甚多"，高度概括了包括皖西茶在内的江淮茶运销北方市场的主要方式。唐代皖西茶主要集中于庐州、寿州等地，陆路运输到寿州后或入颍河西出正阳镇，溯流北上，从陈州入蔡河到汴州（开封）；或入淮河东出荆山镇，入涡水经亳州、太康入蔡河，到达汴州。

水路在皖西茶叶运销过程中作用重大，其产区主要依托淠河，域外则依靠淮颍水道、淮河水道进行运销；同时，京杭大运河也对茶运中原、关洛地区意义重大。当然，在肯定水运是皖西茶叶主要运输方式的同时，也要看到陆路的车载人挑是必不可少的重要运输方式。当时，北方茶来自江淮，运销方式是"舟车相继"，这典型地说明了车载运输不可缺少。同时，人力挑运也较常见。唐天宝年间（742—756年），刘清真等20人到寿州买茶，他们"人致一驮为货"进行长途贩运，就是采用陆路人挑的运输方法。唐五代时，淮南寿州已是重要茶叶集散地；入宋后更是吸引富商巨贾来此买茶长途贩运，宋祁《景文集·卷四十六·寿州风俗记》载："茗场凡三，开顺、麻步、霍山，岁榷无虑三万钧，坐居行赏，率以千金以算，其利不赀，民又时时盗卖。"宋真宗天禧元年（1017年），大茶商田昌一次从舒州太湖场"茶十二万，计其羡数，又逾七万"，可见经营规模很大。包括十三场中3州6山场以及皖西茶在内的南方茶运至汴京后，除在当地销售外，许多茶商也将茶批发贩运到其他地方发售，以致汴京成为北方最大的茶叶批发、销售市场。

宋代时期，皖西茶叶运销路线与唐五代时期有相似之处，主要仍循西线和东线北进。西线先取道庐州、寿州陆运，然后再分两路，一路出寿州，入颍河，西出正阳镇，再溯流北上，经陈州入蔡河趋汴京；另一路出寿州，取道淮河，向东经荆山镇，再入涡水，经亳州、太康入蔡河到汴。西路水陆兼行，优点是路程短，路线直，因而淮西部分茶均取道西路上京，也吸引了少部分荆湖、江西等地茶由此上京。东线是茶叶运输主线，它从真州（江苏仪征）、扬州入运河，北经高邮、楚州、泗州，转汴河，经宿州、应天、陈留抵汴京，部分本走西路的淮西茶也顺江东下，转道西路北进。宋初规定，茶商贩卖太湖、蕲口、洗马、石桥、无为军5处场务茶货，须经庐州一线西路上京，并在抵京后一起交纳沿途路税。北宋大中祥符年间（1008—1016年），因西路庐州以南陆路"泥水阻滞车牛"，运输困难，遂"权会转江船般，借路取真、扬州、高邮军、楚、泗州经过，只纳旧路庐、寿等州一路税钱"。由于东路运茶方便，"舳舻蔽川，自泗州七日到京"，纳税又少，"后来客人援例，借汴路上京"，一时热闹非凡。

元明时期，淠河流域茶、麻外运的首选目的地是北方关洛、中原地区，尤其是京师之地。淮河北侧的颍水，是一条较大的淮水支流，苏轼《泛颍》诗称颍水"上流直而清，下流曲而漪"，因此颍水自古是天然的优良航道。早在公元前360年，魏国陆续完成了鸿沟（后称狼汤渠或蒗荡渠）运河工程。鸿沟下游连接颖水，经颖口注入淮河，由此构成鸿沟—颖水古水道。而颖口对岸即为正阳关。秦汉之际，淮颖水道是沟通黄淮的重要水运线路。但西汉时起，它联系黄淮水系的水运作用，已逐渐为汴渠所取代。据《晋书·食货志》，邓艾曾提出引汴入颖的所谓"上引河流，下通淮颖"的"济河论"，实施效果很好，既可蓄水灌溉，又可通漕。因此，这条古道被称为"淮颖水道"。据称唐代宗、德宗年间，李苋、杜佑都有过恢复淮颖水道的建议或举措。

明代时期，淮河的每一条支流一般都可通航。《明显宗实录·卷一七三》"成化十三年十二月丙申"条载：当时很多沿淮码头"客商聚集，舟行不绝"，发展成为繁荣的商业重镇。地处淮河中游南岸的寿州，明代仍为"淮南一都会"，其"地方千里，有陂泽之绕……水陆辐辏"。其时，淠河流域的茶叶经营仍获较大发展。入清以后，淮河流域的专业性长途贩运贸易十分发达，涌现出许多专业市场。

如乾隆《六安州志·卷六·风俗》载："（霍邱、六安市场）商所货粟米竹木茶耳药草诸物。"当时，六安、霍山茶叶市场都是商贾众多、规模较大的区域专业市场。当时，以镇市、草市为基础的集市贸易也非常活跃。

清中期，依缘于淮河航运业，寿州如乾隆《寿州志·卷二·关津》所云："车马往来，帆樯下上"，处于淠河茶麻古道中枢地位的六安，"（清）东门外关厢约二里许，省郡交会，行旅往来，货物流通。南门外关厢约二里许，英、霍（山）二县通衢。西门外关厢约二里许，通西山诸乡镇大路。北门外关厢约二里许，陆通濠、梁，上达京师、山、陕各省；水通正阳关，入淮。凡豫省客货，两淮引盐，皆由水路溯淠而至龙津渡，即于北关登陆。豫章、东粤客货由陆而至北关，即于龙津过载，顺流以往正阳。故北关尤为要途"。由于位处水陆交会之所，六安龙津渡成了淮西转输四方货物的重要中转站和贸易中心。当时，皖西茶的最大销售地向来是首推东北各省以及京城。清同治光绪年间，在皖西势力最大的苏庄将毛茶采办到苏州添加薰花进行精制后，由海道运销关东辽沈、吉林、黑龙江等地。在苏庄（茶商）进入皖西茶市的同时，河南周口茶商也大规模涌进皖西各地茶区；这些茶商由淠河进入颖河将茶叶运至周口，再分销于山东、河北、河南、山西、陕西以及口外、蒙古各地；使六安贡针、六安香片等由此驰名于关内外。

交通是影响皖西茶销售路线的重要因素，皖西茶虽具有天然的优良品质，但由于受地理区位与交通条件的限制而无法远销海外，其名声在国际市场一直隐而不彰。"若六安茶品质既佳，数量亦复不少，终以地势上之关系，出口外洋不多，反不著盛名。"进入晚清时期，伴随交通运输工具的日益改进，交通运输格局发生了极大的变化；淠河古水道面临世变，也逐渐显出其交通滞后的一面。此时，六安、霍山一带所产的绿茶，唯一贸易路线是：由淠河运至正阳关，下淮河，遇洪泽湖入运河以至镇江。当时，霍山茶的上品运到苏州，转往营口、东北三省销售；中等的销往国外市场；其次的则北运至亳州及周家口，再销往华北茶叶市场销售；较差的茶在附近销售，还有的运到口外、蒙古等地，有的由鲁庄采运至山东。到了清同光年间，皖西茶区的苏庄、口庄茶商极多，营业甚盛，还有部分茶叶销往国外。

三、古代皖南茶叶运输

唐代，徽州水系主要流向新安江和长江，徽州境内水网密布，水资源丰富。徽州的河流小、河床窄、流速快、弯道多、流量变化大，水位暴涨暴落，但皆可放木排，也可行驶小舟，是徽州人走向外界的通道，同时也是徽州茶叶输出和外界粮食输入的通道；可以说，徽州水系是徽州人的生命线。

唐代，安徽皖南的宣州、歙州茶区早就有"水国有丰年""水国车通少"的吟咏。可由于山区河流水流快、险滩多，需要加以治理。如徽州歙县东南有吕公滩，"本车轮淮，湍悍善覆舟，刺史吕季重以棒募工凿之，遂成安流"。徽州祁门有阊门滩，"善覆舟，路开斗门以平其隘，号路公溪，后半门废。咸通三年，令陈甘节以律募民穴石称木为横梁，因山派渠，余波人乾溪，舟行乃安"。经过元和年间路氏、咸通年间陈甘节的两次治理，号称"阊门之险"的水道，在几十年间"改险阻为安流，回激流为澄碧"。从此"贾客巨艘，居民业舟，往复无阻"。自此，阊门溪也成了徽州山区与鄱阳湖流域商贸联系的主要通道。当时，杨烨的《膳夫经手录》描述："蜀茶南走百越，北临五湖；饶州浮梁出产的茶叶，关西、山东间阎村落皆吃之，其于济人，百倍于蜀茶；蕲州、鄂州、至德茶，自陈、蔡已北，幽、并以南，人皆尚之，其济生收藏权税，又倍于浮梁；衡州团饼岁取十万，自潇湘达于五岭皆仰给焉，最远在交趾的人，亦常食之；建州大团，广陵、山阳两地人好尚之。"婺源的方茶，自梁、宋、幽、并等地人都喜欢喝。上述茶叶对社会的影响虽广，却又主要产于南方各地，为了满足不同地区人们的需求，通畅的茶叶销售网络是其坚定的保障。当时，南方的茶叶主要通过大运河这条水路交通和其他一些陆路交通线路，转运集散销售到北方。每当到了一年的采茶季，贾客们齐集江淮，皆将锦绣缯缬、金钗、银钗，入山交易。舟楫声昼夜不息，一幅热闹繁忙的景象。在茶叶被贩运到全国各地去的同时，唐代的交通运输条件也相应得到了改善。在一些产茶地，人们开始意识到，要想更好的发展本地的茶叶经济，首先必须把交通环境治理好。祁门是唐代的产茶大县，但当地山多路险，运输极不通畅，所以要广市多载，必不可能。水陆交通的不便在很大程度上限制了祁门的茶叶外运，而当地农民又主要靠茶叶给衣食，供赋役，所以改善和治理交通便成为人们的当务之急。在陆路上，祁门主要是开凿武陵盘道；在水运上，则是治理祁门阊门溪。

第二节　近现代安徽茶叶运输

　　近现代安徽茶业在整体上呈现出不断发展的态势，并日渐形成皖南外销茶和皖西内销茶并驾齐驱的销售格局，以致两地茶区因销路问题而选择了不同的发展路径。与此同时，在近现代安徽茶业产销格局形成和日益深化的过程中，交通起到了至为关键的推动作用。尤其是相对优越的地理区位和独特的交通条件，赋予了皖南徽州茶远销海外的现实保证；而闭塞的地理位置和道路交通，则是极大地限制了皖西茶出口的可能性。

　　随着铁路、公路等现代交通体系的建立，火车、汽车、轮船等新型交通运输工具开始广泛地运用到茶叶贩运中（图3-1），从而使近代安徽茶叶的运输路线随之发生了重要变化。虽然茶叶从枝头走向市场需辗转于多重运输环节，而新式交通方式在缩短运输时间，降低运输成本等方面具有明显优势，以致逐步打破了传统水路运输的主导地位。

　　安徽是中国茶叶主产地之一，"大江南北，几无县不产"，其品种之多，质量之优，皆居国内领先地位。但是，由于受地理环境与交通路线的制约，近代安徽茶业逐渐形成了皖南外销茶与皖西内销茶平分秋色的销售格局："南茶概销国外，则价高；北茶多销国内，则价低。"这种销售格局既深刻地影响了茶叶的栽培与制作，

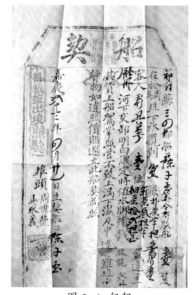

图 3-1　船契

也直接影响了茶叶交易与茶业改良；进而影响到茶区社会经济的发展路径。1909年，沪杭铁路修成通车，大部分徽州茶叶开始选择火车运至上海转口国外；到1937年，抗战全面爆发，彻底打破了安徽茶叶发展的正常轨道。实际上，安徽茶之所以能够形成鲜明的外销茶和内销茶平分秋色的销售格局，并在各自的发展过程中面临不同的命运，交通起着关键性的影响作用，交通区位和运输条件从根本上决定了以徽州为主体的皖南茶和皖西茶的销售路线。与皖南茶相比，未踏出国门半步的皖西茶少了一份在国际茶市中搏击的风险。但是，在茶叶利润的获得上则付出了不少的代价，"南茶售价八九十元，百元不等；北茶仅售价二三十元，几及南茶三分之一；同一品质，因制法销路之不同，价格遂相悬如此"。

皖西茶的最大销售地向来首推东北各省，清同治光绪年间，在皖西势力最大的苏庄将毛茶采办到苏州添加熏花进行精制后，由海道运销关东辽沈、吉林、黑龙江等地区。与苏庄进入皖西茶市差相同时，河南周口茶商也大规模涌进，他们由沙河进入颍河将茶叶运至周口，再分销于山东、河北、河南、山西、陕西以及口外、蒙古各地区，六安贡针、六安香片由此驰名于关内外。当时，皖西的许多河流交汇之处因拥有相对便利的交通条件而逐渐发展成为茶叶集散中心，如果麻埠、诸佛庵、大化坪、漫水河、毛坦厂等镇，都是远近闻名的茶叶聚集场所，在这里设立分庄的茶号通常就地把收购上来的茶叶运送出去。具体的运输程序是：先用竹筏顺水载到六安，装乘卜艄舱或渔划子运到正阳关，然后换船东下至蚌埠，再转乘火车到济南。在津浦线开通之前，六安茶多从淮河过洪泽湖入运河以至镇江；其费用为每担茶本洋2元，从六安至正阳关的费用为每担茶本洋0.3元。抗战期间，日军占领了蚌埠，封锁了淮河，茶号被迫放弃这条便捷的水上航线；开始使用土车、牛车、马车等传统运输方式，几经周折运至铁路站点商丘，顺陇海线至徐州，再换津浦线运到济南。受资料限制，目前尚难周知皖西茶叶运输过程中各个环节的具体费用。

表3-1记录了上述阶段皖西茶从产地运到销售市场所经过的地点及其选择的运输工具。

表3-1 抗战期间皖西各县茶叶运输概况

县别	运往地	经过地点	运输工具
金寨	济南	苏家埠、六安、正阳关、原墙集、亳县、商丘、徐州	竹筏、帆船、土车、牛车、马车、火车
六安	济南	正阳关、原墙集、亳县、商丘、徐州	帆船、土车、牛车、马车、火车
霍山	济南	西河口、苏家埠、六安、正阳关、原墙集、亳县、商丘、徐州	肩挑、竹筏、船运、土车、牛车、马车、汽车、火车
舒城	济南	毛坦厂、青山、六安、正阳关、原墙集、亳县、商丘至徐州或由合肥、乌江至浦口	肩挑、竹筏、船运、土车、牛车、马车、汽车、火车
庐江	济南	无为、襄安、芜湖至浦口或由三河、合肥、乌江至浦口	肩挑、汽船、帆船、土车、牛车、马车、轮船、火车
岳西	济南	霍山、西河口、苏家埠、六安、原墙集、亳县、商丘、徐州	肩挑、船运、土车、牛车、马车、火车

资料来源：黄同仇《安徽概览》，"建设·农林（一）"。

茶叶从枝头走向市场需辗转于多重运输环节。首先是产地毛茶交易中的运输，茶农将茶叶粗制后一般视茶叶多少与距茶行远近而选择买家，如茶叶少，距茶行远，且茶贩给价满意，茶农为图省事即卖给茶贩。茶贩俗称"螺司客"，每到茶季，走乡串户，将上门收购的茶叶卖于茶行或茶号，赚取差价。茶贩时常隐瞒行情，抑勒市价以谋取更多的利润，茶农稍不注意即为其所骗，所以大多数茶农倾向于把茶叶售与茶号。由于茶区僻处远陬，茶贩或大户茶农皆雇佣工人运茶至茶行茶号，其运输方法主要有人力挑夫、牲畜驮载及帆船装运三种。沿河较近者，多用人力挑夫，或用牲畜驮载至附近码头，再由过载行即船行代雇船只完成运输。如徽州各县运往屯溪的茶叶，在休宁县上溪口、龙湾、朱家村等处，均有过载行办理转运事宜，每担茶叶，抽取行用3~5分不等。凡不能用水路运输者，多借人力或牲畜载运，由陆路搬运者一人担80~100斤，强壮者一日能行80里，弱者亦能行70里，而工价各地不等，平均三日路程约需三四元。茶号实质上是制茶工厂，一边大量收购毛茶一边招募茶工进行精制，将茶叶加工再制后分别等级，包装成箱经中转地运往销售市场。茶号选择何种交通工具输出茶叶受多种现实条件的制约，茶号在综合考量茶叶集散地的交通状况、运输能力、距离茶叶销售地的路程等因素的同时，更注重从经济简便高效的角度选择路线和交通工具，往往在整个运输过程中交叉搭配使用多种交通工具。如徽州婺源的北路茶叶运输，首先是用船装至清华街，再由清华街茶号雇挑夫挑至休宁上溪口，由上溪口改用船运至屯溪。屯溪洋庄绿茶的运输路线分为两个环节，先由屯溪到杭州，再由杭州到上海。屯溪至杭州间的水运费用视河水大小而定，并无一定价格。水大时，船易通行，每箱茶取费0.5元；水小时船航行困难，每箱茶需洋1.2元左右，一般情况下也需0.7元。在上海茶市畅旺时节，各茶号争相赶运，每箱茶有需洋一元六七角者。徽杭公路通车后，汽车运输费用与水运相比，并无增加，每箱茶约需洋一元二三角，每车可装箱茶50余箱，汽车经过昱岭关茶税局时，每车征收税捐0.8元，由茶号付给。由杭州至上海的陆路运输则有定额，每箱需洋0.514元，外加报关手续费、转力费、保税、出店等各项费用，每箱茶由杭州到上海的全部运费为0.876元。由此可知从屯溪运到上海的每箱茶的运费最高为2.576元，最低为1.376元，普遍情况下为2.176元。根据上述对各运输路段的分析，可以大致推算出祁门红茶由产地运到上海的费用，平均每箱茶从祁门到饶州大约需0.8元，由饶州到九江大约需0.55元，由九江至上海需1.77元，三项相加共计3.12元。1934年，金陵大学农业经济系学生在实地调查祁门红茶运销时曾对从屯溪出口的路线与从饶州出口的路线进行了比较（图3-2）。

图3-2 安徽歙县江氏茶商往来信札

从祁门县城至黟县渔亭60里，每担挑力1.22元，酒钱0.2元，船行佣金0.18元，每担共需大洋1.64元；渔亭至屯溪80里，装载帆船顺水而下一日可达，每担只需运费0.8元；屯溪至杭州间由汽车运输，每担2.28元，一般打八折后实收1.724元；杭州至上海用火车运输，每担1.028元，另加杭州报关及车捐等费0.2元。那么就可以计算出，以祁门县城为起点，合计每担红茶至上海运费共需大洋5.392元，每担以二箱茶计，每箱需大洋2.696元；可见祁门红茶选择屯溪杭州间的运输路线要比从九江运往上海的路线费用节省一部分，并且时间亦较为缩短。1934年，屯浮公路（今慈湖张王庙公路屯溪至张王庙段）建成，祁门至屯溪通车，祁门红茶可以直接运达杭州，运输更为便利，用费也有所减少。只是此路运输的汽车尚不敷用，加之茶箱易于损坏，部分箱茶仍选择由鄱阳湖、九江运出。

表3-2、表3-3是祁门红茶在运输过程中各种交通方式的运费，从中可知各种交通工具的优劣之处。

表3-2 由祁门产地经鄱阳湖、九江至上海间各种运费比较

起讫地点	运输方法	距离/km	每箱费用/元	占总费用之百分率/%	每百千米的平均用费/元
祁门至鄱阳湖	帆船	236	0.80	28.4	0.34
鄱阳湖至九江	轮船拖电	207	0.55	19.5	0.27
九江至上海	轮船拖电	808	1.47	52.1	0.18
合计	—	1251	2.82	100.0	0.23

资料来源：《豫鄂皖赣四省农村经济调查报告》第12号：《屯溪绿茶之生产制造及运销》。

表3-3 由祁门产地经屯溪、杭州至上海问各种运费比较

起讫地点	运输方法	距离/km	每箱费用/元	占总费用之百分率/%	每百千米的平均用费/元
祁门至渔亭	人力挑夫	35	0.82	30.5	2.34
渔亭至屯溪	帆船	46	0.4	14.8	0.87
屯溪至杭州	汽车	250	0.86	32.0	0.34
杭州至上海	火车	186	0.61	22.7	0.33
合计	—	517	2.69	100.0	0.52

资料来源：《豫鄂皖赣四省农村经济调查报告》第12号：《屯溪绿茶之生产制造及运销》。

由以上两个表可以看出，各种运输方式的费用，以轮船为最低，次之为火车、汽车、帆船三种，人力挑夫最为昂贵。而同一种运输方法，每单位的运费又因路途远近而有所

差别，通常远者较近者为低。在轮船、火车、汽车、帆船这几种交通方式中，火车的吞吐量最大，运速也快，适合于长距离远程贸易；所以无论是外销茶还是内销茶，都在铁路干线不断延伸后使用火车运输。汽车也因其快速灵活而具有较高的运输效率，逐渐得到茶号的青睐。如歙县由于不注重茶叶改良，品种长期没有更新，又因海外市场竞争的加剧而日益梳离于国际茶市，开始改销国内。自"九·一八事变"后，东部销路断绝，"幸各地公路渐拓，交通日便，茶之销路因之推广，非但未见减色，且有畅销之势"。

这一时期，皖西茶则始终注重向北方开拓市场，而没有向国际茶市进军，瓜片、梅花片等名品在北方茶市中赢得了广泛赞誉。相对风云激荡的国际市场，国内市场的变动要平稳一些，经销商、销售地都比较固定，其利润也能够预期，所以皖西茶的年产量一直处于比较稳定的状态。正因为稳定，皖西茶缺少了一种危机感，对茶树栽培、茶园管理、茶叶采摘、加工制作、运输包装等方面都没有给予足够的重视，"栽培制造诸法纯袭旧规，不知采用科学方法，应合新趋势，故其销路，不出国门一步"。而安徽茶税的征收也一向南轻北重，以百斤计之，皖西茶要比皖南茶多收 1.75 元。在繁重的茶税盘剥下，皖西茶为降低成本，更是无暇改良创新，大多数茶农、茶号，仍然是停留于小规模的经营阶段。最终，皖西茶是随着国内环境的恶化而失去了转圜的余地，逐步丢掉了市场。

皖南外销茶和皖西内销茶的销售格局是在一个相当长的时期内逐步形成并日益深化的，在其诸多的影响因素中，交通起着至关重要的推动作用。只是徽州相当优越的地理区位和独特的交通条件，使得徽州茶能够克服山隔水阻的不利条件，远赴广州、上海等外贸中心转口海外。徽州的对外交通动脉新安江直达杭州，由杭州可达宁波、上海出口海外，祁门可由阊江接鄱阳湖入九江，转汉口、上海，婺源也可通过婺水入鄱阳湖。所以，在18世纪以后，中西贸易兴起之初，徽州茶即开始翻越黟县和祁门间的分水岭，进入赣江航线，越大庾岭南下广州远销海外，形成了茶叶出口的浓厚传统。而皖西的地理位置和道路交通都比较闭塞，境内水系散漫，对外商业通道只有从淠河往正阳关下淮河过洪泽湖入运河以至镇江。此外，无论往何处只得走陆路，并且陆路仅能通小推车，皖西茶显然不具备出口海外的交通优势。五口通商后，茶叶出口重心转移到上海，这极大地缩短了徽茶出口的路程，皖西茶如要运销上海，其路线为：产地—集散中心—六安—正阳关—镇江—上海，而徽州茶的运销路线为：产地—集散中心—屯溪—杭州—上海。皖西不但在直线距离上远于徽州，在运输环节上也要复杂于徽州。皖西茶缺乏输出海外的交通条件，其后更因海外市场竞争的加剧而日益疏离于国际茶市。印度、锡兰、日本等国的茶叶经过精心培植，出口量逐年增加，打破了中国茶叶独占市场的局面，中国茶的市场份额日益受到排挤。皖西茶长期局促在国内，不注重茶业改良，品种长期没有更新，打入国际市场的难度进一步增大；而国内整体环境的不佳更从根本上粉碎了皖西茶出口的可能性。此外，皖西与皖南相比，也缺少具有开拓意识的从事茶叶经营的商人群体。皖西茶市中很少有本地人的身影，六安城内的茶商以太平商人及徽州商人势力最大，构成本庄的主体。皖西茶叶市场中的苏庄、鲁庄、口庄等茶商都是挟资而来的外地商人，他们一般着眼于国内市场或者将茶叶贩运到当地销售，而很少与洋行打交道，无意于国外市场的拓展。

徽州茶多是由徽州本地商人经营，其性质是把本地的农产品输送出去。徽商作为驰骋明清中国商业舞台300余年的著名商帮，其在市场网络的构建方面具有其他商人无法比拟的优势，他们更不缺乏进军海外市场的先例与经验。随着国门的打开，在利润的驱使下，徽州商人源源不断地加入进来，不断扩大市场范围，把原本就属于徽商经营主干行业的茶业从国内发展到了国外，徽州茶能够形成外销茶的特色也就有了更为充分的现实条件。徽州公路建设以及交通条件的改善，对市场集散地也产生了影响，这种情况在茶叶市场中有体现。比如皖南的最大茶场，本来"为屯溪与宣城二地"。民国时期，因交通便捷，歙县成为后起之茶叶重要输出地，商业地位突出，亦即是歙县"土产之茶已均由本地自制自销，故年来茶业亦极为发达，仅次于宣屯交通"。另据1934年的调查，徽州婺源箱茶原本到上海的路线为，由婺江运到江西饶州，再"转浔至沪"。若通公路则便捷得多，"是以婺源箱茶，每担转运费，约在七元之谱，在徽属各县中箱茶运费为最高数；现幸婺白路（婺源至浙江开化县自沙关止）业已修筑完竣，不日可以通车，异日婺茶，可由婺白路至浙之开化县之华埠镇，经常山公路至杭，或至江山县搭杭江铁路，或附徽杭路至上海，均可按地理之便利，自谋发展，以后运输，当更形便捷也"。公路修筑之前，徽州境内传统的石板路或小路发挥着重要作用。屯溪市镇"居徽州之中央，水陆交通之总枢也"，"斯地商务殊盛，惟街狭隘，除竹制之小轿外，车马稀有，以路狭屋高，日光难及，每遇天雨，隔日尚泥泞载道，此处居民非有事必不外出闲游，上流社会之男女出必以轿，故市街整洁之问题无人议及"。到1930年，皖南地区"陆路交通，大抵仍恃昔日大道"，"以山多岩石，筑路多用石子或石板"。至于陆路运输方式，则是肩挑马驮等延续千年的方式。据1930年的调查，皖南各县道路运输"以土车畜驮肩挑为主要，用土车者，计有和县、当涂、芜湖、宣城、郎溪、宁国、绩溪、南陵、泾县、旌德10县；有畜驮者，计有和县、当涂、芜湖、宣城、宁国、绩溪、南陵、泾县、旌德、歙县10县；肩挑则各县均有"。皖南区域内的多条公路建成后，交通格局发生了很大的变化；但是，许多茶区的码头依然如旧，如屯溪船运码头的地位仍然非常重要。屯溪成为徽州最重要码头，船舶众多，"屯溪船舶密集，常年数量约在二千只左右，船夫人数，约二万五千以上，船籍以义乌人最多，占百分之五十，永康人次之，占百分之三十，本地人最少，仅百分之二十"。至于皖南茶内之水路运输，其状况基本没有改变。以位于新安江畔的屯溪市为例，由于皖南地区盛产茶叶，屯溪市就成为皖南茶叶出口的一个集散地和转运点，加之有新安江的水运，"杭州及广州大船均泊此载货。屯溪以上，河水太浅，不能通航，屯溪因此成为一个巨大的商业地点，从这条河运至杭州转运上海的绿茶，几乎全部是在屯溪装运的"。因为公路运费的高昂，也导致茶叶运销费用的高昂。1934年，对休宁县茶叶运输情况的调查说明了这一点，据调查所得的情况如下：休宁茶以屯溪为集中地，利用新安江水运，入浙西，直达杭州。再由杭州至上海，惟河道险峻，人工无可施，轮舶不能航，扁舟一叶，费时旷日，以是运输濡滞，载运为日。近年洋商，抢新提价，徽茶以交通不便迅捷外运，常为浙江之遂、淳各县茶捷足先登，抢夺标盘，其影响徽茶之市价颇巨。即运费方面，较他出亦觉高昂。故屯市箱茶，每担转运费需三元五角之谱。今幸徽杭、淳屯诸汽车路通车以后，徽茶可由汽车载运。前由船运，需时四日，今则一日可达，如是时间经济，但运费未能减低。为什么运费未见降低？

1935年，杭州与屯溪之间货物运输仍然是水路，而且运费视水之大小及货物价值有关，"运费视水之大小及货物价值而定，普通由屯溪至杭州，每千斤约四五元左右，上水（指由杭州至屯溪）约加五成"。交通不便使得徽茶运价高昂而且竞争力下降。徽杭、淳屯诸汽车路通车对商品流通的好处是运输便捷，有利于占领商机，但运费未见降低。其中一个重要因素是，徽州境内茶叶汇集到屯溪时的运输方式没有改变，在这一流通环节，运费未见降低，这导致徽州茶叶输出的费用居高不下。因此，徽州公路运输兴起后，部分茶叶依赖汽车向外输出，但是，区域内仍依赖水运，因为公路运输的流通成本依然较高。关于徽州区域内茶叶船运过程中的运费，近代做了调查。比如黟县茶叶由民船运到屯溪，"每担毛茶，船力三角之谱"。绩溪县茶叶分本庄和洋庄，这些茶叶销售地点为歙县或屯溪，船运价也是每担几角的水准。又据1934年调查，绩溪茶叶"东南路集中临溪，多为洋庄毛茶，北路集中扬溪铺，多为本庄烘青，两路茶叶，循扬之水西南行至歙县，或至屯溪。两地销售至歙至屯，本不一定，均视该地市价为转移，毛茶每担船力，至歙约二角，至屯约五角"。1920年以来，皖南及徽州茶区的发展步伐明显迟缓。但是，市场具有天然的调节作用，国外市场稍有回暖，徽州茶就立即调整风向，产量迅速增加，如1930年前后几年的发展实态便是很好的例证。这也从一个侧面反映出徽州茶融入国际市场的程度。时人曾对此发出感叹："此中衰落唯一之原因，非天然环境有所改变，乃人谋未臧，有以致之耳。"此后，徽州茶叶运输在茶叶市场经济的影响下，一直维持着这样的尴尬局面，直至1949年的全境解放。

随着中国日益卷入世界经济体系，逐步放开国内市场，安徽茶业在清末民初的十余年间迎来了一个发展的黄金期，这期间无论是外销茶，还是内销茶都保持着产销两旺的良好势头。专注于开拓国际市场的外销茶，在获得相对可观的利润的同时，也不得不随之而变换舞步，不稳定的国际因素时刻影响着以徽州茶为主体的皖南乃至安徽茶叶的发展。

一、近现代皖西茶叶运输

民国时期，皖西的对外交通主要依靠水路和陆路两种方式。六安北部及霍邱地势较低，山地和丘陵面积较大，而这正是茶叶的理想栽培之地。但是，皖西地势是西南高、东北低，由南向北呈阶梯状分布。其中，霍山、立煌及六安东南，地势较高；这无疑是交通条件的制约，同时也影响了茶叶的运输甚至是销售。就陆路而言，皖西茶叶外运仍以畜力和人力等传统运输方式为主。当时，皖西的陆路交通存有诸多不便，其道路网络以六安为中心向外辐射，北有汇淮通道，东南有庐江，合肥孔道可以通省城或镇江、芜湖等地，西有直达豫南通道。不过这些道路的路况都较差，路面狭窄而又凸凹不平，仅可通行小推车；货物运输除小推车外，只能用骡马及挑夫。运输能力非常有限，大宗物品难以顺畅运出。

1920年以后，六安陆续修建了舒六、安六、舒合、六霍、六合、六寿、六叶、叶立等公路，由于缺乏资金与技术支撑，大部分道路只是利用旧有驿道改建而成，条件依然简陋，一遇雨雪天气就泥泞不堪，运输能力大为降低；加之汽车等新型交通工具数量极少，皖西的陆路交通始终没能发挥主干作用，大部分情况下还要依靠水路交通。所以，"六安交通不便，唯一之贸易路只有由淠河往正阳关下淮河"。皖西茶的外运通道是淮河，连接淮河与皖西茶区的纽带则是淠河；而即使是淠河流域内史河、大洪河等支流也具有一定的通航能力，可行小船至淮河。因为淠河上游支流密布，以致淠河两岸有民谣云："七十二水汇正阳。"因此可见，淠河于百姓生产、生活的重要。淠河分为东西两大源，均流至距当时的六安县上游60里的两河口汇合，然后向北流经苏家埠、六安至正阳关入淮河，跨霍山、金寨、六安、寿县、霍邱五县，是大别山区通向淮河的一条水运要道。淠河水运在夏季涨水时可通百担之船，冬季枯水期亦可通二三十担的小船；故六安正阳间舟楫往来繁盛，民船航运业非常发达。当时，六安城内有张、孟、蔡、范四家大船行，名扬淮河上下。因为淠河是山区河流，上游河水浪高流急，容易造成下游两岸河堤不断崩塌，流沙堆积增多，淠河逐渐形成水浅滩多的航道。所以，依据淠河的航道特点，航行其上的木帆船被改造成体型比较奇特的"卜艄舱"和"渔划子"，以适合于茶叶的运送。"卜艄舱"以"卜"字形的一竖为船，一点如桅，略似"卜"字而得名，载重5~15t不等，多数在10t以上。"卜艄舱"船吃水浅，平底、平帮、平首、平尾，故又称"四平头卜艄船"，宜装茶叶、麻捆等。而"渔划子"船则类似放鹰捕鱼的双划子船，载重3~5t不等。其结构简单，阻力小，轻巧灵活，宜过浅滩及狭窄船槽；每年春季时期，茶商多用此船装"抢先茶"（即当年首次外运的新茶），以求快速到达出售地点。1921年以后，因交通路线改变和商情变迁，苏庄（茶商）和口庄（茶商）日渐式微停办，以山东商人为主体的鲁庄独占皖西市场。其实，鲁庄（茶商）在同光年间也已开始进入茶山购茶，但当时大多为小商贩，他们用手推车运来山东本地土货，卖出货物后购买数量不等的茶叶，仍用手推车运回山东，所以被皖西人称作"车把客"。津浦铁路修成通车后，运输费用有所下降；但便捷的交通更是吸引了山东各大庄号（茶商）挟资蜂拥而来，"车把客"逐渐绝迹。皖西茶叶的运销途径也随之发生了变化。以往霍山全境及六安，霍邱西南境，金寨东北境所产之茶顺颍河西上而往周口者，全改为由淠河入淮河至蚌埠，换乘火车顺津浦线抵达山东济南。当时，六安东南境如东西溪，毛坦厂等处的外运茶叶，过去亦由淠河转道淮河。六安东南境如东西溪、毛坦厂等处的外运茶叶，过去亦由淠河转道淮河，1930年前后因淠河时常梗阻，开始与舒城境内所产茶一同用排筏由中梅河出三河过巢湖，经芜湖至浦口转津浦线而北上济南；另有湖北、河南的小茶商，每到茶季携资进山，遍地皆是，他们购办茶叶，进行精制后即打成茶末装入洋瓶，雇工挑运，取道英山、罗田等地销售本省。

民国时期，皖西茶叶以内销居多，销售区域比较广泛，近者有河南、山东、江苏、浙江；远者达北京、天津、河北及东北地区；同时，商户籍及销售地域不同，可分为苏庄（以江苏苏州籍为主）、口庄（以河南周口籍为主）、鲁庄（以山东籍为主）、本庄（本地商贩）、杂庄（附近各县商贩）等。主要外运路线有：一路由苏庄采办到江苏地区，再由海路运销东北；一路由口庄各号由淠颍二河运至周口，再由周口分销至山东、河北、河南、山西、陕西及内蒙古等地。由于受民国时期茶叶经济危机等不稳定因素影响，苏庄（茶商）和口庄（茶商）相继停办，鲁庄（茶商）逐步垄断皖西茶叶市场；外运路线也发生了变更：一条是霍山、霍邱、立煌及六安西南产由颍河西上，循淮河向东至蚌埠，再由津浦线达山东；另一条是六安南部的毛坦厂一带产茶，贩销茶商由中梅河出山过巢湖，经芜湖至浦口，再转火车北上山东，即南北两条线路，殊途同至。可见，山东是皖西茶叶最大的内销市场。

皖西地区虽然河流较多，但多属滩多水浅的支流，通行能力非常有限。除六安的淠河下游、立煌的史河下游、霍邱的大洪河可通行小民船达江淮外，其他如霍山的潜水和漫水只能用篙撑运货物，费时费力，十分不便。由此可知，皖西茶叶首先是通过帆船、肩挑、土车、牛车、马车等传统运输方式，运至铁路站点商丘、蚌埠、徐州或浦口；然后再通过火车运抵山东济南。由于皖西距离上述铁路站点较远，通过传统方式运输，不仅运效低，运输成本也随之增加（表3-4）。当然，交通不便，亦是制约皖西茶叶外销的重要因素之一。总之，皖西茶从产地到销售地周转于多个交通集散中心，其运输方式和运输工具也随之而不断地进行变换。

表 3-4　皖西各县茶叶运输费用概况表

县别	筏运费	船运费	土车运费	人力运费	畜运费	火车运费	每篓运费（含杂费）
立煌	2角4分	2角	8角	1角	9角	6元	
霍山	2角	2角4分	8角（1元）	2角5分	1角	9角	4元9角9分
六安	3角	3角	2角5分	1角	6角	5元	
舒城	2角4分	8角	6角	1角	1元2角5分	5元5角	
庐江	包运	包运	包运	包运	包运	包运	包运
岳西	2角5分	2角4分	8角	1角5分	1角	9角	4元9角4分

资料来源：黄同仇《安徽概览》，安徽档案馆1986年重印。

二、近现代皖南茶叶运输

近代皖南的绿茶的水路运输主要依赖于新安江。新安江如同人体中的主动脉，把流域内树枝状的河流连接起来，成为徽州通往外界的一条重要水道。屯溪因拥有水陆交通之便而成为茶叶集散地和洋装箱茶制造中心，歙县、绩溪、休宁、黟县等地出产的绝大多数绿茶运至此地汇集，徽州绿茶由此获得"屯绿"或"洋装绿茶"的别称，屯溪亦在茶叶销售的辐射下逐渐发展为皖南商业重镇。在杭州被辟为通商口岸之前，从屯溪输出的茶叶先由民船装载至杭州，在杭州中转后继续走水路，途经回回坟、长安坝、崇德、嘉兴、嘉善、泖桥、斜塘桥、松江、黄埔，最后抵达上海，中间也有部分茶叶顺浙东运河转道宁波出口。杭州开放后，屯溪茶叶或直接由杭州出口，或换乘小火轮至上海。随着沪杭铁路的开通，运沪茶叶开始改乘火车。新安江上游滩高水浅且多险境，如从屯溪至深渡的一段河道"滩多水急……河床多为卵石夹沙和岩石，有浅滩16处，河床落差42m"，这样的水运条件很难适合百吨级的轮船航行。因此，10t左右的木帆船便成为新安江主要的交通工具。其时，日夜穿梭于新安江上的芦乌船俗称舱船，亦即徽州乡民口中的大篷船，这种船分大、中、小号三等，载重自100~300担不等。为适应新安江上游水浅流急的状况，芦乌船船底多制成扁平状，吃水不过二尺，枯水时节大船备有十余人，小船备有四五人以作拽船之用。每每茶季到来时，芦乌船满载茶叶从屯溪码头出发直下杭州，新安江面帆樯林立，形成"屯浦归帆"的盛景。据相关调查显示：1934年，屯溪共有章德泰、程义源、仁泰、广泰、万通、邵正兴、汪永良以及吴永和等船行8家；均以代茶号雇佣船只。当时，运载箱茶至杭州为其主要业务。

1933年，徽杭公路修成通车，运往杭州的屯溪绿茶开始舍水就陆，以往走新安江水路至少需要四日者，一日内即可到达。时间大为缩短，不但可以预计达到日期，在管理和销售上也较为便利。抗战爆发后，上海沦陷，屯溪绿茶的出口市场转移到香港，在南昌、广州未陷落前，自屯溪经祁门、浮梁、鄱阳、南昌、株洲、广州至香港，南昌、广州相继沦陷后，改道兰溪、诸暨、娄宫、百官、宁波至香港；也有部分茶叶从金华、温州出口。祁门红茶的外运路线不同于绿茶，是由阊江经饶州渡鄱阳湖至九江，再转运汉口或上海。阊江发源于大洪岭，流经县城与金东河（双溪）汇合，向南流经塔坊、程村碣、溶口、芦溪，在倒湖与大北河汇流，入江西昌江，最后注入鄱阳湖。祁门阊江水量较少，年平均径流量1011.9mm，仅能通行小船，俗名饶划子，其船底与芦乌船同，皆呈扁平状，吃水四五寸，载货量随阊江枯水，丰水而变化，丰水期能载货120担，枯水期只能载货20担。因为阊江在祁门县城处的水位甚浅，枯水期只有用竹排或由陆路将茶叶先运至其下游30里地的塔坊，然后再装船。

1920年以前，祁门红茶的销售市场集中在汉口，饶划子每船装茶40~60箱运至江西饶州，由饶州改装大型帆船，俗称抚州船，每船装二三千箱，用小火轮拖至九江，再换江轮溯江而上至汉口；其海外销路以海参崴（符拉迪沃斯托克）为最多，约占出口数的十分之三以上。1920年以后，汉口茶市衰落，红茶贸易中心由汉口转至上海。此时，祁门红茶外销运输，先用小船（每船不超过60箱，船价36元）由阊江经江西景德镇运至饶州，每箱运费约6角；再改抚州大船，用小轮拖载，出鄱阳湖而达九江，小轮拖载每箱约2角，抚州船费每箱3角；由江轮运至上海，每箱运费约1.1元。以上运费，祁门至九江由茶号自理；九江至上海，沿途报关手续、上下驳力、火轮运费，均归各放汇茶栈的九江分栈代办茶叶售出后，由上海茶栈在售价内扣除。祁门红茶改由陆路运输后，由公路局于境内各产地汽车站，经芜屯公路运至宣城火车站，然后换装江南铁路货车运至南京尧化门，转京沪路至上海。红茶经销手续全由茶栈代理，茶栈取样与洋行议定价格，货样相符即可成交；上海洋行收茶后即由上海远销英美。但是，因为运输线路发生了改变，所以运输路程亦随之变远，红茶由产地祁门运至销售市场上海，最快也需要一个星期（七日），迟者甚至需要十数日，而且还要视水之大小与风之逆顺而定。同时，茶叶的运输成本有了较大幅度的增加。因此，多数茶号不愿意选择这条运输路线。徽杭公路通车后，祁门茶外运路线有所改变；祁门东南境所产红茶由肩挑至黟县渔亭，换装帆船运屯溪，再转载汽车往杭州，最后换乘沪杭铁路至上海，运输时间大为缩短，二三日内即可达到销售市场。1935年前后，公路进一步延伸到祁门，茶叶运输更称便利，红茶由汽车外运者日渐增多，"其运输路线，当因交通改变，而又有一番变更也"。抗战以后，祁红多自祁门经鹰潭、金华、温州出口，亦有先运义乌，经宁波以运香港者。香港沦陷后，外运困难，改由西南国际路线出口。到抗战后期，西南路线又告中断；茶叶出口几乎全部陷入停顿。民国时期，国际联盟特派农业经济专员特赖贡尼博士来华调查农业；他在考察后曾深刻指出茶叶销售中的交通要素的重要性："茶叶销售问题较诸生产问题更为复杂，整理交通，减轻税捐，皆各种农产品销售之重大问题，其解决更非一言一事所可尽。"祁门红茶的运输方法是，先以小船（每船30~60箱不等），由阊江经景德镇至饶州，再改用大船以小汽轮拖驶，渡鄱阳湖以至九江，再至汉口。1920年，贸易转到上海，运输方法前段相同，不同的是到九江后改由长江大轮运上海。1935年，芜湖至景德镇通车，祁红由公路运至宣城，再转用江南铁路联运至上海。抗战期间，祁红一度换到香港交易，多数茶叶仍由陆路运到香港。

祁红茶在汉口集散场时，大半为俄商承办，其余则为英、美、德、法、丹麦等国，年销量一般在13万箱左右（每箱50斤上下）；另花香（尾茶）也由俄商销售，作红茶砖之用。交易方法是事先由水客送茶样给外商预订箱数，箱茶到汉口，当即估价，茶价谈妥，随即过磅，无须一月，交易即可告罄，手续简，效率高。第一次世界大战爆发后，俄国商业收归国有，俄商停业，英商拒绝在汉口交易；于是市场转移至上海，交易手续也变得烦琐复杂。先是售茶者送小样到洋行的茶楼编号，然后开汤验茶，选出中意茶样，由通事与售茶者谈判价格，双方满意即成交，反之即数度洽商。其正式交易的程序是：洋行方将中意的茶号码记下，由通事签字，售茶方由茶栈落簿，售茶者签字，然后预约时间过磅，一般是三个星期之内，但洋行往往以船期、库满等理由拖延。过磅后，通常就要立即付款，但洋行方也会借故延迟。抗战期间，上海被日寇占领，祁红出口口岸转至香港，运输线路为两条：一条走屯溪水路，一条走鄱阳；由大帆船拖至南昌，经株洲南下至九龙，交由富华贸易公司向苏联及欧洲茶商销售。祁门红茶运往上海的环节多于屯溪绿茶，所以其运输费用也是相应的有所增加。由产地运至饶州的饶划子每船视河水大小，可载茶40~60箱茶叶不等；每船需费三四十元，以三十五六元最为普遍，平均每箱在0.8元上下。茶叶运至饶州后，即改乘抚州船。据1933年的一份统计表明，饶州共有16家船行办理过载事务，各船行承接箱茶，凑合箱数，共同雇用轮船拖至九江，由饶州至九江的用费则由船行开一清单向茶商结算。1934年，祁门县平里茶叶运销合作社一次运茶30箱到九江的清单显示：今代雇抚船一只，船户吴某装到平里合作社二五箱茶30件，至九江交卸。水力：9.60元，每件三角二分；三神福：0.29元；敬神雄鸡纸马：0.80元；伙老叨酒钱：0.40元；轮船水力：4.50元，每件一角五分；城隍庙老爷庙捐：0.30元；张王庙捐：0.30元；印花：0.04元；共计付大洋16.45元。由此，可以算出平均每箱茶的费用为0.55元。由九江至上海的一切运费全由茶栈代付，茶号多不过问，结算时由茶栈开入售茶清单内，于茶价中扣除。表3-5是祁门某茶号从九江至上海一次运茶74箱的各项用费，平均每箱运费需洋1.77元。1934年，金陵大学农业经济系学生在实地调查祁门红茶运销时，曾对从屯溪出口的路线与从饶州出口的路线进行了比较。

表3-5　九江至上海运输费用（74箱）

项目	用费/元	备注
过费	4.07	由帆船卸过江轮码头
钉裱	2.22	钉裱茶箱之破损者
水险	16.25	
泵验力	2.37	
湖口划子	0.40	
汇水贴现	0.61	
浔（九江）至申（上海）水脚	82.91	
码头捐	5.18	
报关	1.18	
力驳	14.80	
出店	1.04	
总计	131.03	

资料来源：《豫鄂皖赣四省农村经济调查报告》第12号的《屯溪绿茶之生产制造及运销》。

　　根据上述对各运输路段的分析，可以大致推算出祁门红茶由产地运到上海的费用。茶号选择陆路交通既是出于节省费用的考虑，更是出于缩短运输时间的考量："运输货物的要件为运价便宜并且能相当的迅速与安全，假定安全均等，则运货方法的选择惟在便宜与迅速二者的较衡。"

　　茶叶是季节性很强的经济作物，新茶上市讲究抢占先机，但是"徽茶以交通不便迅捷外运，常为浙江之遂安、淳安各县茶捷足先登"。在洋商频频抢新提价的刺激下，屯溪茶号为夺取市场份额，开始改变运输方式，舍水就陆。因为新安江上游河道滩高水浅，枯水期运输迟滞，不能预计到达日期；下游虽较畅通，但一遇逆风就会延迟时日，时间上无法保证，并且只有进入钱塘江才可用汽轮拖船，而沿途搬运手续又非常烦琐，花费巨大，如误触滩石，损失即难以估量。另外，即便是丰水期，一切顺遂，由屯溪至杭州，最快也要4天。如果改乘徽杭公路上的汽车，一日就可运到杭州，再换乘火车到上海，原先需一周左右的时间则只要两天就可到达，水路与陆路交通的优劣之分可见一斑。正因如此，祁门红茶于1934年主动选择公路运输，开始从屯溪出口。可见随着现代交通工具的广泛使用，传统的水路运输方式逐渐丧失了主导地位。作为农民重要的经济收入来源和日常生活的必需品，近代安徽茶业在整体上呈现出不断发展的态势。

民国时期，徽州公路建设状况以及积极的影响，为徽州茶叶经济的发展起到了很大的促进作用；首先是便捷的交通使茶叶等货物专赖水运的局面得到改观。徽州区域内公路兴修原本就不多，水运仍是区域内货物向屯溪汇聚的方式之一。时人指出，徽州出口货物区域内水运之状况，黟县茶叶是以屯溪为集中地点，"黟县茶叶，以东乡鱼亭为集中地，各路洋庄毛茶，大多由该镇以民船载运，东南行水路八十里至屯溪"。至于运输方式，屯溪之船舶中往来于徽州区域内部者，多是小篷船，"本地船多系小篷船，积载量不过四五十担，以往来屯溪、歙县或屯溪、上溪口及渔亭间为最多"。在徽州区域内部，对于各地货物向屯溪的聚集过程，传统的畜驮、肩挑仍是主要方式之一。徽州各地茶叶运价，若是挑力，则运价甚高，这一点导致徽茶运价高昂状况的出现。徽州区域内挑力价格为每担五角左右，若是外运则有四五元的水准。如黟县茶叶的本庄烘青茶，"用竹篓包装，过洋栈岭，经石埭、青阳，至大通镇，出长江旱道二百四十里，每担挑力，约四元六七角"。徽州地区的公路建设还对当地市镇分布产生了重要影响。民国年间，休宁县屯溪镇为徽浙赣绿茶荟萃之地；之所以如此，不仅与其原有的水路交通有极密切的关系，而且徽州对外公路的建成无疑强化了屯溪商务重镇的地位。

第四章 徽茶贸易

安徽茶叶产销历史悠久。唐代，安徽生产的茶叶大量运销山东、河北等地。封演《封氏闻见记》载："开元（713—741年）中，自邹、齐、沧、棣渐至京邑，城市多开茶铺煮茶卖之，不问道俗，投钱取饮。其茶自江淮而来，舟车相继，所在山积，色额甚多。"江淮茶大多为安徽茶。《唐国史补》载："常鲁公使西蕃，烹茶帐中。蕃使赞普曰：'此为何物？'鲁公曰：'涤烦疗渴，所谓茶也。'赞普曰：'我此亦有。'遂命出之。以指曰：'此寿州者，此舒州者，此顾渚者，此荆门者，此昌明者，此浥湖者。'"可见，皖西茶叶当时已销往边疆兄弟民族地区。宋代，茶叶由朝廷实行专卖制，设榷货务专卖局。北宋嘉祐六年（1061年），安徽境内设庐州王同、舒州罗源、太湖、寿州麻步、霍山5个山场，专卖茶叶，茶叶买卖占全国总贸易量45%以上。元代，茶法初沿宋制，实行专卖，后实施"茶引"制度。明代，专卖制度更加严格。清代，"屯绿""祁红"相继问世，茶叶行销国内外市场。

中华人民共和国成立后，各级政府重视茶叶生产，制定一系列政策、措施，复兴茶业。各地供销合作社及农业部门，扶持茶农，垦复荒芜茶园，改造旧茶园，开辟新茶区，恢复、发展名优产品，并承担茶叶收购、调拨、销售等任务。1949—1960年，国家对茶叶实行计划收购；1961年起，茶叶实行派购；20世纪80年代，茶叶市场开放，内销茶运销全国各地。

第一节　唐宋时期安徽茶叶贸易

一、唐宋时期茶叶生产

唐代中叶至北宋末年，在饮茶风气流行的促使和优越自然环境的支撑下，安徽的茶叶生产非常兴盛。这一时期，安徽茶树种植区域分布广、茶叶精品与种类增加、茶农与茶商增多、茶叶产量不断增大、茶叶生产在区域经济发展中的作用日益凸显，成为影响和推动安徽地方社会经济发展的重要产业。

唐代时安徽皖南、皖西地区的茶叶经济快速发展，商品化程度较高；归纳起来主要表现有茶树种植区域扩大、茶叶种类增多、名茶精品及种类不断涌现、专业茶农与茶商增多、在经济中的作用凸显等特征。这对当时国家茶叶政策的制定也有一定程度的影响，成为推动区域社会经济发展的重要产业之一。

二、唐宋时期茶叶产量

唐代中叶至北宋末年，随着茶区的扩大、名茶的产出和种类的增多以及茶农和茶商队伍的扩充，安徽的茶叶生产总量也在明显增加。五代韩鄂《四时纂要·春令卷二·种茶》讲到种茶收成时说："三年后，每科（棵）收茶八两。每亩计二百四十科（棵），计收茶一百二十斤。"

韩鄂所说的120斤相当于目前的71.5kg，产量非常可观。而且，随着茶树的生长，茶叶亩产量应该也在不断提高。安徽作为茶叶的主产地，产量也在逐年增加。歙州山多地少，以茶为业者占人口的大多数，茶叶产量自然很高。杨晔说："歙州、婺州、祁门、婺源方茶……商贾所赍，数千里不绝于道路""新安茶，今蜀茶也，与蒙顶不远，但多而不精……自谷雨以后，岁取数百万斤"。南唐刘津《婺源诸县都制置新城记》云："太和中，以婺源、浮梁、祁门、德兴四县，茶货实多。"王敷《茶酒论》说："浮梁歙州，万国来求。"由上述文献可知，歙州不但产茶，而且茶叶质量好、产量大，因而出现了史载中的"数千里不绝于道路"和"万国来求"的繁华场面。

池州茶叶的产量也很可观。据杜牧《上李太尉论江贼书》说，江贼曾"劫池州青阳县市，凡杀六人，内取一人，屠剔心腹，仰天祭拜"。令人恐惧的是，这种江贼劫杀茶商的现象是"循环往来，终而复始"。杨晔则说至德县等三处所出茶"自陈、蔡以北，幽、并以南，人皆尚之"。劫持茶商的江贼之所以能"周而复始"得手，主要是北方各州"人皆尚之"，不断有大量商人前来池州采购茶叶，这两种现象出现的前提自然是池州有大量可以出售和贩卖的茶叶。安徽茶区的舒州、庐州和滁州等地也大量产茶。《旧五代史·卷一〇七·史宏肇传》说："有燕人何福殷者，以商贩为业，尝以十四万市得玉枕，遣家童及商人李进卖于淮南，易茗而回。"何福殷绝对是豪商，一次商品贸易后所得巨款均用来从淮南贩茶销售。

五代时期，江南、淮南道向中原进贡茶叶的文献记载较多。据《旧五代史·卷三一·唐庄宗纪》记载，淮南杨溥于后唐庄宗同光二年（924年）向中原进贡"细茶五百斤"。《周世宗纪》载后周世宗显德三年（956年）三月，南唐李璟贡"乳茶三千斤"；又载后周显德五年（958年），李璟遣宰相冯延巳献犒"茶五十万斤"。在上述茶叶中，作为茶叶主产地的皖江地区所占比重应该不低。另据《续资治通鉴长编·卷一一五》载："宋仁宗景祐元年（1034年）十一月，除滁州、舒城县赡军茶岁七千三百五十斤。盖沿江南伪主时课民所输，范仲淹使淮南，请除之。"从这条史料也可以看出，五代时滁州以及庐州的舒城县的茶业产量较高。

北宋时期，安徽的茶叶产量进一步提高。据《续资治通鉴长编·卷九二》载："宋真宗天禧二年十二月（1018年）十二月，赐宣州泾县学究徐画出身。画上泾县茶场利便，岁增科四万故也。"

地方官因为管理茶场有功，为国家增收不少，得到嘉奖提升。从《新安志·卷二·贡赋》中也可以看出：北宋时期，安徽茶区的茶叶产量呈增长的态势，"州旧买茶，以熙宁十年为额，岁买六万一千二百六十四斤……国家异时六榷货务，其在真州者，受洪、宣、歙、抚十五州之茶，为额五十一万有奇。在无为军者，受洪、宣、歙、饶十三州之茶，为额四十三万有奇，用以给商人……逮宣和改茶法，招诱商贩而不复科买，人以为便，岁额二百万有奇。"文献中的数据虽没有直接的可比性，但是大体上反映了皖江地区在北宋时期的茶叶产量。由此可以看出，北宋时期安徽的茶叶产量较唐中后期有了明显的增长，不断增长的茶叶产量为皖江地区的茶叶专业化产区的形成提供了重要支撑。

三、唐宋时期茶叶贸易

茶叶是一种农副产品，也是一种商品，茶农生产它，主要是为了出售。出售茶叶在当时是一种为买而卖的流通，这就是简单的商品流通。唐代，茶叶主要产于南方的丘陵和山地，平原和湖泽地带的人们以及北方地区的居民，都需要从江淮以南的茶区运茶；"舟车相继，所在山积"，则是充分反映了这一现象。

"水门向晚茶商闹，桥市通宵酒客行"，茶叶贸易一派兴旺。唐昭宗乾宁元年（894年）冬，"行密遣押牙唐令回持茶万余斤如汴宋贸易，全忠执令回，尽夺其茶"。从当时的情况看，杨行密的茶当有相当部分来源于皖西茶区。五代时，燕人何福进"收玉枕卖之淮南以鬻茶"，河北的富商也往往到淮南地区进行茶叶贸易。由于中原及北方茶商纷纷赴江淮地区贸茶而归，许多小商小贩也加入运茶行列，但往往采用走私的方式，他们在茶山与销区之间架起了一条特殊的流通渠道；而皖西茶区聚集的大量茶商，因不满重税和榷茶，经常铤而走险，"故私贩益起"。唐宣宗大中六年（852年），盐铁转运使裴休严订茶法，"今请强干官吏先于出茶山口及庐寿淮南界内布置把捉"，采取刑罚与武力相结合的方式打击私商，对此3处茶产"量加半税"。这也说明茶区集聚着大量的正税茶商以及走私商贩。

四、唐宋时期茶商茶贩

茶商是介于生产者茶农（园户）与消费者之间的中介，茶叶市场的拓展很大程度上取决于其活动。它是随着茶叶经济发展到一定阶段的产物，基本职能是从事茶叶买卖借以牟利。

唐代，作为茶叶生产和茶叶交换的中介——茶商，在淮南、寿州地区的活动同皖南茶区的歙州（新安）茶商一样，不仅仅是人数众多，其销售业态也是不相上下。其时，活跃在市场上的茶商主要有如下几类：一是行商。即私人茶商从产地采购，按章纳税，从南方运往北方长途贩卖；通过行商沟通生产者与消费者、茶山与市场取得联系，茶叶贸易也形成了各自的路线和市场。由于经营茶叶可获厚利，使一批"商贾以起家"，资本累积增多，成为富商大贾。二是坐商。唐代的商业性质已有所转化，城市出现了固定的市肆，商业不单是贩运，而与生产有机结合，并向生产者投资，茶商在"城市都开店铺"或"煎茶卖之"。市井出现了中间商，人曰"邸店"，即如现在的茶栈，代客堆放、卖茶叶，抽取佣金。还出现了经营批发的茶行。三是中小茶商。这一部分人多是私茶贩中的小贩，资金不多，但人数颇众。为了对抗官府，他们往往结党自卫。所以杜牧称："凡千万辈，尽贩私茶，亦有已聚徒党。"四是大茶商。这一部分人资金雄厚，经营规模较大。《太平广记·卷二四·刘清真》条载："唐天宝中，有刘清真者，与其徒二十人于寿州作茶，人致一驮为货，至陈留遇贼。"从这条记载可知，刘清真既是一个经营茶叶种植和茶叶加工的大茶园主，同时又是一个从事茶叶贩运的大茶商。他在名茶产地寿州经营了一个规模颇大的茶园，并采取雇工经营的方式从事茶叶的加工制作，然后再把加工好的茶叶通过陆路贩运到北方州郡求利。唐代时，茶叶一驮为一百斤，"人致一驮为货"，说明贩运茶叶的数量为2000斤。可见刘清真经营茶叶的规模已经不小。活跃在淮南、寿州地区的大茶商远非刘清真一人。"有估客王可久者，膏腴之室，岁鬻茗于江湖间，常获丰利而归。"吕用之的父亲吕璜，"以货茗为业，来往于淮浙间"。这些大茶商不仅资金雄厚，还常与官府勾结，"场铺人吏，皆与通连"。所以唐文宗下诏称："江淮大户，纳利殊少，影庇至多，私贩茶盐，颇挠文法，州县之弊，莫甚于斯。"五是官商。随着茶叶贸易的发展，茶利的增多，官府经营茶叶贸易的也日益增多。唐昭宗乾宁元年（894年），杨行密"遣押牙唐令回持茶万余斤，如汴、宋贸易"，即为一例。活跃在长江下游及江淮地区产茶区的各地茶商，不仅把本区的茶叶销往北方，而且周边少数民族地区也常常有他们的足迹。李肇《唐国史补·卷下》载："常鲁公使西蕃，烹茶帐中。蕃使赞普曰：'此为何物？'鲁公曰：'涤烦疗渴，所谓茶也。'赞普曰：'我此亦有。'遂命出之，以指曰：'此寿州者，此舒州者，此顾渚者，此荆门者，此昌明者，此滠湖者。'"本不产茶的吐蕃却拥有众多的内地名茶，表明唐代饮茶之风已扩展到边疆少数民族地区。在吐蕃赞普向唐使展示的六种名茶中，有两种（寿州霍山黄芽、舒州天柱茶）却来自本区。而这两种名茶极有可能是本区茶商贩运到那里去的。这一事实表明，安徽皖南、皖西以及长江下游及江淮茶区，不仅有一定的茶叶产量，而且还有相当的销售量与庞大的茶叶消费市场；当时，安徽茶叶市场不仅有广大的北方地区，而且还拥有众多的边疆少数民族地区。由此可见，安徽茶商活动区域广阔。应当指出的是，安徽茶商众多，尤其是徽州商贾，更是出类拔萃。

五代十国时期，政治上南北分裂，产茶地区基本上是在江南九国境内，安徽茶区亦全在其中。当然，竞相垄断本国的茶叶贸易的只是各国的统治者；如"以易缯纩、战马而归"，也只是一种变相的官方买卖，与之相类似的茶叶买卖，是两浙的钱镠向中原进睦州大茶三百一十笼，或是大方茶二万斤；有时还"差使押茶货往青州回变供军布衫段送纳"。淮南杨行密也派部下运茶去后梁汴宋地区进行贸易。吴和南唐多次向中原王朝进贡细茶，少则几百斤，多达五十万斤。后来，南唐与赵宋南北对立，也常向宋朝廷贡纳茶和瓷器。南北对立的五代十国时期，茶商贸易自然也还是有的。当时，南唐境内的茶叶常常被运到契丹出卖，河北的富商也往往到淮南茶区购买茶叶。但是，地方进献的茶叶也好，变相的官方买卖茶叶也罢，这些茶叶都是来自茶商，官吏们的暴力掠夺行为必然是损害了茶商的利益，同时也损害了正常的茶叶商贸关系的发展。

与此同时，伴随着唐中叶以来饮茶风气的流行，安徽利用自身特殊的地理环境种植茶叶并四处销售茶叶，亦成为区域重要的经济发展方式。唐中后期，南方的种茶十分兴盛，"江淮人什二三以茶为业""江南百姓营生，多以种茶为业"。

茶农既以种茶为生，他们既是商品生产者，同时又是商品出售者。祁门、婺源地区山多地少，粮食不能自给，而"业于茶者七八矣"的茶农"给衣食，供赋役"又全仗茶茗。为了维持生存，交纳赋税，扩大生产，他们必然会想方设法把自己生产出来的产品迅速投放到市场上出售，以换取他们所需的生活资料和生产资料。因此，这里的茶农其中必定有一部分专门从事茶叶贩运。北宋时期，这种现象继续发酵。滁州全椒县人张洎《上太宗乞罢榷山行放法》说："南国土疆，山泽连接，远民习俗，多事茶园。上则供亿赋租，下则存活妻子，营生取给，更绝他门。"李新《上王提刑书》说："商于海者，不宝珠玉，则宝犀瑁；商于陆者，不宝盐铁，则宝茶茗。"茶叶显然成为江淮一带人们重要的经营贸易商品，而且其带来的经济效益也远胜于除盐铁之外的其他生活日用品。

安徽作为全国茶叶生产的重要区域，茶叶生产与贸易相当兴盛，从事茶叶种植与贩卖的人户也显著增多。如唐懿宗咸通三年（862年）张途在《祁门县新修阊门溪记》中所说："千里之内，业于茶者七八矣……自春徂秋，亦足以劝六乡之人，业于茗者，专勤是谋，衣食之源，不虑不忧。"依靠茶叶生产，可以养活祁门县七八成人口，还可以衣食无忧。

《宋史·卷四六一·赵自然传》云："赵自然，太平繁昌人，家荻港旁，以鬻茗为业。"像赵自然这样以卖茶为业的人在安徽茶区绝不在少数。当时，将安徽茶区的茶叶远贩至外地，是可以获得很大的利润；所以，各地商人趋之若鹜。据《夷坚志·甲卷九·邹益梦》载："（宋徽宗时）朱元者，徽州人。蔡京改茶法，元为茶商，坐私贩抵罪，正第三人云。"可见，唐宋时期，安徽有许多人靠长途贩运茶叶为生，而且获利丰厚，积攒下了大量的家产。

五、唐宋时期私茶现象

唐宋时期，一方面"准敕条例，免户内差"；另一方面，又向他们征收商税，通过茶政，使茶叶的生产和流通严格地为其封建制度服务。这不仅束缚了茶农的生产，而且使茶商的贸易无法获得正常的发展。唐文宗说，"榷茶本率商旅"。

榷税多了，商人为了保持其高额利润，必然要高价出售茶叶，到头来受害最大的还是广大民众。当时，已经有人指出了质疑，"今收税既重，时估必增，流弊于人，先及贫弱""价高则市者稀，价贱则市者广""榷茶加税，颇失人情"。然而，这种不景气并未因此有任何改变。各地"方镇设邸阁，居茶取直，因视商人它货横赋之，道路苛扰"。由此可见，封建统治者的种种措施严重妨碍了商品贸易的正常发展。人们喝茶的嗜好已经形成便不易去掉，而从事茶叶贸易既是有利可图，社会上便一定有人为此奋斗。所以，大批私茶商贩冒禁深入茶区，贩卖私茶，而官府惊呼，"兴贩私茶，群党颇众"。以致在一些茶区，"有货茶盗，斗变难制"。对于众多的私茶贩，大致可以分为两类：一类是私茶贩中有很多是一般商人，统治阶级称之为"贩茶奸党"。这些商人为了对抗官府的迫害，往往结党成群，武装自卫。史书说"江吴群盗，以所剽物易茶盐，不受者焚其室庐，吏不敢枝梧"，他们买到了茶叶，"北归本州货卖"。这些茶叶，没有向官府交税，又因集体武装自卫，沿途没有交纳各种横税。所以，茶叶出售价格较低，深受饮茶人的欢迎。于是，正税茶商多被私贩茶人侵夺其利，使封建统治者深感不安。另一类私茶盐贩是地主富豪。更有甚者，"度支、盐铁、户部三司茶纲，欠负多年"。原因在于"将茶赊卖与人"。封建官僚机构将茶赊卖的对象无疑是富豪大户，而这些富豪再去贩茶贩盐乃是乘人之危，谋取一己之利，只会凶狠地向民众榨取钱财。

当时，茶叶的利润较高，虽然国家加以严格控制，但许多茶商仍然是铤而走险，参与走私茶叶；以致一段时间内私茶泛滥，并引起了朝廷的高度重视。唐文宗《追收江淮诸色人经济本钱敕》云："中书门下省所将本钱与诸色人，给驱使官文牒，于江淮诸道经纪，每年纳利，并无元额许置。如闻皆是江淮富家大户，纳利殊少，影庇至多。"从文献可知，安徽作为我国茶叶的重要产区，私贩茶叶的现象应该更为严重，成为朝廷重点把控的地区。

唐朝廷为了制止大量私茶贩，唐武宗即位后，制订了园户私卖茶和贩私茶的处理办法。它规定园户私自卖茶十斤以上、百斤以下的罚钱一百文，并决脊杖二十。私卖茶在一百斤以上的处罚更要加重。如果犯法三次以上便由地方官收管，"重加徭役，以戒乡间"。凡贩私茶十斤以上、百斤以下的茶商，是决脊杖十五，"其茶及随身物并没纳"，还将本人押交当地州县收管，"使别营生"。唐武宗的这一禁令影响深远，直到宋代还被模仿实行；《国史食货志》说："自唐武宗始禁民私卖茶，自十斤至三百斤，定纳钱决杖之法，于是令民茶折税外悉官买，民敢藏匿而不送官及私贩鬻者，没人之。"

不过，禁令虽严，买卖私茶之风并未停息。唐宣宗即位，实施了更严厉的禁令。凡是私自卖茶三次，数目在三百斤以上的一律处死刑。如果是结伙、长途贩运，不论茶叶多少，一律处死；那些被茶商雇用的车夫，运载私茶，连犯三次，达五百斤的，也一律处死。那些旅店主人和牙人（古代经纪人）介绍进行了四次私茶买卖，贸易额达千斤以上的也都要处死。园户私卖茶百斤以上杖背，先后三次私卖茶便"加重徭"。如果茶农气愤，砍伐了茶树，地方官必须及时进行阻止，否则也要受到惩处。封建国家还派人在各地出茶山口及庐、寿、淮南界进行侦察，号召私商自首，"量加半税"。经过这一系列的措施，国家的财政收入增加了，茶农和茶商的利益受到了严重的打击。

入宋朝后，安徽茶区私贩茶叶的问题更加严峻，朝廷不得不派人明察暗访，以期杜绝这种现象。《续资治通鉴长编·卷一》载："宋太祖开宝七年夏（974年）四月，监察御史渤海刘蟠受诏于庐、舒等州巡茶。蟠乘骡，伪称商人，抵民家求市，民家不疑，出茶与之，即擒置于法。壬戌，命蟠同知淮南诸州转运事（使）。"舒州不仅产茶，也是重要的茶叶贸易集散地。李晓《论宋代的茶商和茶商资本》研究称舒州是宋代"从事长途贩运的茶客麇集的地方"，显然，这也为私贩茶叶提供主要场所。如《宋会要辑稿》载，宋真宗天禧元年（1017年），有位名叫田昌的大茶商，从舒州太湖场一次性"算茶十二万，记其羡数，又逾七万"。文献中的"又逾七万"就是私茶。茶商一般来说都是资本雄厚、势力较大的家族或集团，在地方上具有很强的实力，地方官也要忌惮三分。祖无择在《郑都官墓表》中曾提到，舒城县茶叶巨头张迪等五家把持当地茶叶买卖、排挤其他茶商，势力颇大，就连地方官也无能为力。

据《宋会要辑稿》载："宋徽宗政和三年（1113年），贵池县程益等公然兴贩私茶，杀伤捕人韩十等三人"。在巨大的利益面前，茶商们公然藐视法律、杀害官差，足见其资本实力之雄厚。在丰厚利益的引诱和驱使下，安徽地区的一些文人、官员也开始私贩茶叶，牟取暴利。

欧阳修《尚书屯田外郎赠兵部员外郎钱君墓表》载，约宋仁宗天圣间，工部侍郎凌策知宣州，"初，宣州官岁市茶于泾县，命君（钱治）主之。策子不肖，以恶茶数千斤入于官，君立焚之，以白策，策益以此知君"。由此可知，当时安徽茶区的茶叶私贩现象极为普遍。如果从官方角度来说，应该是危及了朝廷的财政税收，但从另一个方面来说，茶农与茶商的增多，私贩茶叶的兴起和喝茶人群的扩大，对于活跃区域经济亦有一定的作用。

六、唐宋时期茶叶经济

茶叶作为安徽的重要经济行业，在唐宋时期社会经济发展中的作用日益凸显。如唐文宗大和中，婺源由于茶货多，"甚殷户口，素是奥区"，遂升为都制置，在茶叶贸易兴盛的带动下，婺源县的政治地位也随之提高。张途《祁门县新修阊门溪记》说唐后期祁门"由是给衣食，供赋役，悉恃此祁之茗"。

五代南唐朝廷还在歙州设置"茶院"，主管茶业行业。由上可见，由于茶叶贸易的繁荣，歙州不但靠茶叶生产来交赋税、养活人口，城市的政治地位和影响力也得到提升。

池州茶叶生产为当地社会经济发展注入新的活力。杨晔说："蕲州茶、鄂州茶、至德茶……其济生、收藏、榷税十倍于浮梁矣。"可见，至德县茶叶带来的经济效益非常可观。《新唐书·卷五四·食货志四》载，唐穆宗长庆元年（821年），盐铁使王播"增天下茶税，率百钱增五十。江淮、浙东西、岭南、福建、荆襄茶，播自领之，两川以户部领之"。国家将茶税增加50%，而且王播亲自管控江淮地区的茶税，可见江淮一带的茶税极为丰厚。据周靖民《中国历代茶税制简述》指出，这时期蕲州、鄂州和至德3处收茶税款每年有30余万贯，超过茶叶产出重地浮梁近1倍。池州茶叶的税收为国家财政收入做出了重要贡献。庐州、舒州、滁州等地区的茶叶贸易也很兴盛，尤其是私贩茶叶更是普遍。由上可知，唐中后期至五代，茶叶在安徽区域的经济发展中起到了重要的补充作用。

北宋时期，安徽茶区的茶叶生产与贸易更加兴盛，对国家经济发展的影响作用也越来越大。北宋朝廷为了搜刮更多的利益，加紧对江淮地区产茶州、军的控制，在江淮地区设置了具体管理茶叶贸易的场、务。据《宋史·卷一八三·食货志下五》载："宋榷茶之制，择要会之地，曰江陵府，曰真州，曰海州，曰汉阳军，曰无为军，曰蕲州之蕲口，为榷货务六……在淮南则蕲、黄、庐、舒、光、寿六州，官自为场，置吏总之，谓之山场者十三……在江南则宣、歙、江、池、饶、信、洪、抚、筠、袁十州，广德、兴国、临江、建昌、南康五军。"江北的无为军为六务之一，舒州罗源场、太湖场和庐州王同场为十三场中之三场；而江南的宣州、歙州、池州、广德军等州、军"岁如山场输租折税"。不难看出，北宋时期皖江地区的茶叶经济为朝廷财政收入做出了重大的贡献。随着茶叶贸易的发展，安徽的地方经济对茶叶生产的依赖也越来越紧密。如《新安志·卷二·贡赋》说歙州茶"并以折税"。梅尧臣《送敦刘秘校赴婺源》说婺源"栽茶杂赋征"。歙州祁门"民以茗、漆、纸、木行江西，仰其米自给"。用茶抵税、发展茶叶生产弥补了歙州等山地丘陵地带耕地有限的缺陷，这种情况在宋代较为常见。

总之，从唐代中叶至北宋末年，随着人口的增长和区域交通的发展，安徽茶区出现了许多脱离农业生产而专门从事茶叶种植与贩卖的茶农和茶商，他们利用优越的自然地理环境，广植茶树，四方经营并推出了系列茶叶精品；同时，茶叶种类也在逐渐增多，茶叶效益也有所提高；不仅为区域经济发展找到了新的路径也为安徽的经济带来了巨大的经济财富；逐渐提高区域政治地位和影响力的同时，也为财政创收做出了很大的贡献。

第二节　近现代安徽茶叶贸易

1949年4月30日，安徽全境解放，此时，正值春茶上市。由于交通封锁尚未解除，更兼上海等地仍未解放，安徽茶叶贸易无法开展，茶农生计几乎无法维持。这一年，安徽全省的茶叶产量跌落到历史的最低点，各个茶区的情况亦是大同小异。如徽州茶区的祁门红茶仅生产了4631箱，屯溪绿茶也仅生产了75350箱；祁红、屯绿茶的生产量和贸易量，均降到历史最低水平；而各地的茶庄、茶号面对困境均束手无策，难以为继。其时，各级政府对茶叶工作十分重视，国家借鉴苏联的发展模式，将茶叶工作划分出多个泾渭分明的区域，即生产、收购、内销，分别由农业、供销社系统和商业部门分别管理；外销则由外贸部门直接管理。同时，在增加贸易规模和提高茶叶价格两个方面均加强了力度。皖南、皖北贸易总公司也积极行动，双管齐下；一方面从茶农手中大量收购毛茶，另一方面外委托茶庄、茶行进行毛茶加工。由于政府的重视和各方面的上下努力，扭转了安徽茶叶贸易破产的危局。

一、茶叶贸易量

茶叶收购是茶叶贸易的第一个环节，也是至关重要的一个环节。1949—1966年，安徽茶叶收购工作是曲折的，尤其是茶叶收购量的平稳增长、激增与衰退，以及逐渐恢复的三个阶段。这个发展的过程，也是茶叶贸易必须经历的一个变革的过程。当时的茶叶销售已经不是民国时期以自由贸易为前提的买卖活动，而是逐步开始并最终实行按照计划进行有控制的经销，主要由省际调拨和省内销售两个类型；而省际调拨按调拨目的可分为出口调拨和省际内销调拨两种。

（一）曲折的发展

民国时期，在茶叶收购时节，茶农会受到各个方面的层层盘剥，收益几乎无法维持最低生活；遑论提高茶叶产量、质量，进而扩大生产。因此，茶商能收购到的毛茶量是持续呈下降趋势。民国时期，安徽茶叶收购的历史最高纪录是24964.4t；这个过程数字出现于1915年。抗战前夕（1921—1936年），毛茶年平均收购量降至约14400t；抗战时期（1937—1945年），毛茶年均收购量约10710t；而到新中国成立前（1946—1949年），毛茶年均收购量仅约9900t；其中，1949年全省茶叶收购量仅有1915年的四分之一。

1. 平稳的增长

1949—1957年，随着"国民经济恢复"和"第一个五年计划"的顺利完成，茶叶收购被纳入计划经济轨道。但是，由于安徽国民经济此前曾受到多种因素的严重破坏，茶叶贸易作为其中重要的构成部分，也需要一个恢复的阶段。在1953年及以前，如1949—1950年，安徽各地的茶叶产量，茶叶收购量都在增长；到了1951—1952年，茶叶的收购增长速度更快，最高增长达到了82%。因此，茶叶收购被纳入计划经济轨道之后逐渐放缓；至"第一个五年计划"结束时的1957年，安徽茶叶的收购量已经接近历史最高水平。这个阶段的茶叶收购工作的超额完成，既保证了外贸出口的货源，也满足了国内市场的需要。由于国内制定并按照收购计划开展工作时间尚短，在执行茶叶收购过程中经常会出现各种问题，影响了茶叶收购工作。如内外销茶叶收购计划完成极不平衡，外销茶叶收购不足，内销茶叶收购则是超额很多。这主要是"由于公司内部对工作不熟悉，业务水平不够导致生产上走了许多弯路；计划单位事前缺乏资料，也没有慎重考虑；（计划）设计与计算欠缺周密，未曾深入勘察"。1955年，为了改善上述内、外销收购中的顾此失彼情况。中国茶业公司安徽省公司于茶季开始前就在各县级分公司召开茶农代表会议，宣传茶叶生产的方针和政策并公布茶价和茶样；同时，建立健全了各级茶叶生产改进委员会，方便及时了解情况，研究问题；正确的掌握和贯彻价格政策，扶植茶叶生产；合理调整茶样，放宽毛茶税费，简化评茶方法等；试图在当年避免此前收购工作中遇到的问题。总体来说，随着茶业公司和供销社开展、茶叶收购工作的经验不断丰富，茶叶收购过程中的各种问题也逐渐减少。因此，茶叶收购量逐年增长并经常超额完成计划。1955年，中国茶业公司安徽省公司收购工作实绩及其同1954年收购实绩比较（表4-1）。

表 4-1　1955 年茶叶收购的计划量与实绩同 1954 年的比较

收购类别	1955 年			与 1954 年相同指标的比较		
	计划 /t	实绩 /t	计划完成	计划 /t	实绩 /t	计划完成
外销红茶	2100.00	2577.31	122.73%	0.00	718.84	34.23%
外销绿茶	4292.50	4276.63	99.63%	288.70	349.11	1.53%
内销茶	7235.50	7970.35	103.57%	1882.90	1862.77	-10.60%
总计	13628.00	14824.29	108.78%	2171.60	2930.72	18.55%

资料来源：中国茶业公司安徽省公司《中国茶业公司安徽省公司 1955 年工作总结》，安徽省档案馆，1955 卷宗号：39-1-26。

2. 激增、衰退与恢复

相较于"一五"计划的务实，1958 年制定的"二五"计划在"大跃进"运动的影响下，其各项指标都呈现超高速增长。1957 年，安徽茶叶收购量约为 18310t；1958 年，突然猛增到 25695t，增长率都超过 40% 并达到了 5 年中的最高峰，完全超过了民国时期的历史最高水平。1958 年，安徽全省毛茶收购量增长 40.3%，精茶加工量增长 52.6%，外调和输出量增加 59.9%，茶叶的质量和品类都有很大的提高。如祁门红茶特等级和一级的比重增加了许多，另外还创制了高等级红碎茶新品种。屯绿茶类中，也出现了特级虾目珠茶。与此同时，祁红、屯绿茶双双打破了出口的历史纪录。1959、1960 年，安徽茶叶生产继续"跃进"，同时还采取了"一扫光"的采茶方法，不能制作"祁红""屯绿"的鲜叶就用"土法上马"，使用碓舂制红碎茶。因此，茶叶收购量尚能维持在 25070t 和 24320t，但仍然出现了 2%~3% 的负增长。1961 年，"大跃进"的恶果开始显露。当年，安徽茶树大面积枯死，茶叶收购量骤然下降到 11910t，缩水超过一半，茶叶产品质量也大大下降。甚至在调往上海口岸销往苏联的茶叶货源中，都出现了"三多三少"的现象，即：中低档茶多，高档茶少；级外茶多，级内茶少；不符合交货的茶多，符合交货的少。此时，安徽茶叶衰退现象继续漫延，茶叶生产也随之衰落。1962 年，收购量只有 9125t，年增长率为 -23.88%。面对茶叶收购量的萎缩，又考虑到茶农生产成本的提高；安徽省于 1962 年开始对茶叶收购价格进行 20% 的价外补贴，以促进茶叶生产与收购；并且依据国家政策，实行茶叶奖售，对交售茶叶的茶农进行物质奖励，如奖给粮食、化肥等物资。1963 年，随着茶叶生产的恢复，茶叶奖售也改为分级奖售并且加大了奖售的力度。当年的茶叶收购量为 10815t，较 1962 年增长了 18.52%。1964 年，茶叶收购价格进行了价外补贴研究价格的调整；使茶农售茶的积极性再次被调动起来，茶叶收购量也再次增长了 11.42%，使茶叶收购量达到了 12050t。1965 年，安徽茶叶收购量恢复到 14085t，超过了

1953年的水平，增长率也超过15%。1966年，茶叶收购量的增长率又超过了产量的增长率，达到20.52%，茶叶收购量达到了16975t。良好的收购业绩，为安徽茶叶收购工作在"第三个五年计划"创造了一个良好的开端。

（二）变化的茶叶销量

民国早期，南亚国家生产的茶叶进入国际市场，安徽茶叶外销出口量因此开始减少；随后却是内销茶利增大，安徽茶叶的国内贸易量亦开始增加。抗战爆发之后，屯溪成为第三战区经济中心。当年，"屯绿"茶销量达到7000t余（含婺源县），此后两年也均在6000t以上，茶叶销售异常活跃。1938年，安徽省政府在屯溪设办事处以方便管理茶叶。抗战胜利后不久，解放战争爆发，安徽境内经济萧条，茶叶贸易量也下降至有史以来的最低点。1949—1966年，虽然由于茶叶产量、收购量的起伏，安徽茶叶的销量的发展也较为曲折，但其销售结构却是相对恒定；即外销出口量高于国内销量，省内销量相对稳定，但是水平很低。

1. 省际调拨量

民国时期，安徽茶叶主要是依靠自由贸易，其销售以及价格等都是通过市场来调节。1949—1952年，国有经济和集体经济已经逐渐在安徽茶叶贸易中占据了主要地位，虽然仍有部分私营茶商在继续活动，但根据国家政策，私营茶叶批发商的活动被严格限制；所以大批量、远距离的茶叶流通逐渐由国有经济掌握，以致茶叶省际调拨成了主要贸易形式，而且是最主要的贸易形式。其重要性体现在流通贸易的辐射区域之广以及流通贸易的货物之多。

1956年，行业内社会主义改造完成，茶叶被完全纳入计划经济体制。1949—1966年，安徽外销出口茶叶全部调运至上海，通过上海口岸公司出口。内销红茶、绿茶、花茶历年计划安排调拨去向主要有21个省（自治区、直辖市），具体调入地见表4-2：

表4-2　历年安徽各茶叶类省际调入地

茶叶种类	目的地（省、自治区、直辖市）
红茶、绿茶、花茶	北京、上海、天津、河北
内销红茶、花茶	吉林、黑龙江、辽宁
内销红茶	西藏、广东、广西
内销绿茶、花茶	山东、山西、甘肃、陕西、宁夏、湖北、河南
内销花茶	内蒙古、新疆

资料来源：《安徽省志·供销合作社志》，方志出版社，1997年6月版。

总体而言，茶叶调拨量和产量、收购量是直接相关的；即调拨量和前两者一样，在1958年之前处于平稳增长的阶段，而1958—1960年出现高峰，但随后在1961—1962年连续衰退，最后自1963年重又开始恢复增长。安徽茶叶的省际调拨有两种类型，一是外销茶叶调拨，二是内销茶叶调拨。在前述的曲折过程中，两者的增减在速度和数量上是有所不同的。虽然1949—1966年安徽茶叶销售中，有着"内销服从外销"的原则。但是，外销茶调拨量的增速并不是一直高于内销茶的，有时甚至会出现相反的情况。这主要是由于茶叶质量下降，外贸伙伴，如苏联，拒收茶叶，无奈之下，只能将外销茶改为内销。如1954年，安徽长江、淮河流域都曾发生严重水灾，以致茶叶减产、质量下降，所以，同苏联的茶叶成交总数也有所下降，其中红茶减少虽然少于绿茶，但拒收量和降级量都要多于绿茶。而1961—1962年，这时期内销茶调拨量和出口茶调拨量呈相反的增减情况，是由于"大跃进"时期对单纯追求高产导致的茶叶品质下降，生产的茶叶符合出口要求的较少，所以只能转为内销。

2. 省内销售量

1949—1966年，茶叶市场供不应求。国家为保证出口货源，一直以"内销服从外销"的原则指导茶叶经销工作；所以，安徽省内销售的茶叶量，一直是计划里份额最小的部分。当时国家处于"高积累"型社会，全国人民的消费水平增长缓慢，而茶叶的消费也是随人均收入增多而增多的；所以，安徽省内茶叶的消费动力始终不足，是与人民收入增长水平较低有关。

自1949年以来，安徽茶叶在省内的销售量始终处于低迷状态。同时，也与安徽茶叶销售中内销与外销关系的相关政策有关。即使在1958—1960年的"大跃进"时期，使得安徽茶叶产量激增；也只有外销茶叶的销售量随之猛增，省际内销调拨茶叶的量依然是增长不大。所以，安徽茶叶的省内销售量同收购量的差距十分巨大，即使收购量、调拨量增长速度再快，省内销售的数量也稳定的保持在很低的水平上，不会骤增也不会骤降。究其原因，除货源紧张外，省内茶叶的销售也受到诸多因素的影响，使得负责销售的部门无法完成计划。如中国茶业公司安徽省公司，在其《1955年销售、调拨工作执行情况》中提道：当年销售计划未能完成。当年5—10月，公司计划销售各类茶叶550t，计1138000元[1]，但实际上只销售了336.33t，计758223元。主要的原因是：对销售业务重视不够，对生产缺乏全面性和经常的调查研究；也有工作缺乏预见性，计划安排品种调配货源调拨不当等缺点。同时，由于省公司对茶叶消费量估计失误，忽略了1954年遭遇水

---

① 中国人民银行自1955年3月1日起，发行新的人民币（简称新币），以收回现行的人民币（简称旧币）；在实际流通中，旧币一万元的价值量相当于新币一元的价值量。为了便于表达，减少误会，文中所有价格都以新币表示，而非原始材料中的旧币。

灾的问题。另外，由于贯彻"增产节约"的原则，各地茶厂还从茶末、茶灰中提取茶芯、珍眉以作外销，致使为省外药厂提供茶灰、茶末300t的计划没有完成。

与此同时，受到高积累低消费的意识形态影响，新中国成立后的较长一段时间里，安徽省内茶叶销售计划在制定中以低档茶为主，高、中级茶叶的份额非常小。然在实际销售过程中，即使高、中档茶出现脱销，也囿于计划和货源，从未出现过多的增长。尤其是在1960年茶叶严重减产之后，高、中级茶叶的供应则更加紧张。但为了回笼资金，1962年曾提高内销高、中级茶的零售价格，放开供应。但由于高价茶的试销"造成有些茶农对茶叶惜售多留，私卖高价，商贩投机倒把，对茶叶收购有一定影响"。以1962年制定的6—12月省内茶叶供应计划为例：全省计划供应茶叶共624t，其中高级茶（3级及其以上的片茶、红茶、花茶和各类毛峰）仅有25t，约占4%；而且是安排供应给高级知识分子、著名演员、科学家、工程师和高级民主人士。中级茶（4~7级片茶、红茶；4~5级花茶和级内大茶）共75t，占供应计划的12%，主要安排给八市一矿和专区县城所在地及产区市场的供应；而低级茶（级外茶和副脚茶）则计划供应524t，各地则可以根据货源，铺开供应。

二、茶叶价格

民国时期，茶叶价格是在贸易过程中，由交易双方协定达成，政府并无过多干涉。因此茶价往往起伏不定，受到国际金融市场和国内外战争等因素的直接影响。因此，外商、国内中间商和小茶商，采取扣压斤两、故意拖延等压价手段对茶农层层盘剥。自1919年，徽茶对苏联贸易中断之后，外销茶区毛茶山价低贱，累及全省茶叶价格下跌，许多地方的茶叶市价接近、甚至低于生产成本，茶农深受其害，无力发展茶叶生产。20世纪30年代以后，安徽境内茶农开展合作运动、茶叶统制之后，在最初对茶叶收购和内外销价格都有所提升。但由于茶叶合作社和茶叶统制在制度和执行上的弊端，导致后期制订的茶叶收购价格过低，致使茶农维持茶叶生产十分艰难。

抗战结束之后，国民政府的经济掠夺愈加疯狂，安徽茶叶价格随物价水涨船高，但实际的购买力却是急剧下降，所有茶农入不敷出，生活极端困难。

新中国成立之后，茶叶价格不再由交易双方协议形成，而是遵循国家物价部门和中央主管业务部门掌握的物价，实行中央和省两级管理。20世纪50年代以后，在茶叶价格中，国家逐年提高收购价格，以"好茶好价，次茶次价"为原则，虽然时常出现季节差价、地区差价等问题，但是，总体上是令茶农满意的。20世纪60年代初，针对国民经济困难，对茶叶收购价格，采取了补贴20%的措施，后转为正式牌价。安徽的茶叶销售价格则贯彻国家高积累的政策，购销差价很大。茶叶调拨价格根据收购价格附加其他费用计算得出，批零差价由经营机构掌握，也存在着产区与销区的差别。

（一）上升的收购价格

新中国成立以前，茶叶收购并无统一标准，经常因各种因素形成巨大的差价；如收购价格随市场行情、产量丰歉、交售早晚、销路畅滞而定，时有涨跌起伏。1932年，是民国期间茶叶收购价格较高的年份，皖南红毛茶每50kg均价86.05元（银圆，下同）；1943年，由于货币贬值，茶价便按大米折实，红毛茶每50kg仅能折合大米25kg，是红茶收购价最低的年份。而皖西地区茶叶价格规律则更加难以把握，有时春茶价格低于夏茶，有时有钱无茶，有时有茶无钱。1939年，因上年茶价昂贵，皖西地区当年春茶价格低廉，为0.60~1.20元/kg；导致茶贱伤农。而夏茶品质低，茶商却放价收购，导致夏茶购价每斤达2.40~3.00元，又远高于春茶。新中国成立后，茶叶收购价格是参照茶叶价值，由毛茶生产成本、国家税收和茶农收益所构成的，所以茶叶收购价格的制订和调整要兼顾国家、集体和个人的三者利益。因此，1949—1966年，茶叶收购价格是以等价交换为原则，对样评茶、按质论价；好茶好价、次茶次价。由国家统一制订下达，分级管理，并在收购时严格执行的随引。正是由于被如此严格地管理起来，1949—1966年茶叶收购价格才经常需要调整、平衡；如有变动则需要层层请示，上级核准之后才能有所改变。但这样的调整机制相对在价值规律下茶叶价格自然调整是相对低效的，因此，在这个阶段，安徽茶叶的收购价格呈现出了阶梯式的上涨，并且是不断地根据实际情况进行调整。

1. 收购价格的提高

民国时期，安徽省茶叶收购价格的制定是在每逢新茶上市时，由收购方在茶叶送售时，扦取有代表性的样品，报出开盘价，如茶农或送售人愿意卖，则以此样作为评定其他茶叶的依据。优者提价，次者降价。茶季分前、中、后期，每期各选一次样，茶叶采制尾期，以收盘样结束。收购方掌握着评定茶样的权利，因此对于价格有着极强的控制能力，为他们压低茶价，降低成本，将税收等负担转嫁于茶农身上提供了先决条件，以致民国后期安徽茶叶收购价格一降再降。新中国成立后，茶叶收购价格，逐渐从由收购方扦样评定，转为由国家主管部门统一领导，下发收购标准样，将不同茶类分部、省两级管理，以实物样为依据，对样评茶，一等一价，每年配换。茶叶收购价格和收购标准样由国家有关部门统一领导，按部、省管茶叶收购标准，分级管理。部管标准的茶叶，其收购价格由全国物价总局和全国供销合作总社管理。省管标准的，由省物价局、供销合作社（外贸局）管理。地方不得未经批准，自行变动属部管标准茶叶的收购价格；安排属省管标准茶叶的价格调整方案时，要参照部标准和价格水平，比质比价，具体进行安排，但不能高于中央管理的市场价格水平。

部管标准样价如果没有调整，地方管理的品种价格一般也不调整。在如此严格的茶叶收购价格管理体制之下，省茶叶公司和供销合作社各基层收购点，基本能按照收购标准对样评茶、收购，促使安徽茶叶收购价格迅速稳定，并依据国家政策，逐年提升。具体数据见表4-3：

表4-3　1950—1966年安徽毛茶标准级历年收购价格

年份	均价/元	中准价（三级中等）				
		祁红/元	屯绿/元	舒绿/元	徽烘青/元	黄大茶/元
1950	62.5	68.88	62.69		55.94	
1951	52.57	66.29	56.75		57.24	30.00
1952	62.90	73.00	72.46	63.25	70.30	35.50
1953	66.74	82.00	72.50	70.00	70.30	38.90
1954	67.66	82.00	73.00	71.00	70.30	42.00
1955	67.80	82.00	73.00	71.00	71.00	42.00
1956	75.60	94.00	81.00	78.00	78.00	47.00
1957	75.60	94.00	81.00	78.00	78.00	47.00
1958	78.80	94.00	81.00	86.00	78.00	55.00
1959	82.00	103.00	88.00	86.00	78.00	55.00
1960	83.40	103.00	88.00	86.00	85.00	55.00
1961	83.40	103.00	88.00	86.00	85.00	55.00
1962	83.40	103.00	88.00	86.00	85.00	55.00
1963	83.40	103.00	88.00	86.00	85.00	55.00
1964	100.84	126.00	106.00	104.22	102.00	66.00
1965	100.80	126.00	106.00	104.00	102.00	66.00
1966	100.80	126.00	106.00	104.00	102.00	66.00

资料来源：《全国茶叶资料统计汇编》，第46页。表中为每50kg的价格。

1950年，安徽省规定了部分茶叶收购中准价，并要求一律以人民币收购，概不准以米作比。其中每50kg祁毛红68.88元、屯毛绿62.29元、徽烘青55.94元。1951年，皖南茶叶收购协商委员会确定，本着"好货高价、次货低价"的原则，见货还价。

1950—1953年，安徽茶叶收购均价开始上涨，但在各茶类间，上涨幅度却不尽相同。在1952—1953年的提价中，内销茶提价的幅度是低于外销茶的。具体数据见表4-4：

表 4-4　1952—1953 年安徽省内外销茶叶收购均价

类别	1952 年均价 / 元	1953 年均价 / 元	价格增幅 / 元
外销茶	70.84	95.25	24.41
内销茶	58.18	75.68	17.50

资料来源：安徽省档案馆，《中国茶业公司安徽省公司 1953 年茶叶收购工作总结》，1954 年，卷宗号：39-2-47。表中为每 50kg 的价格。

　　如外销茶中的祁红，其收购中准价每 50kg 在 1951 年为 66.29 元、1952 年为 73 元、1953 年提高到 82 元，连续两年提价超过 5 元；内销茶中黄大茶的收购中准价每 50kg 在 1951 年为 30 元、1952 年为 35.5 元、1953 年仅提高到 38.9 元。1954 年，国家上调了部分茶价：屯绿（三级中准价，下同）收购价格为每 50kg 由 1953 年 72.5 元提高到 73 元；舒毛绿每 50kg 由 70 元提高到 71 元；黄大茶由 38.9 元提高到 42 元。

　　1956 年，为大力发展茶叶生产，调动茶农生产积极性，国家决定较大幅度地提高收购价格，上调总幅度为 12.79%。1958 年，安徽省对片茶收购价格又平均上调 4.44%。1959 年又提高了祁红毛茶、屯绿毛茶等部分茶叶的价格。

　　1961 年开始，安徽茶叶收购量急剧衰退，但价格仍旧稳定在 1959 年的基础上。1962 年，根据中央坚持稳定市场物价的方针，茶叶收购价格仍按照中央和省物价委员会规定的收购牌价执行：对 1961 年增加特级茶价和各地自行调整的价格，一律停止执行；祁红毛茶、霍红毛茶、屯绿毛茶、舒绿毛茶、徽烘青仍按 1959 年价格执行。同年，由于群众反映茶叶生产成本增高、茶叶实际成本增大、收入相对减少，茶叶收购价格在原国家牌价基础上，增加 20% 的价外补贴。

　　1964 年，根据中央指示精神，1962 年起实施的 20% 价外补贴一律改为正式价格，并将祁门地区的祁毛红分级分等的价格，按国家规定中准级每 50kg 提高 2 元。1965 年，安徽茶叶除新增个别品种如涌溪火青每 50kg 新订价格 480 元（三等）外；各种茶叶收购价仍维持在上年水平。由上述变化可知，1949—1966 年，尽管安徽省内国民经济和茶叶贸易量均曾出现过剧烈的起伏，但由于茶叶收购价格为由国家和省所掌握，因此并没有如民国时期一样，易受外界因素影响而出现波动，反而呈现着阶梯式的上升。

　　2. 收购价格的调整

　　新中国成立后，国家以规定收购标准样、制订收购牌价的方式，将茶叶收购价格牢牢控制在手中。但是，人为制定且不能根据市场情况随时反应的价格体系，无法令茶农在出售茶叶时完全满意。因此，在收购茶叶的同时，各级部门仍须结合实际情况对收购价格进行调整。有时是季节差价，如 1950 年，国营茶叶公司于 5 月 18 日公布了内销黄大茶收购价格：霍山城关、舞旗河和金寨麻埠、流波每50kg为20元；六安毛坦厂、独山、苏埠38元/kg。同年6月30日，皖北六安专区合作社规定：为适当调整茶叶价格，避免春夏茶收购价格差价过大，自7月3日起黄大茶收购价格每50kg霍山为23~30元；金寨麻埠为27~29元；舒城、六安独山、毛坦厂为26~27元。再如1955年，国家调整部分茶叶收购价格，即顾及了夏茶生产上更高的成本，也为鼓励茶农增产，所以规定夏茶收购时春茶同等质量者，提高两个等级给价。但到了1959年，安徽省计划委员会则决定取消夏茶提高两个等级价，执行一样一价，对春茶和夏秋茶实行同质同价，消除了这个人为规定的季节差价。然而有时又需要调整等级质量差价，如歙县供销社在1956年，向安徽省农产品采购厅提交的《茶叶收购价格茶类之间差价幅度较大者应与明确执行幅度的报告》称：茶类之间，如一级烘青收购价每50kg为145元，与三级三等毛峰每50kg为160元的收购价格差距太大；级外茶下等每50kg为38元的收购价格，与上等茶朴、茶片每50kg为28元的价格差距10元，亦是过大。因此，安徽省农产品采购厅下发了《关于烘青毛峰及烘青级外茶与烘青脚茶之间关于差价如何掌握问题的批复》，对茶叶收购差价问题给予了批复："凡品质高于烘青一级一等，又够不上三级毛峰茶者；或品质低尚不够烘青级外茶标准，但又比脚茶品质高；类似这样的情况则可根据按质论价，在差价幅度内灵活掌握。"还有需要调整品种质量差价，即由于茶叶生产工艺各异，质量不同，产生的价格差额。又如1957年，虽然茶叶的整体收购价格令茶农满意，但仍有收购价格偏低的个别茶类需要进行调整，进行分级提价。如内山片茶平均提价3.85%，外山片茶平均提价3.95%；歙县毛峰平均提价7.26%，也是此次提价幅度最大的茶类；而青阳毛峰、桐城毛尖则分别提价6.54%和5.50%。除上述茶类之外，极品名茶的价格也有了大幅度的提高，其中黄山毛峰提价幅度高达54.55%，太平猴魁提价25%。具体数据见表4-5：

表4-5　1957年部分茶叶收购价格提价比例

茶类	一级	二级	三级	级外	均价
内山片茶	6.62%	4.17%	4.00%	4.48%	3.85%
外山片茶	5.84%	2.75%	2.20%	—	3.95%
歙县毛峰	10.29%	9.09%	5.26%	—	7.26%
青阳毛峰	10.09%	9.09%	2.74%	—	6.54%
桐城毛尖	12.23%	7.78%	4.44%	—	5.50%
黄山毛峰	—	—	—	—	54.55%
太平猴魁	—	—	—	—	25.00%

资料来源：安徽省档案馆，《关于1957年茶叶收购价格的安排》，1957，卷宗号：39-1-14。

还有需要调整的是茶叶产地差价，其中有的是要调整省间茶叶收购价格；如安徽省对外贸易局对徽州、芜湖茶叶分公司就调整专区屯毛绿收购价格与浙江毗邻地区差价的通知："歙县、休宁、广德，按浙江收购价拉平，国务院规定收茶实行补贴价格20%，应按调整后价格补贴。"还有的是省内不同区县间的差价，如宁国县委就于1962年提出："该县茶叶内外质量不低于休宁、屯溪地区茶叶品质，要求调整地区间差价。"对此，省物价委的批复是："如与休宁茶叶收购价格同价，即必须按照休宁收购标准执行。"但经过徽州专区茶叶公司的研究认为：我区绿毛茶由于品质不同，收购有三套标准样和三个不同的价格。屯炒青价格最高，适用于屯溪、休宁、祁门凫溪口；歙县炒青标准样是屯溪地区样，适用于歙县、绩溪、旌德三县，价钱次一些；宁国炒青标准样也是屯绿的地区样，适用于宁国县（现宁国市），价格最次，已执行多年。

宁国县要求执行屯炒青的价格，经将3个地区的茶叶反复从外形、内质比较，宁国县毛茶外形上确比以前有一些进步，但内质比歙县还稍次，更差于休宁、屯溪样——宁国的茶叶泡开后，汤色黄、叶底暗、香气也差一些。因此，研究建议：从1963年起，宁国炒青执行歙县炒青地区样和地区价；这样即照顾外形的进步，又考虑到内质的因素。最终，宁国县茶叶公司同意了徽专茶叶公司的处理意见："价格同执歙县价格。"

（二）相对滞后的价格

新中国成立后，茶叶行业在1956年实现全行业公私合营，安徽茶叶销售价格也由国家管理。不同于民国时期茶叶各个销售环节中，价格形成的随意性。1949—1966年的茶叶销售价格是由茶叶收购价格按照一定的公式计算出来的。即国家有关部门制订并掌握着茶叶收购价格，并且规定着各级部门在茶叶销售过程中的利润率，也就是说国家掌握着茶叶销售各个环节的价格。牌价一旦厘定，就较难有所改变。因此，当收购价格变动时，销售价格跟随其后变化，但是相对滞后。因此，总体来说1949—1966年，安徽茶叶的销售价格与收购价格相关，较为稳定，而且购销差价时常过大引发茶农和消费者的不满。1962年前后，由于茶叶生产成本增加，资金压力增大和管理制度不健全造成的中、高级茶叶供应困难，国家还曾提高中、高级茶叶的售价。但不久后就被取消，恢复平价供应。

1. 调拨价格

民国时期，安徽茶叶的长途贩运是由茶栈、茶客等中间商，在自由贸易的体制下完成的，其间各环节的茶叶价格形成易受到多方面的影响。新中国成立后，国内茶叶的流通不再依靠私营商贩进行贸易，而是在国家商业系统批发企业之间调拨流转。1949—1966年，安徽省茶叶的调拨价格由省商业厅主管，1953年起由省供销社主管。茶叶调拨的价格有两种基本形式：一种是按产地（或调出地）批发价，打一定折扣为调拨价，折扣的大小按调拨环节规定；如产地外贸部门调给产地县（包括当地县）供销社（或各门市部）的茶叶，按当地零售价格倒扣12.5%作价；调供销地县、市供销合作社（合肥、芜湖、蚌埠、安庆四市除外）的茶叶，按收货方市场零售价格倒扣17.5%作价。这种类型的价格计算方式主要是针对省内不同市、区、县间的茶叶调拨作价。另一种是按产地收购价，加调出单位的费用和利润、税金构成。这主要是针对省际茶叶调拨价格。即如1956年宣城农产品采购局调往甘肃天水支公司的，篓装条茶不同等级的调拨计划价格。1957年，根据中央指示，安徽省调拨价格实行应同级同质同价精神，力求一省同一品级一价。但由于安徽省内产茶区分散、品质复杂，同一品名、级别的茶叶因天然气候土壤不同，质量亦有差距，调拨价格应有差别。如当年黄山毛峰一级计划单价每50kg为272元。而青阳等县所产毛峰为218元；泾县一级条茶计划单价每50kg为132元，而宣城等地却为130元，而金寨黄（绿）大茶又有内外山区，虽同一品级而质量亦有差距，同时为保证茶叶各地原有品质及降低费用水平，没有设立拼堆整理厂，因此是解决不了同一品质的困难的。所以仍旧按照过去调拨作价的办法操作。茶叶调拨价格受到茶叶收购价格的直接影响，如1962年国家对茶叶收购价格按牌价的20%进行补贴，安徽省茶叶公司立即对毛茶调厂价格做出变更：今年毛茶调厂价格在60年调拨基础上暂加20%计算（金寨县1961年度调拨价格废止执行），调省内的内销茶一律增加25%计算。茶叶调拨价格由各调出单位向调入单位结算。而各级茶叶公司及供销社收购的调厂毛茶，应按实际收购计算重量，吸水所致溢出的重量不另计算。

又如1963年，安徽省内茶叶收购价格偏松现象陆续扭转，调厂毛茶降级损失也有好转，茶叶生产成本降低，因此要调整作价。具体上是通过降低茶叶调拨利率，降低了茶叶调拨价格。

2. 省内销售价格

安徽省内茶叶销售的形式主要有批发和零售两类。民国时期两者分别由省内私营的批发、零售商完成，没有统一的价格标准。新中国成立后，安徽省逐步开始对省内各地茶叶批发、零售商进行社会主义改造，1954年安徽省内销茶市场的批发业务由国有公司替代，采取重点划区、计划批发供应的办法，在省内合肥、徽州、芜湖、安庆四处。至1956年茶叶行业的公私合营后，停止向省内外茶叶批发商供应茶叶，对零售商全部实行批购经销，销售价格由国家主管部门根据经济规律和市场供需情况制定，规定出茶叶购销差价率和批零差价率。茶叶挂牌前，则由公司会同物价部门进行审评，按核准的标准样、标准价，以质定价，报主管部门批准执行。虽然茶叶销售价格为国家制定，在实际执行过程中，仍要结合当地实际情况具体拟定。

以1954年舒城茶叶销售牌价厘定为例：当时，舒城地区的茶叶购销差距过大，伤害茶农利益。因此中国茶业公司安徽省公司拟根据茶叶成本价，加利息费用与上缴利润，重新厘定销价。如以舒城一级兰花茶为例：每50kg为110元。其厘定方法是：毛茶山价每50kg为56.8元，加上35%的手续费构成原料成本，计61.2元；原料成本加上包装与加工费用8.1元，茶厂企业管理费5.5元，货物税和营业税2.4元，再附加2.28%的利息以及1.43%的最低经济定额和7%的上缴利润，最终形成销售理论价格110元。鉴于当时临近春节舒城茶叶供应业务拟按上级规定给予4%优待，由当地合作社作春节零售供应，但合作社之批零差率不宜扩大。公司准备根据各地的需要与可能，与合作社、土产、百货等兄弟公司建立关系，在六安、安庆、屯溪等地进行供应，其销价亦拟爱照各茶地区差、品质差适当结合当地市场情况厘定。

1958—1960年的"大跃进"运动之后，茶叶生产遭到破坏，国家为了保证货源，调动茶农生产的积极性，还提升了茶叶收购价格。然而，茶叶的销售价格却自1957年未变动，使得经营赔钱，影响国家的货币回笼。同时，由于茶叶供应紧张，各地相继采取了"内部供应办法"，将中等以上绝大多数茶叶供应了机关、部队、团体、高级饭店、招待所等单位，市场上只余些粗老茶片、茶末等。这样将名贵茶叶"走后门"的现象，令群众很不满。为解决这两个问题，1962年3月中旬，国务院财贸办公室提出《提高内销高级茶和中级茶价格的报告》，称："有必要改变目前茶叶的销售办法，由国营茶叶公司统一收购、销售，取消'内部供应办法'，提高高级茶和中级茶的价格，恢复茶叶在市场上公开出售。"该报告很快得到批准和执行。虽然该报告中给出了提高茶叶价格的幅度，但对安徽省来说："高级茶和中级茶销价的提高幅度，全国总平均二点六倍（批发价），鉴于我省过去销价基数比较低，为保持与邻省之间合理地区差价，拟在现行价格基础上平均提高三点六倍；对亏本的低级茶的销售价格，平均提高百分之二十。外宾、华侨购买茶叶仍按原价供应。"从1962年4月1日起实施提价措施到8月，共回笼资金759万元。但是，同茶农、同消费者的关系却出现了新的问题。最突出的就是，在4月以后的茶叶收购过程中，因为购销差价过大，茶农出现惜售、私分和黑市投机的现象；而消费者由于价格提高过多，对此反映强烈。

基于如此情况，国务院财贸办公室在《关于改变内销高级茶和中级茶销售办法的报告》中提出了新的方案，即基本恢复提价前的价格，凭购货券供应。虽然会使旅行者在外地购买茶叶不便，但却能同时摆平同茶农和消费者的关系。因此，国务院很快通过了这个报告，各地茶叶价格又迅速恢复。恢复后部分安徽所产茶叶在全国部分大城市的价格见表4–6。但安徽省由于涨价前的牌价（平价）系1957年制订的，而1962年茶叶收购价格已经决定在原价基础上实行20%的补贴，因此为保持茶叶经营的合理利润，1962年茶叶批、零价格均提高20%。虽然高、中级茶叶恢复平价供应，严禁"走后门"，取消"内部供应"等政策依旧保留。茶叶收购量、销量从1961—1962年的衰退中逐渐恢复过来。1965年，安徽省对省内市场茶叶销售价格，做出了新规定：产茶区以各级收购中准价格加70%~80%（含税金和费用）作为市场零售价格，各地之间有一定的地区差价。销区按合肥市场茶叶零售价格，分别加地区差价2%~7%（蚌埠、淮南为8%）作为市场零售价。县城至县以下市场安排1%~2%的城乡差价，由县核定。各销售单位直接供应给消费者，以及工厂、矿山、机关、团体、铁路、运输、浴室、饮食和服务性行业的茶叶，一律执行省、专区核定的统一零售价格，不得擅自变更价格。销地批发供应价格：县、市调供给基层门市部、供应点、代销店、零售部门的茶叶和由外贸机构直接供应各零售部门（如合肥、芜湖、蚌埠、安庆四市）按零售价倒扣15%；其他县、市按零售价倒扣12.5%。合肥、芜湖两市供应的小包装，可酌情按零售价加1~2分。

表4-6　1962年部分安徽茶叶在其他城市恢复平价供应后的价格

茶类	等级	北京		上海	武汉
		现行批发价（元/kg）	调整批发价（元/kg）	调整批发价（元/kg）	调整批发价（元/kg）
祁门红茶	特级	92.00	30.00	28.50	27.60
	1级	77.00	27.00	25.66	24.80
	3级	49.00	16.80	16.00	15.52
	5级	30.00	10.20	9.70	9.40
片茶	特级	54.00	11.60	11.00	11.60
	1级	46.00	10.80	10.26	10.80
	3级	27.60	8.00	7.60	8.00

资料来源：《茶叶业务文件汇编》。

新中国成立后，安徽茶叶发展进入新的历史阶段，是时，安徽省茶叶生产工作的重点是：加强现有茶园培肥管理，垦复荒芜茶园以大力发展生产。

1950—1952年，国家采取宣传奖励，发放贷款，预购定金，合理调整粮茶比价等政策性措施，以充分调动茶农生产积极性；在这样的大环境下，安徽茶叶生产恢复较快。随着茶叶生产的恢复和发展，安徽茶区一靠集体力量，二靠国家扶持，普遍建立了一批小型的初制茶厂；而在茶叶集中的产区，则是以建设中、小型规模为主的茶厂。

1950年，安徽全省实行了土地改革，从而铲除了茶区的封建剥削的根基。茶农不再担心茶叶被掠夺，许多茶农还积极主动地恢复和修整茶园，揉茶机开始在茶区出现。当年，中国茶业公司屯溪分公司，在祁门、屯溪、歙县、婺源、浮梁设6个机械精制茶厂，并在歙县设内销茶窨制厂（后并入歙县茶厂），兴建尧渡街、葛公镇、七里、横船渡手工精制茶加工厂，装置各种精制茶机405台。此时，徽州各地茶号、茶庄业务大部萎缩，或者自行消失。仍在经营的私营茶号也多为新组建的茶厂、公司，进行代加工业务；屯溪的"万隆""恒昌""怡新祥""永兴""豫昌""永华公""兴业""群立"等私营茶号，则是接受了屯溪茶厂的委托加工业务。

自1951年起，皖北茶区为配合改制红茶和炒青绿茶，组建了诸佛庵、落儿岭、小七畈、龙井冲、舞旗河、晓天、南港、沟二口、独山茶叶初制厂。另外，皖北茶区通过霍山红茶、舒城绿茶的创造试制的同时，又组织了大批茶叶生产互助组。与此同时，在皖南休宁、歙县部分绿茶产区，为了适应改制红茶的需要，也修建了一批红茶初制厂，以推广和指导红茶初制技术。嗣后，又先后创办了贵池茶厂并且统辖尧渡街、葛公镇、横船渡、七里等地茶叶精制加工业务。同年，安徽又先后创办了六安中心茶厂、舒城茶厂、安庆茶厂、芜湖茶厂、霍山诸佛庵红茶精制厂等。这一时期，安徽各地茶商经营的茶号、茶庄等，除了一部分整体被划入计划经济体制序列；另一部分茶庄、茶栈等或自行解散或并入公私合营的茶厂；全部实现了公私合营并完成了社会主义改造。自此，明清以后出现的茶号、茶庄以及等制茶业茶经营体全部终结。在大力发展茶叶生产的热潮中，皖南茶区的茶农，积极响应政府的号召；在"统一采茶、统一制茶、统一卖茶"的原则下，争先恐后地参加生产互助组。这样，既照顾了茶叶又照顾了农业。同时，还在茶叶生产过程中，不断推广先进技术和使用先进工具，以提高工效；在节约消耗并使茶叶产量及质量都有所提高的同时，还降低了茶叶生产的成本。1952年，安徽全省茶园面积达到28240hm^2，比1949年的24347hm^{2}增长了16%；茶叶产量达到27.67万担，比1949年14.22万担，增长了94.6%。

1953年，安徽在开展茶叶生产互助的基础上，全省又开始试办茶叶生产合作社。这也是以茶园入股的初级合作社。到1955年秋，安徽全省成立了4104个茶业互助组；同时，还有了551个初级茶业生产合作社以及4104个茶叶互助组；基本实行了"统一采茶、统一制茶、统一卖茶"。据统计，仅徽州地区9县就新建茶叶生产合作社570个，成立茶林生产合作社134个，组织茶农生产合作社221个，新社员为25107户。与此同时，以集体力主、国家为辅，还创办一批以水力、畜力为动力的机械初制厂。

1955年，歙县供销合作社办的琳村花茶厂移交给歙县茶厂。次年，历口茶厂并入祁门茶厂，后改为祁门茶厂的一个初制车间，为安徽省第一个国营初、精制合一的茶叶加工企业。在全省城乡则基本完成了对私营手工制茶业的社会主义改造。到了1956年底，全省茶业合作化的任务也已全面完成，初级社已经完全转为社会主义性质的高级社；以个体经济为基础的小茶农的生产关系得到彻底的变革。因此，集体的茶叶经济促进了安徽茶叶的迅速发展。例如，茶叶增长的幅度由1953年的4.8%提高到1956年的12.8%；又如，茶叶平均亩产量也由1955年的28.25kg提高到1956年的33.5kg以及1957年的40.85kg。而且，茶叶质量也得到了大大的提升。例如，特级和一级祁红毛茶的比重由1954年的5.1%提高到1956年的18%。仅1956年与1955年对比，正茶制率提高了2.3%，工时降低了33%，燃料消耗降低了43.7%，工缴费降低了22%。另外，茶区劳动出勤率和劳动力总利用率，都有了显著地提高。例如，歙县山岔茶业社男女劳力总利用率，由1952年的81%提高到1955年的93%；平均出勤工作日由1952年的123天提高到1955年的175天；从而促进了劳动效率的提高。例如，黄山富溪茶业社采茶工效，比合作化以前提高47.5%。1956年，安徽全省每亩茶园纯收益达到了70元左右，其中最低为38.8元、最高为139.7元。根据典型调查表明：1956年，红茶区的纯收益占31.58%，绿茶区的纯收益占23.26%。具体为：1956年，祁门茶农每人平均收入为94.75元，比1947年增加1.5倍，比1955年增加20%。每人平均购买力为76元，比1950年提高1.4倍，比1955年提高25%。1956年，祁门全县存款余额为87万元，比1952年增加了8.9倍。可以说，安徽茶叶生产在迅速提高的同时，茶农的收入也在大幅度地提高。与此同时，安徽以集体为主、国家为辅，创办了一批以水力、畜力为动力的机械初制厂。

1956年，为了继续贯彻农业部、全国供销合作总社1954年12月召开的茶叶会议精神，安徽确定的茶叶生产发展方针是："开展以互助合作为中心，在迅速垦复荒芜茶园，积极改造老茶园，提高茶叶单产的同时，有计划地在山区、丘陵地带开辟新茶园。"当时，由安徽省农业厅组织接收并使用国家拨款扩建了祁门、屯溪高枧两个茶叶试验场；还在宣城、郎溪、广德3县边境新建了一所大型国营宣郎广农（茶）场。在发展茶叶生产方面也有了进一步的政策优惠，如允许农民申请利用公有荒山种茶；对垦复和新辟的茶园在尚未收益以前，免征农业税；对集中产茶区茶农口粮不足的增加粮食供应量，使其不低于邻近产粮区的水平。与此同时，国家有计划地对茶区实行茶叶预购措施；这项措施实施以来，安徽全省商业部门共发放茶叶预购资金累计达到1070.4万元；帮助茶区人民用购买各种机器、化肥、制茶工具以及生活资料。预购茶叶资金的发放，不仅调动了茶农的生产积极性，也促进了茶叶生产的发展。另外，国家在十年来所采取并认真执行的价格政策，使茶叶价格在以茶粮比价的基础上，不断地稳步提高。据1956年调查资料显示，安徽全省茶园每亩茶叶纯收益最低为38.8元，最高为139.7元；合理的茶叶价格让生产者得到了合理的利润；因此，既提高了茶农的生活水平，也促进保证了茶叶生产的发展。

各级农业部门还先后建立健全了技术指导机构，配备了茶叶技术干部，以加强培训茶农，进行生产技术指导，从而促进茶叶生产稳步发展。

1957年，安徽全省茶园面积达到了35940hm²，茶叶产量有38.92万担，出口外销茶叶18.1万担。

1958年，安徽茶叶生产受到"大跃进"的影响。3月，在杭州全国茶叶生产会议之后，安徽茶区一时兴起创高产、采茶"放卫星"的浪潮；全省茶叶产量猛增到55.01万担，比1957年增长41.3%，超过历史上最高年产量的37.5%；每公顷茶叶单产平均达到930kg，比上年增加了51.77%；并出现了每公顷产10046.25kg的新纪录。从茶叶加工过程来看：国家为了提升茶叶生产率，以适应外销需要，先后在芜湖、屯溪、歙县、祁门、贵池、至德、宣城、安庆、舒城、六安、霍山11个市（县），兴建了11个国营大茶厂；在省公司的指导下，各茶厂的精茶品质不断提高，劳动生产率不断提高，而成本不断降低。当年，全省制成供外销的精茶341824担。其中，祁红10028担，霍红6817担，屯绿179282担，舒绿28757担，花茶26440担。同时，全省新辟茶园面积也有所增加，如芜湖地区即新增茶园2888.2hm²，相当于前三年新增茶园面积的总和。安徽茶叶生产的全面跃进，说明了新的社会主义的生产关系，为安徽茶叶生产与发展开辟了广阔天地。

从茶叶流通过程来看，从1950年正式成立国营中茶公司以来，逐渐代替私营茶叶批发商，确立了国营公司的领导地位。国家经营的比重由1950年的52%，上升到1952年的66%，1953年的77.5%。至1954年起，国家全面割断了批发商与茶农的联系，对零售茶商全部实行了批购经销。从1956年起，全省零售茶商都实行了全行业公私合营。对私营茶商进行社会主义改造的完成，使安徽茶叶运销全部纳入国家计划轨道；同时，也结束了一千多年来商业资本对小茶农剥削历史。国家有计划地对茶区实行预购，几年来，全省商业部发的预购定金累计达到1070.4万元。茶区人民用购定金购买各种机器、化肥和先进制茶工具，购买需要的生活资料。当然，这一制度的实施，还大大促进了茶叶生产的发展。国家在10年来所执行的正确的价格政策，茶叶价格在以茶粮比价的基础上稳步地提高。据1956年调查资料，全省茶园每公顷纯收益最低为582元，最高为139.7元。由于茶叶生产者有了合理利润，所以保证了茶叶生产不断扩大；同时，茶农生活也在不断提高。国家的价格政策还规定了茶叶品种差价，有利于提高茶叶质量，发展外销品种。

自新中国成立以来，安徽茶叶的内外销市场在不断地扩大，茶叶产量增加了4.17倍，外销量则增加了5.25倍。安徽名茶不仅与社会主义国家进行换货贸易，而且不断扩大对资本主义国家的茶叶输出。同时，省内茶叶消费量也扩大了1倍；其中，随着农民生活提高，农民留用量则扩大了3倍多。

1959年安徽全省茶叶产量虽然达到了53.1万担，1960年又达到了51.27万担，但是，茶叶质量却是有所降低，尤其严重的是各地普遍出现的老嫩"一扫光"的掠夺性的采茶办法，严重地摧残了茶枝正常发育成长和抗御自然灾害的能力。

据1961年歙县和祁门县调查显示，歙县8733hm²茶园，然而青枝绿叶的茶园只占25%，枝稀芽少的茶园占55%，光杆无叶的茶园占20%。祁门县4953hm²茶园，采死的茶园占18.5%，部分枯死的茶园占33.9%。结果导致：1961年，安徽全省茶园面积减少了6713hm²，茶叶产量下降了52.4%。

1962年，安徽全省茶园面积又减少了2893hm²，产量又下降了22.3%。1962年，安徽全省的茶叶产量只有18.9万担，比1950年19.91万担还要低5%，甚至比1957年下降了51.23%。20世纪50年代末至60年代初，安徽茶区以公社、生产大队、生产队为单位，建立茶叶初制厂；精制茶叶逐步改手工操作为半机械、机械化生产。以六安、巢湖专区为例：初制厂采取独立核算、自负盈亏的经营方式，自行加工或代为加工鲜叶后出售。鉴于茶叶采摘过度，茶树受到严重摧残。1962年，茶叶产量锐减，毛茶收购量大幅度下降，精制茶厂加工原料不足，以致出现了加工能力过剩的情况。

1963年，安徽省人民委员会根据1963—1965年三年经济调整时期的政策规定，对恢复茶叶生产，将继续实行奖励的政策；规定收购茶叶按牌价另加20%的价外补贴。同时，对收购级内茶每担奖售粮食7.5kg、化肥50kg、棉布30尺、卷烟2条；对收购级外茶每担奖售粮食10kg、化肥15kg、棉布15尺、卷烟1条。此外，对重点产区垦复荒芜茶园、开辟新茶园还将给予贷款等经济扶持。这些政策、规定的制定、出台与实施，对于调动茶农生产积极性的意义和效果都是显而易见的。当年，为了贯彻"调整、巩固、充实、提高"的方针，安徽压缩精制茶厂规模，撤销了太平、泾县、黄林茶厂。

1964年，徽州专区涌现出6个大队、94个生产队达到或超过亩产百斤细茶的水平；歙县长潭公社有4个大队、20个生产队亩产干茶超百斤，长潭大队吕家舍生产队70亩采摘茶园，平均亩产干茶170.5kg。休宁县洪里公社唐川二队建设的10.3亩高产优质样板茶园，1965年的亩产干茶达到了147kg。

1965年，安徽全省茶园面积增加到34360hm²，茶叶总产量恢复到29.45万担，平均年递增17.2%，茶叶质量也有较大回升。同时，精制茶叶原料有所增加。1969年，安徽生产建设兵团成立，前身为安徽省农垦厅筹建宣郎广精制茶厂；至1972年正式投产。

1966—1976年，在这10年的时间里，安徽茶叶生产虽然受到了很大的影响，但是，仍然是做了许多促进茶叶生产发展的工作。1968年9月16日，六安专区在舒城县舒茶公社召开大会，庆祝毛泽东主席1958年9月16日视察舒茶人民公社时，发出关于"以后山坡上要多多开辟茶园"的指示10周年。安徽省革命委员会主任李德生在会上讲话,强调要落实毛主席指示,大力发展茶叶生产。1969年,安徽全省产茶40.92万担,超过1957年水平。

1970年7月,安徽省革委会主任李德生考察皖东时指示"定远、凤阳、嘉山3县,要大力发展茶叶生产";他还要求六安专区帮助定远、凤阳、嘉山3县种茶。同年8月1日,安徽省革命委员会生产指挥组在合肥召开会议,确定由霍山、舒城、金寨3县分别派技术人员到定远、凤阳、嘉山3县帮助发展茶叶生产,并请安徽农学院负责技术指导。至1972年,滁县地区7个县共开辟茶园2733hm²。

1971年,安徽省革命委员会生产指挥组决定,祁门、贵池、东至、歙县、屯溪、宁国、宣城、芜湖、安庆、舒城、霍山11个国营精制茶厂下放所在地、市、县;茶叶加工、调拨计划由安徽省对外贸易公司安排。

1974年,安徽全省12个国营精制茶厂,拥有各类初、精制茶机1510台(套)。茶叶加工由单机作业,发展为联装生产;改炒锅机、车色机为电热滚筒车色机试验采用管道、震动槽输送,取代传送带输送。当年全省加工红茶、绿茶2465t。

1974年11月15日,安徽省革命委员会农林局、商业局,在六安召开全省茶叶工作会议,贯彻了同年3月国家农林部、商业部、外贸部联合召开的全国茶叶会议精神,讨论制定加快发展安徽茶叶生产的规划和措施。在1970—1974年,安徽茶叶发展较快。全省茶园面积由1970年的39287hm²,发展到1974年的66547hm²;茶叶产量由1970年的43.2万担,增加到1974年的55.22万担。4年的时间,安徽年平均增加茶园面积超6667hm²,增加产量3万多担。

1977年,安徽省和全国分别于3月和6月,在休宁县召开茶叶工作会议,总结交流年产茶5万担县发展茶叶生产的经验。另外,6月的全国休宁会议还确定,1976—1985年,全国119个县要实现年产干茶5万担的要求,其中包括安徽省14个产茶县。其时,全国已有18个年产干茶5万担的县,安徽有歙县、休宁和祁门3个县均产茶5万担以上。为了发展茶叶生产,安徽从1974—1979年,连续6年拨出专项资金共1049万元,用于兴建初制茶厂以及购买加工机械。但是,由于"文化大革命"期间片面强调茶农不吃商品粮,以致挫伤了茶农种茶的积极性,也导致了一些茶区毁茶种粮,茶粮间作、挤茶种粮的现象。1977—1979年,安徽连续3年,茶叶产量徘徊不前。1979年,全省茶叶总产量59.94万担,比1976年减少了6.23%。1978年,农村实行家庭联产承包责任制,茶区形成分户或联合利用茶叶初制厂设备局面。据统计:全省有各种类型的初制茶厂6426个,不包括国营精制茶厂所属初制车间和国营茶、农场的初制茶厂。

中共十一届三中全会以后，安徽农村普遍开展体制改革，并且推行了家庭联产承包责任制。与此同时，茶园也开始了分户承包经营。1979年全省新辟茶园4700hm²。1980年3月，安徽省农业厅、供销社经过调查研究，提出了《关于我省茶叶生产存在问题和意见的报告》，分析了茶叶生产徘徊不前的原因，提出加快发展茶叶生产的意见和措施，得到中共安徽省委、省政府的重视。时任省委第一书记张劲夫亲自到茶区调查研究，并主持召开了省直有关部门主要负责人会议，邀请有关科技人员出席，研究安徽茶叶生产问题。1981年，安徽省委、省政府作出了《关于大力发展茶叶生产的决定》，这无疑有力地推动了茶叶生产的发展。同年，石台、休宁精制茶厂投产。另据安徽省茶叶公司统计，祁门、贵池、东至、石台、屯溪、歙县、宁国、宣城、芜湖、安庆、舒城、霍山、宣郎广13个精制茶厂中有红茶精制厂4个、绿茶精制厂9个；厂房面积203676m²；拥有各种初制茶机124台（套），精制茶机1648台（套）；成品茶产量256919t，工业总产值1050545万元；实现利税78314万元。此后两年时间，安徽新增茶园18953hm²，同时还改造了一批低产茶园，促进了茶叶产量大幅度增长。1981年比1980年增产茶叶10.53万担，增幅为16.4%；1982年又比1981年增长15.1%。尤其是1982年下半年，全国茶叶市场出现了新的变化。当时，茶叶滞销，产品积压，这种不利的情形同时也波及安徽。

1983年，安徽采取了提早采制春茶，少采夏、秋茶，提高茶叶质量，压缩生产的做法，但仍是无济于事。当年，安徽收购茶叶67.54万担，仅占生产量的83.7%；而商业部门还反映库存超过常年，产品积压仍在增加。有些茶叶生产单位因茶叶卖不掉，无钱支付工资，只能用茶叶折款相抵。然而茶叶的消费情形是，当时全国人均只消费250g；安徽省内年销茶叶8万担左右，人均只合80g。即使加上茶区自饮茶，也是低于全国人均消费水平。这说明安徽茶叶滞销并非生产过剩。究其原因有两个因素：一是茶叶购销长期由国营合作商统购包销，生产者与消费者互不见面，不能直接获得市场信息，难以做到适应市场变化并及时调节生产，从而使产品适销对路。二是经营渠道单一，多级批发，中间环节多，费用大，销价高，以致影响了市场拓宽和消费的增长。当年，安徽初制茶厂除一部分特别纤嫩和做形需要的茶叶仍需手工外，大部分操作实现了半机械化、机械化。据统计，安徽全省有机动、水力和人力茶叶初制厂6000余个，制茶能力占茶叶产量的三分之一；有32个初制厂年制茶在50t以上。

1984年6月，安徽省贯彻国务院批转《商业部关于调整茶叶购销政策和改革流通体制的报告的通知》中规定："内销茶和出口茶彻底放开，实行议购议销。"尤其是市场放开以后，"国家、集体、个人一齐上，实行多渠道经营"的措施；同时，在改变独家经营之后，给茶叶生产和销售都带来了新的活力。生产主管部门也积极引导茶农根据市场需要，调整产品结构，从而使茶叶经营者不断增加，茶叶市场也随之不断拓宽，许多长期无茶叶供应的地方，供应状况也开始改变。一度滞销的茶叶又变得紧俏起来，因此也出现了产销两旺的新局面。当年，随着茶叶市场放开，芜湖茶叶分公司与芜湖茶厂、舒城县茶茧公司与舒城茶厂、祁门县茶叶公司与祁门茶厂、霍山县茶叶公司与霍山茶厂、宣城县茶茧公司与宣城茶厂相继合为一体；改加工型为加工经营型企业。

1973—1984年，安徽省茶园面积和茶叶产量见表4-7。

表4-7 1973—1984年安徽省茶园面积和茶叶产量统计表

年份	茶园面积 /hm²	可采茶园面积 /hm²	茶叶产量 /t
1973	57615.60	33467.07	26455.00
1974	66546.67	36688.67	27610.00
1975	74093.30	40000.00	27200.00
1976	83193.30	45335.07	31960.00
1977	89693.30	52517.80	31535.00
1978	92850.20	55810.27	29940.00
1979	96183.67	59226.60	29970.00
1980	99752.00	65050.30	31995.30
1981	109136.67	69619.53	37258.50
1982	118513.13	81643.87	42865.95
1983	121743.20	85020.20	40347.25
1984	120912.60	91404.13	43044.75

资料来源：《安徽省农业统计资料》，安徽省农业厅。

1985年，安徽全省生产茶叶85.11万担，国营、合作商业收购66.4万担，其余近20万担茶叶，年底销售一空。当年，为解决茶农一家一户制茶难的问题，贵池县（今贵池区）牌楼供销合作社与当地乡政府联合兴办初、精制合一的红茶厂一座，年加工能力达40t。是年，为保证出口茶叶质量，中国土产畜产进出口公司安徽省茶叶分公司选择屯溪、贵池、芜湖3个精制茶厂，成立中国土产畜产进出口公司安徽省茶叶分公司红绿茶审检小组（即出口茶拼配点）；负责出口茶的验收、整理、拼配、成箱、运输任务。

1990—2012年，安徽全省茶园面积只增加超30667hm²，增长26.1%；年平均增长仅有1个百分点。此外，全省茶叶大多停留在初级产品上，技术含量不高，加工明显不足，有些甚至沦为外销的原料，效益不佳。对此，安徽茶叶报告称：据商务部门数据统计，去年我省茶叶出口折合人民币仅20元/kg。比较来看，1990年，安徽全省的茶叶产量为

53581t，同年福建茶叶产量是58221t。而到了2012年，安徽茶叶产量为95374t，福建茶叶产量超过32万t，相当于安徽的3.4倍。因此，报告也认为：主要原因是热衷抢注品牌不重基础建设。同时，品牌弱化也是茶叶产业发展的软肋。安徽茶叶虽好，品牌历史久远，名声响亮，但长期以来管理宣传不够，开发不足，一些产品虽注册了商标品牌，却因为面积小产量少，不能满足供应，品牌认知度不高。同时，还存在品牌杂乱现象，几乎是县县有名茶，村村有品牌。据相关资料显示：目前，安徽全省注册茶叶商标超过1000个，名牌茶产区茶叶商标注册超过400个。另外，一些地方只注重注册商标，抢注所谓品牌，不注重基础建设，热衷于参展评选，有些产品有名无实，多为概念，空有虚名。

1991年，国家取消外贸出口的财政补贴，自负盈亏。茶叶被列为一类出口商品，实行国家指令性计划，中国土产畜产进出口总公司代表国家执行任务。1991年，全国茶叶出口系统经理会上，强调"控红、管绿、理特"六字方针。"控红"是控制红茶出口规模，控制进货数量，控制进货价格；"管绿"是对出口绿茶实行出口许可证加配额管理，突出一个"管"字；"理特"是特种茶的出口渠道理顺，对港澳地区和日本出口统一成交，归口管理。经过整顿，终于在1992年消化了1987年的2亿多元超亏挂账。"柴米油盐酱醋茶"中的茶叶并非同粮食一样真的属于国计民生须臾离不开的商品，所以在社会主义市场经济条件下，改革越深入，茶叶越放开。

1997年8月，外经贸部将茶叶出口协调管理权限转到中国食品土畜进出口商会；1998年8月10日，仅隔1年，外经贸部下发文件，国家对茶叶出口不再实行统一联合经营，凡有出口权的自行经营；没隔几个月，1999年外经贸部与直属总公司脱钩，中国土产畜产进出口总公司划归中央企业直属工委。

从20世纪90年代开始，安徽茶园面积增长缓慢并出现波动，以致占全国比重逐年下降，位次下滑。2010年，安徽茶园面积虽然突破了两百万亩（约133333hm²）；但是，占全国的比重却是下降为6.8%。2011年，安徽省茶叶面积137900hm²，其中开采面积122000hm²，新增无性系良种茶园3300hm²，安徽省无性系茶园面积达到26700hm²，占茶园总面积的20%。全省茶叶产量87600t，总产值46亿元，分别比2010年增加5.28%和27.78%，茶叶种植保持良好态势。2012年，全省茶园面积达到149667hm²，也只占全国的6.6%。由此可见，茶叶大省的地位有所动摇。

2013年，安徽省统计局发布的安徽茶叶报告显示：2012年，安徽全省茶园面积和产量降为全国第七位。但近几年，在安徽省委、省政府坚强领导下，通过全省上下共同努力，茶产业发展迈上了新台阶，展现出了新活力。据省农情调查，2021年，全省茶园面积稳定在320万亩，其中开采茶园面积289.59万亩。干毛茶产量15.45万t，同比增长11.23%。茶园亩均效益6303元，同比增长16.67%，实现茶产业综合产值560多亿元，同比增长17.32%。其中：一产产值（干毛茶产值）182.53亿元，二产产值为197.74亿元，三产产值179.86亿元。2021年全省茶产业综合产值、茶园亩均效益分别首次突破550亿元、6000元大关。安徽作为出口大省，预计全年茶叶出口量8万t，出口额3亿美元。

20世纪下半叶，茶叶生产在发展过程中走了不少弯路，有着许多教训和经验：一是片面理解"以粮为纲"，"毁茶种粮"并对茶园极端地"一把捋、捋光头""创卫星、夺高产"；二是"文化大革命"，"破四旧"，生产不讲品质，制茶不讲传统，批判质量验收的"管、卡、压"；三是社会主义市场经济条件下，市场开放，"对内抬价抢购，对外压价竞销"，利润驱动掩盖一切。

第三节　安徽茶税

唐代，民间饮茶成风，茶叶产销量日益增大；封建国家开始通过税茶以筹集财政收入；于是，在盐税、铁税、酒税之后又产生了茶税。茶税始于唐德宗建中四年（783年），由度支侍郎赵赞建议施行。唐德宗贞元九年（793年），盐铁使张滂制定税茶法，于出茶州县及茶山外之商人通行要路，委所在地税吏，将茶叶分三等定价，按十分之一征税；当时每年得茶税收入达40万贯（《唐会要·卷八四》贞元九年之后，"自此每岁得钱四十万贯"；同书卷八七，贞元九年，"是岁得缗四十一万"；《陆宣公集·卷二二·均节赋税恤百姓》第五条，"近者有司奏请税茶，岁约得五十万贯"）。唐文宗时又实行专卖制，将百姓茶树移植于官场，由官府焙制，卖给商人；后因百姓反对而取消专卖，恢复征税制。唐代自税茶以后，茶税额不断增加，每年近百万缗，成为仅次于盐税的一项重要财政收入。五代十国时的后汉、楚和后蜀也曾税茶和榷茶。楚王马殷鼓励民间种茶，民茶由官府抑价收购后或运至黄河以北交换战马，或招徕各地商人来楚购茶，官征茶税；并在襄、唐、郢、复等州，直至开封，置邸务卖茶，利至十倍；每年茶利收入，以百万计。

一、唐代时期安徽茶税

茶税为历代官府搜刮民财、压榨茶农的一大手段。自唐德宗建中元年始，一直是重征茶税，且历代有增无减。茶税利弊是：茶税的征收，是经济发展到一定阶段的必然产物，在一定时期内，对促进和规范茶叶经济发展，完善法律条文有积极的作用。但是，茶税的重征收也极大地打击了茶农的生产积极性，是剥削茶农的一大手段。茶业作为安徽的重要经济行业，在唐宋时期社会经济发展中的作用不断增加且日益凸显。

唐德宗建中三年（782年），户部侍郎赵赞上奏建议："税天下茶、漆、竹、木，十取一，以为常平本钱。"《唐会要·卷八七·转运盐铁》载："建申四年，度支侍郎赵赞议常平事，竹木茶漆尽税，茶之有税，肇于此矣。"唐德宗兴元元年（784年），曾下令停止收茶税。唐德宗贞元九年，又开始征收的茶税。《新唐书·卷九·德宗纪》称为"复税茶。"自此以后，茶税就一直延续征收。茶叶也成了国家财政税收的重要来源之一，国家对茶叶的生产与贸易也加大了管理监控力度。同时，随着安徽茶叶生产对本区的经济发展作用也越来越重要，其对国家茶叶政策的调整及其他相关举措的出台也有重要的影响。自德宗贞元以来，每年收入四五十万贯的茶税乃是通常的情况；元和时的税茶收入并无明确记载，可能也是四五十万贯。唐德宗贞元以后，在"郡国有茶山及商贾以茶为利"之处，设置税场，分三等估计，以征收什一税。自此，经顺宗以至宪宗一直沿袭了这种收税办法。元和时，李巽为盐铁使，"物无虚估，天下粜盐、税茶，其赢六百六十五万缗"。当时的茶税收入一定不少。各地"州府置茶、盐店收税"，被认为是一种权宜之计，"诸道先所置店及收诸色物钱等，虽非擅加，且异常制"。

唐德宗建中三年（782年）九月，唐朝廷正式起征茶税；唐兴元元年（784年）正月，德宗下诏废除，历时1年余。"天下所出竹、木、茶、漆皆十一税之，以充常平之本"，此事被称为"茶之有税，肇于此矣"。唐德宗贞元九年（793年）正月，唐朝廷正式税茶，盐铁史张滂上奏，"伏请以出茶州县及茶山外商人要路，委所由定三等时估，每十税一"。税茶的实施证明，茶叶贸易的重要、茶叶流通的活跃及茶叶交易的数量之多。也正因为如此，唐朝廷才下决心先后4次增加茶税，并首创榷茶之制。元和时，对茶盐的临加附加税很快便停止了。穆宗即位，一年内三次变革茶税。首先，对茶、盐等的征税，"每贯除旧垫陌外，量抽五十文"。实际已是额外加税。几个月后，茶税钱"亦与纳时估匹段及斛斗"；以粮绢代茶税。所以，在那个钱重物轻的时代，必然是变相加税；只过了几个月，盐铁使请求把茶税每百文增加五十文。在楚国，"民间采茶，并抑而买之"。南唐李氏，"江南诸州，官市茶十分之八，复征其余分，然后给符，听其所往，商人苦之"。或者是"以茶盐强而征其粟帛，谓之博征"。王子安《东溪试茶录》说："旧记建安郡官焙三十有八。自南唐岁率六县民采造，大为民间所苦。"宋淮南转运司说："庐州舒城县，自伪命以来，纳赡军年额茶七千三百斤。"这都是说的南唐种种茶税情况。在华北立国的五代诸国也常征收茶税。宋人潜说友说："茶税起于唐，利曰益滋，法曰益详。县官因以佐大农，宽舆赋，遂为经常之制。国朝初，循唐旧。"事实上，宋初于江淮以南，"惟川峡广南茶，听民自买卖，禁其出境，余悉榷"。后来，由于和辽、金、西夏长期对峙，宋朝廷在和它们相邻的边境，特设榷场，由官府垄断贸易，重要的商品之一就是茶叶。

第一次增茶税是唐穆宗长庆元年（821年）。"盐铁使王播图宠以自幸，乃增天下茶税，率百钱增五十；江淮、浙东西、岭南、福建、荆襄茶播自领之。两川以户部领之。天下茶加斤至二十两，播又奏加取焉。"第二次增茶税是唐文宗大和九年（835年）十二月，由于唐朝廷实施榷茶，将民间茶园收归国有；此年十月，盐铁使王涯"表请使茶山之人，移植根本，旧有贮积，皆使焚弃，天下怨之"而遭到失败。继位者令狐楚奏罢榷茶，"一依旧法，不用新条，惟纳榷之时，须节级加价。商人转抬，必较稍贵。即是钱出万国，利归有司，既无害茶商，又不扰茶户"。不久，"以茶税皆归盐铁，复贞元之制"，即"十税其一"。第三次增茶税是唐武宗开成五年（840年）。"盐铁转运使崔珙又增江淮茶税。是时，茶商所过州县有重税。或掠夺舟车，露积雨中。诸道置邸以收税，谓之'塌地钱'。故私贩益起。"第四次增茶税是唐宣宗大中六年（852年）。盐铁转运使裴休立茶法十二条，在革除横税通舟船、严厉打击走私的同时，对"庐、寿、淮南皆加半税。私商给自首之贴。天下税茶，增倍贞元。江淮茶为大摸，一斤至五十两，诸道盐铁使于惊，每斤增钱五，谓之剩茶钱，自是斤两复旧"。从唐代官府持续不断对茶叶政策的重视，特别是针对江淮地区增征茶税的史实，不难看出皖西茶叶生产的商品属性和贸易特征。因此可以说，唐代的茶税之制是产生于江淮（包括皖西）地区；而安徽茶业对朝廷茶税收入的增加亦起到了至关重要的作用或贡献。

唐代各地征收茶税的具体情况，因资料极少，时间又前后参差；故不甚清晰。史料记载：饶州浮梁县，宪宗元和时，"每岁出茶七百万驮，税十五万余贯"。尤其是文宗年以后，全国诸州县山泽矿冶税收"不过七万余缗，不能当一县之茶税"。由此可见，唐代时安徽各地茶税的收入也是相当可观。

据周靖民《中国历代茶税制简述》记载：这一时期，蕲州、鄂州和至德3处，朝廷每年收茶税款竟有30余万贯之多，以致超过茶叶产出重地浮梁近1倍。由此可知，池州茶叶的税收为财政收入做出了重要贡献；但是，负担之重也是显而可见的。其时，安徽庐州、舒州、滁州等茶区的贸易也很兴盛，尤其是私贩茶叶更是普遍；所以，唐宣宗大中五年（851年），裴休进行茶税政策改革，重点对庐州等江北茶区进行了增税的特殊规定，如"庐、寿、淮南皆加半税"。毫无疑问，这一条款无疑是加重了对庐州、寿州等茶区的茶税征收。

为了进一步防止庐州等地漏税，大中六年正月，裴休又奏称："今又正税茶商，多被私贩茶人侵夺其利。今请强干官吏，先于出茶山口，及庐、寿、淮南界内，布置把捉，晓谕招收，量加半税，给陈首帖子，令其所在公行，从此通流，更无苛夺。"由此可以看出，庐州以及江北部茶区不仅是安徽的重点茶区。同时，这个茶叶生区域产也成了重点控制的茶叶贸易区域。五代时期（907—960年），庐、舒、滁等州茶税负担依然很重。南唐政权统治下，滁州与庐州舒城县"岁纳赡军茶七千三百五十斤"。又据《册府元龟·卷一六〇·帝王部·革弊二》载，后周显德五年（958年）正月诏令："免濠、泗、楚、海、扬、康、滁、和等州管内罪人及蠲其残税，转征科率之物。史家曰：'先是州人于两税外，以茗茶及盐抑配户民，令输缣帛、稻米，以充其值，谓之转征。'"从这条史料也可以看出，五代时滁州以及庐州舒城的茶叶产量较高。由此可知，唐中后期五代，茶叶在安徽的经济发展中起到了重要的补充作用。

五代十国时期安徽茶叶贸易的兴盛，对唐代茶税之制的产生和缓解朝廷的财政困难也发挥了一定的作用。如武宗和宣宗时，曾一再通过法令，严厉惩罚私茶商贩。还对"庐、寿、淮南（茶），皆加半税"，如此双管齐下，使"天下税茶，增倍贞元"，也就是说，唐末宣、懿之际，全国茶税岁收近百万贯了。此依据《新唐书·卷五二·食货志》："宣宗既复河湟，天下两税，榷酒、茶、盐、钱岁入九百二十二万缗。"其中茶税收入多少，无从知道。《宋会要辑稿·食货·三〇之一一·茶法杂录》记，宋神宗熙宁四年（1071年），君臣议论茶法时，王安石说，榷茶获得太少。吴充说："仁宗朝茶法极弊时，岁犹得九十万余贯，亦不为少。"宋代茶税收入少时，犹有如此巨额，唐代茶税比宋代少，最多时，亦不能过此数。无疑，安徽茶税亦占有相当的比重。

二、宋元时期安徽茶税

宋代继承了唐代的茶税制度，并加以改进和发展。起初是榷茶（专卖）。首先在江淮和东南一带推行，后推广至全国。宋太祖在全国主要的茶叶集散地设置管理机构，叫作"榷货务"，要求茶农将茶税之外的茶叶，全都卖给官府，由官府统一销售，不允许私卖，开创茶叶统购统销的先河。宋初，朝廷实行榷茶制，却是比唐代茶税的剥削更为残酷。

宋兴国二年（977年），设榷茶场，规定岁课作税输租；余则官悉市之。其售于官者，皆先受钱而后入茶，称之为"本钱"。输税愿折茶者，称"折税茶"。同时，将茶税改称茶课，并且成为国家财政的重要组成部分。《宋史·食货志》云："自唐建中时，始有茶禁，上下规利垂二百年。"据宋史记载："程之邵主管茶马，市马至万匹得茶课四百万纸。"其时，茶户生产的茶叶，一部分作茶园租税缴纳官府，剩下的全部经系商实给官办山场，不能自由销售。

宋代也把茶课作为财政收入的一个重要来源。国家通过各种方式，从茶的生产和销售两个环节取得收入。从生产方面，国家主要是向茶农（宋称"园户"）征茶租。宋代时，亦有茶租以实物茶缴纳；园户每年缴纳的茶租，即岁课，淮南为865万余斤，江南1027万余斤，两浙127.9万余斤，荆湖247万余斤，福建39.3万余斤。园户除输正税外，一些地区还要输纳以土产、茶课估价、经总制钱、头子钱为名目的各种额外征课。同时，从销售方面征收茶课的方式有以下三种：

一是禁榷法。国家在产茶地设立榷货务和山场，除征收园户茶租外，同时还按国家规定价格收购园户交租后所剩的全部余茶，并以垄断价格向商人售卖（国家禁止园户将茶叶直接卖给商人），从而为国家取得收入。宋太宗至道末年（997年），国家卖茶收入约为285.29万余贯，宋真宗天禧末年（1021年）又增加了45万余贯。

二是入中法。国家令商人将粮草或金帛输至边防指定地区或京师，官府估定所输实物价值，给以要券，称为"交引"，商人持引到指定茶场领茶运销，所以又称"交引法"。入中法有利于国家财政，例如，让商人入刍粟于沿边州、军，可省去国家为边军征集与运送粮草之烦。商人也因有利可图而乐于接受。如宋真宗天禧三年（1019年），商人于京师入钱八万（准许有十分之六实物），可以得到价值十万的海州或荆南茶，海州、荆南茶质量好，易于销售，所以商人趋之若鹜。

三是通商法。通商法实行于宋仁宗嘉祐年间（1056—1063年），国家向园户征收茶租，向商人征收茶税，允许茶商与园户自由交易。通商法可以精简榷茶机构，减少国家开支。但由于茶租与茶税过重，影响了园户、茶商的积极性，所以，实践结果并不理想。宋徽宗崇宁元年（1102年），蔡京当权，废除通商法，又行榷茶法。在产茶州、县置茶场，茶民赴场缴税后，官给短引，限定斤数，可将茶运于旁近州、县售卖。商人在京师榷货务或边塞入纳金银缗钱或粮草，则给长引，贩茶于指定州、军售卖，于售卖地纳税。宋徽宗政和二年（1112年），又规定长引为茶120斤，输缗钱100，短引为茶25斤，输缗钱20。至宋高宗建炎二年（1128年），再次变更茶税法；不再实行由官府直接买茶，而是向茶商出售称为"引票"的特许证；并且规定茶商每斤茶定额"引票"，春茶收引钱70钱，夏茶收引钱50钱，另加贩运钱1~1.5钱。宋绍兴年后，茶司马又增加引钱，致使民众悲绝。南宋时期，政府对茶仍行禁榷制度，用长短引法。宋朝还与吐蕃等少数民族开展茶马贸易。吐蕃出良马，而缺茶。宋朝与辽、金、西夏用兵，需战马。宋神宗熙宁年间（1068—1077年）又设茶马司。茶马司建立以后，每年易马3万匹左右。

宋元时期，朝廷重视茶叶经济，一套完整的民制、官收、商卖的专卖体制基本形成，其间尽管茶法迭变，但在以茶叶为盛产的江南，茶政管理尤其为重，徽州虽地处深山，同样难逃厄运。当时茶政的主要内容是"卖引法"，则商人贩卖茶叶必须先到官府购买通行凭证，即通常所说的"茶引"。元代废除了榷茶制，改为"引票"制。"引票"制最早实行于元中统二年（1262年），当时，潭州路总管张庭瑞变更引法，每引纳2缗，茶叶自由买卖；然而，茶税也是年年增加。

元世祖至元十三年（1276年）以三分取一，第二年增到三分之半，此后仍然不断增加。元世祖至元二十一年（1284年），正税每引增1两5分，合旧制3两5钱。元代茶课也用引法。元世祖至元十三年（1276年）规定长短引之法，按三分取一原则，长引茶120斤，收钞五钱四分二厘八毫，短引茶90斤，收钞四钱二分八毫；以后不断增课。元世祖至元十七年（1280年），废除长引，专用短引，每引收钞二两四钱五分。元世祖至元二十三年（1286年），每引价由3贯600文增到5贯。元世祖至元二十六年（1289年），又增到10贯。元世祖至元二十九年（1292年），遣官措置茶法及理笄茶司出纳之数，又以江南茶课官为置局，令客买引，通行货卖，岁终增二万锭。可见在短短数年之间，每引茶所征税额不断提高，国家在茶钞方面的收入也日益增多，茶商与茶户的负担不断加大。从1276—1314年的38年时间，茶税增加360倍。茶税苛重，商贩售茶价格上涨，造成购买力下降，以致销路受阻；因此，茶叶生产惨遭破坏，茶农忍无可忍，起而反之。元世祖至元三十年（1293年），茶引之外，又设"茶由"，开始每"由"茶9斤，收钞1两，后又改为自3~30斤，分10等课税。同时，严禁私茶。总之，元代茶税是在不停地增加。如元世祖至元十三年（1276年）征茶税1200锭，元仁宗延祐七年（1320年）则增至28.9211万锭，是至元十三年的240余倍。到了元末时期，即元顺帝至正十一年（1351年）5月，颍州刘福通等率红巾军起义，其根据地为河南、湖北、安徽三省交界的桐柏山脉均为著名茶区；当时，制茶工人和茶山雇工纷纷响应并加入起义军，以致成了红巾军的主力。《弘治·休宁县志》云："元，尝立榷茶提举司于休宁，当地人语云，不产之地一例拿捕，私家食用亦行禁治，生民受害，其召言之，则茶司之设，可有也亦可无也，其言如此。"提举司的主要职责就是"散据买引，规办国课"。其时茶税是朝廷的重要财源。

三、明代时期安徽茶税

茶叶历来也是国家的专卖品种之一，唐代时正式确定征收茶税，按茶价的10%征收。宋代以后改为茶引，以引纳税。由元代至明代，相延未废。或为官卖，或置商引。皆视为国家营业之一种。明洪武时期，政府创建了"茶马制"，即将茶叶分为两类：一类是在陕西和四川生产的茶叶，政府拿走80%，剩余20%的茶叶给予管理茶叶的士兵；另一类是除陕西和四川以外的地方出产的茶叶用于国内消费，但必须购买茶引，国家征收20%的实物税收。通过这种方法，明朝政府获得大量茶叶，用于和西部游牧民族进行茶马贸易，获取大量马匹。明代中后期这种阻碍经济发展的专卖制名存实亡。徽州因地理条件优越，素产好茶。随着"茶马制"的废除，徽州商人将徽州茶叶贩运到全国各地。虽然明代后期开始征收现金茶税，约每引征收3.3%，明朝廷在皖南征收到的茶税仍达到过57万余贯。到了清代，进一步废除各种禁忌，允许各地农户可以自由种植，只是对贩运、卖售的茶商课以茶税。课税之法，茶商先在官府申领茶引，照所纳之税而受引。照茶引的定额购茶，或贩运或出售，都以茶引为依据。

明代实行的是"榷茶引税"的两制并行，主要是以榷茶易马为主，收税为辅。

"商人中引，则于应天、宜兴、杭州三批验所，征茶课则应于应天之江东瓜埠。自苏、常、镇、广德及浙江皆征钞，云南则征银。"因为徽州茶区产茶较多，所以也设有茶叶批验所。明初，歙县街口曾设置梅口批验茶引所，职司查验茶引，如茶引相等；则截角放行。明宪宗成化十四年（1478年）撤销，其职能由街口（今歙县）巡检司兼领。其时，仅徽州府年收茶税即可达7万余贯。

明人谈迁《枣林杂俎》记载："（成化三年征派贡茶）南京供用库岁用芽茶，坐派池州府二千斤，徽州府三千斤；叶茶，徽州府二千斤。"明宪宗成化十八年（1482年），徽州府即坐派里甲所纳新安卫军需物料（即称为"正役科差"），其中就有"叶茶一十五万七千斤，芽茶四万五千斤"。而成化十八年坐派里甲军需物料，乃是明代的定制，并非是成化朝所独有，而且也不是因特殊情况所派纳的。可以佐证的还有：弘治十四年徽州府"坐派里甲岁办军需物料"条中，仍记有"芽茶四千斤，每斤价银六分，共银三百四十两"，还有"叶茶四千斤，每斤价银一分二厘，该银四十八两"。由里甲办纳的芽茶、叶茶已经成为明朝的岁纳里甲差役的组成部分，自然也就作为上纳朝廷"正役钱粮"进行征收，这一性质应是确定无疑的。据《永乐·祁阊志》记载，祁门生产环节的茶税是"十五万七千五百五十七株，每十株官抽一株，计一万五千七百五十五株。每株科芽茶二钱五分，叶茶一两七钱五分。芽每斤折钱二百四十文，叶茶每斤折钱一百二十文，共课钞一百一十锭三贯九百七十文"。明代的茶税比元代有所减轻，但是，征税环节仍然有两道：一道在流通环节，一道在生产环节。当时是"榷茶引税"两制并行。一些茶区采用榷茶制，安徽仍然是收取引税。明初招商中茶，上引5000斤，中引4000斤，下引3000斤。每7斤蒸晒一篦运至茶司，官商对分，官茶易马，商茶给卖。中茶有引由，出茶地方有税，"引每道初定纳钱二百，后定纳钱一千文，照茶一百斤"，最后以一千文作为茶引的纳税定额，"茶由一道，纳铜钱六百文，照茶六十斤"。也就是说在流通环节，"每引茶百斤，输钱二百"。和元朝时期茶税相比，明代对单位茶引、茶由所征税额大大减轻了。据数字对比，明代的茶税约为元代的3.3%。

明代对茶叶生产环节则是实行"户役茶课"。《弘治·徽州府志》记载了整个徽州府生产环节茶税：茶株共有一千九百六十五点四万株，按十株抽一法，课茶一百九十六点六万株。具体定税的标准是每株课芽茶二钱五分，叶茶一两七钱五分，故每岁实征芽茶三万六百八十斤二两四钱二分五厘，叶茶二十一万四千七百六十一斤九钱七分五厘。

从《永乐·祁阆志》和《弘治·徽州府志》中茶税征收的数据可知，弘治年间徽州地区茶税征收的标准仍然延续了永乐年间的标准。但是，《永乐·祁阆志》记载的只是祁门生产环节茶税征收的情况，缺少流通环节税务征收的数据，不能全面地说明茶税征收的情况，但可以肯定的是生产流通两个环节征收税务相加，数量相当可观。

明代永乐十年（1412年），徽州六县茶叶流通税和生产税的课税情况如下：明代仅发行过一种大明宝钞，面额分6种即一贯、五百文、四百文、三百文、二百文、一百文。钞一贯折合钱一千文、一锭为五贯；折合后，永乐十年徽州六县的茶叶课税量为72108.65贯。上述数据也反映出，生产税是徽州地区茶税征收的主要来源。明万历十五年（1587年）徽州府茶课钞数70568贯，按茶引一道，纳铜钱一千文，照茶50kg，当时徽州卖茶额已达350万kg左右。可见，万历时期的徽州府茶课与永乐时期相当。据《歙县志》（1995年）载："元至正二十六年开始依茶纳税；本县有茶1040万株，占徽州府总株数的53%。以每亩300~400株。产茶25kg折算，合茶园2.3万~3.5万亩，产茶650~867t。"折合后，元至正二十六年（1366年），整个徽州茶叶总株数约为2000万株，总产量约为140万kg。元明两朝相比，徽州地区茶株数量没有发生显著的变化。但是，明万历时仅仅卖出的茶叶量就已远远高于元至正二十六年的总产量。由此可知，明代时期徽州地区的茶叶单位面积产量已经大大提升，茶叶生产得到了显著发展。明代徽州茶税征收显著减少，大大减轻了茶农的负担，带动了茶农经营管理茶园的积极性，茶叶产量提高，为明代茶业、茶叶生产、销售以及文化的全面发展奠定了良好的基础。

四、清代时期安徽茶税

清初，仍实行榷茶引税并行。清康熙二十二年（1684年），茶税范围广，税率高，正税之外，还有厘金。每引茶税，低者1钱2分9厘3毫，高者3两9钱至10两5钱。到清末，战乱不息，茶叶贸易以税收为主，增加库入，补助地方行政费用。16世纪，外国资本入侵中国，鸦片战争爆发后，外国资本家与内地官僚地主买办相勾结，对茶行、茶栈、茶客、茶贩大肆盘剥，茶农受尽其害，茶叶生产衰落。清末宣统年间，刘汝骥主政徽州时，访察休宁县内的"职业趋重之点""屯溪、率口、黎阳、阳湖一市，茶之区也。朱明节届，男妇壮幼业此者数以万计，茶号藉钱庄以资助之。工匠缺乏，又召江西人以伐木烧炭矣（注：制茶用炭）"。

北宋时始立茶引之法，商人向官府纳钱请引，再到指定地区贩运；元代因之。明代于产茶地区设茶课司，主收茶课，并于边地实行以茶易马之法，国家对茶叶外销控制尤严。清初，茶法沿袭明制，官茶储边易马。康熙以后，茶马事例渐衰，官茶既少，商茶溢增，茶课的重心便转移到商茶上来。户部颁发茶引，各产茶地区预年请领，年办年销。因此，茶商贩茶，在产茶地买引纳课，每引百斤。贩运途中茶、引不离，无引即为私茶，与私盐同例，每经过关口，经批验所查验后截角放行，茶至销售地，即赴当地官府验明截角方能发卖（图4-1）。

图 4-1 捐照

朝廷可以通过调整各地茶引的数目，来控制茶叶生产规模，亦可据此确定各地茶课的额度。

清初，订安徽茶叶正引69980道，余引15100道，其后因不足行销不断有增。

清雍正十年（1745年），题准安徽歙县、休宁、黟县、宁国、建德、霍山六县增加茶引18380道；后又覆准六安、霍山、黟县、建德、宁国五州县增引15500道；清雍正十三年（1748年），题准六安、歙县、休宁、霍山四州县，于额外预颁余引10000道。清乾隆三十二年（1767年）黟县续增引1300道，清乾隆三十八年（1773年）又增1200道，清乾隆四十年（1775年）徽州婺源县增颁引2600道。清嘉庆三年（1798年），徽州府属之婺源县、黟县，池州府属之建德县又续增颁引12000

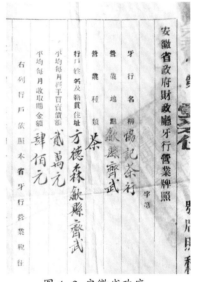

图 4-2 安徽省政府
财政厅牙行营业牌照

道。从屡次增颁茶引的情况可见，安徽皖南地区茶叶生产呈渐增之势。当皖南茶叶生产远远超出本地区需要时，自然开始大量外销。据统计，1836—1840年，仅徽州茶一项，平均每年输往英国就达760余万磅，约占中国对英国茶叶输出总量的22%；平均每年输往美国就达1200余万磅，占中国对美国茶叶输出总量的52%（图4-2）。

茶业兴盛，有很多原因及条件，但是，在一定程度上也应该是得益于茶叶税赋之轻。从文献记录来看，清前期，徽州地区的茶叶在出产地税负很轻，课则规定：凡有客商入山制茶，不论粗精，每担给一引，每引只征纸价三厘三毫。除此而外，不再起征课银，只有歙县茶牙岁纳茶税银四钱三分二厘，汇人地丁项下奏销，不在引课款内。商人买茶外运时，虽需交纳沿途关税，但在厘金制度未创设之前，沿途关卡并不太多。如咸丰以前，徽州茶多从广州出口，"茶叶一项，向于福建武夷及江南徽州等处采买，经由江西运入粤省"。徽茶入粤，途经赣关需交纳一次常关税，税率约在每百斤一钱三分左右（根据《道光二十六年丙午进广誊清账册》，徽商汪有科父子押运茶叶30814斤赴粤，在赣关纳税41两计算而得。该案例见张海鹏、王廷元编的《徽商研究》，安徽人民出版社1995年版，第588~590页）。徽商携茶入粤抵达广州与洋行交易时，再纳出口税，鸦片战争前每担茶叶按粤海关的税则为一钱五分，鸦片战争以后一律每百斤征收二两五钱，由于当时茶价每百斤可售50余两，正好符合"值百抽五"的条约规定，"访察茶叶情形文件"。因此，可以推知，咸丰以前即厘金制度未行之时，从课则上来看，徽茶外销所发生的各项税负当不高于售价的十分之一；可以说，茶税较轻。这对于减轻茶农负担和商人的营销成本，促进了本地茶业发展以及刺激茶叶贸易的发展，都是有益的，事业意愿开启了徽商致富的又一门径。盐、茶、木、典是徽州商人四大支柱行业。清初时期，茶业虽盛，但仍不及于盐业。清道光以后，由于票盐制的实行，徽商的盐业垄断地位被取缔，盐业贸易顿衰。徽州商人遂将主要注意力集中于茶业，茶叶贸易成为徽商败落过程中遽显辉煌的一大行业。因此，夏燮称："徽商岁至粤东以茶商致巨富者不少，而自五口既开，则六县之民无不家家畜艾，户户当垆，赢者既操三倍之贾，绌者亦集众腋之裘，较之壬寅以前，何止倍徙耶。"清代自咸丰以后，税制较前期发生性质上的嬗变，其税赋重心由传统的以田赋为主的农业税逐渐转向以征商为主的工商税。清代实行薄征惠商政策，田赋收入占绝对大宗，商税地位并不重要。五口通商以后，海关税收渐增，特别是咸同之际，为镇压太平天国起义，各地纷纷筹饷募捐，厘金制度大行，于是关厘两项收入遂成为清政府安内攘外的重要财源。此后，政局动荡，兵连祸结，为偿付接踵而来的巨额赔款和借款，又鉴于田赋已失去扩张潜力，晚清政府转而对商人实行竭泽而渔式的苛征政策。所以，税制变革对晚清社会经济的发展影响深远，而厘金制度于茶叶贸易关系尤大。以徽州地区而言，自咸丰以后，茶课由引课一项，衍生出茶捐、茶厘等诸多名目。引、捐、厘、税并行，皖南茶叶税赋空前加重。清咸丰三年（1853年），太平军进驻长江沿线，安徽省为筹办防御经费，派捐集款，规定茶叶按引筹捐，每引捐银六钱，是为徽茶加捐之始。此后，地方政府仿引法输助军需，多寡不定（图4-3）。

清咸丰七年（1857年），大臣胜保鉴于芜湖、凤阳两关因兵祸停废未设，奏设厘局抽厘助饷，经户部议准，乃于南北两岸设立盐茶牙厘各局，暂收商税，以抵补关税收入，其中茶厘税率为每引三钱，公费银三分，与前项茶捐合计九钱三分，按引征课。清咸丰九年（1859年）曾国藩人皖接办厘金，清咸丰十一年（1861年）在省城安庆设立牙厘总局，同时在祁门设立皖南茶引局，专门征收茶叶厘捐，由皖南道督办，安庆牙厘总局综理，省局派员驻局经管。所有引、捐、厘各课均推行

图4-3 皖南茶厘局告示

三联票制，票式由两江总督刊发，牙厘总局移交皖南道转发徽宁池三府属产茶各县。商人在成箱转运前，在县里报明请引，一次性缴纳引银、捐银、厘银、公费银后，当即填票给付。所收课银解皖南道听候拨用，各县按月申报，皖南茶引局查核。"徽宁池三府属洋庄茶引捐厘章程十条。"当时歙县的街口、篁墩，休宁的屯溪、龙湾、万安街、和村，婺源的太白、城西，祁门的到湖、小路口，黟县的渔亭，均设厘卡；清同治三年（1864年），撤篁墩、龙湾、和村、城西、小路厘卡，余如故；清同治四年（1865年），祁门之皖南茶引局移设芜湖。清同治元年（1862年），两江总督曾国藩重定新章，以库枰十六两八钱为一斤，以一百二十斤净茶为一引，每引缴正项银三钱，公费银三分，捐银八钱，厘银九钱五分，共计每引收银二两八分。"徽宁池三府属洋庄茶引捐厘章程十条"发给"引票""捐票""厘票"为凭。次年，每引又加捐海防费四钱，合计每引增至二两四钱八分。清同治五年（1866年），李鸿章继任两江总督，改革曾氏旧制，除引、捐、厘三票，统一采用落地税票，以简手续，所征税银仍为每引完银二两四钱八分。清光绪五至七年（1879—1881年），因茶商负担过重，加捐四钱先后奏免，仍照每引二两八分征税。清光绪十四年（1888年），两江总督曾国荃奏请再减免二钱，每引征银一两八钱八分；其中每引完正课银三钱，公费银三分，厘捐银九钱，又公费五分，另捐输银六钱，统名为落地税。清光绪二十年（1894年），各省为中日战争筹款，特增设茶叶二成捐，皖南茶课在原有税率的基础上，每引又增捐三钱六分，合计二两二钱四分。清光绪二十八年（1902年），为筹解庚子赔款，加派各省，茶厘又加收三成，是为茶叶三成捐，但徽茶似无加增的记载。清光绪三十二年（1906年），由于筹办新政，筹议公所以"本省土产应认本省之捐"为由，咨明江督周馥，将外销茶每斤加厘二文，内销茶加厘一文，以补助赔款。清光绪三十四年（1908年），两江总督以茶叶销路不畅，将前加之二文、一文各减半抽收。迨至清末，皖南茶叶每引共纳税捐银达三两八钱二分七厘，民国元年，每引复改为100斤，课税2银圆，其他依旧。值得注意的是，以上引、捐、厘或者落地税名目，只是征自本地出产之茶，实质上是一种坐厘，由本地政府征收。如该项货物需运经别省，还得由别

省征收通过地厘金，是为行厘。

　　徽州茶叶大多外销，内销不及十分之一二。所谓外销，即售给通商口岸的洋庄，由洋庄销往国外，因此又称洋庄茶。洋庄茶多以箱装，内有锡罐，外饰彩画，装饰精美；销往国内市场的，为内销茶，专用篓袋盛储，内中以茶朴、茶梗、茶子、茶末居多。晚清厘制，各省不相统一，征收办法各异，税率差异很大。徽茶外销运往通商口岸，在省内完纳落地税后，经过邻省时还必须重复抽收。因此，邻省的厘制对徽茶外运影响很大。如歙、休、黟三县之茶，均由新安江外运，首站到达浙江境内的威坪蠕，过卡时每引抽厘捐二钱，又另抽常关税银一钱，杭引课银三分四厘，再由威坪运到绍兴到达宁波，逢卡验票，在宁波新关每百斤预完出口税银二两五钱，再至上海（据"安徽茶务条陈"，光绪二十一年威坪撬卡又加抽八分）。假如运至杭州过塘，由嘉兴至上海，每引还须纳浙江塘工捐银。这项塘工捐（银），同治五年开始征收，茶叶不分种类，每引一两。清光绪元年（1875年）改为五钱。徽州婺源绿茶、祁门红茶均由鄱阳湖运到九江，在姑塘关每百斤完常关税银二钱六厘，规费银七分，抵达九江新关仍须预完出口税二两五钱。

　　内销茶在安徽本地不纳落地税，外运时则逢卡抽厘，如运往江浙一带，在屯溪街口每百斤各抽厘百文，浙江的威坪抽百余文，严东馆抽150余文，杭州厘卡抽钱300余文，嘉兴抽钱150余文。沿途茶厘税率的轻重，往往影响商人对商品运销路线的选择。歙、休、黟等县，比邻浙江，茶叶从徽州新安江出发，经浙江严陵、富春，再达钱塘，从杭州出海，计程二百余里，顺风张帆，指日可到，并无十分阻滞。但商人却宁愿舍捷径绕道绍兴，从宁波出海，原因是要避开杭州的塘工捐。徽州茶从绍兴内河抵达义桥，搬运过塘至曹娥过坝，不数里再到百官坝，数易其船，从百官至余姚，又有河清、横山、马东、陡门等堰，最后到达宁波，上栈下栈，转载海轮，茶箱每多破损，不仅修整需工，

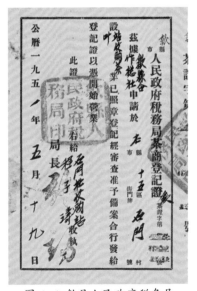

图4-4 歙县人民政府税务局茶商登记证

而且易招西商挑剔。种种繁难不便，足见厘金制对徽州茶叶贸易的压制（图4-4）。

　　清光绪以后，国际茶叶市场竞争转趋激烈，中国茶业同时面临日本、南亚诸国的压力。日本出产绿茶，印度、锡兰出产红茶，都采用机器制造，价本既轻。印度、日本又免征税银，锡兰不只免征关税，而且每磅补贴三分五厘，极力推广畅销本国茶叶。另外，印度、锡兰两处茶叶最占优势的地方，是运费较廉，由出产地运往欧洲，比中国茶叶运费每吨最少便宜十七先令，"宣统元年福州口华洋贸易情形论略"。在外国茶叶本轻价廉

的凌厉攻势下，中国产茶业户处境艰难，茶盘逐年递减，茶叶价格也逐渐跌落。如徽州上品茶虾目、珍眉等品牌，每百斤原售银八十余两，后只售五十余两，到清光绪二十二年（1896年）仅售四十余两；下乘茶叶如芝珠、芽雨、熙春等，每百斤原售银十五六两及十二三两，光绪二十二年仅售八九两及六七两。在茶叶价格跌落的同时，茶叶税赋却并未减轻。茶叶商人分散到各产茶地收买茶叶，然后将其转运到通商口岸，转卖给洋商，由此得来的价款，扣去购茶工本费用，再减去沿途税负、运费和一些必要的杂费，最后所余才是商人的盈利。在价格锐减、其他支出较为稳定的条件下，沿途税负的轻重往往就决定了商人的盈亏。如果说清道光二十六年（1846年）徽商汪有科父子从徽州运茶叶到广州，尚有23.3%的利润的话，到清光绪十四年（1888年），情况就迥然不同了。当时徽茶销售的重心已经转移到长江沿海一带，运费比去广州大为减少，获利空间本应相应增大，但实际情况不然。当时有一位西方人士，对从内地茶区运到汉口的茶叶成本作了匡算：茶叶每担实际成本4~12两，沿途所交各种捐税1.92两，烘焙、包装和运费花去了5.85两，佣金、栈费在1.18~2两，出口关税2.72两，平均成本即达20.08两，其中各种税捐即占总成本的23.1%。而该年中国绿茶出口平均离岸价格为20.31两，红茶为18.84两，这就和成本相差无几了，商人的获利情况可想而知。应该说，这项估计也符合徽茶外销实际情况。当时，徽茶运往宁波，每引即须纳落地税2.08两，行厘0.234两，常关税0.1两；如将出口关税每百斤2.5两考虑进去，各种税负经换算加在一起，每百斤达4.51两，约占售价的四分之一。清光绪十四年（1888年），浙海关税务司康发达所计算的情况也与此基本相符。光绪十四年正月十九浙海关税务司康发达申晕总税务司访察茶叶情形文件称："徽茶来宁波，每百斤应在婺源完银共二两一钱三分，在屯溪完银二钱。在界口完银二分，在深渡完银一分，在威坪完银共王钱七分三厘，统共完银二两七钱四分三厘，应完出口海关正税银二两五钱，统共每百斤完银五两二钱四分三厘。现在茶价每百斤只值银十五两至二十五两，其中税厘已逾四分之一。"

　　茶叶税赋的沉重，不仅造成徽州本地茶业的凋敝，而且对借此为业的徽州茶商也带来严重的冲击。当然，徽州商人业茶，不仅局限于徽州一地，而是在全国各主要产茶地区都有他们的活动（图4-5）。但是，作为全国最重要的产茶区之一，徽州本地应是徽商活动最为频繁的地区。尽管光绪年间，徽州茶外销在

图 4-5 安徽茶商开设在北京的茶号

数量上未现明显颓势，但由于成本愈大，亏耗愈多，商贾获利了了，皆视之为畏途。据光绪十四年皖南茶厘总局报告称："光绪十一年、十二年两年徽商亏本自三四成至五六成不等，已难支持，光绪十三年亏折尤甚，统计亏银将及百万两，不独商贩受累，即皖南山户园户亦因之交困。"

因此，两江总督曾国荃奏："皖南茶厘，军兴时需饷孔急，联捐为数过重，迭次奏减，茶商尚形竭蹶。近年印茶日旺，售价较轻，西商皆争购洋茶，以致华商连年折阅。"江海关税务司好博逊甚至担心：恐数年以后，中国茶叶贸易将无人承办。清光绪二十一年（1895年），户部员外郎陈炽在振兴商务条陈中，对"华茶日衰"的现状深表忧虑，指出：近来"种茶之地，运茶之商，其数日增"，而"出口之茶所值之数乃日少"，茶多值少，不仅造成茶商的衰败，也给国家的税收带来损失，呼吁"捐厘减一分，华茶即多一分销路，华商即多一分生气，增一分利源"，要求将各地厘金及各项山捐、箱捐、善堂捐，一律裁减三成。但是，当时清政府外有赔款，内要新政，财政困窘，根本不可能大幅度为商人减负；相反，在筹款压力下，相继推出茶叶加增二成捐、三成捐，这对于税赋本已沉重的茶商来说，无疑是雪上加霜。茶叶贸易的衰落，尽管原因很多，但最后大多可以归结到清政府的税赋政策上来。清中前期，茶叶征税较轻，刺激了茶叶的生产和茶叶贸易的兴盛，茶商获利较易。晚清时期，由于国际、国内形势的变化，清政府以筹款为急务，茶税的财政意义开始彰显，厘捐大行，导致茶叶税赋沉重，无法参与国际竞争。在国际市场竞争激烈、市场份额日减、价格日贱的严峻形势下，清政府仍不主动应对变局，积极改进制茶方法，降低税赋，减少成本，而是反其道而行之，税率不减，厘捐反增。然事与愿违，茶叶厘捐的增加，不仅没有实现税收的持续增长，却使中国茶业从此走入颓势。

五、民国时期安徽茶税

1912—1931年，安徽的工商各税主要有常关税、厘金、烟酒税、茶税、米粮厘捐和盐斤加价等。自1931年1月起，安徽开征营业税，并取消常关税、厘金及一切类似厘金的捐税。民国初期，安徽仍照清制，征收茶厘。并将皖南茶厘收归省有。1914年，皖北茶实行引厘并计，一次征收。由六安、霍山等处水运至周家口的，春茶每篓10斤共征漕平银2钱9分3厘4毫；陆运至商城、固始及水运至洪河口的，共征钱2钱6分8厘。1914年4月，根据财政部公布《茶类统税征收暂行章程》，安徽将茶叶营业税改为从价15%征收统税；至1945年2月停征。

1915年1月，安徽巡按使公署批准省财政厅《整理皖南北茶税办法》，除调整征收机构，修改收入定额外，并划一皖北茶厘税则，不论运销远近，春茶每篓（10斤）收漕平银2钱9分3厘4毫，子茶每篓收1钱9分3厘4毫。3月，安徽省财政厅通告规定，春茶每篓征银币4角，子茶征2角8分，茶末、拣片照春茶减半征收，老茶每百斤征4角。1916年，安徽省财政厅颁发《皖南茶税税则》，皖南茶行销外省的，每引100斤征收2.25元，行销省内的征2元。1920年，政府体恤商艰，明令出口税完全免征，内地税减征半数。1931年春，民国政府实行裁厘，举办营业税，出口箱茶照价抽收千分之五，内销茶为千分之十五。然而，全国各地奉行的并不多，各地的附加税不仅很多而且依然存在；经历过一段过渡时期后，才彻底根除附加税。1923年，安徽将茶厘改为招商承包，每年定额45.2万元。1926年，安徽省财政厅认为包额偏低，与其以国家税收授予商人牟利，不如加额委员办理，以增加收入，一律收归厅办，定额60万元。1931年1月，茶厘停征，改征营业税后，由于税率较低（照资本额2%计征），收入大幅度下降。

1932年4月，对茶叶改征特种货品营业税，恢复裁厘前的茶厘税率，因受到省内外商人的一致反对。因此，根据行政院指令于7月停办，并改征短期营业税：凡临时开设庄号收买茶叶，均按照资本额征收2%，出口外销的箱茶酌予减轻。1935年3月，安徽分区核定茶叶税额：皖南歙县、休黟、祁门三局辖境，每百斤征正附税捐1.2元（正附税捐各半，下同）；其他各局辖境茶叶的征税标准，由局长召集当地商会、茶业公会和县政府代表评议，报安徽省财政厅核定。据此，皖北春茶每篓征正附税捐1角8分，子茶1角8厘。1940年，安徽茶税恢复按资本额征收2%。1941年，茶价上涨，收制茶叶成本提高，茶商资本额相应增加；另外，茶税则是照上年税率加半征收。1946年11月，按茶叶产地附近市场每3个月的平均批发价格，征收10%的茶叶货物税。同时规定，茶叶运销内地不再重征，茶叶出口外销准予退税。1947年上半年，安徽查征茶类产量208578担，总值法币276.6亿元，征税19.3亿元，占同期货物税总收入的37.54%。另据产茶最多歙县的调查，民国时期茶叶除正税外，附加名目繁多，实际税负远远超过正税。民国时期，安徽的茶税历来是南轻北重，如民国时期，皖西茶税则是皖南茶税的两倍。据统计，仅霍山一地，每年茶税便高达8万元，除去各局坐支外，实收7万余元。

皖西地区不分运输地远近，春茶按照每篓4角，夏茶每篓2角8分，茶末拣片每篓2角，老茶100斤征4角；茶号将茶篓数报所在税局查验数目，由税局盖以"查讫"后发票。商号经过关卡时，将票拿于官吏勘验，即所谓的"照票"；每次照票时，茶商需每篓缴纳一分，称为"照票费"。此外，茶商尚需交"胥役费""挂号费""船头照票""酒钱""草鞋钱""印子钱"等多项费用；可谓是名目繁多，无法考察。当时，安徽省政府为了摆脱财政收入日益窘迫的困境，以增设税卡的方式变相提高茶税税率。如霍山税局下设卡8所：诸佛庵、落儿岭、青莲河、团墩、小七畈、杭树冲、下符桥、大河厂；管家渡税局下设卡4所：大化坪、舞旗河、黄洋店、东界岭；黄栗杪税局下设卡6所：东界岭、中界岭、西界岭、长善冲、枣树坳、看花台。繁重的赋税使得茶叶生产成本大大增加，茶农的生产入不敷出，极大地削弱了皖西茶叶的市场竞争力。

据芜湖茶业公会报告："如芜湖茶商在太平、宣城、石埭等县采办之茶船，经过码头货卡，经太茶税局，西河查验局、青弋关、湾池关、金兰关，大通茶税局，新河查检局，三里埂卡等处，每处所索各费，由二三十元至五六十元不等，统计每船茶叶运到芜湖，除正税外，尚须三百余云。"1912年以前，皖南茶税归两江总督征收，均以"引"为计。1912年，皖南设有皖南茶税总局，税收改归皖省派员按引征收，每引百斤征税两元，是为安徽省当局经收之茶税；此外尚有海关正税每引库平银一两。在当时休宁的各种赋税中，屯溪商民所承负担最重，约占赋税总额的三分之一以上。屯溪茶税原税额为每50kg 2.25元，1934年每箱只收2角，因为是年由茶商吴俊德包税，出箱增多；实际分配，每箱费用大减。自1935年起，税收改由财政厅派员直接征收。另外，从1936年起，茶税由原先的"引税"改称为营业税，尚需额捐牌照费1元。

第五章

徽茶人文

中国是茶的发源地，是世界上最早采茶、制茶和饮茶的国家。现在，茶已经成为中华民族的举国之饮，中国茶文化具有独特的魅力。茶有自然属性和社会属性，从自然方面来看，它首先是一种植物，陆羽《茶经》说："茶者，南方之嘉木也。一尺、二尺乃至数十尺。"郭璞《尔雅注》云："树小似栀子，冬生叶，可煮羹饮。今呼早取为茶，晚取为茗，或一曰荈，蜀人名之苦茶。"论味道，"茶之为用，味至寒"（图5-1）。茶的社会属性是在它被人们食用的过程中产生的。茶具有解渴和提神的作用，甚至还具有中药之效，"若热渴、凝闷、脑疼、目涩、四肢烦、百节不舒，聊四五啜，与醍醐、甘露抗衡也。采不时，造不精，杂以卉莽，饮之成疾。茶为累也，亦犹人参"。人们最早饮用茶的确凿记载是在西汉时期，神爵三年（公元前59年），西汉王褒在《僮约》中为僮仆规定的日常工作中，有两项与茶有关，即"烹茶尽具""武都买茶"。表明茶在王褒家里是常用的饮料并且有专门的市场。所以，最

图 5-1 陆羽寻茶图（佚名）

晚在西汉中期的局部地区，茶作为消费品进入市场已经达到了成熟的状况，茶作为饮品应当更早。因此，中国饮茶的历史，始于秦汉，流行于魏晋南北朝，大盛于唐宋，明清以来愈益普及。从单纯的解渴提神到茶礼的出现，茶的文化韵味越来越丰富。而茶在饮用的过程中，逐渐被赋予了社会属性，从而具有一定的人文内涵。茶的人文内涵是在中华传统文化的影响下形成的，同时也成为中华传统文化的一个载体。中国的茶文化薪火传承，深入到了生活的各个角落当中。从茶出现之日起，茶便与文人相伴，成为文人墨客吟咏的对象，唱和交友的工具。中国古代文化长卷中对茶、茶人、茶文化的吟诵一直不断，构成了古典文化的一条必不可少的流脉。

第一节　安徽茶人传记

"自从陆羽生人间，人间相学事春茶。""茶人"之称谓，最早见之于唐代陆羽《茶

经》（图5-2），据《茶经》载："鑫一曰篮，一曰笼，一曰营……茶人负以采茶之。"这里的"茶人"指的是采茶之人，即采茶人背着"鑫"这种竹笼采摘茶叶。陆羽《茶经》问世后，"茶人"一词便广泛出现在文人的诗文作品中，如白居易《谢李六郎中寄新蜀茶》："不寄他人先寄我，应缘我是别茶人"；白居易自称"别茶人"——能够辨别茶叶优劣好坏的人，即精于茶事的人，由此也赋予了"茶人"新的含义。其后，诗人皮日休、陆龟蒙两人分别以"茶人"为题作《茶中杂咏·茶人》和《奉和袭美茶具十咏·茶人》相唱和，描绘了茶人种茶、采茶以及制茶的情景。尤其是皮日休《茶中杂咏·茶人》诗中，内容包括茶坞、茶人、茶籝、茶舍以及茶焙、茶鼎、茶瓯、煮茶十首。诗作对唐代茶事进行了生动细致的描写，宛如一幅古代茶文化的巨型画卷。

图 5-2 陆羽瓷像（佚名）

　　"茶人"一词虽然早在唐代就已经出现，至今在《辞海》和《现代汉语词典》中尚未收录"茶人"词条。"茶人"原本有两个解释，一是精于茶道之人；二是采茶之人或者制茶之人。然而随着社会的发展，茶的传播和茶文化的弘扬，茶人的队伍不断扩展，茶人的内涵也在扩大，而"茶人"的概念也在更新。古往今来，"茶人"一直是茶行业的一个称谓，这个称谓在中国的茶界就如同今天的时髦词"达人"一样，是指在茶的领域非常专业甚至是出类拔萃的人物，或是指在茶艺茶道方面较为精通之人等。当这个称呼被越来越多的人接受和喜爱时，它不仅成了流行用语，也成了一种认识。按中国汉字的书写方式，茶，是人，处在草木之间。

　　当代不乏茶文化专家、学者对"茶人"含义进行界定的，众说纷纭，但是尚未形成统一的定论，对于茶人精神的探讨也多没有脱离吴觉农、钱梁等老一辈茶人所提出的茶人精神框架或范畴。

　　纵观我国古代文学作品，对于茶人的解释不外乎有采茶人、精通茶事的人、从事茶叶生产的人、爱茶人等含义。陈宗懋主编的《中国茶叶大辞典》中"茶人"词条的解释：采茶之人，精通茶道之人，茶叶生产者等含义基本相近。值得一提的是，日本对"茶人"的界定也包含"爱好茶道、精通茶道之人"。

　　当今，随着茶文化的广泛普及和饮茶人口的不断增加，弘扬以奉献、创新、和合、清俭、美善为主题的茶人精神，具有重要的现实意义和实践价值。因此，"茶人"的含义也应该随之"泛化"并赋予新的含义。究竟何为茶人？有茶文化专家认为：茶人是一个内涵十分丰富的统称，各行各业的爱茶者均可以是茶人，历代为茶产业、茶文化做出贡献和有建树的前辈和长者，是当之无愧的茶人。所以，为充分展现"茶人"早已作为一个独立而专门的社会群体和工种存之于世，可以将茶人分为三个层次，其一就是茶行业从业者，即从事茶叶专业领域工作的人群；可谓"茶人者，茶业同人之谓也"。

目前，我国直接从事茶叶生产加工制造者约有8000万人，加之业茶经营、销售、服务贸易、教育、科研、文艺、管理等各个茶叶战线上的茶人，大约有1亿人。这是将"茶人"置于茶学这一专业领域人士角度的理解，也是最直观的解释。正如吴觉农先生所认知的那样，"就茶坛而言，茶人是最好的称谓"。

中国茶文化具有显著的广延性，常与绘画、器具、雕塑、建筑、设计、诗歌等艺术形式相融合。因此，对于从事与茶和茶文化直接相关的各行业从业者，如从事茶具设计、茶文艺、涉茶新闻采编、茶影视传媒等方面的人士，这些与茶相关联领域的从业者，也是属于广义茶人的范畴。同时，中国茶文化的兴盛，也培养了一大批喜茶爱茶人士，即爱好饮茶和茶文化的人群。据不完全统计，目前国内约有5亿饮茶人口，全球有30亿饮茶人口，而且还在不断地增加和扩大，这些爱茶人也应该称之为茶人。

饮茶不分国界、民族、文化、种族、阶层，这充分展现了茶文化的包容性和新茶道形式——无我茶会的精神，也是对"茶人"一词宽泛的理解。

本章介绍的安徽"茶人"是指唐、宋、元、明、清以来，在安徽土地上的那些喜茶嗜茶、饮茶品茶以及深受茶文化熏陶的爱茶人等。

一、唐代茶人

（一）常 鲁

常鲁（？—820年），字伯熊，中唐时期临淮人（今安徽泗县）。他与"茶圣"陆羽在唐时都享有盛名，尤其是他对陆羽的茶说颇有研究，并在发展陆羽茶学的同时，也写了有关茶叶功效方面的书，但遗憾的是未见传世。

据《唐中史补》记载：监察御史常鲁公（即常伯熊）于唐建中二年（781年），作为入蕃使判官奉诏入蕃商议结盟时，一日在帐篷里煮茶。有一个叫赞普的人问他在烹什么，常伯熊说："涤烦疗渴，所谓茶也"，因呼茶为"涤烦子。"对此，清人施肩吾有诗云："茶为涤烦子，酒为忘忧君，即指此也。"而茶的另一个别称——"余甘氏"的故事，则是出自宋人李郛的《纬文琐语》一文。李郛说："世称橄榄为余甘子，亦称茶为余甘子。因易一字，改称茶为余甘氏，免含混故也"，"时有竹林逸士，木下樵夫，莲花歌者，清蓉之姝；皆海内名士也"。四人者，士，是指陆羽；樵，是指常伯熊；莲，是指谢杼山；姝，是指李季兰。通过这个故事可以知道，陆羽和常伯熊在当时已经是很有名气了，尤其是常伯熊和陆羽一同推广茶文化，"于是茶道大行，王公朝士无不饮者"。

（二）张志和

张志和（730—810年），字子同，初名龟龄，号玄真子，徽州祁门灯塔乡张村庇人。

据唐代陆少游《唐金吾志和玄真子先生行状》，张志和十六岁参加科举，以明经擢第，由于他向唐肃宗上书献策并阐述自己的治国主张，深得唐肃宗赏识，特别赐名"志和"二字，授左金吾卫录事参军。后因事获罪贬南浦（今四川万县）尉，不久赦还。自此无意仕途，托辞亲丧，弃官隐居回到祁门。据毛文锡《茶谱》记载："唐肃宗赏赐高士张志和奴婢各一人，志和配为夫妇，名之曰渔童樵青。人问其故，答曰：'渔童使捧钓收纶，芦中鼓枻；樵青使苏兰薪桂，竹里煎茶。'""竹里煎茶"高雅清幽，澄心静虑，可见张志和对饮茶环境非常讲究，其超凡脱俗，简古淡泊以及无为清逸，充分体现出他尚"道"的宗旨。

张志和深谙茶性。传说他喝茶只喝一两种茶，认为茶能养生，有益健康，与他约同时代的大书法家颜真卿曾得病，张志和就劝其要多饮茶养生，还亲自动手煎茶为其治病。后来张志和去了湖州，泛舟于江湖，过着隐逸的道士生活。在这里他和陆羽、诗僧皎然等十多人结为茶友，他们频繁地举办茶会，往来唱和，以茶会友，以茶兴艺。尤其和陆羽交往颇多，经常在一起品茗论道。据《唐金吾志和玄真子先生行状》记载，陆羽曾问张志和："先生有何人往来？"张志和则答："太虚为室，明月为烛，与四海诸公未尝离别，有何往来？"表现出一派洒脱超然的道家风骨。

张志和对于陆羽的茶学事业帮助很大，特别是他的道家思想对陆羽创立中国茶道更是有所启迪。陆羽《茶经》中所列茶人，大部分为道教（道家）人物，且都在他的《茶经》中羽化飞升，其神仙典故无不体现道教博大深邃的文化底蕴。

（三）张　籍

张籍（766—830年），字文昌，和州（今和县）乌江人，历任水部员外郎，国子司业等职，世称"张司业"或"张水部"。中唐杰出的现实主义诗人，在乐府诗创作方面有卓越贡献。其诗与王建齐名，世称"张王"。建中四年（783年），《夏日闲居》："多病逢迎少，闲居又一年。药看辰日合，茶过卯时煎。草长晴来地，虫飞晚后天。此时幽梦远，不觉到山边""紫芽连白蕊、初向岭头生。自看家人摘、寻常触露行"。从这首短诗中可以希列，唐人采摘的茶叶很细嫩，喜欢初生的茶芽，采茶多在清晨露水未退时；品饮者多喜欢自家动手，手摘制造茶，体味其中清静的情趣。

（四）杜荀鹤

杜荀鹤（846—904年），字彦之，号九华山人，池州石埭（今石台县贡溪乡杜村）人。杜荀鹤是晚唐著名诗人，他7岁知好学，资颖豪迈，写下许多关于茶的诗句。如《题德玄上人院》："刳得心来忙处闲，闲中方寸阔于天。浮生自是无空性，长寿何曾有百年。罢定磐敲松罅月，解眠茶煮石根泉。我虽未似师被衲，此理同师悟了然""松醪腊酝安神酒，布水宵煎觅句茶""垂钓石台依竹坞，待宾茶灶就岩泥。风生谷口猿相叫，月照松头鹤并栖""煮茶窗底水，采药屋头山"。

二、宋代茶人

（一）梅尧臣

梅尧臣（1002—1060年），字圣俞，世称"宛陵先生"。宣州宣城（今属安徽）人。初以恩荫补桐城主簿，历镇安军节度判官。皇祐三年（1051年），得宋仁宗召试，赐同进士出身，为太常博士。北宋著名现实主义诗人。

梅尧臣擅长写诗，被誉为宋诗的"开山祖师"。其存诗2800多首，其中茶诗（包括少数叙及茶事者），不仅数量多，且不乏上乘之作。

梅尧臣钟爱茗茶，引茶入诗，先后创作了《王仲仪寄斗茶》《李国博遗浙姜茗》《谢人惠茶》《颖公遗碧霄峰茗》等68首茶诗。在这些茶诗里，梅尧臣对造茶、煎茶、茶色、茶味、茶香、茶具、品茗的环境、取水、选择一起品茗的文士等许多茶文化内容都有描述。

梅尧臣还特别喜欢品饮建溪茶，而且创作了许多茶诗歌咏它，如《建溪新茗》《宋著作寄凤茶》《依韵和杜相公谢蔡君谟寄茶》等。梅尧臣也不排斥其他茗茶，他品饮过双井茶、蒙顶茶、七宝茶等其他一些地方茗茶。他在《答宣城张主簿遗鸦山茶次其韵》诗中赞美鸦山茶曰："重以初枪旗，采之穿烟霞。江南虽盛产，处处无此茶。纤嫩如雀舌，煎烹比露芽。"由此可见，宣州鸦山茶自唐至宋时期，一直都在流行，也一直是文人墨客的喜爱。

梅尧臣是一个真正的茶人，他不仅在品茗时追求一种静逸清远的雅致，他也关心当时的茶政与以及茶商、茶民的生活。如《闻进士贩茶》诗曰："山园茶盛四五月，江南窃贩如豺狼。顽凶少壮冒岭险，夜行作队如刀枪。浮浪书生亦贪利，史笥经箱为盗囊。津头吏卒虽捕获，官司直惜儒衣裳。却来城中谈孔孟，言语便欲非尧汤。三日夏雨刺昏垫，五日炎热讯旱伤。百端得钱事酒厄，屋里饿妇无糇粮。一身沟壑乃自取，将相贤科何尔当。"诗作表达了梅尧臣对官府茶政的不满，对商贩牟取暴利的批判，以及对茶民生活艰辛的同情。他的茶诗涉及了仁宗朝甚至是北宋时期的茶生活，同时，他也以独特的眼光反映了茶叶的功用和茶叶文化不断成熟的过程。

（二）郭祥正

郭祥正（1035—1113年），字功父，北宋太平州当涂（今属安徽）人。郭祥正出身官宦之家，父亲郭维，曾任淮南提刑、度支郎中等职。史传其母梦李白而生。少年即倜傥不羁，诗文有飘逸之气。郭祥正皇祐五年进士，历官秘书阁校理、太子中舍、汀州通判、朝请大夫等，虽仕于朝，不营一金，所到之处，多有政声。他一生写诗1400余首，著有《青山集》30卷。郭祥正嗜酒亦酷爱饮茶，尤其是在诗歌创作中多用酒、笔、琴、茶等意象，这些意象的选取是他内在的情感的产物，也是他的"心画心声"；而意向的大量使用又使得其诗歌内涵丰富、艺术风格更趋多样化。如《白沙泉》诗曰："幽泉出白沙，流傍野僧家。欲试甘香味，须烹石鼎茶。"

（三）朱 翌

朱翌（1097—1167年），字新仲，宋代舒州人（今安徽潜山）。号潜山居士，又号省事老人，卜居四明鄞县（今属浙江）。朱翌政和八年同上舍出身，南渡后，为秘书少监、中书舍人。绍兴十一年，因忤秦桧，责授将作少监，韶州安置。秦桧死后，充秘阁修撰。后知宣州，移平江府，授敷文阁待制。其事迹散见于《建炎以来系年要录》《宝庆四明志·卷八》《延祐四明志·卷四》，《宋史翼》亦有传。有《猗觉寮杂记》2卷；《潜山集》44卷，周必大为作序。《强村丛书》辑有《潜山诗徐》1卷。《宋史艺文志》猗觉寮杂记2卷，《四库总目》并传于世。朱翌在《猗觉寮杂记·卷上》说："唐造茶与今不同，今采茶者得芽即蒸熟焙干，唐则旋摘旋炒。"讲了茶叶制作的炒青工艺，整个过程是将鲜叶采摘后，在锅中用高温手工炒干，直至水分丧失。这表明，炒青绿茶的出现，已有一千多年的历史了。

（四）胡 仔

胡仔（1110—1170年），字元任，南宋初有名的诗人、文学家，宣城绩溪人。曾任常州晋陵知县等职，后归隐湖州苕溪。胡仔自称"苕溪渔隐"，谓"日以渔钓自适"。他穷一生之力编撰成《苕溪渔隐丛话》，书分前后两集，共100卷50余万字，是中国文学史上一部著名的诗话集，涉及上百位古代诗人作品的思想内容、艺术技巧、格律等，对后代的诗话影响深远。《苕溪渔隐丛话》中记载了众多茶事，其中有34卷提及茶，仅"茶"一字就出现有225次之多。对茶人茶事的记载以及胡仔对茶的认识和理解，内容涉及茶的各个方面，其数量之多、涉茶之广、记录之详、史料之实，都极其罕见，是研究唐宋时期茶及茶事活动的重要史料。《苕溪渔隐丛话》还介绍了许多名茶，如宋代闻名已久的名茶宜兴阳羡茶、顾渚紫笋茶及建州龙凤团饼茶等。此外胡仔对各地所产之茶颇为熟悉，多次谈到有一些茶虽然是"其茶甘香，味如蒙顶"，但却"第不知入贡之因"，因无缘入贡而默默无名。书中还记录了许多茶俗、茶趣、茶事典故、茶人的茶事活动及茶诗词，如宋代文人饮茶，一般以茶会、茶宴为称，特别推崇及注重饮茶的场合及相宜的会茶条件，而从《苕溪渔隐丛话》中也可以看到，那时会客饮茶时的相宜条件除了好茶外，还讲究泉甘器洁，静室丽景，座中佳客，要求饮茶的环境、器具和材料、饮茶者的修养这三者皆好。宋代茶会这些不可或缺的条件，也是明代以来茶人论说茶事宜否的蓝本，直至时今，也依然是品饮活动的要素与基本原则。胡仔自己亦是一位茶人，他对饮茶亦颇为讲究，如他在《苕溪渔隐丛话》中谈到苏东坡《汲江水煎茶》诗时说："此诗奇甚！茶非活水，则不能发其鲜馥，东坡深知此理矣！"他还以自己烹茶的亲身体验来说："余顷在富沙，常汲溪水烹茶，色香味俱成三绝。又况其地产茶，为天下第一，宜其水异于他处，用以烹茶，水功倍之。"他说"茶非活水，则不能发其鲜馥。"以致他对故乡的黄山泉是推崇备至，说黄山汤泉多含硫黄气，浴之"袭人肌肤""热可点茗，浴之能祛百病"。

（五）张孝祥

张孝祥（1132—1170年），字安国，号于湖，和州（今和县）乌江人。绍兴二十四年（1154年），他廷试状元及第，授承事郎、签书镇东军节度判官。

张孝祥颇具茶学素养，所写茶诗清新可人，赏读有加。如咏宋代名茶焦坑茶的《以茶芽焦坑送周德友来索赐茶仆无之也》诗二首曰："帝家好赐云龙，只到调元六七公。赖有家山供小草，犹堪诗老荐春风。""仇池诗中识焦坑，风味官焙可抗行。钻余权倖亦及我，十辈走前公试烹。"张孝祥的茶诗有情有理，如《次刘恭父新茶》（三首之二）就是一例："先生笔势挟风雷，春色先从笔底回。却笑粗官成漫与，望林止渴竟无梅（原注：茶为邮卒所窃，但诗筒至耳）。"这两首茶诗是述友人刘珙（1122—1178年）馈赠新茶，而茶叶却被驿递邮卒窃走，仅存赠诗。此外，张孝祥《以新茶送宪车》诗也是颇有新意，"龙焙新春出尚方，细官佳句总堪尝。遥知举案齐眉处，再释萱堂寿未央。"古人以茶赠友由来已久，本不足以称奇，而诗人将这份情谊兼为其太夫人祝寿，可谓是别出心裁。张孝祥另一首《送茶》诗也值得一读，"头纲八饼密云龙，曾侍虚皇拆御封。今日湘中见新銙，唤回清梦九烟重。"在宋代，"头纲"密云龙茶是贡茶，只有上层阶级的官员，才有机会得到皇帝的赏赐才能品尝到。张孝祥在诗中回忆昔日任中书舍人时，尝获恩赐龙茶的荣宠；时今知潭州任上，往昔荣华已如过眼烟云，清梦一痕，热茶一杯。《送茶》诗真切地反映了宋代贡茶仅赐近臣的历史真实。

茶始盛于唐朝，至宋朝影响力达到顶峰，不仅成待客"必需品"，更发展成一种博大精深的文化；而皇帝赐茶、大臣分茶、文人咏茶，喝茶习惯遍行于宋境并演化出许多与茶有关的习俗，以致茶人既喜欢赠送茶，也常有乞讨茶。张孝祥亦有《从吴伯承乞茶》诗曰："三月新茶犹未识，作诗去问野堂君。春风有脚家家到，定为粗官不见分。"在古人心目中，茶是一种圣洁高贵之物，以茶为礼，代表着一种敬重之心；无论是祭祀、嫁娶还是待客、送礼，凡是重要场合都离不开茶的参与。所以，送茶也好，乞茶也罢，都是人际交往方式。而宋代文人间的"送茶"或"乞茶"之唱酬茶诗，无非是宋代炽热茶风中的一种时尚。同时，也充分表现出茶人迷茶、嗜茶、思茶、念茶的情感，可谓是与茶结缘，茶缘情深！

（六）方　岳

方岳（1199—1262年），字巨山，字元善，号秋崖，徽州祁门人。方岳出身于耕读世家，七岁即能赋诗，时人称为神童，才华学识冠绝一时。南宋绍定五年（1232年）应漕试与别试时皆获第一，但当时权臣史弥远把持朝政，劣迹累累，方岳"以语侵弥远"而被降为甲科进士第七名。方岳生逢乱世，忧国忧民，步入仕途后，曾先后任文学掌教、淮东安抚司官、南康知军、袁州太守、吏部侍郎等职。因他刚直不阿，不畏权贵，铁骨铮铮，与权奸贪吏冰炭不容，经常遭到诬陷和打击，多次遭贬罢归，仕途坎坷。他一生创造了大量的奏状、铭、记、诗词等。其诗文不拘古律，吐语清旷，以意为之，"一奇二怪"；因其词风格近于苏东坡等人，以致《秋崖集》40卷，尤为人们喜读。方岳喜茶爱茶嗜茶，在其留传于世的《方秋崖先生全集》中，有茶诗茶词近30首，如《黄宰致江西诗双井茶》《次韵清修老墨梅新茗》《光孝寺作茶供》《刘逊子架阁·江茶》《茶僧赋》等。这些涉茶文学作品，不仅是脍炙人口的佳作，而且为后人留下了许多珍贵的茶文化史料。如《山居》诗云："我爱山居好，红稠处处花。山粘居士屐，藤覆野人家。入馔春烧笋，分灯夜做茶。无人共襟袍，烟雨话桑麻。"全诗平白如话地描绘了农家田园生活景象，巧妙地捕捉适于表现其生活情趣的种种场景，构成独到的意境，清新自然。再如《黄宰致江西诗双井茶》一诗，是方岳代表作品之一，其中两句"砖炉春着兔毫玉，石鼎月翻鱼眼汤"，对仗工整，生动细腻，"兔毫玉"乃宋代极为时兴的茶碗兔毫盏，"鱼眼汤"更是当时流行的烹茶俗语。这两句诗是古代描写烹茶难得的佳作，这也是文人雅士讲究品茶环境，喜欢清幽的饮茶环境，追求人与自然的和谐的表现。方岳亦是更加如此。

三、明代茶人

（一）朱 升

朱升（1299—1370年），字允升，徽州休宁回溪村人。朱升的名声是遇到了朱元璋以后才开始的，主要的贡献是他为朱元璋献上的"高筑墙，广积粮，缓称王"之三策，尤其是"广积粮"之策略。它不仅仅是说粮食，也是说茶叶，更是说经济，它是泛指综合的经济实力和物质基础等。朱升是一个生长在徽州茶乡并对茶有着特殊感情的道家茶人。朱升在《茗理》诗前作序曰："茗之带草气者，茗之气质之性也。茗之带花香者，茗之天理之性也。抑之则实，实则热，热则柔，柔则草气渐除。然恐花香因而太泄也，于是复扬之。迭抑迭扬，草气消融，花香氤氲，茗之气质变化，天理浑然之时也。漫成一绝。"

朱升《茗理》诗的意义重大，倘若诗中的青茶制茶技术被得到确认，将会引发关于青茶（乌龙茶）起源的又一新说。

（二）朱元璋

朱元璋（1328—1398年），即明太祖。濠州钟离（今安徽凤阳）人。1368—1398年在位。执政期间厉行"茶马政策"，凡贩运私茶出境，一经查获，以"通番论罪"，茶贩均处以极刑，把关吏员亦凌迟处死。其婿驸马都尉欧阳伦，因贩私茶，处以死罪；家奴周保及陕西布政司均处重典。洪武二十四年（1391年）下诏废团茶，兴叶茶，罢造龙团，仅采芽茶以进，分探春、先春、次春、紫笋四品，促进茶类改制。"废团兴散"所带来的不仅仅是制茶工艺的变化，它对于整个明代社会乃至后世对于茶文化的理解，都产生了深远的影响。

其一，使茶文化从复杂烦琐走向纯朴自然。唐宋时期的煎茶、点茶，讲究的是"茶之品"，而茶品对于茶叶的采制工艺和煎煮沏泡工艺，都有着非常高的要求，这使得茶叶的采制和饮用都变得复杂和烦琐。虽然对茶品的追求抬高了茶叶作为饮品的身价，确立了茶叶的"国饮地位"，但繁复的贡茶制度无形中也坑苦了百姓，耗费了大量的人力物力，失去了茶叶质朴的本性。"废团兴散"后，散茶的采制与冲泡都简便许多。除去了繁杂的工艺和手续，饮茶开始追求本真自然的"茶之味"。在沸水的冲泡下，完整的芽茶逐渐舒展开来，嗅觉与味蕾瞬间被四溢的茗香所裹挟，给人以最纯朴自然的美之享受。所谓世间万物，化繁为简，大巧不工。饮茶也是如此，摆脱了繁杂工艺的芽茶，反倒回归了自然与本真。

其二，使茶文化从官宦权贵走向普罗大众。像"龙团凤饼"这样制作工艺如此的繁复精湛，也就注定了团茶只能是官宦权贵之家才能消费得起的"奢侈品"，平民百姓是绝对消受不起的。因此在明代以前，茶道虽盛，却沦为达官贵人、富商大贾用来炫耀其权力和富有的工具。朱元璋虽贵为皇帝，却出身于布衣，接触到的都是底层的人民，因此他对于只流传于民间的散茶有着天然的亲近。"废团兴散"之后，原本被官宦权贵所不齿的民间散茶冲泡方式终于走入殿堂，茶道不再是官宦权贵的专利，在一定程度上普及了饮茶之风。

其三，使茶文化从奢靡成风走向清雅脱俗。明代以前，由于官宦贵族对于"龙团凤饼"的偏爱，使得团茶的制作日趋精致奢华，有的甚至镶金嵌银或加入香料。而"斗茶"更是将饮茶这种本应风雅之事，搞得仿佛看球赛一样热闹非凡。这样的做法不仅违背了茶的本性，破坏了茶的自然真味，更是与陆羽《茶经》中所提出的"精行俭德"的茶道精神相去甚远。

"废团兴散"之后，饮茶之风归于淡雅自然。一间雅室，三五好友，一杯清茶在手，浅斟细酌，心绪清明，神驰物外。这种清雅脱俗的饮茶心境，与对人生的极致追求多么相似：世间利禄来来往往，红尘滚滚是非荣辱，唯有清雅与淡泊，才是对人生最有价值的品位。因此，明代士人才会把品茗作为志向表达和修身养性的方式。

（三）曹琥

曹琥（1478—1517年），字瑞卿，南直隶庐州府巢县（今安徽巢县）人，明代政治家。弘治十八年，登进士，授南京工部主事，改户部主事。因上疏解救周广，吏部拟调其任河南县通判，钱宁想把他调任边缘之地，于是改为寻甸县通判，此后升为广信府同知。宁王朱宸濠和镇守宦官假托进贡之名，频繁征调索取。他代理广信政事，坚持不给，当地士民纷纷称赞其德。此后，他升任巩昌府知府，未任去世。嘉靖初年，赠光禄卿。

曹琥在《注黄芽茶疏》中述："臣查得本府额贡芽茶岁不过二十斤，祖宗以来圣贤相承不闻以为不足……宁府正德十年之贡取云芽茶一千二百斤，细茶六千斤，不知实贡朝廷几何……芽茶一斤，卖银一两，犹恐不得。"

（四）柯乔

柯乔（1497—1554年），字迁之，号双华，安徽省青阳人，九华山莲玉柯氏西大房始祖。嘉靖八年（1529年）进士，历任御史、经筵讲官、湖广按察史佥事、福建布政司参议、巡海道副使等职。他任巡海道副使期间，在浙江至福建一带沿海，带领军民抗击倭寇和葡萄牙殖民者的侵略，为国家为民族作出了杰出的贡献；柯乔也因此触犯权贵利益，蒙冤被罢官为布衣，于嘉靖二十九年（1550年）受冤放还原籍青阳柯村。嘉靖三十三（1554年）朝廷察知柯乔冤情，诏令进京授职，时柯乔已病逝。著有《九华山诗集》2卷。

（五）王毗翁

王毗翁（生卒年末详），明代文学家，曾任霍山令，好茶，善理条，著有《六茶纪事》。明代李日华《六研斋三笔》："余友毗翁摄霍山令，亲治茗，修贡事。因著《六茶纪事》一编，每事咏一绝。余最营其。"

（六）丁云鹏

丁云鹏（1547—1628年），字南羽，号圣华居士、黄山老樵，徽州休宁人。丁云鹏从小受父亲兼工书画的影响，逐步走上了终生为画的道路。他擅长人物、佛像、山水画，精研释道人物；尤其是他的茶画作品，不仅显示出画家精通茶道与茶事美学的造诣，也堪称明代茶人之典范。北京故宫博物院收藏的丁云鹏《玉川子煮茶图》，取材于唐代诗人芦全（自号玉川子）嗜茶的传闻，以其"走笔谢孟谏议寄新茶"（七碗茶诗）的诗意而作；是丁云鹏于万历四十年（1612年）在虎丘为陈眉公而作。《玉川子煮茶图》不仅是茶坛的瑰宝，也是茶文化史上的茶画名作代表，问世后获得了文人雅士的推崇。

清代曹寅为丁云鹏《玉川子煮茶图》题诗曰："风流玉川子，磊落月蚀诗。想见煮茶处，颓然麾扇时。风泉逐俯仰，蕉竹映参差。兴致黄农上，僮奴若个知。"

（七）汤宾尹

汤宾尹（1567—1628年），字嘉宾，号睡庵，别号霍林，安徽宣州人。万历二十三年（1595年）榜眼及第，授翰林院编修，内外制书诏令多出其手，号称得体，常受到神宗赞赏。万历三十四年，汤宾尹迁右春坊右中允，三十六年为左春坊左谕德，万历三十八年会试为同考官；后进南京国子监祭酒。时朝中结朋党之风极重，朝官言官，北官南官，朝野文士多结为朋党，以东林党、宣党、昆党为最盛；各党均是己非人，互攻不止。宣党首领即为汤宾尹。汤宾尹好励人才，广收门徒，士子质疑问难殆无虚日；他在党局中树赤帜二十年，世号之"汤宣城"。汤宾尹与督学御史熊廷弼友善，熊廷弼后任辽东经略，屡破后金，为一代儒将。汤宾尹在与方植党争斗中失败罢归，宣党犹力庇之，"虽家居，遥执朝柄"。明思宗崇祯元年（1628年）朝臣荐之起复，未及而卒。汤宾尹时文颇负盛名，亦善诗，人论其"文采烂然""以参禅之语而谈诗"。其作《同友人游黄山》云："冒雨穿山羡未曾，息肩无寺寺无僧。宽围白浪身千叶，峭入青天手一藤。龙吼药炉春急杵，猿调茶鼎煮孤灯。与君伸脚量峰碛，踏着云光不记层。"著有《睡庵文集》《宣城右集》《一左集》《再广历子品粹·十二卷》等。

（八）时大彬

时大彬（1573—1648年），又称"时大宾"，号少山，原徽州婺源人。时大彬继承了供春的捏塑法制壶技巧，对紫砂的泥料配制、成型技法、造型与铭刻都极有研究。他采用拍打成型"围身筒"的方法制壶，不仅增加了紫砂壶的品种类型和象形装饰，还确立了至今仍为紫砂业沿袭的用泥片和镶接成型的高难度技术体系。吴骞《阳羡名陶续录》中诗曰："曾阅沧桑二百年，一时千载姓名镌。从今位置清仪阁，活火新泉活凤缘。"汪士慎收到时大彬的"梅花式"壶后，欣喜若狂并即兴赋诗曰："阳羡茶壶紫云色，浑然制作梅花式，寒沙出冶百年余，妙手时郎谁得如。感君持赠白头客，知我平生清苦癖，清爱梅花苦爱茶，好逢花候贮灵芽。他年倘得南帆便，随我名山佐茶燕。"从明清两代的文人笔记、诗词文章中，能够看到众口一词的对于时大彬的溢美之词。

（九）方拱乾

方拱乾（1596—1667年），初名策若，字肃之，号坦庵，江东髯史等，安徽桐城人。

明崇祯元年（1628年）进士，官至少詹。清顺治十四年（1657年），因受江南科场案株连于1659年被流放宁古塔，其五子方章钺因与主考官方犹"联宗"而中举，皇帝令刑部将方章钺"速拿来京，严行详审"，子亦谪宁古塔。清顺治十八年（1661年）赦归故里，1667年客死扬州，时年72岁。拱乾好写诗，在绝域仍"无一日辍吟咏"，留下不少描写异地史诗，如《鬼妾叹》是描写黑龙江活人殉葬的陋俗。方拱乾著《绝域纪略》（又名《宁古塔》）一书，很有史料价值。方拱乾嗜茶成癖，方氏在桐城是阀阅望族，在龙眠山和小龙山都有山园别业，桐城的好茶都产于这两山中，《桐城县志》载："小龙山方氏龙泉庵中茶产于云雾石隙中，味醇而色白香清，品不减于龙井。"而握有桐城另一品牌"椒园茶"的孙鲁山与方拱乾是好友，他的椒园茶也是年年要寄送方拱乾的。

方拱乾发配宁古塔后，生活十分艰苦，要靠自己种田自活，维持生计都难，遑论其他奢侈享受。唯一能令他怡然自得的享受便是"茶"了。他在《啜茶》诗中写道："静啜泉味出，乳花生旧磁。童子怪舌灵，远汲不敢欺。涤器还审火，不假他手持。笥中谷雨芽，又及谷雨时。风霜不改色，犹如初脱枝。侑以沉香水，坐对古人诗。穷居寡膻缛，至味合希彝。饮茶如饮药，翛然堪扶衰。"然而他这"笥中谷雨芽，又及谷雨时"，可不是同一年的谷雨了，这茶从家乡邮出，辗转寄到塞外，已是另一个年头，他的《尝都门寄到新茶》说得清楚："九月新茶五月寄，开园三月到长安。盘旋已是终年计，险阻遥从万里看。故土色香遑拣择，尺书儿女自辛酸。穷庐饮啄原随分，斟酌须令旅思宽。"

四、清代茶人

（一）孙　晋

孙晋（1604—1671年），字名卿，号鲁山。明天启五年进士，桐城人。官至兵部侍郎，兼都察院右副都御史。顺治初年返乡隐居。孙晋曾经引进外来茶种，种植龙眠山中，徐璩《桐旧集》载:"鲁山公宦游时得异茶子,植之龙眠山之椒园。由是,椒园茶与顾渚、蒙顶并称,旧植今犹存百余株,精茗事者,皆珍异之。"《龙眠风雅》中有一首姚氏诗作《孙鲁山贻山园新茶》,说的就是孙晋送椒园茶给他的故事:"俱理山中薛荔裳,多君胜事在茶筐。紫茸手焙调生熟,白绢函题寄色香。活火煮泉鱼眼沸,小瓷注液乳花尝。醒余午后神都爽,蝴蝶休教绕竹床。"

(二)许 楚

许楚(1605—1676年),字芳城,号旅亭,徽州歙县潭渡人。许楚出生在茶乡,于茶自是喜爱。明崇祯八年(1635年),许楚在他的《黄山游记》中记载:"莲花庵旁,就石隙养茶,多清香,冷韵袭人齿腭,谓之黄山云雾。"黄山云雾茶,山僧就石隙微土间养之,微香冷韵,远胜匡庐。然而由于产量少且仅供寺庙作礼茶和禅茶之用,以致声名不盛。而许楚关于黄山茶的描述和记载,却是为人后留下了极其宝贵的茶史资料。许楚一生交游广泛,朋友甚多,他们年龄不等,身份各异;既有仕宦名人,也有遗民高士,重要的则是一些与他志趣相投、酬唱终身的挚友,他们以诗文结交,品茗唱和并留下了颇多佳作。清康熙二年(1663年)六月,许楚与画僧渐江,吴伯炎等人泛舟练江,在"灌木被潭,澄沙泛碧,风生几研,不暑而秋"的"石淙"处,"沦茗焚香,纵观移日"。这就是著名的"石淙舟集",它是许楚参与的一次茶饮雅集,也是徽州茶文化史上一次极为重要的盛会。

(三)方以智

方以智(1611—1671年),字密之,号曼公,安徽桐城枞阳人。明代哲学家。崇祯十三年进士,官检讨。弘光时为马士英、阮大铖中伤,逃往广东以卖药自给。永历时任左中允,遭诬劾。清兵入粤后,在梧州出家,法名弘智。他一生著述过千万言,仅存世著作就有数十种,计400余万字,其中《通雅》《物理小识》《药地炮庄》《东西均》最为出名。《通雅》为博物学著作、《物理小识》为自然科学著作、《东西均》《药地炮庄》等为哲学著作,此外他的著述还涉及医学、音韵学、易学等多个门类。

方以智在随父宦游福州时,即与西方传教士有所接触,学习到了西方注重实践的科学方法。在龙眠山里,他好观察山川地貌,学习各种农艺,尤其是龙眠山的茶叶种植法和茶农的制作工艺。他观察种植,并与他的儿子方中德、方中通进行讨论,发现茶叶的繁殖除了以茶籽点种之外,还可以当树老之后,烧焦树根,明年即能发出新枝,此法被后人当作记录茶叶无性繁殖的最早文字。他观察采摘,发现由于茶叶芽嫩,采摘时需提采,不能用指甲掐,经免伤了梗茎,这些都是至今仍在推广的专业技法。他观察茶叶的炒制、烘干、储存,并将这些民间工艺一一付诸文字,细细载录,完全像一个专业技师所为，而非"四体不勤，五谷不分"的傻秀才迂夫子。这与自《茶经》以来诸多文人所作论茶文字专注于雅乐赏玩的纯文化性不同，而更加具有了科学性和适用性。

当然，他的文中也论及了烹制、饮用、养生等。虽是一篇短短千字文，但有理有据，有源有流，符合他一贯的博依众家、小识物理、穷通究竟、终至大雅的学术风格。

（四）方　文

方文（1612—1669年），字尔止，号嵞山，原名孔文，字尔识，出身于安徽桐城的望族，为明末清初时期以诗著称的文人。他坚守民族气节，虽然相识遍朝野，入清之后，始终未出仕任何官职，穷困一生，借医卜而糊口，以遗民终老。著作有诗集《嵞山集》传世。

方文的诗歌茶、酒有关的很多。如《寒食日宿扫公房》："入门见群树，海棠花正殷。花下一杯茗，顿觉开襟颜。先是文与龚，坐久寻复还。"又如《锦山岭夜月》："奈何深夜犹贪立，如此清光不忍眠。忽见茶炉余活火，老僧重与汲山泉。"《江上望九华山雪》："雪后江南见九峰，九峰均作玉芙蓉。何年始践山僧约，扫雪烹茶过一冬。"《僧话》："爱此琉璃佛面光，与僧闲坐竹间房。纷仿辩驳无他语。争道茶芽某处香。"《偕盛林王、张介人、陈元锡过访陈翼仲山庄》共三首，第一首为："为访灵泉到古庵，泉源尺五少人捉。一星松火权消受，酒洌茶香饭亦甘。"

方文对于泉水情有独钟，因为他所嗜好的茶与酒都离不开泉水也。曾经有多次经过无锡，但因行程紧促，没有能在惠山停下来。甲申年，他终于有机会亲自探访了"天下闻"的"惠山之泉"，并且写下了《惠泉歌》。诗为古风，较长，后面一半则是："中有方井覆二井，一井泉甘一井苦。甘者行汲苦照影，山水性情何瑰奇。咫尺之间分淳漓，世人不识山水理。但闻惠泉便云美，予家乃在龙眠山，中有清泉日潺潺，其味与此正相似，从不着名于人间，乃知山水亦有幸不幸；所居衔僻是其命，陆羽品泉亦偶尔，如谓真有第一第二吾不信。"

方文一生在南京居住的时间最为长久，虽然也曾到杭州、扬州、济南等处漫游，却并未停居。他写了不少与茶有密切关系的诗，却极少提到茶的品种，也没有涉及茶的色、香、味。

（五）施闰章

施闰章（1618—1683年），字尚白，号愚山，安徽宣城人。清初著名诗人。清顺治六年（1649年）进士，授刑部主事。清康熙十八年（1679年）举博学鸿词科，授翰林院侍讲，纂修明史，典试河南。施闰章生性好学，受业沈寿民，博览经史，勤学强记，工诗词古文学；为文意朴而气静，诗与宋琬齐名，有"南施北宋"之誉；与邑人高咏生主持东南诗坛数十年，时称"宣城体"。施闰章性孝友，事叔父如亲父，凡亲朋故旧求助者，辄赈恤不遗余力，赴人难如己难，又置义田以赡同族贫困之家。作《大坑歌》《竹坑歌》告诸长吏，字里行间流露出对贫苦众生者的同情和哀怜，时人呼之为"施佛子"。著述有《双溪诗文集》《愚山诗文集》等十余种。康熙十九年（1880年），施闰章叔父施誉寄了一包敬亭绿雪茶给他，他还把它送给同僚好友王士祯分享。王士祯收到新茶后，特作《谢愚山寄敬亭绿雪茶》云："珍重宣州绿雪芽，钗头玉茗未许夸。晚凉梦到双溪路，宿火残钟索斗茶"，以示谢意。施闰章热爱故乡山水，尤爱故乡名茶敬亭绿雪，他写了《敬亭采茶》诗记其事，还写下《绿雪茶（二首）》赞美自己家乡的特产"敬亭绿雪茶"。

（六）潘 江

潘江（1619—1702年），字蜀藻，号木厓，安徽桐城人。以诗文称于世，著有《木厓集》，辑有《龙眠风雅》。潘江《玉屏庵访雪映上人》诗曰："老僧延茗话，语不坠禅宗。"潘江热衷于乡土文献之发掘、整理与汇纂成巨典，亦于康熙甲戌年三修《木山潘氏宗谱》，皆可谓功莫大焉！其著作多于明亡寄予伤痛，为清廷所不容，列为禁书，屡遭查毁，存世极少。《江南通志》《桐城耆旧传》《木山潘氏宗谱》《龙眠风雅》《木厓诗文集》及《安徽省志》《安庆府志》《桐城县志》等，皆有其传。

（七）张 英

张英（1637—1708年），安徽桐城人，字敦复，号乐圃，康熙六年进士。他文才过人，为官正直，深得康熙赏识，誉其"有古大臣之风"。先后任编修、起居官、翰林学士兼礼部侍郎、华文殿大学士，"时制诰多出其手"。还任过《政治典训》《渊鉴类函》《一统志》总裁，著有《周易衷论》。张英生平酷好看山种树，又好饮茶，最嗜六安、武夷，罗岕，称六安茶为野士，武夷茶为高士，罗岕茶为名士，即"茶之三士"。张英在论及几处名茶时曾说："予少年嗜六安茶，中年饮武夷而甘，后乃知岕茶之妙。此三种可以终老，其他不必问矣。岕茶如名士，武夷如高士，六安如野士，皆可以为岁寒之交。"

（八）方 苞

方苞（1668—1749年），字灵皋，一字凤九，晚年号望溪。安徽桐城人。清代散文家，是桐城派散文的创始人，与姚鼐、刘大櫆合称桐城三祖。24岁至京城，入国子监，以文会友，名声大振，被称为"江南第一"。大学士李光地称赞方苞文章是"韩欧复出，北宋后无此作也"。方苞32岁考取江南乡试第一名。39岁中贡士，以母病告归未应殿试。康熙五十年，《南山集》案发，方苞因给《南山集》作序，被株连下江宁县监狱。不久，解到京城下刑部狱，定为死刑。在狱中两年，仍坚持著作，著成《礼记析疑》和《丧礼或问》。方苞治学宗旨，以儒家经典为基础，尊奉程朱理学，日常生活，都遵循古礼。为人刚直，好当面斥责人之过错，因此受到一些人的排挤。方苞首创"义法"说，倡

"道""文"统一。在《史记评语》里说："义即《易》之所谓言有物也，法即《易》之所谓言有序也。以义为经，而法纬之，然后为成体之文。"论文提倡"义法"，为桐城派散文理论奠定了基础。后来桐城派文章的理论，即以方苞所提倡的"义法"为纲领，继续发展完善，于是形成主盟清代文坛的桐城派，影响深远，至今仍为全国学术界重视，方苞也因此被称为桐城派的鼻祖。

（九）张廷玉

张廷玉（1672—1755年），清代大臣，字衡臣，一字砚斋，安徽桐城人。康熙年间进士。雍正时设军机处，与鄂尔泰同为军机大臣。乾隆时深得信任，加太保。在朝五十年，富贵长寿，为清一代之最。性最嗜茶，曾自叙："余性最嗜茶，四方士大夫以相赠颇多；仰蒙世宗皇帝赐予佳品，一月之中必数至，皆外方精选人贡者，种类亦甚多，器具亦极精致，可谓极茗饮之大观矣。"《澄怀园语》又辨《梦溪笔谈》称道之"雀舌""麦颗"者，实极下材者。

（十）涂乾吾

涂乾吾（生卒年不详），清安徽六安人，以字行。隐居龙门冲，是清代制茶名家。性嗜茶，常恨制茶者伤其性，致色香味俱失。亲为剂量，迥异常品，遂以涂名，即涂茶，亦称六安茶。六霍之间，多冒其名。涂后戒子孙勿习，其法遂绝。"工制茶"，茶"一经其手，迥非常品""茶遂以涂名，一时莫不珍之。于是征求络绎，六霍之间骚然"。但涂乾吾"不以授人，人亦鲜有解者"，最终竟失传。

（十一）汪士慎

汪士慎（1686—1759年），字近人，号巢林，徽州休宁人，寓居扬州。汪士慎将嗜茶、爱梅、赋诗、绘画紧密地结合在一起，构成了他诗、书、画艺术淡雅秀逸的风格且在清代的艺坛上独树一帜。汪士慎不仅对茶了解甚多，也是情有独钟；其品饮的茶叶或身临其地，或市场购买，或朋友馈赠等。他品赏过家乡的松萝茶和黄山茶，还品尝过龙井茶、桑叶茶、霍山茶、天目茶、泾县茶、宁都茶等。汪士慎在烹茶、煎茶或煮茶的过程中，很讲究方法和器具。他认为茶具不仅是煎茶所必需，同时又是高雅韵事的标志。厉鹗为他题诗曰，"巢林先生爱梅兼爱茶，啜茶日日写梅花，要将胸中清苦味，吐作纸上冰霜桠"。

（十二）吴敬梓

吴敬梓（1701—1754年），字敏轩，一字文木，号粒民，安徽滁州全椒县人。吴敬梓因家有"文木山房"，所以晚年自称"文木老人"，又因自家乡安徽滁州全椒县移至江苏南京秦淮河畔，故又称"秦淮寓客"（现存吴敬梓手写《兰亭序》中盖有印章："全椒吴敬梓号粒民印"）。幼即颖异，善记诵，稍长，补官学弟子员。尤精《文选》，著有《文木山房诗文集》十二卷（今存四卷）、《文木山房诗说》七卷（今存四十三则）、讽刺小说《儒林外史》。一部《儒林外史》，全书五十六回中有五十回三百多处写到茶事。书中涉及茶叶有许多种，然而作者吴敬梓着墨最多的则是六安茶，有六安梅片、银针、毛尖、干烘茶。第二十九回中，杜慎卿招待众名士，"又是雨水煨的六安毛尖茶，每人一碗"。第四十二回中，葛来官在家招待汤大爷吃茶，"拿出一把紫砂壶，烹了一壶梅片茶。"第五十三回中，聘娘招待陈木南，"房中间放着一个大铜火盆，烧着通红的炭，顿着铜铫，煨着雨水。聘娘用纤手在锡瓶内撮出银针茶来，安放在宜兴壶里，冲了水，递与四老爷"。第二十三回中，牛浦同道士吃了早饭，"当下锁了门，同道士一直进了旧城，在一个茶馆内坐下。茶馆里送上一壶干烘茶，一碟透糖，一碟梅豆上来"。这里的梅片茶，是用叶片制成的绿茶，银针茶是摘片后留下的单芽所制的绿茶，毛尖茶则是连芽带叶嫩梢所制的绿茶。干烘茶是一种粗枝大叶茶，最后加工要拉老火，在当时是市井百姓阶层经常饮用的茶叶。

（十三）姚兴泉

姚兴泉（1764—？），字问樵，号虚堂，安徽桐城人。清雍乾间诸生，有以"忆江南"词牌咏唱桐城风俗的《龙眠杂忆》传世。另著有《一枕窝诗》3卷。《龙眠杂忆》之桐城好150阕小令，是一幅弥足珍贵的社会风俗生活长卷，反映了明清以来文都桐城的社会生活和市井风情。在语言风格上，《龙眠杂忆》具有质朴平易、意深词浅、用常得奇的特点，充分发扬了民间歌谣语言的优良传统。其中也多有对桐城茶的描述，《龙眠杂忆》载："桐城好，谷雨试新铛，椒园异种分辽蓟，石鼎连枝贩霍英，活火带云烹。"

（十四）倪伟人

倪伟人（1790—1862年）字子桢，号倥侗，徽州祁门人。倪伟人《新安竹枝词》清新脱俗，气韵浓郁，意境优美，情意真切，如"山桃花发竹鸡啼，几日茶枪绿欲齐。去摘山芽招女伴，松萝山在练江西"。这是一首记叙茶乡女人茶忙季节从事采茶的竹枝词，诗词中说了"山桃花发"的季节，"茶枪（芽）"仅在"几日"之内就都绿了；女人去摘芽（茶）时要招邀女伴，而松萝山却是在（歙县）练江西边……又如："长亭十里何连连，连连石鼎烹山泉；行人系马呼茶至，淡绿一瓯五分钱。"这首竹枝词则是咏古风淳朴，茶事兴盛；在山道中间，十里茶亭到处遍设，十分便利行人。

（十五）夏燮

夏燮（1800—1875年），为安徽当涂人，清道光年间举人，曾入曾国藩、沈葆桢幕府，精通音韵，兼擅史学；曾据公文档册、奏疏函札、条约章程等，历十余年撰成《中西纪事》一书，对19世纪中叶的时事政务，有着颇为细致的洞察与敏锐分析。文中的"壬寅"，亦即清道光二十二年（1842年）。是年八月，中英《南京条约》签订，开放广州、福州、厦门、宁波和上海五处为通商口岸。因茶叶经营愈益具有厚利可图，故而在徽州经营外销茶者，较之先前更是前仆后继。对此，清代婺源人江之纪撰有《熙春行》一首，其序曰："徽茶昔称松萝，近以熙春为最，色味双清，价逾闽产，商载南海，鬻诸洋人，岁得番银百万。"

五、近代茶人

（一）俞燮

俞燮（？—1924年），字祛尘，原徽州婺源人。俞燮是近现代徽州茶史上一个重要的人物，他在徽州茶业的发展进程中有过积极的表现和贡献。俞燮在1918年5月，被安徽省政府委任为"省立第一茶务讲习所"所长。而俞燮也是不负使命，做出了应有的奉献。俞燮在任"茶务讲习所"所长期间，恪尽职守，率先垂范，他亲自编纂各种专业讲义，还积极参加劳动生产。为满足练习操作的需要，讲习所不仅租赁高枧茶园百十亩，以便学员实习茶叶育苗、栽培、管理技术，又采购了炒茶、滚茶、扇茶等较为先进的机器制茶，供学员实习使用。据称，俞燮曾让其在日本留学的儿子购置了一台新式的制茶机，供茶叶制作实习之用，这也是安徽最早的一台新式制茶机。1915年2月，俞燮作为中国游美实业团代表，赴美国进行考察。

（二）刘铭传

刘铭传（1836—1896年），字省三，自号大潜山人，因排行第六、脸上有麻点，人称"刘六麻子"，安徽合肥（今肥西大潜山麓）人。清朝名臣，系台湾省首任巡抚，洋务派骨干之一。1887年，台湾第一任巡抚刘铭传曾计划在台湾茶区建立一所近代化模范茶厂，采用机器生产。其配套措施之一，就是计划"再立茶艺学堂一所，教授艺童，恒常习学"，并认为"此两端是亦补救之首法"。这可能是清末提出设立学校，培养茶务人才的第一人。

（三）周馥

周馥（1837—1921年），字玉山，安徽建德（今东至）人。早年因多次应试未中，遂投笔从戎，在淮军中做了一名文书。后又升任县丞、知县、直隶知州留江苏补用、知府留江苏补用。清同治九年（1870年），以道员身份留直隶补用，其间积极筹划建立北洋海军事宜，同时还创办了中国第一所武备学堂——天津武备学堂。清光绪三年（1877年）任永定河道，光绪七年任津海关道，光绪九年又兼任天津兵备道，光绪十年奉李鸿章之命到渤海编练民舡团练，光绪十四年升任直隶按察使。甲午战争爆发后，被任命为前敌营务处总理。马关议和后，以身体病弱自请免职。周馥初为李鸿章文牍，协其兴办洋务三十余载，在北洋海军、武备学堂、天津电报局及开平煤矿创办过程中均有作为，是后期洋务运动实际上的操盘手，而且助开复旦公学（复旦大学前身）与安徽公学，有功于教育。

身为安徽人，周馥1904年就任两江总督，困扰他最大的事情之一是茶叶贸易的每况愈下，出现了后来中国媒体称之为"华茶危机"的窘境。面对这样的状况，周馥希望郑世璜等人能够找出印度茶叶超过中国的秘诀所在。1905年周馥派浙江慈溪人四品道员郑世璜、浙江海关英国人赖发洛、翻译沈鉴（少刚）、书记陆溁（澄溪）、茶司吴又严、茶工苏致孝、陈逢丙等9人，赴印度、锡兰（今斯里兰卡）考察茶业和烟土税则。这次考察的成果除上给朝廷的"印锡种茶制茶暨烟土税则事宜"的条陈外，还有郑世璜著《乙巳考察印锡茶土日记》《改良内地茶叶办法条陈》、陆溁著《乙巳调查印锡茶务日记》等，对印度、锡兰的植茶历史、气候、茶厂情况、茶价、种茶、修剪、施肥、采摘、茶叶产量、茶叶机器、晾青、碾压、筛青叶、变红、烘焙、筛干叶、扬切、装箱、茶机价格、运道、奖励、锡兰绿茶工艺以及机器制茶公司程章等，逐一作了具体的介绍。

（四）吴汝纶

吴汝纶（1840—1903年），字挚甫，一字挚父，安徽省桐城市（今枞阳县会宫乡老桥村吴牛庄）人，晚清文学家、教育家。同治四年进士，授内阁中书。曾先后任曾国藩、李鸿章幕僚及深州、冀州知州，长期主讲莲池书院，晚年被任命为京师大学堂总教习，并创办桐城学堂。与马其昶同为桐城派后期主要代表作家。

19世纪70年代以后，中国茶叶贸易也在强劲对手印度、锡兰茶的冲击下走向衰落。吴汝纶对此也忧心忡忡，吴汝纶一方面留心搜集外人对华茶生产的评论，如他引述西人所谓整顿华茶"有三难"云："一曰制造。贵在能变茶味。今即能熟轮机，若无叶、焙叶诸机，不能俱知化学发味之理，安能与印、锡之茶争胜？此一难也。二曰种植。华茶地力久衰，纵有发味之化学，亦不能发其先天未有之味。不知中国产茶诸郡果有几许方迷当能生印、锡之茶味，抑有几许方亩能合印、锡之茶种？旧时劣种既无佳叶，安望佳味。此二难也。三曰税厘。"

吴汝纶还关注海外制茶技术，如"日本邮报：制茶四要——勿以旧茶换入新茶、小心焙干、勿焙过火、须用好炭"等。

（五）江志伊

江志伊（1859—1929年），又名莘农，晚年自号迁叟，安徽旌德江村人。江志伊自幼随父在浙江奉化读书。19岁补生员（秀才），后回到旌德。清光绪二十四年（1898年）中进士，授翰林院编修，顺天乡试同考官，补贵州思南知府。后分别任教于安徽芜湖第二农业学校、省立第五中学。晚年在旌德创办学堂，在江村创办公立养正初等小学堂，设有男女两部，是旌德县开办女子学堂的开始。著有《沈氏玄空学》4卷和《农书述要》16卷。曾参与修订《金鳌江氏宗谱》。刊于清光绪年间的《种茶法》是一部专门讲述种茶技术的专著。中国古代百数十部茶书，所反映的多为品茶赏茗的内容，有关种茶技术方面的茶书少之又少，江志伊的《种茶法》正好弥补了这方面的缺陷，是近代以来西学东渐，国人开始重视科学技术的一个突出表现。《种茶法》全书共分12个专题，其一为《总论》，首讲茶之产地，茶树、茶花、茶叶、茶实的形状与色彩，茶叶采制的时间以及茶叶之功用，其所论没有什么新意，基本上是陆羽《茶经》之内容。次讲茶叶贸易的情况，茶本为中国独擅之利，但由于种茶技术停滞不前，所产茶自己都日不敷用，故茶叶市场多被印度、锡兰等国占领，更可恶的是一些奸商为渔利，"将茶灰尘末以浊水粘连成粒者，有将杨柳等叶炒以当茶者，有将已泡之叶炒干以售者"，这种以假充真，以劣充好不道德不诚信的商业劣行，败坏了中国茶叶的形象，更使中国茶叶市场萎缩。三讲茶叶的化学成分和功用。

（六）许承尧

许承尧（1874—1946年），字际唐，一字蔀公，号疑庵，徽州歙县唐模人。许承尧一生坎坷而丰富，编纂有《歙县志》《歙事闲谈》《歙故》等，为后人研究历史和民情提供了宝贵的资料。许承尧在《歙事闲谈》中谈及茶叶在徽州经济中的地位时说："山郡（徽州）贫瘠，特此灌输，茶叶兴废，实为全部所系……近山之民多业茶。"许承尧还在《歙县志》中对歙县的名茶作了评述："其制而售诸国内者，有毛峰、顶谷、大方、雨前、烘青等目。毛峰，芽茶也，南者陔源，东则跳岭，北则黄山，皆产地，以黄山为最着。色香味非他山所及。顶谷言其山高，毛峰言其芽细，雨前撷之于谷雨前，烘青焙而不揉，枝之稍嫩次于毛峰者，盖销地各有所嗜，制品亦相其所宜。"许承尧自己记述："吾许族家谱载，吾祖于正统时（约1440年），已出居庸关运茶行贾，似出贾风习已久。"

（七）钱文选

钱文选（1874—1957年），字士青，号灿升、诵芬堂主人，广德县人，清光绪二十四年（1898年）入安徽省立求是学堂，光绪二十九年被选送京师大学堂师范馆学习。曾任民国驻美旧金山领事、两浙盐运使等职。著述甚富，有《诵芬堂文稿》《广德县志稿》《美国制盐新法》《英制纲要》《环球日记》等传世。

1915年5月在美国的旧金山举办"巴拿马国际博览会"（又称巴拿马赛会），中国也派出代表团参会。考虑到赛会竞争复杂激烈，需要一名熟悉外交的人士参与其事，我国赛会监督陈琪特推荐旧金山领事钱文选为审查委员会委员，得到赛会总理摩亚的同意，并颁发了聘书。我国参会品种甚多，最重要的是丝、茶两项。与会代表认识到我国丝类虽原质极佳，但制作不如法国和意大利的精美，"独茶叶一项，大可与外人争胜"。在审查委员会议上，日本以其茶叶销售美国最多为由，要求获大奖。钱文选据理力争，认为此次为万国赛会，非美国一国赛会，中国有四亿人民，无不饮茶，且华茶久已销售到欧美各国，比较销路与人数，华茶当得大奖。与会委员均认为钱氏理由充分。但日本代表在会下多方活动，志在拿到大奖，以便其茶叶畅销。后有人提议，将茶叶分为红茶、绿茶两类，中国销往外洋的多为红茶，而日本以绿茶为主，让两国各得一奖，意在调和。此时，日本代表又横生枝节，提出其占领区台湾盛产红茶，应得红茶大奖。钱文选则针锋相对，予以反驳，称中国二十二行省皆出绿茶，地方均较台湾为大，如台湾能得红茶大奖，则中国各省亦应均得绿茶大奖。与会委员美国海关查验茶叶进口员亦称曾在华多年，茶叶最好之省，当推安徽、江西、福建、湖南、湖北、江苏、浙江七省，如给台湾大奖，七省当然应得大奖，众议赞成。日本赛会监督虽迭次抗议，遂成定案，不能更改。在巴拿马赛会上，钱文选既维护了祖国的尊严和荣誉，又进一步打开了华茶的国际销路。

（八）屠坤华

屠坤华（生卒年不详），安徽宣城人，清末民初留学美国，获医药学博士学位。回国后，曾任《华美教报》编辑，译有《汉译化学》《汉译温德华士代数学》等教育部审定教材。1919年，屠在北四川路开设太平洋药房，许多药品均其亲自配制而成，深受病家欢迎。1915年他应邀作为随员，参加"巴拿马太平洋万国博览会"中国代表团，赴美国旧金山参会。回国以后，他以亲眼见闻与感受，撰成《一九一五万国博览会游记》（以下简称《游记》）一书，1916年6月由商务印书馆出版，张元济先生为书撰序，对此书的价值作了很高评价。

博览会结束后，他留在了美国的费城大学任教，在教学工作之余，他将博览会期间的日记进行了系统的整理，写成《万国博览会游记》一书，1916年7月由上海商务印书馆出版发行。屠坤华的《万国博览会游记》由著名出版家、教育家张元济先生作序，分为18章。屠坤华以亲身经历，详尽地描述了世博会的起源、概况、本届博览会与巴拿马运河的关系、世博会各机构，以及本届世博会各国的政府馆建筑、陈列馆出品和博览会游戏盛况等，尤其对我国的展出产品和获奖情况作了详细的记载，书中还穿插有许多珍贵的照片，可谓是"既美且富，鳌然若别黑白而辨淄渑"。屠坤华不仅是安徽、宣城世博第一人，更是中国世博第一人。

（九）卢仲农

卢仲农（1877—1942 年），字光诰，安徽无为县无城镇人。1903 年任湖南高等学堂数学教习。次年 2 月，会同挚友李安徽省无为县无城镇光炯在长沙创办"安徽旅湘公学"，聘请著名革命党人黄兴、赵声及张继等任教。年底迁往芜湖，更名为"安徽公学"，聘请陶成章、刘师培、陈独秀、柏文蔚、张伯纯等人执教，使学校成为安徽革命党人的活动基地。

1912 年 7 月，安徽急需农业人才，卢校长就把安徽公学改名为"安徽省立第二甲种农业学校"，卢仲农仍主校务，还带着学生老师开辟了这一大片试验农场。他在办学的同时，长期为芜湖《皖江日报》的副刊《皖江新潮》写稿，提倡科学、民主。自由、反对迷信、专制和封建礼教。曾任安徽通志馆编纂。1920 年，卢仲农辞去二农校长职务，出任屯溪茶厘局局长。1939 年被选为安徽省临时参议会参议员，任驻会委员。晚年仍手不释卷。1942 年病逝于立煌县（今金寨县）。

（十）胡朴安

胡朴安（1878—1947 年），本名有忭，学名韫玉，字仲明、仲民、颂明，号朴安、半边翁；以号行世，安徽泾县溪头人。著名文字训诂学家、南社诗人。曾先后任教于上海大学、持志大学、国民大学和群治大学等。胡朴安在《中华全国风俗志》中说："我国各地之人皆喜欢饮茶，不独萍地为然，似不必赘述。然萍人饮茶，与他地不同。其敬客皆进以新泡之茶，饮毕，复并茶叶嚼食。苦力人食茶更甚，用大碗泡茶，每次用茶叶半两，饮时并叶吞食下咽。此种饮茶习惯，恐他地未之有也。"

（十一）陈少峰

陈少峰（1882—1950 年），字一烈，别号黄海散人，太平县陈村人（今黄山市黄山区陈村乡）。陈少峰少时思想活跃，结交广泛，乐于助人，不仅是一个进步青年，而且是一个开明绅士，曾出任黄山建设委员会委员。民国后期，太平参议会会长，安徽省参议员等职。

陈少峰一生以讼师为主业，经常参与乡里事务且热衷于倡建办学。他不仅重视教育，也非常重视地方志编撰工作，曾参与组织县志整修委员会，编撰《太平县志》等。尤其是在《黄山指南》中，陈少峰还重点介绍了黄山毛峰茶，"云雾茶生黄山眉毛峰为最，桃花峰汤池旁次之，吊桥、丞相源与松谷庵、芙蓉岭相仲伯。黄山之茶常有云雾罩之，故名。味极清香，一经水泡，云雾满布，如有食滞，饮之立见消除。惟眉毛峰崖悬径险草木繁密，鸷兽时出，云雾尤为常蔽，故人罕到。夏初发芽，长三四寸，断之有白绵如杜仲，仅数十株，味更香美不易得也……彼雅州之蒙顶石花露芽，建宁之北苑龙凤团，蜀川之神泉兽目，硖州之碧涧明月，志其地点并锡嘉名，虽皆称为上品，对黄山之茶当拜下风矣。"这于今天的黄山茶文化研究无疑是大有裨益。

（十二）张恨水

张恨水（1897—1967年），原名心远，笔名恨水，安徽潜山黄岭村人。

他是中国章回小说家，鸳鸯蝴蝶派代表作家，被尊称为现代文学史上的"章回小说大家"。1911年，张恨水开始发表作品；1924年，张恨水凭借九十万言的章回小说《春明外史》一举成名；此后，长篇小说《金粉世家》《啼笑因缘》的问世让张恨水的声望达到顶峰。张恨水作品上承章回小说，下启通俗小说，雅俗共赏，对旧章回小说进行了革新，促进了新文学与通俗文学的交融。

张恨水素有贪茶之癖，尤癖嗜于贪喝酽茶，贪喝苦茶。当年不论是在北京也罢，在南京也罢，他都是报界文坛"贪茶癖"者中的佼佼者，其茶瘾之大，确乎无与匹俦呢。张恨水喝茶只喝龙井、碧螺春和他家乡的六安瓜片，再好的花茶也与他无缘，他认为花香代替了茶香，实不可取，所以除掉青茶，从不喝别种茶，而且饭食可以将就，青茶却是不可以将就的。

当年南京沦陷之后，张恨水则不得不跋山涉水来到山城重庆，担任了重庆《新民报》副刊的主编，并给副刊以《最后关头》命名之，表示这个刊名，是包含着呐喊意义在的。一种雄壮的、愤慨的、冲锋的呐喊！此后在三年半的时间里，他在这个副刊上写下了抗战的呐喊文字共约百万字，一千余篇杂文。而在他奋笔挥毫的一千多个日日夜夜里，伴他助战的则依然是最酽的苦茶。

（十三）胡浩川

胡浩川（1896—1972年），原名本瀚，原六安县张家店胡家湾人。早年就读于浙江杭州甲种农校，后去日本留学专攻茶叶专业。

从1934年10月至1949年12月，计任祁门茶叶改良场场长十五年，期间经历抗战、解放战争，正是改良场最为艰难时期，胡先生以"个人不离场，工厂不空废，茶园不生荒"自励，带领职工惨淡经营，写下了中国茶史上最为难忘的一章。胡浩川先生原为上海商检局茶检室技士，经吴觉农先生推荐，他欣然受命，"离开繁华大上海，孑然一身，来到祁门。当时的祁门平里，道途梗塞，地方不靖，一夕数忧，草木皆兵，米盐无着，日恒三粥，且为淡食"，在这样简陋的条件下，胡先生仍带领员工艰苦奋斗，顽强拼搏，创造出非凡的业绩。科学技术研究方面，对茶树育种、栽培管理、鲜叶分析、采摘加工等进行全面系统的调研，形成一大批科研报告刊发于世，其中较著名的有《祁门之茶业》《皖南茶业概况》《浙皖新安江流域之茶业》等，并培养茶叶专业人才近百人。示范种茶制茶方面，开展梯田条植，在祁门县西桃峰山建成条播茶园几百亩，为祁城增添一道独具特色的茶乡风景，后人依此建成茶山公园。为摒弃祁红不卫生的制法，购进德国机械，进行机械制革新实验，并获成功，完成了祁红加工技术的一次重大革命。1936年，又将改良场从平里迁至祁门县城。

（十四）吴觉农

吴觉农（1897—1987年），原名荣堂，更名觉农。祖籍安徽巢湖，出生浙江上虞。浙江农业高等学校毕业。1919—1922年留学日本，学习茶叶专业。回国后，参加中华农学会，先后任司库、总干事。1897年4月14日，吴觉农出生于上虞丰惠西大街11号的一户吴姓家庭。吴觉农的父亲叫郑忠孝，按常理吴觉农应该姓郑的，但家境赤贫做过雇工的郑忠孝，因无钱娶妻直到三十多岁才入赘吴家做了上门女婿，所以吴觉农一生出便随了母亲吴阿凤而姓了吴，并有了一个叫吴龙山的乳名。老实巴交的郑忠孝一年四季除了精心耕种家里的六七亩田地外，一向寡言少语，家中里里外外的事情基本上由活泼能干的母京吴阿凤张罗。除活泼能干外，吴阿凤还以慷慨热心、善交朋友著称，因此在整个西大街上，吴家虽不属富裕更谈不上显赫，但是颇具人缘和受人尊重。父亲的忠厚勤恳和母亲的热心慷慨，在少年吴觉农身上自然留下了颇深的印记，这也成了吴觉农人生中一贯勤恳踏实、善交朋友、乐于助人的天然基因。或许也正是凭了母亲的热情能干和持家有方，在家境并不富裕的情况下，7岁的吴觉农即入当时丰惠有名的私塾承泽书院念书，这在当时在同类家境的孩子中，是一个难得的幸运。进了私塾，乳名大都不能再用，开蒙的塾师便给吴觉农重取了一个名字，叫吴荣堂。

吴觉农著译甚丰，内容广泛。1987年在他九十寿辰时，由中国茶叶学会、中国农学会牵头，集中老一代的茶叶专家，编选了以茶叶论文为主体的《吴觉农选集》。在晚年，他还主编了《茶经述评》一书，对中国茶叶历史和现状做了较全面、正确的评述。他七十年来有关茶叶的论著，丰富了我国的茶叶历史文库。根据他对中国茶叶事业建立的功绩，以及茶学的渊博知识和丰富的实践经验，当年陆定一同志称誉他为"当代茶圣"，立即得到茶界以及各方面人士的普遍认同和热烈响应。在他的实践和理论探索基础上，形成了中国特有的茶学思想，至今仍有现实的指导意义。2001年5月，由中国茶学界、茶文化界以及有关企业单位发起组织了学术性民间团体"吴觉农茶学思想研究会"，宗旨是团结茶界专家学者和广大的茶人、爱茶人共同探讨与弘扬他的茶学思想，繁荣茶经济、茶文化，丰富社会主义物质文明、精神文明。

（十五）傅宏镇

傅宏镇（1901—1966年），1921年毕业于安徽省茶务讲习所，1923年曾在安徽秋浦、祁门茶场任职。1932年底参加吴觉农组织的祁门茶业调查，主笔《祁门之茶业》（1933年），这是祁门最早的一篇茶业报告。1934年后，傅先生在浙江第五区茶场和三界茶场任职，指导茶叶生产和制作。1938年后，傅先生在安徽事茶直到1965年退休。傅先生在他42年的茶业生涯里，写过多篇的茶业调查、茶叶制作改良和茶文化的文章，编撰《中外茶书艺文志》（1940年）和《茶名汇考》（2000年）。

（十六）潘忠义

潘忠义，1898出生于安徽桐城，卒年不详。他十几岁时离开家乡到屯溪茶号里学习制茶。1918年，被选送到位于休宁县（屯溪）的安徽省立第一茶务讲习所，从此开始了系统的茶树栽培、茶叶制作审评等专业课程的学习。1920年，潘忠义与胡浩川、傅宏镇、姚光甲等人同窗三年毕业后，被分配在祁门平里茶叶改良场任技术员，负责茶叶制作和审评的试验研究工作，兼任茶技人员培训班教师。1939年，潘忠义被派往屯溪，负责筹建屯溪茶叶改良场；后被任命为副场长主持工作，厂长由胡浩川兼任。短短的三年时间，屯溪茶叶改良场从无到有，从小到大，开始了以屯溪绿茶为主，红茶为辅的规模化茶叶生产加工以及贸易出口业务，可以说潘忠义为屯溪改良场的创建、管理等做出了卓有成效的贡献。1941年，潘忠义又在选定屯溪高枧为改良场永久厂址（即今屯溪实验茶场），同时开始了规划、设计以及茶场试验室和制茶车间的建设工作；潘忠义还带领技术人员开展良种培育、绿肥种植以及自制堆肥等茶事研究和实践，尤其是"红绿茶精制对比试验方案"的研究，取得比较好的效果；从而使改良场具备了初制、精制、加工外销红绿茶，以及制作毛峰、瓜片、大方等名优茶的能力。

潘忠义不仅有着茶叶制作的技术和经验，也有着茶场的领导和管理能力；同时，他还在当时的茶叶刊物上发表了许多重要的制茶概论以及茶务调查报告。如在《实业杂志》上发表了《调查秋浦祁门茶务报告》，在《国际贸易导报》上发表《茶税之沿革》的研究文章，在《闽茶季刊》上刊登了《屯溪茶业改良场一瞥》的纪实文字。同时，潘忠义编著的《屯溪绿茶精制概论》，仍然是时今的茶企和茶叶教学的重要参考资料。

（十七）方翰周

方翰周（1902—1966年），又名藩，徽州岩寺罗田村人。方翰周是茶学家、也是制茶专家，同时，他还被誉为20世纪中国十大茶学家之一。1920年，方翰周在徽州屯溪的安徽省立第一茶务讲习所毕业。从此，他走上了为茶叶奋斗一生的道路。1927年，和那个时代大多数的有志青年一样，带着梦想和炽热的爱国心，作为公派留学生，方翰周赴日本静冈茶叶实验所留学，攻研制茶技术。1931年，方翰周学成回国，初在湖南安化茶叶讲习所任教，后在上海、武汉、青岛等地商品检验局任技正，负责出口茶叶质量检验。

1933年，方翰周在余杭长乐镇与吴觉农一同筹办振华机器制茶厂。1935年，在宁红和婺绿茶区创建了具有研究、示范和推广性的茶叶改良场并担任主任。1939年，方翰周又创办了婺源制茶科初级实用职业学校并兼任校长。方翰周还主编《江西茶讯》，并组织编写了《红茶绿茶初制机械》《制茶先进经验汇编》等。

（十八）王泽农

王泽农（1907—1999年），字梦鳐，徽州婺源人。王泽农出生于一个小学教师家庭。在家庭和学校的教育下，受到爱国主义和科学救国思想的熏陶，先后考入北京农业大学、上海劳动大学农学院，1931年7月毕业。毕业后，在多所学校任教。1933年去比利时留学，1937年7月毕业于比利时颖布露国家农学院，获比利时国家农业化学工程师学位。曾任比利时颖布露国家农业试验场技师。1938年8月回国后，先在云南省建设厅任技正，后任复旦大学垦殖专修科教授。1940年，王泽农在筹建农学院过程中，协助筹办中国第一所高等院校茶叶系，并在该系任教。1941年，他又去泰和筹建江西省农业专科学校，同时兼任中正大学教授。

1949年5月，上海解放后，王泽农除继续在茶业专修科任教外，还筹建了复旦大学农业化学系，担任系主任。同时，受命华东区军管会担任华东区茶叶公司总经理。1952年，王泽农由上海复旦大学调至安徽大学农学院，一直在茶业系任教，先后担任茶叶生物化学教研室主任、科研处处长、教务长、院学术委员会副主任等职。王泽农参加筹创了我国高等学校第一个茶叶专业，创建和完善了茶叶生物化学学科课程体系，为国家培养了大批茶学科技人才；主编了《茶叶生化原理》《中国农百科全书·茶业卷》。

（十九）赵朴初

赵朴初（1907—2000年），安徽太和人，自幼热爱诗词及书法。曾任全国政协副主席，中国佛教协会会长。在饮茶中，赵朴初还兴致勃勃地向陪同者解释"茶寿"中的"茶"字代表高寿108岁的出典与内涵，由此而看出赵朴初对茶的研究颇深。

《闽游杂咏》诗为："云窝访茶洞，洞在仙人去。今来御茶园，树亡存茶艺。炭炉瓦罐烹清泉，茶壶中坐杯环旋。茶注杯杯周复始，三遍注满供群贤。饮茶之道亦宜会，闻香玩色后尝味。一杯两杯七八杯，百杯痛饮莫辞醉。我知醉酒不知茶，茶醉何如酒醉耶。只道茶能醒心目，哪知朱碧乱空花。饱看奇峰饱看水，饱领友情无穷已。祝我茶寿饱饮茶，半醒半醉回家里。"

"诗味共茶清"——赵朴初对各种茶类颇为通晓，"茶有诸宗派，种制各有异"。对历史名茶碧螺春、铁观音、普洱茶等，以及外域茶、日本玉露茶等都有评述。

赵朴初也述及了家乡安徽省太湖县的天华谷尖茶。北宋时太湖就产茶，取名"南洋谷尖"，今更名"天华谷尖"，取意于"天为山之高，华为物之精""深情细味故乡茶……清芬独赏我天华"。千里莼羹，赵朴初热爱家乡茶，也热望振兴家乡茶。赵朴初尚有《黄山茶》一诗："今饮黄山茶，老大忽思家。吾母撮新叶，轻手藏荷花。翌晨开线裹，妙香无复加。八十余年过，追攀感无涯。"荷花茶是一种极富诗意的花香窨茶，元代倪瓒、清代徐珂都有记述，徐珂《莲花茶》："以日未出之半含白莲花，拨开，放细茶一撮……明晨摘花，倾出茶叶"，这首诗美赞了荷花茶。《诗经》中"陟彼岵兮，瞻望母兮"也表达了赵朴初眷母深情。

（二十）董少怀

董少怀（1909—1989年），曾用名董本璜，原籍安徽无为，居于县城内董家老屋。早年曾从事教育工作，先后在无为杏花泉小学，无为初级中学任过教。1938年1月参加了当时的祁门茶业改良场高级技术人员训练班学习，结业后即留在祁门茶业改良场任技术员。从此开始了他为茶叶工作献身的道路。董少怀担任该场技术员不久，后被调至该场屯溪分场任业务主任，专研绿茶制茶工艺。在此期间，他主持了大型绿茶精制工作，创建了合理的制茶工艺，为后来各地大规模制造绿茶奠定了基础。他还写下了《婺源茶叶》《屯绿大帮制造史的分析研究》《祁门四大名家绿茶区考察》《徽州珠兰花》等著作。抗战胜利后，董少怀被派任屯绿区总技术指导，期间编印了4本《皖南茶树更新丛刊》。正当战后茶叶逐步恢复生产之际，即1947年，董少怀和黄奠中等人受当时的农林部农业推广委员会的派遣赴台湾考察茶叶工作。到了台湾以后，董少怀深入各基层茶园、茶厂（场），到过台北第一、二、三精制茶厂、三义、鱼池、持木等初制茶厂、鱼地实验所等处，对台湾茶叶的品种及其生态环境，不同茶树品种的制茶品质等以及分级红茶的生产，包括评审、检验、定级等环节做了认真的研究，完成了17万多字有关台湾茶叶的考察报告《台湾茶叶品种之调查研究》。

1948年下半年，董少怀自台湾考察归来以后，又应"当代茶圣"吴觉农之邀，担任了杭州之江茶厂的厂务主任，指导大型机械化绿茶生产，解决了"遂绿""东阳烘青""北路烘青"等不同地区、不同原料品质拼配等技术难题。任务完成以后，他又匆匆回到了屯溪。

1949年4月屯溪解放，董少怀参加了革命工作，被留任为屯溪茶叶实验场场长。1950年中国茶业公司皖南分公司成立，董少怀被调任为该公司技术科长，以后又主持了祁门、历口、屯溪、歙县、婺源、浮梁六大茶厂的筹建工作。从工程的设计到监造施工，从机械的设计到制造安装，他都付出了大量心血。1951年1月，他担任杭州全国制茶人员训练班辅导员，着重解决制茶由手工操作转变为机械操作的工艺流程问题。他还主办过一次"祁红屯绿出国展览",从展品设计、征集、装潢到目录卡片,都作了细致的安排。他这时期几乎是日夜工作,为新中国茶叶事业付出了艰辛的劳动。

(二十一)陈 椽

陈椽(1909—1999年),《中国茶讯》杂志的创刊人。茶学家、茶业教育家、制茶专家,是我国近代高等茶学教育事业的创始人之一,为国家培养了大批茶学科技人才。在开发我国名茶生产方面获得了显著成就。对茶叶分类的研究亦取得了一定的成果。著有《制茶全书》《茶业通史》等。

1934年,26岁的陈椽从北平大学农学院毕业后,先后在茶场、茶厂、茶叶检验和茶叶贸易机构工作。他既看到了茶叶在国民经济中的重要地位,也看到了当时中国茶叶科学的落后,于是下定决心献身茶业教育事业。在他任浙江茶叶检验处主任时,就开始着手收集茶叶科学的有关资料,建立了茶叶检验实施办法和一套完整的表格。1940年,赴浙江英士大学农学院任教,专心致志地开始研究茶学。当时正值抗战期间,日本侵略者的飞机到处狂轰滥炸,英士大学数迁校址,教学与生活都十分艰难。但在教学中,他照旧认真备课、讲课,激发学生的爱国主义热情,鼓励学生为发展祖国的茶叶科学而努力学习。没有教材,他就深入茶场、茶厂搜集资料,编著了我国第一部较为系统的高校茶学教材《茶作学讲义》。这本教材包括茶业通论、茶树栽培、茶叶制造、茶叶检验等方面的内容,从而被晋升为副教授。抗战胜利后,受聘到复旦大学任教,继续为创立茶业教育体系而努力。先后编著了《茶叶制造学》《制茶管理》《茶叶检验》《茶树栽培学》4部教材,以满足教学的需要。在教学的同时,他还进行了大量的科学研究工作,不断充实教学内容。

(二十二)王郁风

王郁风(1926—2008年),安徽歙县人。1950年进入北京,供职于中国茶业总公司。40多年来一直从事茶叶收购、加工以及茶机引进、配套、示范、推广等工作。20世纪50—60年代,参与制订和完善我国制茶工业经济技术管理体系。20世纪70年代中期以后,重点负责红碎茶新工艺、新机械的技术引进与试验工作,与郑以明一起安排由印度、斯里兰卡、肯尼亚、英国等国引进的转子揉切机、LTP快速揉切机、三联CTC揉切机、马歇尔大型自动烘干机、流化床烘干机、层叠式振动圆筛机、发酵车等新型样机的适应性试验,并同时组织新机具、新工艺及相关技术装备的配套。他多次参与组织全国制茶机具革新与新工艺经验交流会。在安排茶机科研项目、组织科研成果评比等方面也做了大量的工作。他为推动我国红碎茶快速发展、扩大红碎茶出口贸易作出了自己不懈的努力。20世纪80年代,曾去西非、印度、斯里兰卡等国考察茶叶产销市场。

（二十三）詹罗九

詹罗九（1936—2013年），安徽黟县人。自幼耳濡目染，茶情甚笃。他因爱茶而习茶，因习茶而懂茶，因懂茶而痴情于茶，因痴情于茶而成为一代茶家。几十年茶旅春秋，詹罗九成果几乎涉及茶学方方面面。但有一个显著特点，就是紧扣时代之需，应时而出，年老益丰。早年，因教学需要，先生的成果主要体现在茶叶栽培、加工、审评、生产诸领域以及茶业教育上。20世纪80年代后，我国茶叶经济转型，名茶崛起，詹罗九立即投身名茶创制和茶叶经济、文化研究之中，主导和参与了安徽诸多历史名茶的恢复和新名茶的研发工作。编著出版了《名优茶开发》一书，在我国较早的解答了名茶的本质、特征、加工技艺和经营方略等问题，编著全国大学教材《茶叶经营管理》，以及《名泉名水泡名茶》《中国茶文化大辞典》《中国名茶志》等多部茶学专著，在业界反响巨大。

第二节　安徽茶事轶闻

一、贩茶奇遇记

唐玄宗天宝年间，安徽寿州大茶商刘清真带着19个员工，运送大批茶叶去洛阳、长安一带贩卖。他们这趟生意带了多少茶叶呢？按记载，每人"一驮"（大概相当于现在的50kg）。刘清真作为老板，自己当乘马指挥押送，他的19个员工每人"一驮"，以此计算，共带了超950kg的茶叶，可以说是个巨大的数字了，而且唐朝时寿州茶很有名，这趟买卖当价值不少银子。一路上，刘清真带人押送着货物，晓行夜宿，十分谨慎，于此日进入河南陈留地界，遇见了强盗。还好这伙盗贼人不是很多，加上刘清真等人拼死保护，茶叶未被抢走。但听路人说，陈留一带不是很太平，不时有过往客商被劫。为了安全起见，刘清真听从了一位当地人的劝说，改变了方向，不再西行洛阳、长安，而是一路北折，往魏郡方向而去。魏郡在唐朝时属河北道魏州，治所在河北大名，人口众多，在当时很是繁荣。在去魏郡的路上，他们又遇到一位老僧，同行了一段路，熟悉起来，即将分别时，老僧劝他们不要去魏郡了，"那里未必是佳处，还是去山西五台吧"老僧说。"去山西五台？"刘清真问。他心里想，这里距五台路途太远了。最主要的是这些茶叶是不是适合贩卖到那里。老僧见其犹豫不定，又说："若诸位嫌远，不妨先跟我回寺，以作商议。"刘清真等人认为：此行一路疲惫，到寺里休息两天后再择地赶路确也不迟。另外，还有一点，对佛道都很感兴趣的刘清真，观老僧之貌，听其谈吐，认为来历不凡。于是他们去了几里外的老僧修行的寺院。寺院不大，但甚肃穆。入寺之后，老僧整日为众人讲经论法，说得刘清真等人悟性顿开，最后的结果甚是令我们惊异：那一行人竟都有了远离尘世之念。虽没剃度，但刘清真等20名茶叶商人住在了寺里，终日伴随老僧左右，一住就是20年。这老僧到底是干什么的？这一天，老僧对刘清真说："最近当有大魔出现，你们一定会受到它的祸患，需要提前防备，否则会坏大家的修行。"说罢，叫刘清真等人跪于地，他含水而喷，口中念咒，刘清真等人就慢慢变成了石头。但他们的心里都很明白，只是不能移动。很快，有来自山西代州的捕快数十人路过刘清真等人所在的寺院，在寺院里转了一圈，唯见群石寂静，萦绕荒草，于是很快就离去了。当晚，老僧又以水相喷，刘清真等人恢复人形。刘清真知道，如果不化为石头，也许会有一场无法预知的劫难。而为老僧所解，其人真乃神灵，众人此后更是苦习佛法，精进不少。

一个月后，老僧又道："大魔又起，必定会全力搜索你们，怎么办呢？我想把你们送到一个很远的地方，你们都去吗？"刘清真等人点头。老僧令他们闭上眼，称这是一次秘密的飞行。随后，他又说："你们记住一点，在飞行过程中不要睁眼看，否则将坏大事。当你们觉得落在了地面上，再睁开眼。如果你们落在山里，幸运的话，会在周围发现一棵奇树，你们可庇于树下。而树上当会长出灵药，你们食后，自有奇迹发生。"刘清真等人每人被赐一颗药丸。老僧说："吃了它，你们这些天就不会再感到饥饿，而会思索：只有深奥的佛法，才是超尘脱俗的桥梁。"刘清真等人一起拜谢老僧，随后闭上眼睛。刘清真等人闭上眼后，真的冉冉升起，飞空而去。半日后，他们感到脚踩到了地面，这才睁开眼，见山林一片，有樵夫过来，于是相问，才知道已到江西庐山。他们往前走了一阵，果见一棵大树，翠枝蔽日，刘清真大喜："大师所说的奇树，当是它！"于是，众人在树下打坐。几天后，树干上就真的长出一只白蘑菇，鲜丽光泽，飘然而动。众人异口同声："这就是大师所说的灵药吧！"当时的计划是：把白蘑菇采下来，二十个人一起分食。但其中一人，趁大家不注意，一口把白蘑菇全给吞下去了，包括刘清真在内的其他人大惊，随即责问那人为什么违背大师之教。但已是事实，打那人一顿也没什么用了。正在大家郁闷时，那人突然消失不见，随后再看，见其端坐于大树的一根枝条上。刘清真说道："难道是因为你一个人吃了白蘑菇而高升了吗？"他叫那人下来。那人似乎没听到，就是不下来。就这样，一连过了七天。七天后，奇怪的事发生了：在枝条上端坐的那人，身上竟长出绿毛！随即有仙鹤飞来，于树上盘旋。这时，那人对树下的刘清真等人说："我确实负了你们。不过，我现在真的得道啦！我就要离开你们了，去谒见天帝。你们今后要继续努力啊，争取早一天像我这样，成为一个真正而出色的神仙。再见！"刘清真等人恳请他下来相别，但那人没搭理他们，自己乘云飞去，一点点消失在大家的视野里。刘清真等十九人沮丧至极。那个人就这样独自窃食了神奇的丹药。

二、奇趣奇妙"琴鱼茶"

"山川清淑，秀甲江南"的皖南泾县，早在汉代就有"汉家旧县，江左名邑"之称。大诗人李白也曾赋诗赞叹："泾川三百里，若耶羞见之，佳境千万曲，客行无歇时"；而"桃花潭水深千尺，不及汪伦送我情"之诗句，更是千古绝唱。泾县自东晋时就产茶，且名茶、贡茶皆是声名远播；而奇趣奇妙的"琴鱼茶"更是令人每每品尝后，津津乐道回味无穷。泾县城北10km外有一琴高山，以汉代居士琴高所居住而得名，琴高山绿树郁葱，悬崖峭壁巍然屹立，山间有一块南宋乾道九年（1173年）林淳篆书"琴高岩"三个大字的摩崖石刻，另有宋、明、清人的题刻20余处。

琴高山下溪旁有一隐雨岩，岩下有丹洞，相传汉处士琴高曾在此炼丹。当琴高炼丹修真、得道成仙骑着鲤鱼升天而去时，将炼丹的药渣等倾入了琴溪中，于是就幻化成了奇妙的琴鱼。据《大清一统志》载："汉琴高居泾北山岩，修炼得道，乘赤鲤上升，因名其山曰琴高山，溪曰琴溪，上有炼丹洞。每岁上已，溪中出小鱼，传为药渣所化，因名琴高鱼。"琴鱼甚是奇趣，虽然它身长不过一寸，却是虎头凤尾，龙鳍果腹，重唇四腮，口角处还长着两根"龙须"，另外它的细鳞还闪烁着银光，很是惹人怜爱。想来，这琴鱼很可能与泾县盛产的大鲵有关。所以苏东坡有诗云："愿随琴高去，脚踏赤鲵公。"

宋代梅尧臣在《宣州杂咏》诗中咏琴鱼道："古有琴高者，骑鱼上碧天，小鳞随水至，三月满江边。"元人贾铭在《饮食须知》中也说："琴鱼味甘性平，俗名春鱼。春月间从岩穴中随水而出，状似初化鱼苗，一斤千头，或云鲤鱼苗也。今宣城泾县于三月三前后三四日亦出小鱼，土人炙收寄远，或即此鱼。"琴鱼不仅仅是味道极为鲜美，而且有解毒养身之功效，早在唐朝时即为贡品。但不知从何时起，当地人不再烹食琴鱼，而是将琴鱼制成了别具风味的"琴鱼茶"。在阳春三月柳绿桃红时，当地人用特制的三角网等捕捞工具将琴鱼捞起后，趁着鲜活将鱼放进有茶叶、桂皮、茴香、糖、盐等调料的沸水中，煮熟后放到篾匾上晾净除湿，再用木炭火将其烘干至橙黄色就成为别有风味的琴鱼干了；若是密封存放，数月不变形色。倘若想饮用"琴鱼茶"，只需将琴鱼干数条放入玻璃杯中，再添加精品绿茶"涌溪火青"，随着沸水的冲泡，杯中立即会腾起一团绿雾；须臾、清澈的茶汤中琴鱼就好像"死而复生"。它们个个头朝上、尾朝下，在杯中摇摆游弋，如戏水、似遨游，可谓是栩栩如生、情趣盎然。此时，那"琴鱼茶"的茶汤是鲜香甘醇，散放出一种沁人心脾的奇异清香，饮之则使人回味无穷……茶汤饮后，可将鱼干放入口中细细咀嚼，其肉嫩酥软、咸中带甜，鲜美爽口令人欲罢不能……关于"琴鱼茶"，古人还有很多记载。陆放翁在《冬夜》诗中曰："一掬琴高鱼，聊用荐夜茶。"而欧阳修在《和梅公议琴鱼》诗中则说："琴高一去不复见，神仙虽有亦何为。溪鳞佳味自可爱，何必虚名务好奇。"是啊，琴高已升天成仙了，然色、香、味俱佳的琴鱼却是留下来了；既然如此，我们又何必考究抑或羡慕神仙的虚实或虚名呢？想来，还是在桃红柳绿的时节去品尝那奇趣奇妙的琴鱼茶吧！

三、朱元璋禁茶杀驸马

明代茶税为"茶户"缴纳，实行的是余茶征收制，对私人贩卖管控严格。也就是说"茶户"在缴纳税收后所剩下的茶叶也都要被明朝政府收购。《明史·食货志》记载显示，明代茶税在立国初期为三十抽一，后来茶税供给军用所以征收也逐步提高改为以茶树抽税十颗抽一，卫所军辖属的茶树十颗抽八，这个时候成为定制。茶税的增长也从侧面体现了茶叶消费量的增加。元朝统治者是游牧民族，不缺马匹，其统治时期边境地区取消了茶马互市；到明朝时由于对北方的战略要求，马匹用量大增，又恢复了茶马互市。万历元年，张居正整顿边境茶叶市场，打击茶叶走私，使茶叶贸易完全暂停，导致了蒙古和女真各部的不满，这真是一场茶叶，更应该说是茶税引发的战争，一打就是三年。最后明王朝重开茶市，对各部落进行分化瓦解才结束战争。

明朝茶税来源根据《中国财政通史》《明史·食货志》记载是来自于南直隶、浙江、江西、湖广、四川、河南、广西、贵州、陕西、福建等地。明朝对偷逃茶税处罚有十分严厉的法律规定："凡犯私茶者，与私盐同罪。"明太祖时，一位驸马走私茶叶，还被处以死刑。可见茶税在明朝财政收入中的重要地位。虽然朝廷对于茶叶走私的惩处异常严厉，但由于"私茶"获利丰厚，仍有不少人铤而走险，从事茶叶走私的营生。导致一时间在茶马贸易中茶叶供大于求，而马价暴涨，使朝廷损失惨重。在这些私茶贩子当中，欧阳伦就是其中的翘楚。

欧阳伦是安庆公主的丈夫，朱元璋的爱婿。这位安庆公主可不简单，她是马皇后亲生的，很受朱元璋的宠爱。而欧阳伦无功无爵，又非出生于官宦之家，也不知道是怎么获得了公主的垂青，下嫁于他。二人成婚后，朱元璋对于这位女婿倒也很赏识，经常派他到地方检查工作、赈灾扶贫之类的。人一旦发达了就容易膨胀，欧阳伦仗着自己驸马的身份，逐渐开始得意自大、目无王法起来。他发现走私茶叶可以赚大钱，于是明目张胆地指示自己的管家周保，直接将装着茶叶的车子贩送到边境，多的时候甚至有十几辆。对于这种明目张胆的违法走私行为，当时的边疆大吏们却碍于欧阳伦的国戚身份，不敢声张，还为其大开绿灯，提供方便。但明朝这么大，总有不怕死的官员。有一次周保带着运茶车走到兰县（今甘肃兰州市）欲渡河，当时的河桥司巡检依法前往稽查，却被周保侮辱和殴打。这位蝇丁小吏倒也不是个吃素的主，立马拟了一封举报信送至皇帝朱元璋案上。棘手的火球送到了朱元璋手上，一边是自己的亲爱婿、宝贝女儿的亲老公，另一边是自己亲自下的茶叶走私禁令，动了哪一边都是伤筋动骨。但朱元璋不糊涂，他明白此时"有法必行，无信不立"，千百双私茶贩子的眼睛正在盯着自己，一旦他对此徇私枉法，接下来一定是私茶当道，禁之不及。于是，朱元璋在弄清楚事情原委后，当机立断，不顾女儿的痛哭哀求，"赐伦死，保等皆伏诛"，其贩售的私茶全部充公。兰县河桥司巡检也因不畏权贵、秉公执法，受到了朱元璋的嘉奖和提拔。朱元璋虽因滥杀功臣而饱受历史学家诟病，但在这件事上，他能够法出必行、惩恶扬善、大义灭亲，当真令人敬佩，给他的形象加分不少。

四、"哥德堡号"茶船传奇

瑞典东印度公司设立于1731年，至1806年基本停止业务。在这75年中共有35艘135次航行，其中专程来华的航行达132次之多。其运输的货物中，茶叶始终是两国贸易中的最大宗物品，而武夷茶与徽州茶所占比重最大。往来于古代海上茶叶之路的瑞典航船，不仅有故事，还有传奇，更有回忆。清雍正十年（1732年），在中国与瑞典的历史上，是具有巨大历史意义的一年。瑞典"腓特列国王号"作为其国家来华的第一艘商船，抵达广州。著名的《皇朝文献通考·四裔考》记载："瑞国在西北海中，达广东界俱系海洋计程六万余里……通市始自雍正十年，后岁岁不绝。每春夏之交，其国人以土产黑铅、粗绒、洋酒、葡萄干诸物来广，由虎门入口。易买茶叶、瓷器诸物，至初冬回国。""腓特列国王号"商船上有个大班叫坎贝尔，他详细记载了在穗城的活动，其中商务多与买茶有关，半个月内装了600箱茶叶。总计装载有红茶、绿茶共2183箱；另有100件半箱装、6件小箱装、23件篮装、46件筒装以及422件罐装或盒装茶叶。其中有1030642磅武夷茶（红茶），共2885箱；有7930磅熙春皮茶，共140箱；2206磅熙春茶，共31桶；还有其他各种绿茶共1720罐。1750年，瑞典"卡尔亲王号"商船来到了广州，随船牧师叫彼得·奥斯贝克，他是瑞典博物学家林奈的学生。彼得在其有名的《中国和东印度群岛旅行记》一书中，对于茶叶有着详细生动的记述。他提到十余种茶叶，说："品种最好的非常好闻。"在书中，彼得记述了"卡尔亲王号"返航时运载茶叶的清单：有松萝茶，有熙春茶，还有熙春皮茶等茶共1720罐。中瑞茶叶贸易史上不幸的一幕，是"哥德堡号"商船沉没事件。1745年9月12日，瑞典"哥德堡号"在驶入瑞典哥德堡港口时沉没，当时载有366t中国茶叶，数量最多的是安徽休宁地区的一种松萝茶。据记载，这就是安徽休宁的松萝茶，属绿茶类。"哥德堡号"前后三次来中国，在其运载的货物中，茶叶是主要的物品；第一次贸易收到48%的回报收益，第二次为40%。茶叶是所有货物里最赚钱的，两次分别带回来255t和317t。第三次返程时虽然沉没，但从保存下来的货物清单里，可知当年"哥德堡号"装运的情况：计有2677箱茶叶，相当于366t，289箱2388捆和12桶瓷器多为茶具，还有19箱1180卷丝绸……仅茶叶就占总运量的近三分之二。《中华茶叶五千年》一书明确指出：1993年9月，瑞典"哥德堡号"沉船茶叶等珍品在上海市博物馆展出……370t茶叶共2000多只茶箱浸没海底239年，多数已霉烂；由于锡罐封装严密未受水浸变质；实物展品中有茶箱（每箱约90kg，茶叶结成团块状）和罐装茶（瓷质或锡制罐封装的茶叶色泽灰黑无光泽，但尚成条形）以及瓷质茶壶、茶杯、茶盘及储茶罐。根据货物清单并经专家鉴别论证，打捞出的茶叶为清乾隆时代出口的中国松萝茶。也正是因为茶叶是用锡罐封装，被泥淖封埋了239年的茶叶未受到水浸变质，冲泡饮用时香气犹存。 因为锡自身的特质优点，可以有效保持茶叶的色泽和芳香；而用锡罐密封茶叶，则是松萝茶出现以后才开始的，之后一直被广泛使用并受到人们的喜爱。

五、"植物猎人"偷茶记

1843年2月16日，英国"鸬鹚号"商船离开了码头。这一次，"鸬鹚号"商船不是到中国来购买松萝茶，而是来了一个偷窃松萝茶的英国间谍。

中国的神奇饮料——松萝茶传入欧洲后，饮茶成了一种风气；欧洲人对松萝茶的喜好，使得松萝茶成为中国重要的贸易商品。但是，由于中国垄断了茶的生产供应，巨大的需求使得欧洲国家难于提供对应的商品来平衡贸易；同时，向中国输出鸦片又遭到中国的抵制，即使是鸦片战争也没有改变欧洲人对中国茶叶的依赖。尤其是在几个世纪中，欧洲人爱喝茶，却没有人见过一棵真正的茶树，因为中国不允许欧洲商人进入内地。所以，这种东方古国的神秘植物引起了西方人的极大好奇。早在1560年，葡萄牙耶稣会传教士克鲁兹乔装打扮混入一群商人队伍中，花了四年时间来往于中国贸易口岸和内地，才搞清了茶的来龙去脉。回国后，他把自己几年所见所闻写入了《中国茶饮录》，这是欧洲第一本介绍中国茶的专著。从克鲁兹开始，不少西方探险家垂涎三尺，打起了中国茶的主意。英国人的饮茶习俗形成以后，深切地感受到了饮茶的好处，同时又把经营茶叶当作增加财富唯一途径，因为英国人还将茶叶转销其他殖民地。这样，茶成为英国殖民统治者的大宗税源，并且以此来控制欧美各个国家的贸易。由于有大利暴利所在，英国还想方设法地在其殖民地种茶。鸦片战争后，为了盗取茶的秘密，东印度公司派遣了一个有植物学知识和中国经验的人前往中国，让他深入安徽、福建山区，秘密盗取茶树种子，搜集茶叶采制方法等和搜罗制茶的工人。这个人就是英国植物学家罗伯特·福钧。

1848年7月3日，英国驻印度总督达尔豪西根据英国植物学家詹姆森的建议，发给了福钧一份命令："你必须从中国盛产茶叶的地区挑选出最好的茶树和茶树种子，然后由你负责将茶树和茶树种子从中国运送到加尔各答，再从加尔各答运到喜马拉雅山。你还必须尽一切努力招聘一些有经验的种茶人和茶叶加工者，没有他们，我们将无法发展在喜马拉雅山的茶叶生产。"接受了命令的福钧从南安普敦出发前往香港辗转到上海，然后再深入到茶区偷取中国茶叶。1848年秋，安徽南部盛产茶叶的松萝山地区浮现了一个奇怪的"中国人"，一米八的个头，高鼻梁、蓝眼睛、皮肤很白，穿上中国清代的衣服，还剃了一个中国清代的头式。当地百姓没见过外国人，又见他又说着流利的汉话，会谙练地使用筷子，身边还跟着两个仆人，也就没加思疑，更没想到日后这个人会对于中国茶农带来那么大的影响。虽然如此，会说中国话、会使用中国筷子的福钧，加上福钧两个深谙中国世风人情的随从的帮助，他们访问过的家庭、村民和寺庙，都给了福钧很好的接待，不仅好茶好饭招待，还毫不吝啬地将自己种花种茶乃至泡茶饮茶的各种方法心得告诉福钧，如关于土壤和茶树，关于水质和茶汤，关于季节与茶的采摘等。面对丰富多彩的各种植物，面对满山遍野的绿色茶树，福钧兴奋不已，每走一段路，他都记录下自己所见所闻；在跋涉于松萝山茶区的过程，福钧发现，这里多雾的气候和富含铁元素的土壤很适合种植茶树。因为，详细地了解茶区的气候、土壤以及适合种植的优质茶树种，这对于准备种植茶叶的外国人来说是非常重要的。四年后，在福钧的《茶国之行》中，他在回忆中描述了中国的生动迷人：尤其是江南省的松萝山地区（位于今天的安徽休宁县）。他说这里非常美丽，充满情趣；小山坡上长满了刺柏、松树，山地上有一块块成熟的玉米地，金灿灿的，点缀着深绿的茶树，色彩斑斓。福钧还说，我很喜欢看美丽的"葬礼柏树"，山边、村子附近、墓地之间都长着这种树，看上去美丽庄严，格外动人心弦。后来，福钧还采集到柏木的成熟种子，并且记录了当时江南省的松萝山及附近的情况。福钧说，这里是中国最早发现古茶树的地方，最早的绿茶也是在这里制成。福钧在仆人的帮助下来到了一间茶作坊，仆人磕头作揖苦苦请求，希望作坊的主人能够满足这位远道而来的士绅对于茶诞生秘密的好奇心。作坊的掌柜点了点头，领他们进去参观了茶园；不过福钧在这儿没有找到制作松萝茶的人，他还发现当地市场上卖的松萝茶也有赝品……这是福钧在自己的第二本《茶国之行》书中讲述的冒险经历。福钧在松萝山地区没有找到松萝茶的制作者，这似乎让他有点意外。于是，福钧又去了松萝山邻近的浙江衢州，而后去了宁波等多个产茶区。这次他变得更狡猾了，他运用了各种手段，终于获取了茶树种子和栽培技术等。他不仅盗窃了茶树种子和大量茶树标本，他还招聘了6名种茶、制茶工人和2名制作茶叶罐的工人，聘期是3年。1848年12月15日，福钧在写给英国驻印度总督达尔豪西侯爵的信中，对其化装潜入，大量盗取茶叶沾沾自喜地说：

"我高兴地向您报告，我已弄到了大量茶种和茶树苗，我希望能将其完好地送到您手中。"这是福钧第一次偷得出境的首批实物资料。福钧的中国之行无疑是世界茶史上重大的分水岭。不久，在印度阿萨姆邦和锡金，茶园陆续涌现；到19世纪下半叶，茶叶成了印度最主要的出口商品。1851年3月16日，福钧第一批偷盗的23892株小茶树和大约17000粒茶种以及八名中国茶工经过喜马拉雅山山脉，到达印度的加尔各答。根据美国人的《茶叶全书》资料记载："英国旅行家及园艺家R. Fortune（译名福均）受东印度公司指使，乔装深入中国内地，采办最优良的中国茶籽、茶树及工人……第一批所装之茶树茶种子于1850年夏季到达加尔各答。其中包括武夷山、徽州、婺源等地之茶籽，并有带去华工8名。"几年后，在印度的阿萨姆邦和斯里兰卡等地均出现了大片茶园。1854—1929年的75年间，英国的茶叶进口上升了837%，在这一惊人数字的背后，相对应的是茶叶原生地中国国际茶叶贸易量的急剧滑坡与衰落。

第六章 徽茶艺苑

我国是诗文大国，也是茶文化的发源地。自古以来，茶就是诗词歌赋的重要题材。有句话说"无茶不文人"，中国文人大多嗜好品茶，诗人、文人也多为茶人。如唐代时期，安徽有舒州、寿州、宣州、歙州、池州产茶，出产天柱茶、霍山黄芽、瑞草魁、方茶、金地茶等名品，吟咏这些名茶与茶事的诗词歌赋随之陆续出现。茶与诗词歌赋融合，丰富了安徽茶文化的内涵。就像白居易诗句所描绘的"或饮茶一盏，或吟诗一章""或饮一瓯茗，或吟两句诗"，饮茶、作诗、作文，成为生活的乐趣，也发展为独具特色的文化现象。

第一节　徽茶诗词歌赋

自古以来，茶与诗词歌赋似乎就结下了不解之缘，古代文人墨客不知留下了多少有关茶的优美诗词。安徽的许多地方不仅产茶，而且名茶尤多，这类咏茶诗文中，写到安徽名茶的着实不少。文人爱茶、嗜茶，不可一日无茶，这些诗歌真实地记录了古代安徽茶叶的种植、品饮以及功效，对研究徽茶文化具有非常重要的价值和意义。

一、茶　诗

谢刘相寄天柱茶

两串春团敌夜光，名题天柱印维扬。偷嫌曼倩桃无味，捣觉嫦娥药不香。
惜恐被分缘利市，尽应难觅为供堂。粗官寄与真抛却，赖有诗情合得尝。

（唐·薛能）

薛能（817—880年），字太拙，河东汾州（山西汾阳）人。晚唐著名诗人。

寄谢天柱山茶

天柱香芽露香发，烂研瑟瑟穿荻篾。太守怜才寄野人，山童碾破团团月。
倚云便酌泉声煮，兽炭潜然虬珠吐。看著晴天早日明，鼎中飒飒筛风雨。
老翠看尘下才熟，搅时绕箸天云绿。耽书病酒两多情，坐对闽瓯睡先足。
洗我胸中幽思清，鬼神应愁歌欲成。

（唐·秦韬玉）

秦韬玉（生卒年不详），字中明，唐代诗人。

题德玄上人院

刳得心来忙处闲，闲中方寸阔于天。浮生自是无空性，长寿何曾有百年。

罢定磬敲松罅月，解眠茶煮石根泉。我虽未似师被衲，此理同师悟了然。

（唐·杜荀鹤）

赠元上人

多少僧中僧行高，偈成流落遍僧抄。经窗月静滩声到，石径人稀藓色交。

垂露竹粘蝉落壳，窣云松载鹤栖巢。煮茶童子闲胜我，犹得依时把磬敲。

（唐·杜荀鹤）

怀庐岳书斋

长忆在庐岳，免低尘土颜。煮茶窗底水，采药屋头山。

是境皆游遍，谁人不羡闲。无何一名系，引出白云间。

（唐·杜荀鹤）

杜荀鹤（846—904年），字彦之，池州石埭人。

湖州焙贡新茶

凤辇寻春办醉回，仙娥进水御帘开。牡丹花笑金钿动，传奏吴兴紫笋来。

（唐·张文规）

张文规（生卒年不详），唐代人，官终桂管观察使。此首诗是赞美霍山的银针、雀舌茶的品质，赛过白茅、紫笋茶。

王仲仪寄斗茶

白乳叶家春，铢两直钱万。资之石泉味，特以阳芽嫩。

宜言难购多，串片大可寸。谬为识别人，予生固无恨。

（宋·梅尧臣）

颖公遗碧霄峰茗

到山春已晚，何更有新茶。峰顶应多雨，天寒始发芽。

采时林狖静，蒸处石泉嘉。持作衣囊秘，分来五柳家。

（宋·梅尧臣）

送毕郎中提点淮南茶场

汴中春絮乱，淮上鲿鱼时。顺水疾奔马，出都犹脱羁。

拜亲将已近，食脍不言迟。到日问茶事，遍山开几旗。

（宋·梅尧臣）

吕晋叔著作遗新茶

四叶及王游，共家原坂岭。岁摘建溪春，争先取晴景。

大窠有壮液，所发必奇颖。一朝团焙成，价与黄金逞。

吕侯得乡人，分赠我已幸。其赠几何多，六色十五饼。

每饼包青蒻，红签缠素荣。屑之云雪轻，啜已神魄惺。

会待嘉客来，侑谈当昼永。

（宋·梅尧臣）

梅尧臣（1002—1060年），字圣俞，世称宛陵先生，宣州宣城人（今宣城市宣州区）。《颖公遗碧霄峰茗》此诗介绍了碧霄峰生长情况，突出了其出产期晚与众不同的特点。《吕晋叔著作遗新茶》说的是宋代官家茶园献给皇帝的贡茶。

答卓民表送茶

搅云飞雪一番新，谁念幽人尚食陈。髣髴三生玉川子，破除千饼建溪春。

唤回窈窈清都梦，洗尽蓬蓬渴肺尘。便欲乘风度芹水，却悲狡狯得君嗔。

（北宋·朱松）

淮南道中微雪

密密云阴合，斜斜雪态妍。似欺春力浅，故傍客愁边。

宿鸟投村暝，寒梅抱蕊鲜。无人命尊酒，清绝裹茶烟。

（北宋·朱松）

朱松（1380—1407年），字乔年，号韦斋，徽州婺源人。可见宋人饮茶并无季节之分，已成和饮食无异的一种生理享用。

咏　茶

茗饮瀹甘寒，抖擞神气增。顿觉尘虑空，豁然悦心目。

（宋·朱熹）

茶 坂

携篓北岭西，采撷供茗饮。一啜夜窗寒，跏趺谢衾枕。

（宋·朱熹）

茶 灶

仙翁遗石灶，宛在水中央。饮罢方舟去，茶烟袅细香。

（宋·朱熹）

朱熹（1130—1200年），字元晦，号晦庵。祖籍徽州府婺源县。《咏茶》通过诗中所描绘饮茶神清气爽、尘虑顿消的感觉，表达愉悦心灵，豁然领悟茶道的真谛。《茶坂》非常真实、直白地表达了作者的这个生活习惯。《茶灶》诗句描述了山水相映，茶香萦绕，一派雅致的情景。

粥 罢

饭已茶三啜，隅中粥一盂。陶然咏皇化，安用东封书。

（宋·程珌）

程珌（1164—1242年），字怀古，号洺水遗民，徽州休宁人。

煮 茶

曝近春风湿，松花满石坛。不知茶鼎沸，但觉雨声寒。
山好僧吟久，云深鹤睡宽。诗成不须写，怕有俗人看。

（南宋·方岳）

入 局

雁鹜行余纸尾箝，岸湖老屋压题签。印文生绿空藏柜，草色蟠青欲刺檐。
茶话略无尘土杂，荷香剩有水风兼。官曹那得闲如此，亦奉一囊惭属厌。

（南宋·方岳）

方岳（1199—1262年），字巨山，号秋崖，徽州祁门人。

煎茶峰

一

缓火烘来活水煎，山头卓锡取清泉。品茶懒检茶经看，舌本无非有味禅。

二

春山细摘紫英芽，碧玉瓯中散乳花。六尺禅床支瘦骨，心安不恼睡中蛇。

三

瘦茎尖叶带余馨，细嚼能令困自醒。一段山间奇绝事，会须添入品茶经。

（宋末元初·陈岩）

陈岩（1240—1299年）南宋末至元初诗人，字清隐，池州青阳人。

游黄山

黟山深处旧祥符，天下云林让一区。千涧涌青围佛寺，诸峰环翠拱天都。
烹茶时汲香泉水，燃烛频吹炼药炉。为问老僧年几许，仙人相见可曾无。

（明·程信）

程信（1417—1479年），字彦实，号晴洲钓者。徽州休宁人。

正月四日张次公先生过遇琴馆留宿对雪即事

野翁犹自爱贫家，一笑柴门起暮鸦。柏叶细倾元日榼，松萝频泼小春茶。
沉沉带雨檐花落，渐渐无风径竹斜。破榻尚堪留十日，墙头浊酒未须赊。

（明·程嘉燧）

与曹稑躬易岕茶二首

只爱经春旧岕香，雨前空自斗旗枪。紫磨白璧元非价，指射青山与抵偿。
纵是参苓上党腴，茗柯一勺万金储。吴侬病渴全须此，不遣人看当酪奴。

（明·程嘉燧）

程嘉燧（1565—1643年），字孟阳，号松圆，明代诗人。《与曹稑躬易岕茶二首》记载了他在茶友曹稑躬家中以自己的画作来交换岕茶。

焙 茶

露蕊纤纤才吐碧，即防叶老采须忙。家家篝火山窗下，每到春来一县香。

（明·王毗翁）

王毗翁（生卒年未详），明代文学家，曾任霍山令。

煮　茶

早起山童扫雪皑，瓦瓶煨沸仗炉灰；月团荡漾金瓯舞，雀舌轻盈玉盏开。

风味陶公今想见，仙灵卢老又重来；碧云不逐清风断，香气群徘几度回。

（明·姚武英）

姚武英（生卒年未详），明代皖西人。

寒食日宿扫公房

入门见群树，海棠花正殷。花下一杯茗，顿觉开襟颜。先是文与龚，坐久寻复还。

（明末清初·方文）

锦山岭夜月

奈何深夜犹贪立，如此清光不忍眠。忽见茶炉余活火，老僧重与汲山泉。

（明、清·方文）

江上望九华山雪

雪后江南见九峰，九峰均作玉芙蓉。何年始践山僧约，扫雪烹茶过一冬。

（明末清初·方文）

方文（1612—1669年），字尔止，号嵞山，安庆府桐城人。《寒食日宿扫公房》这一次品茶，就是文及先、龚半千在一起相会时的主要活动。《江上望九华山雪》可见九华山寺庙中某一位僧人早已与方文有约在先，希望方文能在隆冬季节上山，一同扫雪烹茶。

紫霞山试茶

阮公溪畔是仙家，山山旗枪带石霞。谷雨过时堪小摘，洞云深处有灵芽。

烹来活火三春候，坐傍依荫一树花。莫道卢仝偏好事，天香未许世人夸。

（清·袁启旭）

袁启旭（生卒年未详），字士旦，安徽宣城人。

敬亭采茶

一榻松荫路，因贪茶候闲。呼朋争手摘，选叶入云还。

竹色翠连屋，林香清满山。坐看归鸟静，月出半峰间。

（清·施闰章）

施闰章（1619—1683年），字尚白，号愚山，安徽宣城人。

紫霞远胜绿雪

古岩树千章，香雾日腾结。谷雨采灵芽，紫霞胜绿雪。

（清·梅庚）

咏绿雪茶报愚山

持将绿雪比灵芽，手制还从座客夸。更著敬亭茶德颂，色澄秋水味兰花。

（清·梅庚）

梅庚（1640—1716年），原名以庚，号雪坪，安徽宣城人。

幼孚斋中试泾县茶

不知泾邑山之涯，春风茁此香灵芽。两茎细叶雀舌卷，烘焙工夫应不浅。
宣州诸茶此绝伦，芳馨那逊龙山春。一瓯瑟瑟散轻蕊，品题谁比玉川子。
共对幽窗吸白云，令人六腑皆清芬。长空霭霭西林晚，疏雨湿烟客不返。

（清·汪士慎）

汪士慎（1686—1759年），字近人，号巢林，安徽休宁人。

谢玉田馈祁门茶

黄山之茶绝清俊，如苦吟客兼甘辛。龙井乃如病西子，天然秀逸美在颦。
祁门红茶更何似？浑金璞玉羲皇民。不矜不伐不峭厉，外若淡泊中含纯。
涤膻劀积称最好，亦解避暑湔埃尘。

（许承尧）

许承尧（1874—1946年），字际唐，号疑庵，徽州歙县唐模人。

黄山茶

昔者曾希圣，每逢春夏日。赠我黄山茶，清芬妙无匹。今饮黄山茶，老大忽思家。
吾母撮新叶，轻手藏荷花。翌晨开线裹，妙香无复加。八十余年过，追攀感无涯。
我曾游黄山，饱饮黄山茶。今如遇故人，缥缈梦云遐。

（赵朴初）

咏天华谷尖茶

深情细味故乡茶，莫道云踪不忆家。品遍锡兰和宇治，清芬独赏我天华。

（赵朴初）

赵朴初（1907—2000年），安徽太湖县人。

赞漕溪谢公茶

一

春分时节撷新芽，草飞莺长诗满崖。四壁青山笼远雾，一圃绿水映流霞。

二

香留舌本舒人意，韵入心脾惹众夸。今日若来玉川子，定将走笔谢公茶。

三

杜鹃声里过漕溪，四度登临香染衣。裕大声名扬四海，五洲遍饮众称奇。

（王镇恒）

王镇恒（1930—2021年），温州永昌人。茶学家、茶学教育家、茶树栽培专家。

二、竹枝词

　　竹枝词原是流行于三峡地区的民歌，它是巴蜀先民手执竹枝而舞、以脚踏地为节的歌舞——竹枝歌演变而来的。竹枝词广泛传颂则是在中唐以后，中唐刘禹锡、白居易先后在三峡地区为官，听竹枝、爱竹枝，然后仿民歌竹枝而创作了民歌体竹枝词。自此以后，历代文人均以此为体裁进行创作，称名为文士竹枝词。到明清时期，竹枝词吟咏风土为其主要特色，"志土风而详习尚"，洋溢着鲜活的文化个性和浓厚的乡土气息。

　　安徽壮美多姿、如诗如画的自然风光，古朴浓郁、独具魅力的民俗风情，深受文人们的青睐，尤其是安徽著名特产的茶叶，成为竹枝词表现的题材，从而结出灿烂绚丽的奇葩。

秣陵竹枝词

酒馆张灯尽墨纱，夹纱窗内建瓶花。纯灰细雨深杯酒，撮泡松萝浅碗茶。

（明·文震亨）

文震亨（1585—1645年），字启美，明代长洲县（今江苏省苏州市）人。文震亨工诗文、擅诗画，著有《长物志》等，内容多涉及茶亦有徽州松萝茶记叙。这是一首记叙明末南京秦淮河边高档酒楼用松萝茶待客的竹枝词。

暮春偶过山家

山村处处绿新茶，一道春流绕几家。石径行来微有迹，不知满地是松花。

（明·吴兆）

吴兆（生卒年不详），字非熊。明代诗人，安徽休宁人。这首竹枝词勾描出一幅春意盎然的绿茶图画，读来清新、明快且朗朗上口。

咏　茶

松萝法造遗传久，只今犹自不悠扬。家鸡可是多嗜厌，或因传咏少文章。

顾褚慢亭虽擅美，岂能轻劣薄吾乡。

（明末清初·郑旼）

郑旼（1607—1681年），号遗甦，字慕倩。徽州歙县郑村人。这首小竹枝词的大意是松萝茶自明代问世以来，其炒制法已是传到很多地方且有很长时间了，但是，郑旼认为松萝茶的传扬还不够，还缺乏传咏的文章，他期待松萝茶"悠扬"盛世的现象出现。

新茶绝句

领取寒芽趁日还，莫教宿火忌阴天。几番辛苦才盈掬，博得封题号雨前。

（清·卢见曾）

卢见曾（1690—1768年），字澹园，号雅雨。山东德州人。这是对六安山区茶乡春季制茶辛劳场景的真实写照。

六安采茶词

春风遍绿霍山前，儿女辛勤剧可怜。日雨，采茶要趁养花天。

两两三三臂竹筐，女儿低语向嫔行。花白，今岁依如茶树长。

南山茶比北山多，欲到南山奈远何。小坐，看花人曳碧油过。

采茶功课赛农桑，不似倡僚弃路旁。家怨，送人夫堵到浮梁。

（清·白镕）

白镕（1769—1842年），字小山，清代通州人。该诗中有对六安茶区茶农春季采茶劳作情景的客观描述。

六安竹枝词

一

四山环绕一庵迎，花木玲珑胜水晶。佛断香烟僧自富，茶含云雾最知名。

二

流波碃上石泉清，雀舌新芽最擅名。江氏祠前风乍过，茶香暗逐粉香生。

三

南山茶采北山催，姊妹相逢笑口开。知否一春倍辛苦，风鬟雾鬓满山来。

四

春来何事足生涯，百万金钱散似麻。忙煞邻儿争早市，隔宵先卖雨前茶。

（清末民初·浣月道人）

《六安竹枝词》一：治西七十里水晶庵，梁武帝坐禅于此，山顶出云雾茶。一、二这两首词是称颂齐头山所产云雾茶和流波碃所产雀舌茶。三：六安产茶多藉女工采撷。这是对六安茶区茶农春季采茶劳作情景的客观描述。四：六安每年京庄买茶计朱提数十万，大苏民困。此诗是对六安山区茶农售茶和外地商人购茶等繁忙热闹情景的真实描述。

宜城竹枝词

妾住前山郎后山，采茶生小二龙湾。后山夕照前山雨，雨过望郎郎不还。

（清·疏枝春）

疏枝春（生卒年不详），字玉照，号晴墅，桐城人。此诗极富民歌气息。二龙湾即大龙湾和小龙湾，原属桐城杨桥区（今属安庆市宜秀区）。此诗大有刘禹锡"东边日出西边雨，道是无情却有情"的生活情趣。

采茶竹枝词

一

谷雨微风长嫩芽，绕篱香透野人家。钟断，云里声声唱采茶。

二

旗枪几日吐新芽，忙煞林边种树家。龙岭凤山清石口，人人争卖雨前茶。

（清·窦国华）

窦国华（生卒年不详），清乾隆时霍邱举人。一：是对六安茶区茶农春季采茶劳作情景的客观描述。二：是对六安山区茶农售茶和外地商人购茶等繁忙热闹情景的真实描述。

采茶词

一

抛却春花簇簇红，全家忙向白云中。小姑寻到岭前去，浅步山腰又几弓。

二

雨前雨后叶俱齐，宛转樵声隔岭西。山色迷人行不得，斜阳渐共翠眉低。

三

如此年华女如此春，看花多少恋红尘。若非甘苦亲尝过，也向东风学笑暇。

四

龙团搏就凤团搏，不管花残与柳残。十指生香香彻骨，令人那后望梅酸。

五

溪水门前弯后弯，家家笑语入柴关。明朝拟上芙蓉顶，五色云中任往还。

（清·关世恩）

关世恩（生卒年不详），清嘉道间六安州贡生。其《采茶词》最为精彩，词句清新，文字通俗，描述了皖西茶乡采茶人辛勤劳作、人山采茶的各种情态，同时还展示了茶乡优越独特的自然生态景观和民风民情。一：是说全家男女齐出动去茶山采茶情状。二：则称雨后春茶齐发，茶歌相和之声响彻山岭西东。三：说出了采茶人的辛苦之情。四：述说采茶人因忙于采茶，而无时间观赏山中自然美景，但全身侵染着茶叶的自然清香。五：则道出山区茶乡采茶人欢声笑语的美妙情状。

霍山竹枝词

一

娘在簷前自擘麻，爷常外出货新茶；大儿担柴街头卖，小女荷锄学种瓜。

二

近城百里尽茶山，估客腰缠到此间。新谷新丝权子母，露芽摘尽泪潜潜。

（清·陈燕兰）

陈燕兰（生卒年不详）。一：有对山区农闲之余，男人外出售茶、妇人纺绩，一家人忙于副业的景况的描述。二：则展示了山区茶农深受茶商盘剥的辛酸隋状。

西武竹枝词

西武岭高高插霞，西武岭平平碾车。上岭下岭踏镜面，中亭打挂吃粮茶。

（清·施源）

施源（生卒年不详），清代黟县知县。诗中描写了挑夫经过西武岭的时候，面对新修宽阔平展的道路，不由地流露出了轻松愉悦的心情。其中"上岭、下岭、碾车、镜面、打拄"等词语，都是黟县的口语或者方言，充满了浓厚的生活气息与乡土风味，读后别有一番韵味。

西畴诗抄

清明灵草遍生涯，入夏松萝味便差。多少归宁红袖女，也随阿母摘新茶。

（清·方士庹）

方士庹（生卒年不详），字右将，号蜀象，徽州歙县岩寺环山村人。

松萝采茶词（三十首，辑选）

一

侬家家住万山中，村南村北尽茗丛。社后雨前忙不了，朝朝早起课茶工。

二

晓起临妆略整容，提篮出户露正浓。小姑大妇同携手，问上松萝第几峰？

三

空蒙晚色照山矼，雾叶云芽未易降。不识为谁来解渴？教侬辛苦日双双。

四

双双相伴采茶枝，细语叮咛莫要迟。既恐梢头芽欲老，更防来日雨丝丝。

五

采罢枝头叶自稀，提篮贮满始言归。同人笑向他前过，惊起双兔两处飞。

（清·李亦青）

李亦青（1822—1899年），号海阳亦馨主人，徽州休宁人。

茶庄竹枝词（二首）

一

新安土物尽堪夸，摘了春茶又子茶。最是屯溪商贾集，年年算得小繁华。

二

先生收拣本无私，公道还防有怨闻。若把拣场方好屋，此公算是大宗师。

尖毛秤架两边分，四两何妨当半斤。玉手纤纤亲授受，面前小立也销魂。

（清·江耀华）

江耀华（1849—1925年），原名江明恒，徽州歙县芳坑人。

黟山竹枝词（三首）

一

姑嫂偕行去采茶，旗枪对对选新芽；多情阿嫂将姑嘱，休损枝头并蒂花。

二

我黟田少独山多，确土宜茶理不磨，好是春光三月半，村村听唱采茶歌。

三

人言采制殊非易，侬道栽培更觉难；酝酿全凭天气好，最宜温暖不宜寒。

（清·舒斯笏）

舒斯笏（1861—1936年），原名元璋，字载之，徽州黟县舒村人。

潜山竹枝词

村前正唱采茶歌，百副花灯未算多。狮子蚌精相对舞，一班刚到一班过。

（张恨水）

张恨水（1895—1967年），原名张心远，安庆潜山人。鸳鸯蝴蝶派代表作家。

拣茶词

茶粗茶细不用愁，只愁交去打回头。怜她贪快终能净，看拣人偏眼似钩。

（胡术五）

胡术五（1897—1980年），教育家，安徽祁门人。

三、茶 赋

南有嘉茗赋

南有山原兮，不凿不营，乃产嘉茗兮，嚣此众氓。土膏脉动兮雷始发声，万木之气未通兮，此已吐乎纤萌。一之日雀舌露，掇而制之以奉乎王庭。二之日鸟喙长，撷而焙之以备乎公卿。三之日枪旗耸，搴而炕之将求乎利赢。四之日嫩茎茂，团而范之来充乎赋征。当此时也，女废蚕织，男废农耕，夜不得息，昼不得停。取之由一叶而至一掬，输之若百谷之赴巨溟。华夷蛮貊，固日饮而无厌；富贵贫贱，不时啜而不宁。所以小民冒险而竞鬻，孰谓峻法之与严刑。呜呼！古者圣人为之丝枲絺綌而民始衣，播之禾黍麦菽粟而民不饥，畜之牛羊犬豕而甘脆不遗，调之辛酸咸苦而五味适宜，造之酒醴而宴飨之，树之果蔬而荐羞之，于兹可谓备矣。何彼茗无一胜焉，而竟进于今之时？抑非近世之人，体惰不勤，饱食粱肉，坐以生疾，藉以灵荈而消腑胃之宿陈？若然，则斯茗也，不得不谓之无益于尔身，无功于尔民也哉。

（宋·梅尧臣）

茶僧赋

林子仁名茶瓢茶僧，予为之赋。秋崖人问茶僧曰：咨尔佛子，多生纠缠。今者得度，以何因缘？岂其能重译陆羽之经，饱参赵州之神也。与累彼灌荈，爵于原因。扶种族之匏落，引苗裔之蔓延。系有民父之叹，磊落壶公所悬。彼躯体之臃肿而猥大者，君子虽器之，而未知其孰贤？或刳而中，或剖而边；士操取饮于夜洞，鸟劝行浩于春烟，曾未若尔。出家在许瓢之后，而成佛在魏瓠之先也。试尝为扫除霜苗，提携出山，衣以驼尼之浅褐，喜其梵相之紧圆。与之转法轮于午寂，战魔事于春眠。山童敲云外之白，野老掬雪中之泉。瞬木上座其少林，与竹尊者而留连。漱冰玉之一再，搜文字之五千。然后挂维摩拂，卧沩山瓶，未尝不叹曰：奇哉此僧之精研也！

（南宋·方岳）

松萝茶歌

东南产茶非一乡，卢仝当日推阳羡。月团云腴哪易致？山荈野茨市井偏。
今人吟茶只吟味，谁识歙州大方片？松萝山中嫩叶萌，老僧顾盼心神清。
竹篝提挈一人摘，松火清荧深夜烹。韵事倡来曾几载，千峰万峰丛乱生？
春残男妇采已毕，山村薄云隐白日。卷绿焙鲜处处同，惠香兰气家家出。
北源土沃偏有味，黄山石瘦若无色。紫霞摸山两幽绝，谷寒蹊寒苦难得。
种同地异质遂殊，不宜南乡但宜北。夔岩汪子真吾徒，不惟嗜茶兼嗜壶。
大彬小徐尽真迹，水光手泽陈以腴。瓶花冉冉相掩映，宜兴旧式天下无！
有时看月思老夫，自煎泉水墙东呼，郝髯陆羽无优劣，茗槚微茫触手别。
灵物堪今疾痰瘳，今年所贮来年啜怜予海岸病消渴，远道寄将久不辍。
　　二君既是新安人，我愿买山为比邻。
　　一寸闲田亦种树，瓯香碗汁长沾唇，况复新安之水清粼粼。

（明·吴嘉纪）

吴嘉纪（1618—1684年），字宾贤，号野人，江苏东台市安丰镇人。

松萝茶赋

新安桑梓之国，松萝清妙之山，钟扶舆之秀气，产佳茗于灵岩。素朵颐与内地，尤扑鼻于边关。方其嫩叶才抽，新芽出秀；恰当谷雨之前，正值清明之候。执懿筐而采采，朝露方晞；呈纤手而扳扳，晓星才溜。于是携归小苑，偕我同人，芟除细梗，择取桑针。活火泡来，香满村村之市；箬笼装就，签题处处之名。若乃价别后先，源分南北。熟同雀舌之尖，谁比鹦翰之绿。第其高下，虽出于狙狯之品评；辨厥精粗，即证于缙绅而允服。既而缓提佳器，旋汲山泉，小铛慢煮，细火微煎。蟹眼声希，恍奏松涛之韵；竹炉候足，疑闻涧水之喧于焉。新茗急投，磁瓯缓注，一人得神，二人得趣。风生两腋，鄙卢仝七椀之多；兴溢百篇，驾青莲一斗之酣。其为色也，比黄而碧，较绿而娇。依稀乎玉笋之干，仿佛乎金柳之条。嫩草初抽，荽足方其逸韵；晴川新涨，差可拟其高标。其为香也，非麝非兰，非梅非菊。桂有其芬芳而逊其清，松有其幽逸而无其馥。微闻荇泽，宛持莲叶之杯；慢挹荟蕴，似泛荷花之澳。其为味也，人间露液，天上云腴。冰雪净其精神，淡而不厌；沆瀣同其鲜洁，冽则有余。沁人心脾，魂梦为之爽朗；甘回齿颊，烦苛赖以消除。则有贸迁之辈，市隐者流，罔惮驰驱之远，务期道里之周。望燕赵滇黔而跋涉，历秦楚齐晋而遨游。爰有鉴赏之家，茗战之主，取雪水而烹，傍竹熜而煮。品其臭味，堪同阳羡争衡；高其品题，差与潜霍为伍。尔乃驾武夷、轶六安、奴湘潭、敌蒙山、纵搜肠而不滞，虽苦口而实甘。故夫口不能言，心惟自省。合色与香味而并臻其极，悦目与口鼻而尽摅其悃。润诗喉而消酒渴，我亦难忘；媚知己而乐嘉宾，谁能不饮。

（清·张潮）

张潮（1650—1709年），字山来，号心斋居士，徽州歙县人。

春山采茶歌

霍山之峰三十六，仙草时时长空谷。东风昨夜雨初收，遥山一片春云绿。
五花七宝钟精英，碧玉紫笋多嘉名。中有琼浆煮不竭，水仙著绿留茶经。
上巳才过叶初吐，渐渐抽芽当谷雨。绿窗人比养蚕忙，摘满筠篮日未午。
松风吹处闻茶歌，山山相应清且和。一半带云半带雨，归来摊向庭前多。
我闻尔雅无茶字，荈与之名起后世。周礼成书缺此官，不然掌茗何难置。
又闻龙团制作工，头纲驿递加黄封。佳名顾渚齐阳羡，风味于今渐不同。
孰若仙芽产衡霍，银针兰蕊时抽萼。一瓯应笑武夷浓，七碗咸嗤龙井薄。
春山初霁烟光明，无数晴峰绕县城。讼庭花落吏无事，摘来试汲廉泉清。

宰官方物例入贡，朝服亲题标上用。尚有官衔达圣聪，蓬莱小谪真如梦。

（清·潘际云）

潘际云（生卒年不详），清嘉庆十三年任霍山知县。

徽茶百言赋

天工开万物，九州始生茶。发乎神农氏，闻达鲁周衙。

殊诧始於汉，说文槚作榎。谁谓茶苦磋，况茗今灵芽。

初音同茶切，唐始减一画。举国皆品饮，千载俱称佳。

陆羽撰经典，始传歙州茶。王敷论盌峉，万国求吾茶。

封氏闻见录，徽茶俏天涯。阊门祁之茗，商旅走华夏。

大明茶变革，朝贡有奇葩。清史留瀚墨，名噪声誉嘉。

地灵山隅异，黄金纬度佳。旖旎风水秀，砾地枞壤纱。

茗柯植仙境，瑞草侪山崖。灵枝秀阿娜，嘉木更挺拔。

吮吸露霜长，日月哺精华。茶乡茶芴美，茗烟嫋万家。

大方松萝萃，软技称圣茶。云雾家园春，屯绿伴紫霞。

祁红群芳最，六安育翠瓜。珠兰茉莉花，太平银针芽。

黄山毛峰美，群芳出类拔。古今品誉好，中外皆堪夸。

人间有仙葩，徽茶姣姿逴。技艺承薪火，妙手巧生花。

佳茗似佳人，绝代洁无瑕。谁解其中味，邀尔共盏茶。

名士善评水，隐者喜斗茶。文儒醉裏吟，风雅搜茶话。

弄汤碧水滟，明亮清漫华。银毫披白霜，琥珀红艳霞。

果蜜栗香浓，冷韵似兰花。玉露甘霖醇，瑶席潄芳华。

品啜鲜回味，馨香留齿颊。七碗通仙灵，羽客爱有加。

和清静俭美，博大精深茶。禅修释儒道，人生三味佳。

饱食改膻腻，消炎清暑夏。散闷涤烦忧，疗寒疾湿邪。

解毒且养胃，除困解疲乏。消脂能降压，增寿滋精华。

精行廉育德，茶礼韵尔雅。脱俗身心静，淡泊明志哗。

闲情品逸趣，陶然神焕发。煮茗吟风月，历代诗书画。

百年谢裕大，盛世再兴茶。称雄为国礼，英姿更潇洒。

（郑　毅）

徽茶赋

徽茶兮，其名久矣。唐圣陆羽，茶经诵扬；琵琶行神曲妙唱，茶酒论寓意沧桑。

先春大方白茶，松萝软枝茗芳；黄山毛峰，祁红屯绿；美名美誉，耀古辉今……

徽茶矣，人间瑞草兮；天籁赐赏！

徽茶兮，其品多矣。茶有百种，品而无量；歙州方茶柔润肠，新安含膏汤匀光。莲心紫霞有名，雀舌嫩桑品上；珍眉熙春，有柔有刚；祁山乌龙，甘润绵长……

徽茶矣，绝世清纯兮；甘苦德芳！

明前蛰后，社前露香；嫩芽抽早纤手摘、竹篓香绕巧焙烘。素手炒制风味，揉搓烘焙清香；嫩度定质，条索观状；色泽考艺，整碎评芳……

徽茶矣，艺精工巧兮；妙手传扬！

徽茶兮，其形美矣。纤嫩含碧，芽叶拥翠；锋苗秀丽雀舌长，扁如剑兮卷螺香。细如银针弯眉，鹰爪林立旗枪：珠蕊情开，云雾绽放；百媚姣姿，仪态万方……徽茶矣，美轮美奂兮；神怡心旷！

徽茶兮，其色秀矣。色泽绿润，银毫披霜；山泉冲瀹碧成汤，仙姿缥缈馥郁香。祁红艳似琥珀，猴魁清澈明亮；毛峰清高，淡绿微黄；花茶色丽，袭人芬芳……徽茶矣，绝代秀色兮；情趣绵长！

徽茶兮，其香妙矣。茶乡茶艿，国茶天香；似麝似兰凝素瓷，非梅非菊满庭芳。草香花香清香，果香粟香蜜香；干嗅清雅，湿闻韵长；千变万化，隽永醇香……徽茶矣，香韵天成兮；四季流芳！

徽茶兮，其味醇矣。玉露生液，甘霖包浆；冲泡煮煎饮滋味，香清甘润品悠扬；汤鲜碧嫩爽口，雅韵浓酽绵长；汁含百味，寓意沧桑；齿颊留芳，胸臆抱爽……徽茶矣，美滋美味兮，人间同享！

《黄山茶赞》

纬轴之灵，是钟天都，勾芒倪兆，属于生刍。

旨哉斯物，托迹云门，白毫类鹤，长寿若椿。

高依石笋，清超齐桂，凌霜挺荣，栖霞遗世。

春风三月，士女乃来，披条涉险，历谷征才。

登肆庐馆，人烟方袭，九鼎崇列，千金论值。

我居仙里，素心悦慕，山涛分流，玉液静漱。

援简援墨，神思云飞，风人不夜，乐志忘时。

姓氏余甘，望钦海外，凤举龙翔，弛声至大。

云何陆经，莫表高操？众举轶贤，独观娟妙。

宝出昆阆，质驾菌芝，传之孔嘉，谁其掩之？

有客升堂，修礼以陈，既当奉爵，亦解生津。

轩皇灵迹，富利九州，丹甫纂集，允著阳秋。

（徐丹甫）

四、茶戏茶歌

采茶戏大体来源于采茶歌、采茶调，也有的是在此基础上发展而来的茶灯，并且与其他艺术相结合不断地发展完善。可以说，采茶活动是采茶戏的生活根基，采茶调正是其最初的艺术形式，茶灯则是歌舞兼备的进一步表现。而采茶戏是一种综合性的艺术，许多采茶戏的发展都能够证明这一点。

岳西高腔《采茶记》，是突出反映皖西茶事的地方传统剧目。从高腔、茶叶史料及剧情分析，剧本应形成于清代康熙、乾隆之际，距今已200多年历史。全剧分《找友》《送别》《路遇》《买茶》四场，穿插《采茶》《倒采茶》《盘茶》《贩茶》四组茶歌，共一万二千余字。岳西高腔是一种濒临绝迹的古老剧种，入选国家首批非物质文化遗产名录。

祁门采茶戏，多是在近代祁门茶叶经济崛起之后才大量产生的，是对当时茶叶产制的集中反映，在一定程度上也极大丰富的广大农民的社会生活，具有浓厚的时代气息。祁门采茶戏曲调优美，有西皮、唢呐、皮二凡、反二凡、钹子、秦腔、南词、北词、花调等数十种。清初是以清唱形式在室内演唱，八个人坐在室内，不穿戏衣不化妆，自弹自唱，乐器只有二胡、三弦和锣鼓，以后逐渐增加月琴、琵琶、扬琴、板胡等多种。至于茶事出现在戏剧中那更是常事，如徽州民间有搬演目连的习惯，这目连戏是宗教祭祀剧，为徽州人郑之珍所撰，共102折，可演三天三夜，剧中有七个场次中讲到茶事。如第九场《化强从善》中小尼姑道白："开门屋里坐，祸从天上来。强盗忽到，到庵中说讨茶吃。师父堂前打话，徒弟厨下烹茶。"第十二场《傅相升天》中和尚念疏文道："道场一中，供陈玉粒茶，献金芽水洒。"

桐城民俗中的茶文化不仅表现在庆吊等人际交往的礼仪中，同时在民间文化艺术领域中也有充分的体现，其中最典型的就是桐城民歌。桐城民歌历史悠久，明代开始刊布成帙，称为"桐城歌"。《明代杂曲集》里采集桐城歌25首。

明代著名文学家冯梦龙的《山歌》亦辟有"桐城时兴歌"专卷，录桐城歌24首，并谓之"乡俚传诵，妇孺皆知"。在历代桐城民歌的艺术宝库里，亦有不少茶歌。如《桐城有三宝》："桐城有三宝，茶叶秋石和丝枣。就怕不识货，错把金条当稻草。"这无疑说明了桐城茶的珍贵。又如《盘茶歌》曰："正月盘茶正月眹，堂屋来个拜年哥。倒盏香茶请哥喝，拜年的哥哥笑。"这是拜年习俗的诗歌化。此歌从正月一直唱到十月，极富浓郁的乡土风情气息。再如《我夸乖姐美胜花》曰："买茶来到唐家湾，望见乖姐心直撞。人说高山出好茶，我夸乖姐美胜花。"既是情歌又是茶歌，既夸人美又夸茶好，既见到心上人又买到高山茶，真是妙不可言。其他还有如《家乡水最清甜》《鲁馘茶》《手捧茶盏笑嘻嘻》等，不胜枚举。甚至连有些文人也按捺不住，情不自禁地加入民歌创作的行列。

1937年，胡浩川场长，带领茶业改良场的一班人，撰写了题为《祁门红茶》的剧本，详细地述说了祁红生叶采摘、初制和精制的各个过程，出演后引起极大反响。1949年，为庆祝祁门解放，将原剧本加以改造，添加一些新的内容，改编为《天下红茶祁门好》的六幕歌剧，进行演出，是对祁门茶业戏剧的集中展现，具有很高的艺术价值。

天下红茶祁门好

序 曲

哪儿的红茶最著名，天下数祁门。江里有拍天的大水，山上有连天的森林；晴天早晚满地雾，阴雨成天的满山云。茶树这儿生，她享尽了天有的恩。

天下的红茶数祁门，茶树娇养如美人。今年的种子明年生，十年难长成。娇茶娇草也没这娇身份，要我们费尽爱护心。茶树这儿生，她享尽了人有的恩。

种茶歌

天下的红茶祁门好呀，耕锄茶园要趁早呀，咿呀嗬嗨，一年锄得三四遭呀，不让茶园长棵草呀，咿呀嗬嗨，雅嗬嗨，耕锄茶园要趁早呀，咿呀嗬嗨，雅嗬嗨。

满天大雾上茶山呀，一锄一锄不怠慢呀，咿呀嗬嗨，太阳当头忙送饭呀，吃饱就有力气干呀，咿呀嗬嗨，雅嗬嗨，吃饱就有力气干呀，咿呀嗬嗨，雅嗬嗨。

他们吃饭有空闲呀，提起锄头快上前呀，咿呀嗬嗨，上前帮助锄一遍呀，大家换手耸耸肩呀，咿呀嗬嗨，雅嗬嗨，大家换手耸耸肩呀，咿呀嗬嗨，雅嗬嗨。

生产不分女和男呀，咿呀嗬嗨，生产不分少和老呀，大家动员来除草呀，快把茶园整理好呀，咿呀嗬嗨，雅嗬嗨，快把茶园整理好呀，咿呀嗬嗨，雅嗬嗨。

采茶歌

风儿悠悠地吹，鸟儿阵阵地噪。枝头一片绿油油，初出的太阳霞万道。山上遍处是采茶人，男男女女老老少少。喧声笑语没曾停，采茶风光好热闹。双手快快地摘，太阳渐渐地高。篮儿装满就送回，新鲜叶子不能晒焦。采下来的是嫩茶草，一芽两叶不大不老。枝枝都是一般齐，做成红茶好好好。

制茶歌（初制）

天下的红茶祁门好，长得嫩，摘得早。初制法子真神妙：要她软，用萎凋，揉捻卷成条;要她红，用发酵，烘干又变黑，泡水还是大红袍。初制法子最神妙，天下的红茶祁门好。

制茶歌（精制）

天下的红茶祁门好，干了精制又巧妙：坏茶都不要，轻的扁的给风吹了，粗的细的给筛筛了，还有那吹筛不尽的坏茶，逐个个儿手拣掉。精制工夫到，总是一般儿好，一般儿大小，精制法子最巧妙，天下的红茶祁门好。

尾　曲

哪儿的红茶最著名，天下数祁门，种茶靠我们农民，做茶靠我们工人，工农合作来生产，努力生产，大家一条心。

茶歌与茶谣有所不同，它不但有优美的唱词，更有着悠扬的旋律，曲调有的轻松活泼，有的平稳优雅。歌词的内容有的是生产生活知识，有的是民间爱情故事。

休宁地区流传了一首《采茶山歌》："摘茶姐，卖茶郎，一斤糕，两斤糖，打发阿哥进学堂。读得三年书，中个状元郎，金童来报喜，玉女来送房，阿姐做新人，阿哥做新郎。"还有一首歌谣，记述了近代徽州地区茶谣，歌谣流传至今。

"阿哥阿妹上茶山，妹在西山坡，哥在东山岗，趁着无人高声语，借着山歌诉衷肠。哥像茶棵常年绿，妹是新芽迎春香。阿哥心跟阿妹走，好比日头追月光。妹问哥哥摘几斤？妹爱哥哥不变心；哥问妹妹摘多少，阿哥阿妹白头老。妹邀哥哥上夜校，又怕别人来见笑，哥邀阿妹去做茶，又怕父母不应答。哥妹婚姻自作主，明天登记去政府。"

20世纪30年代，流传于祁门红茶区的一首茶歌写道："三月抬得采茶娘，四月抬得焙茶工。千箱捆载百舸运，红到汉口绿到吴中。年年贩茶赚价贱，茶户艰难无人见。雪中茗草雨中采，千团不值一匹绢。钱小秤大价半赊，口唤卖茶泪先咽。"这首茶歌内涵丰富，值得玩味。"三月抬得采茶娘，四月抬得焙茶工"，是对茶叶采制过程的反映。"千箱捆载百舸运，红到汉口绿到吴中"说的是茶叶制成后，通过水路运输到茶埠，红茶运往汉口，绿茶运往苏州销售。"年年贩茶赚价贱，茶户艰难无人见。雪中茗草雨中采，千团不值一匹绢。钱小秤大价半赊，口唤卖茶泪先咽"数句是说，茶叶交易中茶商压低茶价，茶农遭受茶商的沉重剥削，生活极为贫困的现实情况。

休宁县还流传歌谣《松萝茶》曰："松萝山上真奇妙，晴天仍有云雾绕。松萝交映三四里，其中茶叶质最好。叶厚脉细嫩而壮，色泽辉绿工艺巧。松萝茶香盖龙井，常年饮用疾病少。老少常喝精神旺，降压利尿有疗效。松萝名茶誉四海，'绿色金子'是外号。"除此之外休宁县还有民歌《贩茶歌》流传十分广泛。

徽州盛产茶叶每逢茶叶采摘季节，山中总是歌声嘹亮、欢声四野。源于江西以反映采茶劳动生产为主题的采茶戏，在祁门等徽州地区也很盛行，并受到民众的欢迎与喜爱。

采茶扑蝶舞，原名扑蝶灯，是流传在祁门西乡彭龙村的一种民间舞蹈。舞曲表现的是一群采茶姑娘在采家茶时被身边的彩蝶所吸引，因而丢下茶篮而去捕捉彩蝶的情节。最初在元宵节闹花灯时表演，是由4个姑娘一手拿着花蝴蝶，一手拿着圆纸扇，边唱着一年十个月的花名和农事，意在欢庆新春佳节的同时，安排好一年的农业生产。整个舞蹈轻松愉快，形式优美，具有浓郁的乡土气息，表现了人们热爱自然、热爱劳动的心情。

《祁门县志》对《扑蝶舞》有所记载："正月里，是新春，家家户户过新年。二月里，杏花开，花楼姐姐丢绣球。三月里，三月三，姑娘个个采茶忙。四月里蔷薇开，家家户户忙插秧。五月里，是端阳，金壶打酒大家尝。六月里，热沸沸，男女老少忙耕田。七月里，秋风凉，牛郎织女配夫妻。八月里，是中秋，桂花开来满堂香。九月里，九重阳，菊花做酒甜津津。十月里，小阳春，百花都要开一枝。"这个是以方言演唱，浓郁的乡土气息唱出了茶农的喜悦，折射出徽州人内心深处对于茶的眷恋。

第二节　徽茶石刻碑文

安徽茶事见载于文字的形式也有多样，碑联诗文无疑是一种主要的载体。将茶事以碑文叙说，以达到时间之久远，必定是重要之事。历史上徽州的碑刻是很多的，护林有永禁碑，禁赌有戒赌碑，修桥、筑路、造祠、盖亭更亦有碑，这些碑留存至今也不在少数。但到底茶碑有多少，想必无人做过统计，然而能够保存至今则更在少数。现在保存完整的茶碑只有两块。

一、堆婆古迹

据《婺源县志》记载，徽州婺源浙岭头（吴楚分源古驿道，徽、饶二州必经通道）在五代（907—960年）时，有一位住岭头的方姓老妪，她虽然生活清苦，却有一副助人为乐的热心肠，她在浙岭上修了一段驿道并在路亭里设摊供茶，长年取岭上"一线泉"水，义务烧茶供过往行人解渴消乏，乐而不倦。茶香闻十里，善行传四方。方婆病逝后埋于茶亭边，来往行人感方婆恩德善行，敬方婆助人高义，念方婆质朴品性，纷纷在墓前拾石堆护，日积月累，竟在浙岭头形成了一个高5~6m，长宽10多米，占地60m²的"堆婆冢"；志书称其"方婆冢"。明代文人许次纾为方婆高义所感，专门写有《题浙岭堆婆石诗》，诗中叹云："乃知一饮一滴水，思至久远不可磨。"清道光年间，为纪念方婆的乐善好施，立了一块"堆婆古迹"的碑刻。如今飘扬的帘旗上仍写着"方婆遗风"四字。

二、松萝山碑记

《松萝山碑记》是明万历三十六年（1608年），由当时徽州休宁著名学者汪光严书、邵庶抄文、金维震题启的巨石碑刻，系明代达官显贵和社会名流集资捐银而制。《松萝山碑记》石碑选用产自徽州婺源的上等青石，碑记是用正篆题刻，字体清秀，四边刻有迴纹状花边，显得素雅端庄。

《松萝山碑记》载："峰峦攒簇，松萝交映，危石夏泉，潺缓进玉……群山环抱庙门独开……亭亭秀色……时晴时雨，蒙蒙云气……北窥黄山，南宾白岳……邑之镇北曰松萝，以多松名，茶未有也……远麓为琅源，近种茶株，山僧偶得制法，遂托松萝，名噪一时……为上乘……让福寺庙前至东边坞，岁岁早春皆有一二棵白茶游移而生，出没无常，山人称之仙灵玉叶，求者可望而不可得……僧大方……岁岁辛劳，精心培制……清明雨前，茗香飘逸，茶商云集，竞相争购……万历初年寺僧达四十之众……辟山躬耕自食其力佛门弟子乐善好施致使古刹香烟百年绵绵暮鼓晨钟声声至远。"

三、申禁茶碑

《申禁茶碑》位于安徽祁门县渚口村，立于清道光三年（1823年）。碑高1.27m，宽69cm，青石阴文楷书，字体遒劲，除个别字迹稍许剥蚀外，大部分清晰可辨。其时，祁门茶叶市场非常活跃，茶叶交易十分兴隆与繁荣，茶商与茶农在经济利益上也是矛盾重重争夺、偷窃、抬抑物价甚至斗殴事件也时有发生，茶农苦不堪言，激起公愤，遂公议签同，集申约禁；以"诚欲得物，力免争端，束人心，维风俗，不使开奸盗之门，绝生息之机也。"

《申禁茶碑》规定公订夏前七日方许开摘（茶），采卖收买，无论外客土著均戒先期杜去毛峰青茶各色，除"十八排年已立合文签押外，演戏勒石，以肃耳目，以垂久远，嗣后如有违犯者，罚戏一台加禁，倘强横不遵合约，并文鸣官理处，庶兴利息争而不失人心风俗之淳厚云"。

《申禁茶碑》全文为："盖茶之产也，利可大举，弊亦存至，将欲兴利，必先剔弊，故从前起镬拣择，窃恐有伤风化，严禁者，既杜渐而防微。今凡趋利利纷争，竞尔攘窃，公行申禁焉。复询谋而画一，诚欲保物，力免争端，束人心，维风俗，不使开奸盗之门，绝无生息之机也。近来都内毛峰青茶名色，予期倍息，出入采卖者，人已无分鲜廉，不顾收买者左右是望，昂价相抬，肆行盗窃，青天白日，若不妨入市樱金，大启凌浇，洽比昏渊，遂同恨弱肉强食，以致看守而凶闹者有之，忿激而掘毁者有之，及茶市抵夏地，人艰于购买，家常日用之物似等珍奇贵贱，把持之权，咸归垄断利之薮也，弊以滋矣！为此众议签同，重申约禁，其递年产茶之时，公订夏前七日方许开摘，采卖收买，毋论外客土著，均戒先期杜去毛峰青茶名色，除十八排年已立合文签押，外演戏勒石，以肃耳目，以垂久远，嗣后如有违犯者，罚戏一会加禁，倘强横不遵合约，并文鸣官理处，庶兴利息争而不失人心风俗之浮厚云。时道光三年岁在癸未夏四月，合约公立。"

四、公议茶规

《公议茶规》碑位于徽州绿茶婺源城西北46km的洪村，镶嵌在洪氏宗祠墙中；碑身为青石，高1.3m，宽0.6m，立于清道光四年（1824年），碑文为阴文楷书，共十二行。碑文记载了当时全村茶农就茶叶流通管理方面所制定的民约。

婺源是古徽州的绿茶之乡，也是中国的绿茶之乡，而婺源洪村当年生产的绿茶也称"松萝茶"。其时，到洪村收购松萝茶的客商很多，为了买卖公平，避免纠纷，经大家商议，就立下了这块《公议茶规》碑，碑文中共有5项条款，作为茶叶交易的"行规"，同时也为了主持买卖公平。如果有违反者，则要罚请戏班唱通宵戏，然后再罚银5两入祠充公。《公议茶规》碑既反映了清代徽州茶文化和徽商文化的精髓，也体现了徽州茶商"公平诚信"的经商准则，同时还反映了当年"松萝茶"的销售和贸易情况。这块碑至今不但保存完好，还于1985年被立为县级文物保护单位，看得出婺源人对它的感情。

《公议茶规》碑全文为："合村公议，演戏勒石，钉公秤两把，硬钉贰拾两。凡买松萝茶客，入村任客投主入祠校秤，一字平称，货价高低，公品公卖，务要前后如一。凡主家买卖客，毋得私情背卖。如有背卖者，查出罚通宵戏一台，银伍两入祠，决不徇情轻贷。倘有强横不遵者，仍要倍罚无异。一、买茶客入村，先看银色言明，开秤无论好歹，俱要扫收，不能蒂存。二、茶称时，明除净退，并无袋位。三、茶买齐先兑银，后发茶行，不得私发。四、公秤两把，递年交值年乡约收执。卖茶之日交众，如有失落，约要赔出。道光四年五月初一日，光裕堂衿耆约保仝立。"

五、合约演戏严禁

《合约演戏严禁》碑位于祁门县闪里镇大仓村，清道光六年（1826年）三月初八特地演戏将封禁内容告诫全村老少，并勒石"合约演戏严禁"，对违犯所禁条款给予处罚，第一条内容就是"禁（止）茶叶迭年立夏前后，公议日期鸣锣开采，毋许乱摘各管各业，以上数条各宜遵守各族者赏钱三百文，如有见者不报，徇情肥自己照依同罚备酒二席，夜戏全部。"

这些碑刻虽系民间合约，但由于所说事理明白，惩罚分明，内容详细，符合大多数民众的意愿，对稳定当时茶区形势，促进茶叶生产起到了积极的作用。

六、永禁碑

安徽祁门县渚口乡滩下村有一块清道光十八年（1838年）《永禁碑》，碑文四条，第四条规定"禁（止）茶叶递年推摘，两季以六月初一日为率，不得过期，倘故违偷窃，定行罚戏，壹千文演戏断不徇情。以上规条，望家外人等触目警心，务宜自重。"

七、积庆义济茶亭碑

古代徽州地处万山之中，山路漫漫，古道幽幽，这些山路古道大都用石板铺成，每隔五里十里就有一个路亭，供路人躲风雨，避酷暑，作为歇脚休息之用。一些乐善好施者划出或捐出田地作为亭产，以确保一年四季茶水供应，施茶于行路人消暑解乏。

在婺源县冲田乡梅岭脚下有一座积庆义济茶亭，就有一块清光绪二十七年（1901年）立的古碑。此碑长215cm，宽70cm，碑文上半部为茶亭输租芳名、租额及地点。有"灶新，输入骨租拾秤，土名，叶坞口田壹丘。神助，输入骨拾秤，土名，高源山。万兴，输入骨租柒秤，店前绵田壹丘，又输骨租四秤，土名，塘源行者坞。学钦，输入骨租拾四秤，又田及叁亩，土名，梅岭下。有花，输入田等贰亩，土名，蛇口坞田壹丘。赞寿，输亭底段式片田壹小丘，贰古堂输租。"

输入的田租使茶亭有了经济来源，因此住亭人生活及施舍水也就有了经济保障。当然，茶亭也有条规，规定和约束住亭人。梅岭的积庆义济茶亭就有8条条规勒石以遵，即："一、设添灯一炷，夜照人行，灯火不得熄灭，如违议罚；二、长生茶一所，无论日夜不得间断匮乏，如违重罚；三、客行李什物倘有失落，查出住亭人私匿，先行议罚，再行逐出不贷；四、住停人不得引诱赌博，查出议罚逐出；五、住亭人不得开设洋烟，查出议罚逐出；六、住停人不得窝藏匪类留宿异端，查出议罚逐出；七、住亭人持势呈凶，无故闹事，报知村内定行议处；八、梅岭勘每逢朔望之日，住亭人须将扫净，如违查出议罚。"

茶亭一般设在荒郊野岭，住亭人无人管束，若行为不端，不仅影响村邻，对社会也是一种危害，此茶亭条规制定为商贾行旅提供了一个安全歇宿场所，对社会稳定也起到积极作用。

八、撤分厘卡

《撤分厘卡》碑位于安徽祁门县城吴桥头，1923年设立，是关于撤销卡茶税厘金局的一块碑刻。

茶叶征税始于唐代，贞元九年（793年）茶税作为单独一个税种在全国开征，到了民国期间茶税名目繁多，层层设卡。当时，祁门县城与县城外的倒湖都设立了厘金局。1915年又在祁门县闪里和县城的吴桥头设立了厘金局分卡，吴桥头是祁门县城坐船南下江西的一个码头，在这里收税显然是与下游的倒湖厘金局分卡收税重复。茶叶从祁门县闪里茶区启起运，茶商茶农要到县城开税票。因此，不论是西到江西，还是东走渔亭，都有厘金卡局收税，而且是重复收税。当时，以祁邑士绅胡清瀚为首，开展了"请裁分卡运动"，也就是要求撤卡减税。其时厘金局由省财政厅直接管理，而祁门县与省财政厅就减税问题的来往公文竟达3尺多厚，最后省财政厅不得不同意撤卡；消息传到祁门县，群情振奋且相互道祝，而祁门商会就将这次战胜苛捐杂税的大事勒石刻碑以示庆贺，同时将《撤分厘卡》碑立在原厘金局分卡的祁门县城吴桥头。

《撤分厘卡》碑文载："城东一卡，则以厘局阴为袒护之故，未能去也。上年霍邱龚公来剑长理局，鉴于地方团体公论，悉心考察，知城东分卡实属无裨税收，留之只是病民，俯顺舆情，毅然请裁。撤卡时欢声雷动。"

九、演戏申禁碑

在古徽州婺源郭山里村余氏宗祠门前的路面上，就有一块关于茶叶的《演戏申禁碑》，碑为青石，长宽为63cm×40cm，碑文楷书阴文9行，因在做路面，脚踏车辗，不少文字均难以辨认，但通观全文立碑的意思还是可以理解的。

《演戏申禁碑》全录如下："□□□□□□固多而惟吾□□甚□来茶商渔□莫□□计剥人凡秤□□□□□弊病多端，为此演戏勒石公禁，自此以后凡售茶叶要经主家平衡，外客毋得擅自挟秤主于，茶样照货品价之后，仍将原样放入袋中，均行过秤。毋得私取，违者演戏一台，示□预白，同治八年六月日商族公具。"

十、最乐亭

最乐亭位于岳西县中关乡枫香村枫香岭际，存碑两块。

碑文一："最乐亭亭名最乐，聊设茶汤，行人来往，渴烦不当风霜，雨雪坐立无妨，基系□期工亦本方，公私远近，愿助克昌钱谷，刊勒永垂久长（后略）。"

碑文二："胪列芳名（略）清光绪二十七年岁次辛丑孟春谷旦。"

十一、清风岭茶亭

茶亭在岳西县响肠镇响肠村赶鱼组，存碑一块。碑文："永垂不朽吾乡□□□也，前沙岭，后塔耳岭，南□□罗汉，而英霍太经要道出岭中焉。山路崎岖，征人熙攘。每际炎威烈聚，苦无憩息之所。□如□□□□□望偏之，叹我旁目，孰能无济众天良？爰率族人，共襄盛举，用□清风岭畔，建立凉亭□于□□□□□□□□茗庶□□沾润□□头响肠□□无愁从兹，施及生民，惠即山而兼□□隐是非，故为好善乐施也。押示联聚冬汤□不意□遣人庐饮之制焉耳。是为引。计间每人捐茶赏款宏名列后（略）。民国八年次戊午孟冬月吉日公立。"

十二、半岭茶亭

半岭茶亭位于岳西县清水寨东侧，茶亭存碑一，石柱刻一。

碑文一："民国十六年丁卯季夏月中浣谷旦记曰：潜北响肠侧，步湖乡半岭，接碎石岭，岭长而峻，半亭圮无存，碎石亭又少间，行人苦望梅久矣。我王氏永奎公裔，环居左右，爰率公私集资代公捐地点，创亭煎茶，憩息解渴。兹当告竣，请撮俚言，用冠捐名一览表（略）。"

碑文二："王永奎公支下建。"

第七章 徽茶风韵

"十里不同风，百里不同俗。"茶俗是与待客、结婚、丧仪、祭祀、宗教、民族风俗等方面相结合而形成的习俗和各种茶的礼仪。茶俗无处不在，人们在种茶、制茶、烹茶、品茶、饮茶等方面所形成的某种风俗，亦属于茶俗的内容。茶俗文化是人们生活、情感等的写照，而茶俗的继承性为人们保留了许多珍贵的历史资料（图7-1），对中华传统文化起到了强有力的支持和推动。同时另一方面，从中国茶俗文化的发展过程可以看到，茶俗文化的发展不断推动茶叶经济的发展，而茶叶经济的发展又反过来直接推动了茶俗文化的发展进程。

图7-1 茶铺：乡风民俗

第一节　安徽茶风礼俗

"无徽不成镇，无茶不成俗。"安徽是我国古老的茶区之一，由于受经济条件、历史文化、宗教信仰、地理环境、民俗风情、图腾崇拜等的影响，安徽茶俗文化呈现出鲜明的地域性特征。安徽茶俗种类繁多，堪称代表。诸如茶叶生产习俗、茶业经营习俗、日常饮茶、客来敬茶、岁时饮茶、婚恋用茶、祭祀供茶、茶馆文化、茶事茶规等，都非常丰富多彩（图7-2）。

图7-2 岁时饮茶

安徽皖西地区盛产茶，茶叶生产是重要的农事之一。

皖西地区的采茶季节，一般在清明以后的农历三月。清明至立夏者为头茶，称春茶；立夏之后为二茶，也称子茶、夏茶；再往后为秋茶，也称三茶、三暑。春茶、夏茶之间出的茶叶叫"混子茶"，俗语云"尖对尖，中间六十天"。

皖西茶乡的茶农常把春茶后期茶树上所有单片、鱼叶梗桩摘除干净，称为"翻棵"，皖西茶乡一般不采秋茶，如果采摘了秋茶，就会影响到来年的茶叶产量和质量。皖西山区新开辟的茶山一般要三年才能开园采摘，称为"破庄"；老茶山每年开始采摘时，称为"开山"。旧时"开山"时节，主人家还要奖励请来的摘茶"尖子手"，常常会奖励大钱一串。

图 7-3 皖南茶园

每年茶叶采摘前，要举行"开园"仪式：谷雨前后，视茶叶生长情况选定开采吉日。早上，由家中男主人携供品以及香、纸等祭物来到茶园，敬拜茶神（陆羽），然后象征性地采上几根茶叶，其他人再跟着采摘，是为"开园"。这天早餐，全家人要喝香茶、吃茶点、吃茶叶蛋；中餐、晚饭有茶干、火腿肉炖茶笋等菜佐酒下饭。

安徽皖南山区茶季十分繁忙而辛苦（图7-3）。根据民国《歙县志·风土》记载："谷雨前后，昼采夜制，无稍暇逸。"采茶多为妇孺之事，男人则负责制茶。因茶园多在高山或林地深处，路途遥远，一般多早出晚归，中午不回家吃饭，以玉米馃（俗称苞芦馃）、冻米糖、炒饭等为中餐，佐以茶干、茶笋、豆豉等茶点。新鲜茶叶采摘下山后，当天晚上就要制作成干茶，第二天上午即可包装出售。所以，茶季的山村夜晚多灯火通明，茶农们通宵达旦地忙碌着。每年茶季，一些缺乏劳力或茶园面积多的农户，不得不雇请外人帮忙采制。所以，每年茶季，山区一些已经出嫁的女儿多以探亲的名义回娘家帮忙采茶，俗称"归宁采茶"。未出嫁的姑娘也借采茶之机交友、谈心、唱山歌。采茶本来是桩苦活，却成为大姑娘、小媳妇最为开心的事。茶区山上一片红衣绿衫和歌声，成为徽州山区农事一景（图7-4）。

茶叶极易吸潮变质，一些珍贵的名茶变化尤为明显，因此人们一开始就非常重视茶叶的贮藏。唐代，用瓷瓶贮茶，也称"茶罂"，常为鼓腹平底，瓶颈为长方形、平口。这种茶罂一般装散茶或末茶。唐代还以丝质的茶囊贮茶，讲究者还在茶囊中缝制夹层，以更有利于贮存。

图 7-4 皖南采茶姑娘

宋代赵希鹄在《调燮类编》中谈到"藏茶之法，十斤一瓶，每年烧稻草灰入大桶，茶瓶坐桶中，以灰四面填桶瓶上，覆灰筑实。每用，拨灰开瓶，取茶些少，仍覆上灰，再无蒸灰。"说明宋代已经用草木灰储茶，因其可以防止茶叶受潮。明代人们贮茶主要用瓷质或陶质的茶罂，也有用竹叶编制成"竹篓"，又称"建城"的器皿来贮茶。竹篓中可贮较多的茶。在同一篓中贮藏不同品种的茶叶则称为"品司"。明代还发明了将茶叶和竹叶同时相伴存放的贮茶方法。因竹叶既有清香，又能隔离潮气，有利于存放。更讲究的储藏是先将干竹叶编成圆形的竹片，放几层竹片在陶茶罂底部，竹片上放上茶叶后，再放数层竹叶片，最后取宣纸折叠成六七层用火烘干后扎于罂口，上方再压上一块方形厚白木板，以充分隔离潮气。旧时皖西茶乡销售黄大茶习用竹篓包装。因篓编花纹成箱状，名"花箱"装头。春茶两箱一连，两连箱再包以大篾包，包内衬以笋壳编成，俗称"虎皮"。

茶在徽州人的生活中有重要的地位，并体现在茶渗透到生活的各个领域；从生老病死、婚丧嫁娶，到三时四节、衣食住行，无不有茶的踪迹。

徽州人从呱呱落地那天起，首先接受的就是茶的洗礼。徽州人家生孩子，有奶奶端喜报信的习俗，端出茶壶就是男的，端出酒壶则是女的。如黄山毛峰创始人谢正安出生时，他的奶奶就是手拎着茶壶报喜，她还边走边大声地喊"茶壶啊！茶壶啊！"还有的人家，则是煮上一大锅茶叶蛋，专用于给前来道喜的人吃，有的富庶之家还到村中挨家挨户送茶蛋；婴儿出生三天要洗澡，则所谓的"三朝澡"，此为人生的第一澡。这第一澡通常也要用茶水洗。孩子满月要喝满月茶，周岁要喝周岁茶。读书了要喝启蒙茶，当学徒了要喝拜师茶。

徽州人时节用茶，更是约定俗成。新年开年吃利市茶，新春插秧吃开秧茶；立夏后吃茶解暑，中秋对月品茶，冬日火桶煨茶等。民间中还有权善议事品茶，路口要津设茶亭，演戏集会摆茶摊，调解矛盾吃壶茶。还有以茶代药，养生保健；如绿茶祛火、松萝解酒、红茶养胃、安茶去瘴以及用茶洗脚、洗疮、洗伤口等，这些都是徽州茶俗中百用不厌的妙招。除此之外，还有开封茶坛的茶事（相当于佛寺的开光大典）、惜别的茶事、赏雪的茶事、一主一客的茶事、赏花的茶事、赏月的茶事等。每次的茶事都要有主题，比如某人新婚、乔迁之喜、纪念诞辰或者为得到了一件珍贵茶具而庆贺等。另外，延师教子也必有茶礼。"桐城好，课子重名师。四时八节情义重，两饭三茶恐怕迟，学俸好元丝。"

一、客来敬茶

安徽人大多有饮茶之习，且好饮绿茶。无论男女，闲居小坐常伴之清茶一杯。冬天饮茶提神促暖，夏天饮茶消暑解渴。逢年过节或婚寿喜庆，招待客人首先是奉上香茶一杯，配以用攒盒（俗称茶盒）盛装的糕点、糖果、花生、瓜子等茶点，称请客人"吃茶"，然后请客人吃茶叶蛋、吃浇头面（盖浇面），最后还要再奉上一杯香茶或给客人的茶杯续水。

有"来者都是客"之说，然后视情形请吃茶点、茶叶蛋（或荷包蛋）等。冬天来客，通常要泡茶敬客，夏天即用壶茶敬客。敬茶时要用双手，以表示尊重，有的主人嘴里还说句"喝杯清茶"，表示谦逊。一般给客人倒茶只倒七分满，斟满有自满骄傲的意思，有对客人不敬之嫌。倒茶倒七分，余下的三分是情谊。俗话说"看人上茶"。如果是贵客上门，那就要讲究吃"三茶"了。三茶就是"枣栗茶"（蜜枣、板栗）、"鸡蛋茶"（五香茶叶鸡蛋）和"毛峰清茶"。大年初一、正月拜年、婚礼、新娘回门都要吃三茶。三茶又叫利市茶，大吉大利。如正月里拜年时，主人敬上一碗热腾腾、香喷喷、红通通、甜丝丝的枣栗茶汤，主人说道："请！请用枣栗茶！开年大吉，早早得利！"客人躬身接过茶，朗声回答："早利、早利，对合（对合即彼此）早利。"一碗碗"枣栗茶"，弥散出先民的才智和语言的精美："枣栗"——"早利"，借茶碗中的枣栗，虔诚地祝福客人、家人和自己早早得利。这既是一种美的心态，也是一种美的风俗，更何况那"利"的词义是妇孺皆知，人人都懂。

皖西茶区和皖南茶区一样，茶礼习俗也是讲究颇多。客来敬茶（图7-5、图7-6）是约定成俗的礼仪规范。小孩快上学时要吃"启蒙茶"，拜师学艺的学徒要吃"拜师茶"。霍山地区走亲访友常以茶为礼，宾客进门后便招呼着"坐，请坐，请上坐"，接着是"茶，上茶，上好茶"，充分体现了主人的热情好客，这也充分显示了茶乡人民的待客之道和热情淳朴。

图7-5 茶馆：品茗清谈

图7-6 富室：客来敬茶

二、婚礼茶俗

安徽乃名茶之乡，安徽民间婚俗"四道茶"是安徽人最为普及和注重的茶事。"以茶为礼"是指以茶叶作为聘礼，是茶与婚姻习俗相结合的一种特殊形式。

唐代时，饮茶之风甚盛，社会上风俗贵茶，茶叶成为婚姻不可少的礼品。宋代时，由原来女子结婚的嫁妆礼品演变为男子向女子求婚的聘礼。至元明时期，"茶礼"几乎为婚姻的代名词。女子受聘茶礼称"吃茶"。清代仍保留茶礼的观念。有"好女不吃两家茶"之说。

时今，我国许多农村仍把订婚、结婚称为"受茶""吃茶"，把订婚的定金称为"茶金"，把彩礼称为"茶礼"等。至于迎亲或结婚仪式中用茶，用作礼物时，主要用于新郎、新娘的"交杯茶""和合茶"，或向父母尊长敬献的"谢恩茶""认亲茶"等仪式。素以严谨著称的朱熹，将这一套颇为隆重的礼节整编成为"三茶六礼"的仪式，并流传至今。

安徽婚礼"四道茶"是宋、元以来延续至今的茶文化的精品。当婚礼进行至"二拜公婆"之后，新娘从欢喜娘（选自村中吉利、和顺、漂亮的中年妇女）手中接过金边茶盅，轻轻摆进拜桌当中，掀开桌上一方红布，下面是"五香茶"（茶叶、红糖、菊花、桂花、橘皮）。用匙各取适量放进茶盅内。新娘接来冲泡好的茶后，放在红漆托盘里，徐步走向公婆，连茶举至齐眉，恭敬地深深鞠躬，请公婆喝茶。

这是第一道茶中的"孝顺茶"。公婆呷上一口，说："好茶，香茶。"当即从欢喜男手中递来的甘草、黄连中取少许放入另一茶盅，轻摇几下，递给儿媳说："万事开头难，持家靠勤俭。"这是第一道茶中的"苦茶"。新娘喝上一口，茶中苦涩立即由喉而入。但苦过之后，甘甜也慢慢而来。"苦茶"告知新人，只有"吃尽苦中苦，方有甜中甜"。

第二道茶是在拜堂之后、认亲之前，是安徽民间婚俗最热闹的阶段，茶事更是韵味横生。在公婆给过大红喜包之后，第二道随即展开。由利事人（选自村中同宗内上有公婆、下有儿女、夫妻恩爱、邻里和睦的夫妇）将已泡好的茶给新娘。这茶中有糖、核桃仁、桂圆肉等，叫"甜茶"。

第三道茶，是送入洞房之后，称"盼喜茶"，伴娘早就准备好了"盼喜茶"。从食筐内取出金漆喜盘，内有泡好茶头茶盅两只，并"四喜果品"：枣子（早生贵子）、栗子（早早得利）、蜜糖二杯（甜甜蜜蜜）、鸡蛋二个（圆圆满满）放在桌上让新人慢用，"盼喜茶"与"交杯酒"为花烛之夜的美妙搭档。"盼喜茶"不仅茶要喝，四喜果品更要吃，但都不能吃完，表示"喜气不断"和"好日子还在后头"。

第四道茶是新郎、新娘以新夫妇的身份办的第一件事，向家中长辈及公（爹）婆（母）请早安，敬早茶。这是"四道茶"中最后一道，也称"亲亲茶"。整个过程要洋溢小辈对长辈的尊敬和长辈对小辈的慈爱与呵护。吃过"亲亲茶"，一家人第一次坐在一起吃早餐。一个和睦、团结的新家，在融融的亲情中寄托着对未来生活的企盼和祝福。

"四道茶"是安徽茶文化的精彩凸现。奉的是一杯茶，敬的却是一颗心。喝的是一口茶，品的却是无限亲情；说的虽是几句好话，却声声句句道出了祈愿与真诚；行的是敬上爱下的礼仪，展示的却是安徽人对茶的重视和喜爱。

茶礼花样多，十里不同俗。祁门南乡的贵溪村是祁红创始人胡元龙的故乡，这个村办婚礼，就有五道茶仪。一是斗床茶。新郎发轿的前夜，要请木匠斗床檐，程序是木匠先将床檐放置床中央，用鱼肉米祭祀过后，新郎先向床中作揖，再向木匠作揖，木匠念起祝辞，众人同声唱好，然后便集体来到堂前坐定。这时桌上早已摆好茶点，东家便端来子茶和茶蛋，大家吃着喝着，热闹非凡。二是进门茶。新娘轿子进村先到祠堂，念过开轿诗，背新娘至家中洞房门前，再念过开门诗，新人进洞房吃过甜饭，随后便与众人一道到堂前喝茶吃茶点茶蛋。三是拜堂茶。午饭后，新郎、新娘到祠堂拜堂，礼官唱过拜堂辞后，新人拜天地拜高堂，再夫妻对拜，礼仪完毕，回到家中喝第三道茶。四是合卺茶。晚饭后，洞房内放一条桌，点一对蜡烛，置一对酒杯一壶酒，新人对立案头，喝交杯酒，众人喝彩，开始闹新房。闹房结束，众人到堂前喝第四道茶。新人则由小姑往洞房中送进一对鸳鸯罐茶，小姑返身出门锁上新房，新郎、新娘则在房内同喝合卺茶。五是教礼茶。婚礼次夜，宗族里找来四个知书达理的已婚男子，宴请新郎，席间男子们要教导新郎三朝回门的礼节，以免出丑。宴后唱送子辞，最后鸣锣结束，再道堂前喝第五道茶。至此，整个婚礼才算完成。更有趣的是，结了婚的姑娘在婚礼后一年中仍叫新娘，并随时要让人来看。而每有新客来看新娘，东家就必定邀请客人喝次新娘茶。新娘茶的做法也很奇特，则要在茶中放入佐料，有的以五香茶干雕刻成花状放入，有的以盐水笋撕碎放入，有的则以石榴放入，各地做法不一。总之，佐料可以根据季节不同来做选择。更有甚者，有些村庄喝新娘茶还可以像喝酒那样，以茶的杯数猜拳喝令打擂台，闹个天翻地覆，不亦乐乎。在泗县，仍保留着"喝开口茶"的婚俗，即在迎亲落娇后，会有童男童女奉上一杯新娘茶，茶中有桂圆、红枣，寓意着夫妻和睦、早生贵子、幸福美满。

据《桐城续修县志》载：婚礼时，新郎及媒人先要带着花轿到新娘家，"主人揖婿及媒妁坐，三献茶，婿簪花披绯帛，媒妁起出，主人拜送之，及导婿入内堂，妇冠帔坐于房，婿至起立，揖婿以锦蒙妇首，退立于堂，使转氍毹，客吉服送妇人彩舆，婿键钥乃出，升舆还。俟妇彩舆至，启钥使转氍毹，客捧诰轴香炉迎妇坐床，婿并坐，以尺挑蒙首锦，即古之举蒙，三献茶，婿起出，客取食具添妇妆，乃设筵。"在这迎娶的短短过程中，即有两次"三献茶"。第二天天明，新妇还要"以针线茶食为贽"拜见舅姑。正是因为茶在民俗活动中的重要地位，才使人们在思想观念上烙下了深刻印象，觉得茶是神圣的、崇高的、吉祥的，因而喝剩的茶水不能随便倒在地上。甚至一些和茶本不相干以及没有茶叶参与其中的民俗礼节也以茶为名，成了一种茶礼或茶事。再如女子婚后三朝回门捧"花茶"、满月时娘家送"满月茶"都是不见茶叶而又以茶命名的礼仪。

姚兴泉《龙眠杂忆》写女子婚后回门词曰："桐城好，择吉把门回，檀箱酒水刚抬去，捧合花茶就捧来，夫妇笑颜开。"作者注云："回门日，备送酒筵，以祀女之先祖也。花茶，黏纸罩茶瓯上，剪彩为花，中实以冻米、红蛋，唯其意不唯其物耳。拜堂时已有之，兹则因回门而踵事增华也。俱女家营办。""唯其意不唯其物"，正是这些不见茶叶而又以茶命名礼仪的真正原因所在。"其意"当然是指神圣、崇高、吉祥之意。这种"唯其意不唯其物"的茶礼，不仅在一些重大庆吊活动中存在，即使在一些日常待人接物礼节中也可常见。据《桐城续修县志》介绍：一些地方祭祀时，也要"进羹进膳进茶"。家有喜丧之事，对来庆吊者，主家都要"献茶辞谢""凡宴会，主人先期折束，届日催邀，先献茶食乃列席"。过年期间更少不了茶礼茶仪，腊月二十三日，要"以饴与茶祀灶（原注：俗谓送灶，以此日灶神上天奏事）"，"二十七八日或除日以红豆入米蒸年饭或磨米和糖霜为年糕及三牲祀神（原注：茶酒香灯或按十二月为数，有闰月则十三，谓之还年）"。正月初一要"以糕果茶祀其先"，客人来拜年，"主人待之以茶"。

三、祭祀茶礼

祭祀用茶，南北朝时萧子显的《南齐书》记载齐武帝萧颐永明十一年在遗诏中称："我灵上慎勿以牲为祭，唯设饼果、茶饮、干饭、酒脯而已。"

以茶为祭，可祭天、地、神、佛，也可祭鬼魂，这就与丧葬习俗发生了密切的联系。上到王公贵族，下至庶民百姓，在祭祀中都离不开清香芬芳的茶叶。茶叶不是达官贵人才能独享，用茶叶祭扫也不是皇室的专利。无论是汉族，还是少数民族，都在较大程度上保留着以茶祭祀祖宗神灵，用茶陪丧的古老风俗。用茶作祭，一般有三种方式：以茶水为祭，放干茶为祭，只将茶壶、茶盅象征茶叶为祭。

清代时期，宫廷祭祀祖陵时必用茶叶。据清同治十年（1871年）史料记载：冬至大祭时即有"松罗茶叶十三两"记载。在清光绪五年（1879年）岁暮大祭的祭品中也有"松萝茶叶二斤"的记述。而在我国民间则历来流传以"三茶六酒"（三杯茶、六杯酒）和"清茶四果"作为丧葬中祭品的习俗。如在清明祭祖扫墓时，就有将一包茶叶与其他祭品一起摆放于坟前，或在坟前斟上三杯茶水，祭祀先人的习俗。

祭祀是中国传统文化的内容之一，以茶为祭品是徽州惯有的形式，如《歙县桂溪项氏祭仪》共有36项程序，其中第25项则为"献茶"。

茶叶还作为随葬品。因古人认为茶叶有"洁净、干燥"作用，茶叶随葬有利于墓穴吸收异味、有利于遗体保存。在安徽寿县地区，人们认为人死后必经"孟婆亭"饮"迷魂汤"，故成殓时，须用茶叶一包，并拌以土灰置于死者手中，这样死者的灵魂过孟婆亭时即可以不饮迷魂汤了。

直至今天，茶仍然是婚丧庆吊等民俗活动中不可缺少的礼仪用品，虽然表现形式有所不同，但它的普遍性却大为增加。

第二节　安徽茶谚茶联

茶谚，即茶叶谚语是中国茶叶文化发展过程中派生的又一文化现象。所谓"谚语"，用许慎《说文解字》的话说，"谚：传言也"，也即是指群众中交口相传的一种易讲、易记而又富含哲理的俗语。

茶谚，就其内容或性质来分，大致可分为茶叶饮用和茶叶生产两类。换句话说，也就是茶谚主要来源于茶叶饮用和生产实践，是一种关于茶叶饮用和生产经验的概括或表述，并通过谚语的形式，采取口传心记的办法来保存和流传。所以，茶谚不只是茶学或茶文化的一宗宝贵遗产，从创作或文学的角度来看，它又是中国民间文学中的一枝娟秀的馨花。在古老的茶乡，无论是斑驳沧桑的村庄，还是人声鼎沸的集镇，人们的口

图 7-7　喫茶

头始终都流淌着一种独特的茶事语言，这就是安徽民间的口头茶文化（图7-7）。

茶联是以茶为题材的对联，是茶文化的一种文学艺术兼书法形式的载体。茶对联、茶店对联、茶庄对联、茶文化对联、茶楼对联、茶馆对联等，都是茶联。

一、茶　谚

茶谚是指关于茶叶饮用和生产经验的概括和表述，人们通过谚语的形式，采取口传心记的办法来保存和流传，但是，它并不与茶同时出现，而是茶叶生产、饮用发展到一定阶段才产生的一种文化现象。谚语是民间群众口头流传的俗语，既通俗易懂，又富有

哲理。因此，安徽茶区也自然流传着众多的俗语茶谚。如民谚云："千茶万桑，万事兴旺""一片茶叶七粒米"。这说明茶叶的经济价值远比粮食作物要高。

茶谚大体可分为三类。一类是描绘茶的价值或功用，如"卖儿卖女，不摘三暑""粗茶细吃，细茶粗吃""好茶一堆宝，坏茶一堆草""好茶是个宝，越吃越不饱""清茶一杯精神百倍""喝了十碗茶赛过神仙家"。这些茶谚总结了茶的吃法，辨别了好茶、坏茶，评价了茶的功用。另一类是生产技术方面，如"卖山不要粪，一年三交钉""新茶到在先，捧得高似天。若要迟一脚，丢在山半边""二月清明茶等客，三月清明客等茶""夏前茶，夏后夹；再不摘，老成杂"。这些俗语茶谚既强调了茶叶质量的时间特点，也说明了节气对茶叶生长的影响以及产量关系。还有一类是借茶发挥主题，如"茶叶两头尖三年两年发疯癫""早霞晚霞无水烧茶"。前一句说的是茶叶价格不稳定，后一句说的是气候对茶叶生长的影响。还有的茶谚简明扼要，短短两句话就说明了茶叶的品质，如"茶叶若要好，色香味是宝"。以色、香、味三者来评定茶的品级，如"要钱要大钱，吃茶吃瓜片"，又如"种茶要好园，吃茶吃雨前"。"瓜片"是六安茶叶的隽品，"雨前"指产于黄山谷雨前的毛尖茶，说的都是安徽茶中的上品。总之，古朴简洁的茶谚是茶人实践的总结，经验的结晶，闪烁着璀璨的智慧和光芒。

关于茶树的栽培管理，各地也有着不同的风俗习惯。据《绩溪县志》记载：绩溪茶乡也有关于茶树管理的茶谚记载，如"春茶一担，夏茶一头""夏茶不采养茶棵，来年春茶多"（图7-8）。俗语茶谚的意思是采茶要适时，而夏茶采茶还要适量。

图7-8 采茶归途

又有"早采三天是个宝，迟采三天是棵草""茶过立夏一夜老"之谚。留养秋茶，护棵越冬。有"秋茶好吃（喝）摘不得"；婺源茶乡有"春茶甜，夏茶苦、秋茶味道赛过酒"的说法。由于秋茶产量太低，茶农往往不愿采，因而也出现了"秋茶虽好无人采"的现象。

安徽茶谚亦云："假忙除夕夜，真忙摘茶叶。"意思是说，摘茶的季节是徽州人一年中最忙碌的时候。民间还形象地描绘摘茶时忙碌的茶谚是"吃饭不知味，走路不沾地""起三更摸半夜，男女老少齐上阵""时节刚逢挑菜好，女儿多见采茶忙"。像苏州女会绣花，渔家女会摇橹一样，安徽农村的妇女必定个个会采茶，可谓是"妇姑相唤采茶去，闲着中庭栀子花"，亦有"早上空篮出门，晚上荷担而归，天晴一顶草帽，下雨一身雨衣"。茶乡又有俗话说："卖儿卖女，不摘三暑。"意思是为了培育茶棵，秋茶是坚决不能采。因为遇上好年景，茶农一季茶的收入，可以温饱一整年。安徽地区有个特殊的假期，叫作"茶假"。俗话说："摘茶拔草，不分大小。"这时候哪怕学堂里的功课再忙，学校也得放假，这种假叫"茶假"。茶假通常是半个月，即使是县城也不例外，少数茶乡也许还要再长些。学生采茶既是体验劳动的艰辛，更是制茶的启蒙。试想安徽人出生就泡在茶里，童年嬉戏在茶山，读书便开始采茶，这自然是无师自通，自我成才了。

二、茶　联

茶联是茶亭的诗眼，也是对茶亭的美化；同时也给茶增添了几许诗情画意，使人更加爱之。茶联，是茶文化的一种文学艺术兼书法形式的载体，它不仅有古朴典雅之美，且有妙不可言之趣。

古往今来，在茶亭、茶室、茶楼、茶馆里常可见以茶事为内容的茶联。"一副茶联庭院陈，人文气场陡然生。"许多茶联蕴含着丰富的诗韵情趣，因茶赋联，联中寓茶，品茶赏联，是中国人独特的人生意境（图7-9）。

茶联的出现，据目前有记载且数量又较多的是在清代。自古以来，无论是文人雅士，还是平民百姓；无论是红尘中人，抑或是空门中人，都能从品茶赏联中获得人生乐趣。

图7-9 清时戏园

图7-10 民国茶馆

第七章——徽茶风韵

一副好的茶联，除了会让品茗增加乐趣和诗意，也会使人心底有所收获和升华精神，使身心宁静和睿智，在茶性的先苦后甘中，终可参破人生"苦谛"（图7-10）。

据考证，楹联始于五代，兴于盛唐。相传五代的孟昶之桃符，即是楹联最初的雏形，也是一种特殊的艺术形式。古徽州人文荟萃，物华天宝，在诸多名胜古迹之处，在古宅、祠堂之中，甚至在路边土地庙的门上，往往都有精彩、隽永的楹联，让人往往驻足流连。徽州人把对茶的钟爱，饮茶的感悟，品茶的情趣，通过茶联的载体深情地表达出来。尤其在儒风盛行的古徽州，更有广泛的社会基础，至于茶人之间以联交往则更不待言。

大地回春，众鸟声喧飞巧燕；洪山耸秀，万龙翔集似云雷。

祁门北乡大洪岭上下十五里，旧有徽池古道从此通过，岭头曾有茶亭，亭上有联。上联是站在岭头仰望，写的是空中之景，下联是立足远眺，写的是鸟瞰之景。上下联第一字巧妙嵌入"大洪"地名，构思别致。从联语中可以看出茶亭的区位非常优越，于这优美的景致中驻驻足，喝喝茶，小作休憩，何尝不是享受。

千里路迢迢，如是我来我往，我坐我行，休叹关山难越；

一亭风习习，何分谁主谁宾，谁先谁后，大家萍水相逢。

这是祁门县大洪岭上的茶亭联，上联说人生道路，全靠自我，从来没有什么救世主，不要抱怨；下联说人生在世，全是缘分，千万不要计较恩怨得失，应该互相谦让。联语从环境下笔，紧扣茶亭主题，以小见大，以积极超脱的人生态度劝世，立意较高，语言也朴素通畅。

峰回路转亭孤峙；云影山光水半壶。

水游到此参泉脉；檐铎呼人洗俗肠。

这两副联均是祁门县城凤凰山的茶亭联。凤凰山曾有凤凰泉，泉甘且冽，四时不竭，于是有人建了凤泉亭，撰了这茶联。第一联写亭的位置险要，泉水秀丽珍贵，"半壶"是指泉水在洞穴中仅见一半，与上联的"孤峙"相对，十分工整；第二副联先写水，说山泉流到此处便作停留，因为这里有着穴脉，想走也走不了；然后再写人，说亭檐悬挂的铃铎，诉说着风语，邀人歇憩，喝一口茶，洗洗俗肠，也有使人想走也走不了的感觉。两副联均从亭从泉人笔，牵带出茶的魅力，令人回味无穷。

奇哉松潭，四顾珍木亭亭，菶菶苍苍，如林如海，下于云表，上探重泉，上下相连连于天，春描翠绿，夏放荫凉，秋染金红，冬披银铠，一年四季换新装，虽历尽沧桑，仍然枝繁叶茂，来客同声称啧啧。

秀兮梅岭，一啜佳茗馥馥，绵绵脉脉，似兰斯馨，远自前唐，近迄当代，远近闻名名贯古，东销两美，南达印尼，西运英法，北售苏蒙，四海五湖连旧友，纵屡遭翻覆，依旧味醇液香，游人异口话津津。

这副长联出白地处祁门松潭村，共有148字。上联写村居的环境，描绘村前的古树林，极尽歌颂之情；下联专写祁红，阐述茶叶的销路，抒发喜爱之心。梅岭是松潭的别称，松潭坐落于高山之巅，其茶叶质量为全县之最，联语里的自豪之情跃然纸上。整副联情真意切，一吟三叹，有很强的感染力，令人过目难忘。

垦荒山千亩，遍植茶竹松杉而备国家之用；

筑土屋五间，广藏诗书耒耜以供儿孙读耕。

这副对联是祁红创始人胡元龙所撰。胡元龙，字仰儒，祁门南乡贵溪人，自幼文武全才，年轻时被清廷授予世袭把总一职，因不满仕途黑暗，辞官为商，走上实业兴国道路。他先是开垦荒山千余亩，种植茶竹松杉等，后又改制红茶。他以重金请来外地茶师，仿宁红制法试做祁红，一举成功，从而成为祁红鼻祖，名垂青史。这副联就是他在垦荒时所撰，既是自勉，也是公告，以表示自己的决心和理想并展示了一个茶人的胸怀。

阅艰巨乃勤农学，由城隅迤逦而行，远望茶桑拱秀竹木浓荫，知惕厉有年，历尽错节盘根，百折心坚成伟业；

到患难始见挚交，痛我生遭逢多故，深荷志切解悬情般仗义，试回首往事，太息风流云散，几番泪洒哭良朋。

这是一副挽联，哀婉的对象是茶叶实业家祁门人氏汪仲英。汪氏为清末光绪年间贡生，后立志要走实业救国道路并在祁门和屯溪开办茶号，这副联基本上概括了他的一生。上联讴歌他的事业，从他在城郊开辟的茶园入笔，追溯他成就事业的艰辛；下联评点他的人生，回忆他处世为人慷慨仗义，抒发作者痛惜之情。全联感情真挚，描述得当。

独携天上小团月；来试人间第二泉。

一杯春露暂留客；两腋清风几欲仙。

以上两副对联出自祁门深山茶区。第一联气势不凡，联语的清高和冷峻，衬托出茶的高雅和圣洁；第二联写主人的热情，以春露留客，让客人成仙，贴切的比喻，夸张的感受，写出了主人的恳切之情和名茶之功。两副茶联意境都很优美，联语如画，显示出深山茶农的文化底蕴。

富要出口多样化红茶可贵；穷国吸毒不勤劳黄草作被。

农牧工商勤则富；茶林桐竹俭成家。

这两副对联是20世纪30年代祁门茶业改良场的作品。改良场创办于1915年，是中国第一家茶叶研究机构，属于"开中茶自来未有的创举"。该场坐落在平里村，为感谢茶农对事业的支持，每逢茶季结束，场部便派人抬着发电机，到各村堂和大茶号，免费放映无声电影，同时带去许多对联，有装裱的有木质油漆的，专送给茶号的司管司库等管理人员，以示慰问。上述两联就是其中之一。

这边到路南，那边到路北，浮生匆匆，世事悠悠，保不住白璧黄金，留不住朱颜玉貌，富如石崇，贵如扬素，绿珠红拂竟何在？请子且坐片时，喝一杯说三道四，得安闲处且安闲；历尽坎坷皆顺境。

此日在河东，明日在河西，前途渺渺，后顾茫茫，夸什么碧血丹心，掌什么青灯朱卷，勇若项羽，智若孔明，乌江赤壁总成空，劝君姑息片刻，听两句谈古论今，有快乐时须快乐，出得阳关多故人。

这是安徽绩溪县扬西岭茶亭的一楹联，感叹日月如梭，世事浮沉，名利荣华皆身外之物，劝诫世人闲适安乐。

地接荆州，值海外竞争，来此间林密山深，片刻何妨驻足；

路经竹岭，喜亭前幽雅，到这里途长日暮，一宵尽可安身。

安徽绩溪至荆州乡中途逶迤十数里的竹岭，修篁古木间隐约有一客栈兼茶亭，内悬一联更是脍炙人口。

南南北北，总须历此关头，且坐断铁门槛，办夏水冬汤，接应过去现在未来，三世诸佛上天下地；

东东西西，阿谁瞒了脚跟，试竖起金刚拳，敲晨钟暮鼓，唤醒眼耳鼻舌身意，六道众生吃饭穿衣。

这是清代黟县人汪有光为"迎瑞亭"撰写的楹联。上下联共有74个字，主要运用"赋"的修辞手法，平铺直叙，铺陈排比，好像叙话家常一样，将佛像、禅理、人生、茶亭等融为一体，深入浅出，如叙家常，如参禅偈。仿佛是一则禅偈，深入浅出地揭示了佛学禅意、人生哲理。

世事尽空忙，且到玉虹亭中坐坐；尘缘欲摆脱，邀同淋沥山上游游。

这是黟县淋沥山玉虹亭的一则楹联；教导人们既要辛勤劳作，也要欣赏自然美景，更要思考人生真谛。

时有客来，烹茶烟暖浮新竹；心无俗累，洗钵泉香带落花。

这是黟县淋沥庵中的一副楹联，表明淋沥古刹以茶待客，以茶悟道。香泉、落花、新竹、茶烟，人与自然交相融合，闲适恬淡，不知不觉之中就心无俗累了。

为名忙，为利忙，忙里偷闲，吃杯茶去；劳力苦，劳心苦，苦中作乐，拿包烟来。

这是黟县西武岭茶亭的一副楹联，该联共有28个字，语言通俗易懂，托物起兴，以日常生活当中抽烟、喝茶等常见行为，引发人们联想与思考，劝解人们淡化名利，正确面对苦乐人生。

忙里偷闲，行且坐坐且行；劳极思逸，笑而谈谈而笑。

这是黟县五里柏林乐善亭的一副楹联，茶联倡导人们学会劳逸结合，享受人生之乐。

起脚都成路；回头便是家。

这是黟县十都岭头茶亭的一副楹联，这则茶亭对联启示人们脚踏实地勤于实践，爱家庭爱人生。

白云芳草疑无路；流水桃花别有天。

地多灵草木；人尚古衣冠。

这是黟县桃源洞在南北各镌刻了一副石楹联，描述了白云芳草、流水桃花的优美景色，穿戴崇尚古风的淳朴乡民，观音阁、庵堂、茶舍等特色建筑，令人感觉此处仿佛就是陶渊明笔下的桃花源。

岭头高土时闻味；古寺僧寮竟品茶。

这是安徽一位叫李应光的茶人在品尝松萝茶时写下的茶联。泥土里闻出茶香味，古寺中竟出好茶来，透过这夸张的联语，我们仿佛看到，一位茶人正匆匆往古寺赶去，刚到岭头似乎就闻到了茶的香味，于是他急追步伐，跑入寺中，邀上僧人开始斗茶。

夜静鱼吞月；春晴鸟谈天。

双溪日照千村树；半阁时留万叠山。

落日衔山双塔峙；长虹卧水一桥平。

以上三副亭联描写的是休宁万安古城岩半亭周围的景致。半亭坐园林之中，因半面依山而得名，竹木掩映，构造幽雅，亭下有放生池。三副联从三个不同的角度对半亭进行描写，有近景有远景，有写实有夸张，尤其第一联写得出奇制胜，气势不凡。

对面那间小屋，有凳有茶，行家不妨少坐息；

两头俱是大路，为名为利，各人自去赶行程。

这是以前徽州婺源秋口乡秋溪村茶亭的亭联。语言朴素亲切，感染力强。

协力同心均遂意；和气生财必大昌。

熙雨布云瑞香纷家园；春前花雾秀片放园林。

味有清香，唤醒故都之旧梦；酒销烦国，聊资贡献于新安。

这三副联是以前徽州婺源协和昌茶庄的店联。第一联巧妙嵌入了"协和昌"三字，并将徽商"同心协力、和气生财"的理念广而告之；第二联中"熙春、雨前、云雾、香片、家园"是该庄所经营绿茶的五个茶名，看似是随意摆布，仔细研读，有很强的逻辑性，实为精心组合；第三联以"茶能提神，酒可消烦"为主题，同时抒发了思乡之情。

重瞻婺绿驰名，改图良策；遥绍徽商盛誉，再鼓雄风。

茶局亦如棋，端赖精思筹妙着；商场原似海，尤凭实力驾轻舟。

这是以前徽州婺源茶叶改良场悬挂在办公室的茶联。据资料记载：此处改良场是20世纪30年代的产物，从对联的内容看，其时婺源绿茶正处于困难时期，所以第一联表达了改良场要重振婺绿的决心；第二联则带有自省自戒的性质，告诫人们要慎重决策，要壮大实力，总之两副联带有很强的时代印记，从一个角度映射出安徽茶人顽强拼搏的不屈精神。

新安江心水，玉盏光含莲花露；黄山顶上茶，新芽香带天都云。

此联含有四个地名，新安江是徽州水系，黄山顶是徽州名山，莲花和天都则是黄山有名的山峰，地域性极强，对仗也十分工整。用新安江的水泡茶，居然看见莲花峰的露水，联想丰富，品黄山顶上茶，竟能闻到天都峰的云香，夸张奇特。

诚招天下客；誉满谢公楼。

这是黄山毛峰创始人歙县漕溪的谢正安在上海开设"裕大茶行"门楼的对联。上联写主人的诚信之意，下联写茶行的声誉影响，以这样充满自信的茶联悬挂于茶行门口，无疑有很大的诱惑力。上下联语间似乎还有着因果关系，暗示出茶行还有悠久的历史，来历不同凡响，有着叫人不可小看的含意。作为一副用以炒作自我的商用茶联，其语气之大，气势之博，在此用得可谓恰到好处。

茶亭里的茶联，更是别具特色。

小憩为佳，清品数口绿茗去；归家何急，试对几曲山歌来。

一掬甘泉，好把清凉浇热客；两头岭路，须将危险告行人。

品评这亲切的茶亭联语，对于长途跋涉的行人来说，可谓是热暑疲乏骤消，香茶一杯洗尘。

谈笑讴歌，坐亭中无非乐地；栖迟宴仰，看栏外都是闲人。

九如天献瑞；老成人俱尊。

这是岳西冶溪乡白石村九老亭上的两联。"老成"者指年高有德之人也。楹联作者不明。

歇歇肩，乘乘凉，安心休憩；停停步，喝喝水，再走不迟。

这是岳西响肠镇沙岭头街亭中的茶联。此联通俗易懂，易为大众接受。作者亦失考。

驻足息尘劳，两面清风消溽暑；凭栏忘俗事，一泓碧水涤凡心。

这是岳西县白帽镇余河村花桥组的余河花桥亭联，联句通俗易懂，感染力强。

座绕风檐，暂念游子之苦；壶藏春色，心润肠肺之甘。

月冷风清，投那草亭几柱；人闲花淡，饮壶土灶春芽。

这是岳西县响肠镇金山村塔儿岭头塔儿岭凉亭的两副对联，其一作者失考。其二为清代王维新作。

步步行来，茅檐数椽溪流转；青青未了，红雨一肩野鸟鸣。

这是岳西县响肠镇清水寨村叶湾组万寿庵凉亭中的茶联，作者失考。

绿水自东来，绕二潭泛泛莲花向西去；青山从北上，逊一岭巍巍狮子坐南朝。

这是岳西县五河镇双河村水口亭中的茶联。

茶亭的楹联巧对，文字虽然简约，但是内涵深邃，警世言志，雅俗共赏，令过往行人过目不忘，得到启示和感悟。这是传承文化、教育民众、独具特色的民间文化表现方式之一，也是茶文化的载体之一。

第八章　徽茶产业

茶叶与可可、咖啡并列是世界的三大饮料，中国是世界茶叶市场的五大出口国之一，安徽是"黄山毛峰""太平猴魁""祁门红茶""六安瓜片"等全国十大名茶的原产地。进入21世纪以来，经过全省上下的努力，安徽省茶产业连续7年实现增产增收，茶叶收入已成为产区农村经济和农民收入的重要来源。

第一节　徽茶龙头企业

安徽现有国家级农业产业化重点龙头企业6家、省级农业产业化重点龙头企业63家，其中合肥3家、阜阳1家、六安15家、铜陵2家、宣城11家、池州6家、安庆3家、黄山22家。

一、合肥市

（一）安徽白云春毫茶业开发有限公司

公司坐落在庐江县汤池镇，是一家集茶叶种植、加工、销售与茶文化（旅游）为一体的省级农业产业化龙头企业（图8-1）。

公司成立于2010年11月，公司已通过ISO9001、ISO14001、ISO22000等体系认证和安徽省农业标准化示范区，2013年被中国茶叶行业流通协会评为"中国茶叶行业综合实力百强企业"。公司拥有333.33hm²标准化茶园，辐射带动超133.33hm²。

"白云春毫"获得"安徽省著名商标""中国徽茶十大著名品牌"等称号。白云春毫茶叶也先后被评为"安徽名牌产品"和"安徽省十大品牌名茶"；在中国（安徽）第三届国际茶产业博览会上获得"金奖"；在中国（安徽）第六届国际茶产业博览会上获得"茶王"称号；2015年获得中茶杯评比"一等奖"；2016年获得"合肥市旅游必购商品"；

图 8-1 安徽白云春毫茶业开发有限公司

2017年获得农业部农产品地理标志；2018年获得中国徽茶最具影响力品牌；2019年获得世界绿茶评比"金奖产品"殊荣；2019年获得新中国70周年徽茶荣耀称号——产业扶贫先进单位称号；2020年获世界旅游产品大赛金奖。

安徽白云春毫茶业开发有限公司将继续秉承"诚实守信、质量优先、创新发展、助力三农"的宗旨,力争打造为全市茶叶行业标杆企业。为助推乡村振兴,促进地方经济发展注入新动能。

二、六安市

(一)安徽省六安瓜片茶业股份有限公司

安徽省六安瓜片茶业股份有限公司位于六安市,是一家集生产、加工、销售、科研为一体,涉及茶叶研发生产和销售、基地建设、旅游、茶文化传播等相关产业的现代化大型企业(图8-2)。公司成立于2002年8月,是安徽省农业产业化龙头企业、省级扶贫龙头企业。主要产品包括六安瓜片、霍山黄芽、精品石斛、高档茶籽油等。

图8-2 安徽省六安瓜片茶业股份有限公司(茶园基地)

公司先后荣获了"中国名牌农产品""国宾礼茶供应商""世博指定生产商""中国茶叶行业百强企业""中华老字号""中国驰名商标"等荣誉称号。现已通过有机茶认证、ISO9001质量管理体系认证、AAA级标准化良好行为认证及出口自主经营权,使公司的各种产品在品质方面得到了保障。

公司拥有1333.33hm²六安瓜片有机茶叶基地及良种育苗基地,已建成三处标准化、机械化六安瓜片生产基地;以及10000m²科技研发加工中心、5000m²仓储物流检测中心、3000m²电商运营中心、1000m²六安瓜片营销中心。重点打造的六安瓜片茶文化生态园位于六安市独山镇,规划面积近千亩,总投资2亿元,建成后集茶叶生态园、"徽六"瓜片科技园、茶叶贸易、生态农业观光、休闲度假于一体,具有经济效益、生态效益和社会效益的综合产业园区。

公司现代化六安瓜片生产厂房于2013年建成投产,拥有的六安瓜片加工流水线,可日处理50000kg鲜叶。该流水线集茶叶杀青、揉捻、理条、烘干、成型于一体，实现茶叶加工全过程流水线作业。

（二）安徽兰花茶业有限公司

安徽兰花茶业有限公司总部位于安徽省六安市舒城县经济开发区鼓楼北街与纬一路交汇处，是一家集茶叶生产、加工、销售、茶文化研究为一体的安徽省农业产业化龙头企业（图8-3）。

公司创立于2008年，采用"公司+合作社+基地+农户"的产业化经营管理模式，建立和控制优质无公害、有机茶叶基地333.33hm²，聘请专家，搞好技术培训，做好茶园管理，从源头保证茶叶质量，先后取得了有机产品认证、QS食品质量安全认证、食品流通许可证、ISO9001：2008国际质量体系认、无公害产地产品认证，把茶叶质量控制贯穿于每道工序、每个环节。

图8-3 安徽兰花茶业有限公司

公司生产加工的"万佛山"牌"舒城小兰花"，由于品质优异，独具"兰韵"，产品在国内有影响力的茶事评比活动中屡屡获奖。2010年，荣获首届"国饮杯"全国茶叶评比特等奖；2011年，荣获第九届"中茶杯"名优茶评比一等奖；2012、2013年获北京国际茶业展金奖、"中茶杯"名优茶评比一等奖；2015年，获北京国际茶业展"特别金奖"；2016年，入选全国名特优新农产品目录，获北京国际茶业展"十佳特色产品奖""安徽省十佳网货品牌"称号；2017年，世界绿茶评比中荣获"金奖"；2018年，获第二届亚太茶茗峨眉山国际评比金奖。2019年，品牌价值品估达1.09亿元。

公司秉承"质量求生存、服务争市场、创新促发展、信誉树形象"的经营宗旨，坚持"以质取胜、以诚取信"的经营理念，竭力把"万佛山"牌舒城小兰花茶产业做大做强。

（三）安徽兰祥园茶业有限公司

安徽兰祥园茶业有限公司成立于2010年4月，坐落于风景秀美，人文荟萃的皖西重镇——河棚镇（图8-4）。这里属于典型的亚热带气候，一年之中四季分明，在这样的气候环境下，才能生长出高品质的茶叶。公司拥有3000多亩的茶叶育苗及生产基地；还建立了1800m²的茶叶加工厂房和3条清洁化生产线；茶苗和茶叶销售年产值达2000多万元；注册了"兰祥园""白桑园""花岩山""徽庄"牌商标；通过了ISO9001质量管理体系认证；公司开通了淘宝、阿里巴巴等平台线上销售产品；同时结合茶庄实体店经营，使得销售业绩年年稳中有升。

"兰祥园"牌小兰花茶在2015年荣获"第五届大别山区名优茶传统工艺制作大赛"银奖；2016年荣获"第六届大别山区名优茶传统工艺制作大赛"金奖，同年获得中国茶叶协会颁发的第四届"国饮杯"特等奖；2017年获得中国茶叶协会颁发的第十二届"中茶杯"名优茶评比一等奖；2018年

图8-4 安徽兰祥园茶业有限公司

获得世界茶联合会颁发的第十二届"国际名茶"评比金奖；2019年获得中国安徽名优农产品暨农业产业化交易会参展产品评比金奖，同年获得中国（深圳）国际秋季茶产业博览会"中茶杯"第九届国际鼎承茶王赛金奖；2020年经安徽省农业产业化工作指导委员会审定，授予公司"安徽省农业产业化省级龙头企业"；2021年获得世界茶联合会颁发的第十三届"国际名茶"评比金奖，公司总经理、茶叶制作总工艺师陈白祥荣获六安市劳动竞赛委员会颁发的"2021六安市茶叶（条形绿茶）加工技能竞赛暨安徽省茶叶（条形绿茶）加工邀请赛"第一名，同年获得"六安市五一劳动奖章"；在2021年安徽兰祥园茶业有限公司被认定为"舒城小兰花制作技艺"省级非遗传基地；"兰祥园"2022年2月被安徽省商务厅评定为"安徽老字号"品牌。

陈白祥作为公司的创始人、总经理，他不忘初心、牢记使命，始终把带领乡亲们共同致富作为自己的人生追求，他用自己的每一天，诠释着一名"优秀共产党员"的责任和使命，公司在他的带领下一步步地发展壮大，茁壮成长！

（四）霍山汉唐清茗茶叶有限公司

霍山汉唐清茗茶叶有限公司（图8-5）位于安徽省霍山县经济开发区，是集产、供、销、研为一体的大型茶叶公司。

公司总部占地面积3.37hm²，总建筑面积29000m²，包括综合办公、生产加工、茶文化体验、研发检测、仓储物流、产品展销、茶博馆、茶餐饮及具有

图8-5 霍山汉唐清茗茶叶有限公司产业园

茶特色的旅游观光配套设施等，现有国内专业技术水平名优茶生产线3条，拥有核心区专属茶园基地100hm²，通过"公司＋合作社＋农户"形式管理经营茶园800hm²。公司是安徽省农业产业化龙头企业、高新技术企业、国家级星火项目承担单位、中国茶叶百强企业、安徽省茶叶十强企业、安徽省民营科技企业、全国农产品质量追溯系统试点单位及《霍山黄芽》《六安瓜片》标准主要起草单位。

公司以"专心、专注、专业"的视角，秉承"以匠心做茶，以标准做茶，以科技做茶"的质量理念，"专心做好茶，诚信赢天下"的经营理念，将"汉唐清茗"打造成了具有全国影响力的茶叶品牌。

只有更好没有最好，弘扬徽茶文化，倡导健康饮茶，我们永远奋斗在路上！

（五）安徽省金寨县金龙玉珠茶业有限公司

安徽省金寨县金龙玉珠茶业有限公司（图8-6）茶叶基地始建于1975年，2006年扩股增资。公司现有金龙玉珠技术中心、专家大院及数十家金龙玉珠连锁店，是一家集茶树良种研发、无性系茶树良种组培繁育、名优茶研究生产制作、品牌销售、连锁经营为一体的大型专业化茶业公司。主要产品有：金龙玉珠、复古饼茶、金寨剑毫、金刚毛峰、金寨白茶、金寨红茶、花茶、边销紧压茶等名优产品。

公司拥有生产厂房达13700m²，拥有280余台（套）先进的茶叶生产机械设备和456.67hm²高山生态茶园。

公司自2004年至今，连续18年通过有机茶种植、加工认证，所有产品建有可追溯体系。自2008年开始连续11年通过ISO9001国际质量管理体系认证。公司2009年被评为安徽省农业产业化扶贫龙头企业；2010年，公司基地被农业部命名为

图8-6 安徽省金寨县金龙玉珠茶业有限公司

全国园艺作物标准化（茶叶）种植示范基地；2014年，被认定为市级文化产业示范基地；2016年，获安徽省农业产业化龙头企业称号；2018年，被认定为安徽省专精特新企业，同年农业板挂牌成功；2019年，被认定为安徽省专精特新择优企业，同年金龙玉珠茶叶被认定为非物质文化遗产，公司被认定为非物质文化遗产保护单位；2020年，被认定为安徽省农业产业化重点龙头企业。

公司先后申请发明专利19项、实用新型专利11项、软件著作权2项、注册商标12项。公司拳头产品"金龙玉珠"牌茶叶多次荣膺国内外博览会金、银奖项。2016年被联合国

维和部队遴选为会议用茶。"金龙玉珠"商标更是荣获"安徽省著名商标""安徽名牌产品""中国优质产品"称号。

公司2015年成功注册FDA及出口茶备案全部证件,为金龙玉珠茶品出口欧美奠定基础,现已出口美国、加拿大、丹麦、日本、俄罗斯以及非洲等国家和地区。2017年公司在金寨县委县政府"3115"脱贫攻坚战略部署、指导下,积极参与以茶叶产业帮扶为主导,利用省级龙头企业的影响力,将本地茶叶资源优势与精准脱贫相互融合,充分发挥"政府引导,企业主导,贫困户参与"的工作思路,顺利实施了"扶贫茶、爱心茶"扶贫创新举措。公司通过开拓创新产业发展工作思路,将本地茶叶资源优势与精准脱贫相互融合,充分发挥茶叶产业辐射带动作用,立足于资源优势转化为经济优势,充分利用"金龙玉珠"品牌优势,坚持从本地资源条件和产业基础出发,将生态高产茶叶示范基地建设与精准扶贫挂钩,合理分配安排贫困户劳动力,最大限度地利用荒废茶园地,最终达到促进茶叶经济快速发展、品牌效应扩大、农业产业统筹利用、贫困户收益增加、企业健康稳步发展的目的。

(六)金寨县大别山香源茶叶有限公司

金寨县大别山香源茶叶有限公司(图8-7)为安徽省农业产业化龙头企业、省专精特新板挂牌企业。地处金寨大别山腹地,美丽的六安西茶谷畔。主产金寨黄大茶、绿茶、红茶等,年产量逾3000t,产品销往传统内销市场、新茶饮市场以及海外市场,其中"金寨黄大茶"为公司特色产品。公司占地面积约26000m²,拥有大型标准化生产加工车间12000m²,各种茶叶机械百余台(套)。

公司是《黄茶加工技术规程》《皖西黄茶加工技术》国家标准的起草单位。2016年,获得认定"安徽省农业产业化龙头企业";2018年,获得中国绿色食品认证,被安徽农业厅评为"遵纪守法经营先进单位",同年获得安徽省科学进步一等奖;2019年,获安徽"专精特新"中小企业称号;2020年,获六安市农业特色产业

图8-7 金寨县大别山香源茶叶有限公司

扶贫示范企业、安徽省专精特新中小企业联盟副理事长单位、安徽省中小企业协会常务理事单位;2021年,获金寨县脱贫攻坚先进集体、安徽农业大学茶学国家重点实验室产学研实践基地;2021年,安徽省专精特新板挂牌企业。

黄茶为公司主要内销产品，有着30年的加工生产经验。先后获得第十一届安徽省国际茶产业博览会金奖、第十二届中国西安国际茶业博览会金奖、第四届黄茶斗茶大赛金奖、首届长三角名优茶评比四星金奖、安徽省农业产业化交易会金奖等。公司致力于夏秋茶的充分利用，年产茶量超过3000t。以"龙头企业＋合作社＋农户"的联合体模式辐射周边数万亩茶园，亩产增收达2000余元。

（七）金寨县露雨春茶叶有限责任公司

金寨县露雨春茶叶有限责任公司（图8-8）成立于2007年，是一家集茶叶种植、加工、研发、销售及茶文化传播为一体的产业化龙头企业。公司现有"六安瓜片""金寨白茶"种植基地3000余亩，绿茶清洁化生产线2条，"六安瓜片"炒制锅具200多套。公司注重茶叶品质，坚持"以品质铸品牌"的品牌发展方针，从基地的茶园管理，到

图8-8 金寨县露雨春茶叶有限责任公司

茶叶采摘、加工，均采用ISO9001国际质量体系进行管理。公司2009年"六安瓜片"产品荣获中国上海国际茶业博览会金奖；2012年，获评为"六安市农业产业化龙头企业"；2015年，"六安瓜片"产品获"六安名牌产品"称号；2016年，"六安瓜片"产品入选农业部颁发的《全国名特优新农产品目录》；2017年，"露雨春"牌六安瓜片荣获安徽名牌产品称号。2020年，公司被授予"安徽省农业产业化重点龙头企业"。

公司坚持"专业化、标准化"的生产流程，连续多年通过国家质量监督检验检疫总局批准，获准使用"六安瓜片"茶原产地域专用标识。

三、铜陵市

（一）安徽红盘山生态林业有限公司

安徽省红盘山生态林业有限公司位于枞阳县官埠桥镇。公司成立于2013年10月，以承包枞阳镇和官埠桥镇集中连片林地92hm²，专业从事茶叶产业。2016年，被认定为市级农业产业化龙头企业；2017年，被认定为安徽省林业产业化龙头企业，第十二届"中茶杯"名优茶评比"特等奖"；2018年，"众吾"牌白茶通过绿色食品认证。

公司成立以来，在强化产业管理，保证产品质量安全上下功夫。为此，公司设置了产品质量科、生产安全科和消防科等职能科室，配备了专业技术人员，制定了完善的管

理制度和应急预案，建立了完整的质量安全管理和消防体系。"众吾"牌白茶已通过绿色食品认证，企业的 ISO9001 质量管理体系、ISO22000 食品安全管理体系和 ISO14001 环境管理体系正在按照管理要求不断完善，尽快通过认证。

（二）安徽省官山生态农业发展有限公司

安徽省官山生态农业发展有限公司（图8-9）位于枞阳县官埠桥镇官山村。公司成立于2013年5月，承包官山村集体山场101.73hm²，专业从事茶叶种植加工业，先后成为市级农业产业化龙头企业、省级林业产业化龙头企业。公司标准化管理先后通过了 ISO9001 质量管理体系、

图 8-9 安徽省官山生态农业发展有限公司

ISO14001 环境管理体系、ISO18000 职业健康管理体系、ISO22000 食品安全管理体系和绿色食品认证。

"仙羽舌白茶"以"色、香、味、形"俱佳，连续两届荣获中国安徽名优农产品金奖和安徽名牌产品称号。

四、宣城市

（一）安徽宁清茶业有限公司

安徽宁清茶业有限公司（图8-10）成立于2015年9月，是一家集茶叶生产、加工、销售和基地建设为一体的国家级农业产业化重点龙头企业。

公司占地面积44亩，建有现代化茶叶加工厂房和设备，办公楼、宿舍楼等达30000m²。公司引进国内先进的连装精制绿茶加工生产线2条，拼配匀堆生产线2条，25克、100克和250克多用包装生产线5条，年可产各类茶叶15000余吨。

公司主要产品为"宁清徽眉"牌旗下内销名优茶和出口绿茶两大系列，出口国家为西北非、中东等地区。

图 8-10 安徽宁清茶业有限公司

（二）安徽翰林茶业有限公司

安徽翰林茶业有限公司（图8-11）坐落于安徽省宣城市泾县汀溪乡境内，是泾县规模较大的集标准化茶叶种植、加工、经营为一体的农业产业化专业企业。

公司于2006年11月成立，主要生产"绿环"牌兰香名优绿茶。公司拥有标准化茶叶加工厂房2座，内设摊青车间、加工车间、包装车间、检验室、品茶室、接待室、会议室、培训中心等，茶叶批发交易市场1座，总体占地面积6700m²。各类绿茶加工机械设备齐全，产品检验检测设施完善，已形成年生产绿茶308t的加工能力以及353.33hm²高品质、标准化优异茶园，其中，经农业部绿办认证的绿色食品茶叶基地230.67hm²，全国有机农业（茶叶）示范基地68.67hm²，北京中绿华夏有机食品认证中心认证的有机产品茶叶基地54hm²。公司通过了ISO9001国际质量标准管理体系认证，成为当地茶业领域的一枝独秀，综合经济实力跻身于全县前列，成为县域内农村经济发展的重要力量和农民增收不可或缺的经营主体。2012—2015年，公司先后被授予"全国绿色食品示范企业""安徽省农业产业化省级龙头企业""安徽省农业标准化良好行为AAA级企业""安徽省茶叶协会常务理事单位"等一系列省级以上荣誉称号。

图 8-11 安徽翰林茶业有限公司（有机茶园）

（三）安徽省中徽茶叶专业合作社

安徽省中徽茶叶专业合作社，成立于2006年，是安徽省农业产业化龙头企业、中华全国供销系统农业龙头企业、安徽省循环经济示范单位、安徽省科技示范园区、安徽省农业"标准化良好行为AAA认证企业"、安徽省民营科技企业、国家级农业标准化示范区。

合作社采取"合作社＋社员＋基地"的原则，入社成员800多户，拥有茶园593.33hm²。合作社生产通过了QS认证、有机食品认证、ISO9001：2008质量管理体系认证。合作社生产的品质兼优的乌龙茶产品，在国家、省、市举办的农产品评比中多次获奖。2013年4月获"安徽省科技成果奖"。

合作社自成立之初即立足于开发创新茶产业。利用本地区绿茶生产后大量废弃茶资源开发生产乌龙茶。以产业创新方式使废弃资源变废为宝，经多年不懈努力，掌握了在本地区生产乌龙茶的工艺技术，创立了初具规模的乌龙茶产业。为农民增收，农业增效闯出了一条新路，取得了良好的经济效益和社会效益。

（四）安徽兰香茶业有限公司

安徽兰香茶业有限公司（图8-12）成立于2002年3月，主要生产、加工和营销"汀溪兰香"品牌的名优茶系列产品，是"汀溪兰香"和"汀溪"商标的产权企业。公司已被评为"全国茶叶标准化生产达标单位"和"安徽省民营科技企业"。2005年成为宣城市旅游局的旅游产品定点生产企业；2017年荣获宣城市2017年度农产品加

图 8-12 安徽兰香茶业有限公司（汀溪兰香名茶生态文化园）

工企业20强，同年与安徽省农业科学院茶叶研究所合作，重点研发项目"安徽省茶树优异资源发掘与品种选育"为课题承担单位。现是安徽省农业产业化省级龙头企业。

公司生产的"汀溪兰香"品牌名茶是由茶叶专家陈椽教授研制并命名的，采用传统工艺精制而成。此茶形如绣剪、翠绿显毫、清香似兰、滋味鲜爽、汤色明亮，冲泡一杯兰香四溢，品尝一口唇齿留芳，并以绣剪形、兰花香的品质特色而享誉全国！

由于产地自然环境优美，制作工艺精良，茶叶香高味醇，没有污染，曾多次获国内外大奖。2002年，荣获国际名茶评比金奖；2009年，在农业部举办的中国农产品交易会上夺得金奖；2010年，荣获上海世博会名茶评比金奖；2013年，获"中国徽茶十大著名品牌"和第七届中国（芜湖）国际博览会"茶王"称号；2014年，获第四届中国国际茶博会金奖；2016年，被农业部评选为农产品地理标志保护产品，同年又荣获"世界绿茶评比最高金奖"；2018年，荣获中国（杭州）国际名茶评比金奖；2019年，荣获中国徽茶驰名品牌；2015—2020年，连续3次被列入《全国名特优新农产品目录》，使"汀溪兰香"真正成为支撑泾县茶叶产业不断蓬勃发展的主打品牌。

公司兴建了3000m²多的综合办公楼和加工厂房，设有茶叶检验室、审评室、展示厅、茶艺室、营销洽谈处及大型冷藏库，并自主设计一条兰香茶清洁化加工流水线用于茶叶生产，其加工质量与手工相同，卫生状况则明显优于传统工艺。该清洁化加工流水线研究课题已列入安徽省重点科研项目，并取得了国家3项实用型专利和1项发明专利。

公司为弘扬茶文化，曾多次在省电视台、省市报刊等媒体发布广告，撰写文章，还

著有《瑞草葳蕤·汀溪兰香》。建造的4000m²汀溪兰香名茶生态文化园，进一步传承茶的历史和文化。

（五）泾县汀溪兰香茶业开发有限公司

泾县汀溪兰香茶业开发有限公司（图8-13）成立于2001年11月，位于安徽省泾县城东29km处的汀溪乡。公司是集茶叶生产、加工、科研、贸易为一体的股份制企业。

图8-13 泾县汀溪兰香茶业开发有限公司

公司现已在芜湖、宣城、马鞍山、上海等地设有4家专卖店以及皖南和沿江分布的46个营销网点，产品畅销大江南北。

公司采取"公司+农户+标准化生产"的管理模式。2001年，在王镇恒教授的莅临指导下命名的"大南坑"牌无公害兰香茶，一问世就受到社会各界的广泛赞誉，畅销全国各地及港、澳地区。

"大南坑兰香"茶产于兰香茶的核心产地——汀溪乡大南坑村。为确保大南坑兰香茶的质量安全，公司以标准化生产为基础，以产业化经营为手段，坚守绿色农业的技术规范，无害化生产，清洁化加工，产地编码，跟踪管理，订单收购，严格监督，保护茶区环境，保证产品安全。

（六）安徽泾县其华涌溪火青茶叶股份有限公司

安徽泾县其华涌溪火青茶叶股份有限公司（图8-14）坐落于泾县榔桥镇，成立于2001年，是生产、加工、销售"涌溪火青"品牌系列绿茶的专业厂家，是"涌溪火青"注册商标的唯一产权企业，公司拥有超过200hm²的绿茶生产基地和精制茶厂。

1982年，在长沙全国名茶评比会上涌溪火青被商业部和中国茶学会评为"全国名茶"；1983年，对外经资部授予"品质优良"荣誉证书；1988年，首届中国食品博览会上获铜奖；1997年，机制火青被农业部茶叶检测中心授予名茶质量证书；1998年，获农业部举办的中国国际名茶、茶制品、茶文化展览会"名茶推荐产品"称号；2005年5月，在中国（安徽）首届茶叶博览会上获"安徽市场畅销品牌"荣誉

图8-14 安徽泾县其华涌溪火青茶叶股份有限公司

称号，同年9月通过了安徽省无公害农产品认证；2007年，通过了国家"绿色食品"认证和"QS"认证；2008年，荣获"安徽省著名商标"称号；2009年，在（日本）世界绿茶协会举办的绿茶评比中获品质第一名和特别金奖，同年公司通过ISO9001质量管理体系认证；2010年，公司申报的涌溪火青绿茶制作技艺被列入省第三批非物质文化遗产名录，公司董事长石其华被评为省级非物质文化遗产传承人；2011年，获农业部"农产品地理标志保护产品"并进行了有机食品认证，制定了安徽省地方标准《涌溪火青》（DB34/T 1506—2011），同年还被评为"安徽省守合同重信用单位"，同年底被纳入规模以上工业企业目录；涌溪火青产地又以其秀美景色、古村人文和悠久茶文化等元素，被沪、苏、浙、皖旅游部门遴选为"长三角城市群茶香文化体验之旅示范点"；2012年，经中国茶叶学会初审推荐，参加在杭州举办的"第九届国际名茶评比"荣获金奖，并被选为市级旅游商品定点生产企业，同年获"安徽省农民专业合作社示范社""省级农民林业专业合作社示范社"；2013年，被评为"安徽名牌产品""林业产业化龙头企业"；2014年，公司申报的"涌溪火青"牌获"安徽老字号"；2015年，"涌溪火青"品牌被收入全国名特优新农产品（茶叶类）目录；2017年，公司被评为安徽省农业产业化龙头企业；2018年，获第二届中国国际茶叶博览会金奖，同年荣获全国供销合作总社"农民专业合作社示范社"；2019年，获"第十三届中国国际有机食品博览会"金奖，同年专家依据品牌价值评估"涌溪火青"品牌价值为1.19亿元；2020年，获"第十三届安徽国际茶产业博览会首届长三角名茶评比"三星金奖，10月获"安徽名优农产品暨农业产业化交易会金奖"；2021年，涌溪火青茶叶获"安徽名牌伴手礼"。

经过几年的发展，合作社不断发展壮大，服务范围涵盖榔桥镇全境330km²，公司立足产业化、规模化经营，着力打造"涌溪火青"品牌，不断提高"涌溪火青"的核心竞争力，为当地经济发展做出贡献。

（七）安徽省旌德县白地白茶有限公司

安徽省旌德县白地白茶有限公司（图8-15）成立于2011年3月，集白茶种植、加工、销售及茶文化研究于一体，建有标准化茶叶基地173.33hm²，年产值3000余万元，现已发展成为省级农业产业化重点龙头企业、省级农业产业化联合体。

公司为更好更多带动周边农户共同致富，2011年7月成立了旌德县永和白茶专业合作社，发展社员180余户，种植面积100hm²。2013年，被评为省级林业专业合作社、宣城市农民专业合作社十佳示范社；2017年，被评为安徽省供销系统农民专业合作社示范社。2013年，第五届中国义乌森博会上"鹊岭白茶"荣获特等奖；2015年，"鹊岭白茶"先后被评为宣城市名牌产品、安徽名牌产品，"鹊岭白"商标先后被评为宣城市知名商

图 8-15 安徽省旌德县白地白茶有限公司（茶园基地）

标、安徽省著名商标；2017年，鹊岭白茶被评为全国名特优新农产品、宣城市十大名优农产品；2020年10月，鹊岭白茶在厦门绿博会上获评金奖产品，同年12月，获得宣城市十佳气候优质好产品奖。

（八）安徽宏云制茶有限公司

安徽宏云制茶有限公司（图8-16）成立于1998年3月，主要加工精制茶叶，产品主要以自营出口为主，并且销往塞内加尔、利比亚、斯里兰卡、尼日尔、俄罗斯、马里、乌兹别克斯坦、加拿大等地。公司占地面积达30000m^2，员工达120多名，其中行管人员20余名、技术人员8名，现年加工精制茶叶达8000t，并经营高档绿茶、花茶、红茶等品种，年产值1.3亿元，创利税950万元。

图 8-16 安徽宏云制茶有限公司

公司自成立以来，先后成为县、市、省级龙头企业，市级"诚信单位"，县级"县长质量奖"，中国农业银行授予"AAA"信用企业，省市"重合同，守信用"企业等荣誉称号。产品取得了QS认证、ISO9001：2000质量管理体系认证及ISO22000：2005食品安全管理体系认证，并取得了"鑫雲"牌省著名商标。公司自2013年取得了5项实用新型专利、2项外观专利、1项发明；2005年取得外贸自营出口权后，业务量不断扩大。公司目前采取了"公司+基地+农户"的管理模式：向生产加工企业提供制茶技术，并向农户提供种植、防治等技术，然后回收他们的毛茶和鲜叶。

近年来，为响应国家的扶贫政策，充分发挥企业的社会责任，为政府分忧，公司通过吸纳贫困户就业，为贫困户种植茶叶提供技术指导，并包销贫困户自产茶叶、吸收贫困户金融扶贫贷款入股、带动贫困户分红等途径，带动贫困户就业、增收。

（九）安徽乌松岭生态农业有限公司

安徽乌松岭生态农业有限公司（图8-17）成立于2009年4月，公司茶叶生产基地核心区位于安徽省省级自然保护区——广德市泰山自然保护区内，是一家专业生产"乌松岭"牌广德黄金芽、徽白茶、广德白茶、广德云雾茶系列名优茶的新型农业产业化企业。

图 8-17 安徽乌松岭生态农业有限公司（茶园采摘）

公司依托独有的地理位置不断开拓发展。以"公司+合作社+农户"模式走产业化发展道路，2010年4月成立了以公司为发起单位的"广德县天香白茶专业合作社"（2013年更名为"广德徽白茶叶专业合作社"）。现加入合作社的种植大户有123户，社员覆盖广德县全部9个乡镇，带动茶农上千户；2016年领办"安徽徽白茶产业联合体"，已拥有6000余亩白茶生产基地，其中位于四合乡的1035亩高山茶园连续十余年通过有机认证。公司以优质的有机白茶及黄金芽原叶用现代化的加工机械结合本地传统做茶工艺，分别打造出"乌松岭"牌广德黄金芽、徽白茶、广德白茶，以高山野生茶原叶恢复传统工艺生产出广德云雾茶。

2021年公司控股成立安徽御福茶叶有限公司，是一家专业生产广德黄金芽、徽白茶为主的现代化大型加工企业，新建成3000m²高标准规范厂房，拥有2条名优茶全自动加工生产线，各类加工设备近百台，年加工能力可达20万t。

公司于2019年被认定为"安徽省农业产业化省级龙头企业"，合作社于2014年被认定为"国家级示范合作社"，2018年"安徽徽白茶产业联合体"被认定为省级示范联合体，2021年乌松岭现代农业产业园被批准为宣城市现代农业产业园，广德市长三角绿色茶叶生产加工供应示范基地被列为2021年长三角绿色农产品生产加工供应基地省级示范创建名单。

公司成立以来十分注重产品质量管理，2010年以来一直是中国茶叶协会会员单位，2015年被中国茶叶协会评为中国茶叶学会茶叶科技示范基地。2010年4月成为广德首家通过QS认证的茶叶生产企业。公司积极参与区域公众品牌广德黄金芽和企业自有品牌徽白茶品牌建设工作。2020年8月，"乌松岭"牌广德云雾茶荣获首届长三角名茶评比大赛

"香气金奖","乌松岭"牌徽白茶荣获首届长三角名茶评比大赛"四星金奖";公司还荣获2020第十三届安徽国际茶产业博览会优秀销售奖;9月,广德黄金芽被纳入全国名特优新农产品名录;10月,"乌松岭"牌广德黄金芽荣获中国安徽名优农产品暨农业产业化交易会参展产品金奖;11月,成为"两山(中国)旅游商品联盟"成员单位,同时获得"两山(中国)旅游商品联盟"产品示范奖。公司的茶叶多次代表广德参加了上海茶博会、西安茶博会、北京农交会、合肥农交会、上海农交会、中国国际茶叶博览会等,均获好评。

(十)旌德县天山绿色食品有限公司

旌德县天山绿色食品有限公司总部坐落在旌德县庙首镇集镇。公司创立于2001年10月,公司基地面积共203.27hm²(图8-18)。公司于2010年荣获安徽省农业产业化省级龙头企业称号,2015年公司投资的新竹生态农业旅游观光园被省文旅委授予休闲农业和乡村旅游省级示范点,2017年天山公司被中国旅游协会休闲农业和乡村旅游分会授予四星级企业称号。公司产品有天山真香茶叶、枫香木耳、椴木香菇等优质农产品,并于2007年获得中国有机产品认证。

图 8-18 旌德县天山绿色食品有限公司(基地)

五、池州市

(一)安徽国润茶业有限公司

安徽国润茶业有限公司总部坐落于安徽省池州市,是中国红茶的主要生产企业,祁门红茶三大茶厂之一。

公司成立于1951年,前身中国茶业公司贵池茶厂。公司是一家从事茶叶种植、加工、品牌运营和国际贸易为一体的茶叶集团企业和全心全意为茶农的安徽省农业产业化重点龙头企业(图8-19)。

公司旗下"润思"商标2005年被评为安徽省著名商标,润思系列茶产品被评为"安

图 8-19 安徽国润茶业有限公司（老厂房）

徽名牌产品"，并多年荣获"安徽省质量奖"。外销出口到英、德、美、俄、日等30个国家和地区，内销市场覆盖东北、华东、华南、西南及华北。

公司仅承担的"国家祁门红茶安全生产标准化示范区"就有示范茶园面积2500hm²，示范农户1.6万，带动了皖南五个重点产茶县的山区经济发展。公司创新运作机制，走出了一条为全省茶叶界所称道的实实在在的"茶叶专业合作社模式"和"企业+基地+农户"模式。

公司建立了以商检为主导的质量控制管理制度，通过关键控制点管理、实时监控、溯源管理等制度，督促初制厂按标准组织生产，在健全ISO9001质量体系的基础上，通过中农有机茶认证和HACCP食品安全管理体系认证，并在160hm²高山茶园通过瑞士IMO有机茶认证的基础上，全面通过了GAP（良好行为企业）认证。优质的高山茶园，辅以全面、科学、严谨的认证体系，确保公司润思牌茶产品的品质和品牌美誉度。

（二）安徽天鹅茶业有限责任公司

安徽天鹅茶业有限责任公司（图8-20）位于"全国一村一品"皖南池州市东至县木塔乡梓桐村，是安徽省农业产业化龙头企业、安徽省茶叶行业协会常务理事单位、安徽省省级科普教育基地、安徽省专精特新中小企业。以公司为头成立的东至县天鹅茶业茶叶产业化联合体，2020年经安徽省政府批准为

图 8-20 安徽天鹅茶业有限责任公司（有机茶园）

长三角绿色农产品茶叶生产加工供应基地。

2004年11月，由原梓桐村茶厂改制为公司，研制、生产、销售"天鹅云尖"名优绿茶历史已达31年。天鹅云尖因产地"天鹅孵蛋"山而冠名，得到茶学家陈椽教授的指导和题名，并由安徽农业大学茶叶专家杨维时教授指导创制。公司500余亩有机茶叶基地属于深山茶园，植被肥厚，常年云雾缭绕，气候温凉多雨，昼夜温差大，土壤有机质含量丰富，原料产地无任何污染源，处于原生态状态。产品特征为外形挺直略扁，色泽翠绿，滋味醇厚鲜爽，汤色清澈碧绿，叶底黄绿成朵。在第二届中国农业博览会上获得金质奖时，斟泡后闻到轻轻的兰花之香；2006年获得"安徽省著名商标"；2012年获得"安徽名牌产品"。公司产品获得"绿色食品"称号。为保证天鹅云尖的卓越品质，公司依托天润茶叶专业合作社与茶户建立紧密型茶园基地，只收购能管控农户基地的鲜叶，只生产一个标准的茶叶。

以"客户为尊、诚信至上、绿色科技、品牌制胜"为宗旨，以"观念现代化、体制现代化、人员现代化、品质现代化、设备现代化"为发展理念，"做茶如做人、品正久留香"为企业文化，以名茶会天下名士。

（三）天方茶业股份有限公司

天方茶业股份有限公司（图8-21）总部坐落于安徽省石台县矶滩乡大龙湾，主要从事茶叶全产业链品牌运营。

公司是安徽天方茶业有限公司转型投资设立，成立于1997年。拥有天方硒茶、雾里青高级绿茶、祁毫高级红茶、古黟黑茶、慢点茶食品五大系列600多种产品。

公司是国家扶贫龙头企业、全国农业

图 8-21 天方茶业股份有限公司（有机茶园）

旅游示范点、联合国环境规划署中国茶叶可持续供应链示范基地，2017年被评为中国茶叶行业综合实力百强企业。现拥有"天方""雾里青""天方茶苑"三个"中国驰名商标"。2003年"雾里青茶"荣获中国国际星级茶王大赛五星级国际茶王。

公司通过ISO、GMP、SC等多家权威机构认证，结合物联网技术的全程管控，联结茶文化和茶旅游，让天方合作伙伴和客户承载更多品牌增值服务。

公司秉承"天生一方好茶"的品牌理念，依托自身天然茶叶基地，发挥天方全国200余家直营店和加盟店实体渠道、一亩茶山会员制和电商渠道的销售优势，积极引进战略投资者，创新发展模式，不断加强产品研发和产业复合转型。

六、安庆市

（一）安徽恨水茶业发展有限公司

安徽恨水茶业发展有限公司（图8-22）总部位于潜山县水吼镇水吼村下街组，成立于2008年10月。公司坚持走科技发展之路，以租赁和农民土地入股的方式发展特色茶叶生产基地160hm²。

公司拥有国家注册商标2个，特色茶树品种（系）3个。2010年，"恨水"牌天柱家风茶（石佛香）在首届"国饮杯"全国茶叶评比中荣获一等奖。2012年，茶树良种舒茶早、石佛翠茶树良种繁育技术推广应用获县科技进步二等奖。公司程湾千亩茶园生产基地项目获县首届创业大赛一等奖，获省现代农业项目专项资金支持，该

图 8-22 安徽恨水茶业发展有限公司（茶园）

基地已被认定为国家茶叶产业技术体系试验示范基地、省农科院品系比较试验基地。公司相继开发了"天柱家风"花香茶和红茶，为全省夏秋茶开发做出了有益的尝试，并取得可观的经济效益。2016—2017年，"恨水"牌恨水红茶荣获第四届"国饮杯"全国茶叶评比特等奖，"恨水"牌玉佛香茶和"恨水"牌天柱云雾茶荣获第四届"国饮杯"全国茶叶评比一等奖，"恨水"牌天柱云雾茶还获得了国际林产品博览会金奖和安徽省特色旅游商品称号。

2020年，公司被认定为安徽省农业产业化重点龙头企业，同年公司选育的茶树新品系"玉佛香"（品种名：皖茶10号）获农业农村部登记证书，成为国家级茶树品种。公司基地分别被中合金诺和中绿华夏颁发有机证书，并被授予全国有机茶示范基地。

（二）安徽翠兰投资发展有限公司

安徽翠兰投资发展有限公司（图8-23）位于岳西县天堂镇，是一家集茶叶、食用菌生产销售、茶叶技术推广、承担县茶叶专业市场建设为一体的综合性实体公司，为安徽省级农业产业化龙头企业。

公司成立于2009年12月，开发经营的"百年翡冷翠"茶叶产品30余种。

2010年9月，公司生产的岳西翠兰茶

图 8-23 安徽翠兰投资发展有限公司
（茶文化展示中心）

第八章 徽茶产业

作为国礼赠予当时来我国进行国事访问的俄罗斯总统及代表团成员。2011—2012年又有三次成国礼用茶。

公司在岳西县城投资建茶叶专业市场1座，有茶叶门面房100多个，大型钢构玻璃散茶交易大棚1个，2017年投入使用。2018年，公司联合黄山和岳西企业，组建金翠兰茶业有限公司，以金翠兰公司为主体，在五河镇投资联建五河、响山2座毛茶加工厂，在莲云开发区以1122.5万元拍卖原属沃德公司的土地厂房，建出口茶精制厂1座，2019年10月投产。

为推动岳西县茶叶高质量发展，促进乡村振兴同产业扶贫有效衔接，根据岳西县茶叶产业链实施要求，2021年由皖岳集团和黄山徽畅共同注资1亿元对原翠兰公司进行股权重组，重组后的翠兰公司是皖岳集团（岳西县政府出资的国有平台公司）控股子公司，并全新推出"罗源场"茶叶品牌。

（三）安徽绿月茶业有限公司

安徽绿月茶业有限公司（图8-24）位于潜岳太三县交界的菖蒲镇，是专业从事茶叶种植、加工、销售一条龙的专业公司，是省级农业产业化重点龙头企业、中国茶叶百强企业、安徽省著名商标企业、安徽名牌产品生产企业、徽茶优秀企业。

公司成立于2007年1月，拥有绿色食品基地1680亩，标准化车间1500m²，办公楼450m²。

图8-24 安徽绿月茶业有限公司

公司拥有安徽首台岳西翠兰智能化数字化制茶设备一组，及流水线名优茶、绿茶机械设备60台（套），年生产岳西翠兰系列名茶25000kg、岳西绿月75000kg，年产值85000多万元。

公司生产的"绿月"牌岳西翠兰、岳西绿月等5个产品，于2018年获得农业农村部中国绿色食品发展中心绿色食品认证；同年"绿月"牌岳西翠兰荣获"安徽省第十二届国际茶产业博览会"金奖，以及安徽省商务厅授予的"安徽百佳好网货"称号、2020年"绿月"牌岳西绿月茶荣获"2020第十三届安徽国际茶产业博览会"三星金奖。

七、黄山市

（一）黄山小罐茶业有限公司

黄山小罐茶业有限公司（图8-25）位于黄山经济开发区梅林大道88号，是互联网思维、体验经济下应运而生的一家现代茶企。

公司成立于2016年。公司坚持原产地
特级原料，传统工艺制作，真空充氮、小
罐保鲜技术，以统一等级和统一价格，为
中国茶做减法，彻底解决茶叶消费买、喝、
送的三大需求痛点，用创新产品和体验，
让茶真正回归生活，美化生活。

图 8-25 黄山小罐茶业有限公司

2012年6月，"小罐茶"遍访全国各大
茶区，与各大茶企、著名茶人深入沟通、交流，挖掘问题和需求，找寻简便、好喝的茶。
2012年9月，邀请日本设计大师——神原秀夫为小罐茶设计全套产品包装和销售体验店。
启动全国范围内拜访制茶大师的行程，共与八位业界制茶名家达成合作。小罐造型辅以
真空充氮技术，定义"一罐一泡"标准，茶叶保鲜问题取得突破性进展。另组建团队制
造茶具，涉足陶瓷、金属、皮革等领域。

（二）谢裕大茶叶股份有限公司

谢裕大茶叶股份有限公司（图8-26）位于安徽省黄山市徽州区城北工业园区，是国
内首家新三板挂牌茶企。公司是一家集生产、加工、销售、科研为一体，涉及茶叶、茶
食品的研发、生产、销售、基地建设、旅游等茶文化相关联产业的国家高新技术企业。

公司前身为创办于1875年（光绪元年）的"谢裕大茶行"，2010年，谢裕大茶行成
功改制为黄山谢裕大茶叶股份有限公司。公司拥有近十家分公司、子公司，品牌价值超
十亿元。公司先后荣获"联合国环境规划署中国茶叶可持续供应链示范基地""全国就业
扶贫基地""国家农业科技示范展示基地""全国厂务公开民主管理先进单位""黄山市市
长质量奖""安徽省重合同守信用示范企业""安徽省质量品牌升级工程教育实践基地"
等，并连续十多年被评为中国茶叶行业百强企业。

图 8-26 谢裕大茶叶股份有限公司

公司被国家有关部门认定为"中华老字号""农业产业化国家重点龙头企业""国家高新技术企业";拥有"谢正安""谢裕大"两个"中国驰名商标"和"谢裕大""漕溪""醉王"三个安徽省著名商标;谢裕大因绿茶（黄山毛峰）制作技艺入选国家级非物质文化遗产代表性项目保护单位。

公司建有一处国家4A级旅游景区——谢裕大茶博园,并入选安徽省首届十大最美茶旅路线和安徽省休闲农业和乡村旅游示范区。

公司是黄山毛峰国家标准的主要起草单位、黄山毛峰茶国家实物样标准的制作单位;拥有10项发明专利、19项实用新型专利、2项外观专利、4项计算机软件著作权和1项省级新物种（漕溪1号）认定。公司荣获国家科技进步二等奖和安徽省科学技术一等奖。谢裕大绿茶入选"全国扶贫产品";谢裕大的黄山毛峰和太平猴魁均为"国家地理标志保护产品";黄山毛峰和六安瓜片均双双入选"农业部名特优新农产品"和"绿色食品";"裕大贡茶"（黄山毛峰和祁门红茶）于2015年作为国礼茶馈赠予德国总理;揉道·黄山毛峰荣获2019年世界绿茶评比会特别金奖。

（三）黄山市猴坑茶业有限公司

黄山市猴坑茶业有限公司位于安徽黄山工业园区,是生产、加工、经营太平猴魁系列茶的重点龙头企业（图8-27）。

公司前身是黄山区新明猴村茶场,成立于1992年,是商务部授权的"中华老字号"单位,黄山区国家级标准化太平猴魁示范区和国家星火计划——太平猴魁茶产业开发项目承建单位,全国农产品加工示范基地,安徽省农业产业化龙头企业和黄山市农业产业化龙头企业,高档礼品茶定点生产单位,黄山区重点保护企业,中国茶叶行业百强企业。

图8-27 黄山市猴坑茶业有限公司（文化广场）

公司于2001年注册"猴坑"牌太平猴魁商标。企业已通过ISO9001:2000国际质量管理体系认证、有机产品认证、QS食品质量安全认证、良好农业规范认证和中国茶叶企业AA级信用等级认证。公司连续多年被评为安徽省和黄山市守合同重信用先进单位、质量信得过单位、文明经营单位,先后荣获安徽省质量管理奖、黄山市质量管理奖、上海市场茶叶优秀供应商等多项殊荣,是上海市茶叶行业协会特邀会员单位。2007年6月,公司作为全省茶行业唯一代表参加了在北京举行的"世界地理标志大会"。

公司拥有茶园106.67hm²（其中53.33hm²茶园已通过有机产品标准认证）,清洁化加工厂5座，拥有猴坑、猴岗、颜家、东坑、汪王岭5座基地，固定职工上百人，年销售额达8000多万元。其中，龙门东坑基地于2008年10月建成，是黄山区国家级有机茶标准化太平猴魁示范基地，该基地是集太平猴魁生产、加工及绿色农业观光休闲旅游接待于一体的综合性基地。

"猴坑"牌太平猴魁注册商标是中国驰名商标、安徽省著名商标、黄山市著名商标。公司生产的"猴坑"牌太平猴魁茶是安徽名牌产品、安徽名牌农产品、安徽省十大品牌名茶。

公司在安徽黄山工业园区兴建太平猴魁茶产业示范园，总投资8000多万元，占地4hm²，总建筑面积42800m²。已建成太平猴魁净化包装车间、标准化、清洁化生产厂房、综合办公楼和茶文化楼。

（四）黄山王光熙松萝茶业股份公司

黄山王光熙松萝茶业股份公司（图8-28）位于安徽省黄山市休宁县经济开发区龙跃路。总部占地6.67hm²，清洁化生产厂房45000m²，原料生产基地5333.33hm²，下设5家全资子公司：黄山松萝茶叶科技有限公司、黄山松萝茶具有限公司、黄山王光熙茶业有限公司、黄山松萝茶文化博物馆、黄山松萝茶文化博览园有限公司。

公司始创于1994年，现已成为一家集茶叶种植、生产、加工、销售、科研、茶具雕刻及旅游开发为一体的茶产业集团公司。公司产品主要有屯绿出口眉茶、松萝名优茶、松萝茶具三大系列。产品畅销国内二十多个省市及亚洲、欧洲、美洲、非洲等20多个国家和地区。

公司多年来始终坚持"以人为本、诚信经营"的管理理念，以培养职业、专业、敬业、乐业的"四业员工"为目标，为员工创造良好的事业舞台。不断促进现代农业发展，为农民、员工、合作伙伴、社会创造共同的价值和未来。

2011年，公司通过农业部、国家发展和改革委员会、财政部等八部委评审，被认定为农业产业化国家重点龙头企业。产品通过国家地理标志产品认证、原产地标志注册认

图8-28 黄山王光熙松萝茶业股份公司

证、有机茶认证、SC认证；公司产品通过了欧盟日本等国家地区严格的农残检测标准。"松萝山及图"为中国驰名商标，黄山市茶叶仅有两枚。"松萝山"牌为省自主出口品牌和安徽名牌产品。2013年，"松萝山"品牌在中国茶叶企业产品品牌价值评估为4.4亿元。公司产品不仅荣获黄山市首届旅游伴手礼创新设计大赛金奖，并先后获"安徽省名牌伴手礼""北京国际茶业展金奖"等多项国内外质量荣誉；公司先后获评"中国质量诚信企业""黄山市政府质量奖""休宁县放心消费示范单位"；2021年，获得国家级"农业国际贸易高质量发展基地（加工型）"称号。

（五）黄山市新安源有机茶开发有限公司

黄山市新安源有机茶开发有限公司（图8-29）位于安徽省黄山市休宁县经济开发区，是一家集茶叶生产、收购、加工、销售、科研为一体的农业部第一批农产品加工示范企业、安徽省农业产业化龙头企业和安徽省民营科技企业、安徽省有机茶专业商标品牌基地骨干企业。

公司创建于1998年，现有职工180人，拥有出口备案基地2.5万亩，其中获得国际

图 8-29 黄山市新安源有机茶开发有限公司
（红豆杉山庄）

和国内颁证的有机茶园面积6800亩。生产加工基地面积2.8万 m²，建筑面积1万 m²，各种加工设备300余台（套）。公司下辖5家子公司和1家农民专业合作社。

公司坚持有机绿色发展理念，用科学理念改造传统茶叶产业，形成了以"龙头企业+合作社+基地"的产业格局。"新安源"牌注册商标为中国驰名商标，公司主要产品有：银毫、剑龙、毛峰、高绿、珍眉等，获得"安徽名牌产品"称号，产品畅销欧盟及国内大中城市，是中国绿茶在欧盟茶叶市场最大的供货商之一。其中"新安源"牌有机银毫、毛峰在2004年中国（芜湖）国际茶业博览会上双双荣获金奖；2005年"新安源"牌有机茶被农业部首推为2008北京奥运会指定用茶；2009年被评为第七届中国（国际）农产品交易会金奖；2015年新安源有机银毫荣获"中国茶百年品牌世纪金奖"。

（六）黄山一品有机茶业有限公司

黄山一品有机茶业有限公司（图8-30），成立于2000年，前身为建于1950年的安徽省屯溪茶厂，有70年的制茶史，目前已发展成集基地建设、生产、加工、销售出口为一体的省级农业产业化龙头企业。公司已通过国内外有机茶认证，国际雨林认证、ISO9001、2015国际质量管理体系认证等。公司相继被授予"中国茶叶行业百强""中国质量诚信企

业""安徽省农业产业化龙头企业""安徽省专精特新企业""安徽省民营企业出口50强""安徽省非物质文化遗产"等称号。

公司主要经营产品为出口眉茶系列，以及屯溪绿茶、黄山毛峰等，公司利用自主品牌出口至西北非、中亚、欧美等30多个国家和地区，并在非洲10多个国家注册了商标，申请了多项包装专利，有效地提

图 8-30　黄山一品有机茶业有限公司

升自有品牌的国际影响力和市场竞争力。屯溪绿茶、黄山毛峰等系列产品，物美价廉，产品远销上海、北京、合肥等大中城市，备受广大新老茶客的喜爱。"屯绿"品牌还荣获"安徽省著名商标""安徽老字号""安徽省商务厅认定的安徽出口自品牌"等称号，并多次斩获国内外茶叶大奖。

公司正朝着"品牌化、产业化、国际化"的发展模式，持续走高质量发展之路，通过对品质的严苛打造和匠心坚守，对消费者的持续培育，产品在国内外市场占有率及竞争力不断提高。公司还积极组建了一品茶叶联合体，利用屯绿优质的核心资源和强势品牌，打造屯绿茶出口全产业链原料基地，真正走上产业化发展、规模化经营之路。公司还建立了多形式的国外销售渠道，在西北非设立了办事处，在中亚组建了一品分公司，积极融入丝绸之路和万里茶道，一品公司正抓住每个机遇，实行全方位开拓，积极参与国内外市场竞争，发扬光大徽商精神，让300年前就已经香飘世界的屯溪绿茶，再创辉煌！

（七）黄山六百里猴魁茶业股份有限公司

黄山六百里猴魁茶业股份有限公司（图8-31）位于安徽省黄山市黄山工业园区，是一家集太平猴魁茶生产、加工、销售和科研为一体，涉及茶叶研发、茶旅特色游、茶文化交流的综合性茶叶企业。

公司成立于2000年，是安徽省农业产业化和林业产业化龙头企业。公司拥有生产基地万余亩，建有优质良种母穗园基地千余亩；标准化、清洁化厂房万余平方米；建有"太平猴魁茶国家农业标准化示范区""太平猴魁茶国家地理标志保护产品示范

图 8-31　黄山六百里猴魁茶业
股份有限公司（基地）

区""太平猴魁国家优质良种母穗园示范区""安徽省现代林业示范区"四大国家和省级示范区。

公司在北京等地下设数家分公司;建有"黄山太平猴魁博物馆""市级第五批非物质文化遗产传习基地""太平猴魁茶业研发中心";公司创办有月报"太平猴魁报";企业通过了ISO9001体系、欧盟有机体系和两化融合管理等体系认证;"六百里"商标为"中国驰名商标",其产品为"地理标志产品""安徽名牌产品",曾先后荣获"中国国际茶叶博览会国际金奖""中国国际农产品交易会金奖""中国名茶"金奖、"第二届中国杭州国际茶博会金奖""米兰世博会指定茶叶品牌""世界绿茶最高金奖""北京国际茶叶展特别金奖""全国农牧渔业丰收奖"等称号。2007年3月,在俄罗斯"中国年"活动中,六百里猴魁被选作为"国礼茶",赠予俄罗斯总统。

(八)黄山毛峰茶业集团有限公司

黄山毛峰茶业集团有限公司(图8-32)坐落在黄山风景区的北坡,成立于2001年8月,是我国规模较大、技术力量雄厚的茶叶种植、加工企业之一。

公司在安徽黄山太平经济开发区占地60亩,拥有16000m²的立顿茶专用生产基地,2000m²的研发办公楼,2000m²的名优茶生产车间,在黄山区乌石镇有2000m²的

图8-32 黄山毛峰茶业集团有限公司

茶叶初制厂,在黄山区太平湖镇有3000m²的茶叶精制厂。在黄山区乌石镇采用"农户+合作社"模式管理8000亩雨林认证茶园。

公司充分发挥自身技术与产品创新能力与综合优势,建成了从茶园种植管理、茶叶初精制、精深加工到成品制造的完整生态链,为国内外客户提供"一站式"解决方案,赢得了包括全球茶叶第一品牌立顿等众多国内外客户的赞誉,并与立顿建立起全面的战略合作。

"奇松"和"草本e代"为公司注册商标,公司主要产品包括:太平猴魁、黄山毛峰、祁门红茶、黄山贡菊等名优茶,大宗茶和药食同源类草本植物等核心植物原料,袋泡茶、茶浓缩液、速溶茶粉和植物固体饮料等精深加工产品。

公司拥有完整、科学的质量与安全管理体系,拥有一支专业的研发团队、良好的技术创新氛围和设施;致力于帮助农民通过规范化生产,提高茶叶品质;开发夏秋茶资源、扩大产量,并同步实现茶农收入的稳步增加。公司已夯实了业务基础,正以超前理念、领先技术、精细化管理、丰富的品类、可靠放心的品质,迎接正在到来的高速成长期。

依靠自身技术优势和综合实力，更充分发挥黄山卓越的生态优势和优质茶资源，不断推出创新产品、快速提升品牌营销能力、拓宽销售渠道和大客户群体。

（九）黄山紫霞茶业有限公司

黄山紫霞茶业有限公司坐落于黄山脚下徽州区富溪，是安徽省农业产业化重点龙头企业。公司前身是黄山市富溪毛峰茶厂，创办于1983年，主要从事植茶、加工、科研基地和示范推广。

1994年12月，"紫霞"牌黄山毛峰商标在国家工商行政管理总局商标局正式注册。2003年，成为首家通过国家环境保护总局有机茶认证，同年"紫霞"牌黄山毛峰茶被国家质量监督检验检疫总局认定为原产地地理标志保护产品。2004年，公司被黄山市人民政府评为黄山市有机茶先进生产单位。2005年，"紫霞"牌黄山毛峰荣获2005年首届黄山（上海）茶业交易会金奖，12月通过ISO9008质量管理体系认证，"紫霞"商标是中国驰名商标。"紫霞"牌黄山毛峰茶是安徽名牌产品。公司是国家质量监督检验检疫总局黄山毛峰茶唯一专供生产企业。2006年，公司被评为消费者信得过单位。2009年，公司荣获黄山市徽州区政府"小巨人企业综合奖"称号。2010年，"紫霞"品牌荣获安徽首届企业品牌百强和安徽省质量奖，公司获得了安徽省非物质文化遗产单位，荣获安徽省老字号企业。2015年，"紫霞"黄山毛峰荣获北京春茶节"神农奖"。2016年，公司"紫霞贡茶"商标荣获安徽省著名商标。2017年，公司荣获安徽省"守合同重信用"企业，荣获黄山市人民政府科学技术二等奖。2019年，荣获"中国徽茶驰名品牌"。公司拥有自主研发国家发明专利8项；国家实用新型专利5项。公司生产的"紫霞"牌黄山毛峰茶多年来获得了多项国家级和省级荣誉。

（十）黄山市洪通农业科技有限公司

黄山市洪通农业科技有限公司（图8-33）坐落于黄山毛峰原产地核心产区徽州区洽舍乡，现有核心产地茶园3500亩，加工基地10亩，标准加工厂房3000m²，拥有2条国内先进的清洁化茶叶生产线，是集茶叶种植、科研、示范推广、加工贸易、基地建设于一体的茶叶生产企业。

图8-33 黄山市洪通农业科技有限公司

2009年"洪通"牌黄山毛峰获国家地理标识保护产品，国家食品安全SC认证、绿色食品认证、ISO9001质量管理体系认证。2011年，"洪通"牌黄山毛峰被授予安徽省名牌产品，"洪通"牌商标荣获安徽省著名商标，产品畅销国内十多个省市。短短十几年时间就已从一个不起眼的小厂发展成农业产业化龙头企业，获农业部农业科技示范场、国家级重合同守信用企业、中华全国供销合作总社"全国农民专业示范社"基地、安徽省民营科技企业等荣誉。

2020年茶叶加工年产量80t、年产值2453万元。公司大力发展现代农业，积极创新发展模式，走产业化经营道路，组织技术人员开展不同层次、形式各异、内容丰富的培训工作。通过技术培训，普及有机茶生产技术，努力提高工人、茶农的茶叶标准化生产加工技术和卫生安全意识，提高茶园亩产量和亩效益，提升产品质量水平，增加茶农经济收入，带动基地茶农人均年增收800元。

今后，公司将坚定强化质量教育，增强质量意识，建立质量保证体系，推动质量管理规范化、科学化，进一步做大做强黄山茶产业，确保茶叶的质量卫生安全，提高企业效益，实现可持续发展。近年来，公司利用科技自主知识产权成果，新建100亩洪通雾里香茶高效农业示范基地，达到对茶树优良品种的保护，提高示范区整体面貌，提升茶叶品质及亩产效益，辐射带动周边黄山毛峰茶园建设，最终实现茶农增收的目标。

创新是企业的生命，企业想要发展，只有不断创新。公司采取选用高素质人才和聘请专家顾问等多种形式引进高技术人才，开展各类创新，组建了一支老、中、青结合的技术团队。企业现有管理人员高级职称1名、中级职称5名，与此同时企业长期与安徽省农业科学院茶叶研究所产学研合作，充分利用科研单位的技术与人才优势，结合企业自身资源优势，提高企业的研发能力，实现科技创新及研发成果的快速转化。公司先后获取多项国家发明专利（种植、加工、工艺、新产品研发等6项发明专利），省级科技成果3项。其中《洪通雾里香清洁化生产技术的研究与集成应用》与完成市重点科技计划项目（农社类）《高香型黄山毛峰茶园栽培关键技术研究与集成示范》，推动了茶叶经济快速健康发展，为更进一步服务"三农"、带动农民增收提供了强有力的保证。

作为有社会责任心的企业，公司紧紧围绕"农业增效、农民增收、农村发展"的总体目标，积极创新发展模式，走产业化经营道路，相信在不懈的努力下，公司的发展将会有更好的前景。

（十一）黄山茶业集团有限公司

黄山茶业集团有限公司（图8-34）注册地在屯溪区，生产加工地在歙县经济技术开发区、杞梓里镇唐里村和霞坑镇等。公司集生产、加工、经营茶叶、土特产品及相关原辅料于一体，是安徽省首家获准拥有自营进出口权的民营企业。

公司主要出口产品有蒸青茶、焙茶、玄米茶、珠茶、乌龙茶、绿茶、袋泡茶、保健茶、减肥茶等，远销欧洲、亚洲、非洲、北美洲等10多个国家和地区。

公司组建于1998年6月28日，以"公司+基地+农户"的模式组建而成，是新型的农村经济合作组织。近几年来，公司进入快速发展期。2006年，公司获得"安徽省农业产业化龙头企业""安徽省农产品出口示范基地""安徽省民营企业500强""安徽省民营企业出口创汇100强""全国茶叶行业百强企业"等称号。公司拥有优质茶园基地1200hm²，年加工能力可达6000t。

图8-34 黄山茶业集团有限公司

（十二）黄山市芽典生态农业有限公司

黄山市芽典生态农业有限公司位于歙县北岸镇五渡村，是一家集研发、种植、加工、销售为一体的现代化生态农业企业。

公司于2011年3月成立，在黄山市拥有近66.67hm²现代化生态农业种植基地和标准化精制工厂，在安徽省内以合作经营方式拥有原料生产基地400hm²，主要种植生产黄山毛峰、黄山皇菊、珠兰花茶、茉莉花茶、黄山白茶、黄金芽、黄山贡菊等名优茶叶品种。公司为安徽省农业产业化龙头企业、黄山贡菊非物质文化遗产传承保护单位、珠兰花茶非物质文化遗产传承保护单位。

公司拥有强大的专业科研和生产团队，公司产品黄山贡菊荣获"安徽省老字号"称号；自主选育新品种"金贡菊1号"获得安徽省非主要农作物品种鉴定认证。

（十三）黄山市歙县雅氏茶菊精制厂

黄山市歙县雅氏茶菊精制厂位于歙县北岸镇五渡村，是一家专业生产加工茶、菊产品的民营企业，是黄山市农业产业化龙头企业。

公司成立于2000年4月，年产值2600多万元。企业在黄山贡菊原产地北岸镇金竹、高山等地建有无公害贡菊生产基地。拥有规范化的加工车间、成品仓库、冷冻库。严格按照无公害标准生产技术规范操作，确保产品的绿色健康。产品覆盖全国各地，并且远销东南亚的各个国家。公司是黄山市贡菊产销量最大、销售区域最广的一家企业。2004年，"雅盛"牌黄山贡菊荣获安徽省名牌农产品。2005年，第一批被批准使用黄山贡菊（徽州贡菊）原产地域产品专用标志企业。

（十四）安徽省祁门红茶发展有限公司

安徽省祁门红茶发展有限公司（图8-35）是一家集茶叶科研、种植、生产、经营、茶文化交流及非遗传习为一体的综合型现代化企业。公司始建于1993年，下辖12个全资子公司。公司为安徽省农业产业化重点龙头企业、国家高新技术企业、中国茶叶行业百强企业、中国质量诚信企业。旗下产品先后获得安徽名牌、安徽老字号、安徽工业精品、中国驰名商标、国家生态原产地保护产品、2015米兰世博金奖产品和2019年世界红茶产

图 8-35 安徽省祁门红茶发展有限公司

品质量推选"大金奖"等。

公司建立健全了以企业技术中心为主体的科技创新体制，先后组建了省级工程技术研究中心、省级企业技术中心和省级科技特派员工作站。近年来，主持承担并完成省级及以上科研项目8项，其中被列入国家星火计划1项、省科技重大专项2项，获省级科研成果4项、省科学技术奖1项、市科学技术奖2项、授权专利14项、省非主要农作物新品种1项。

在质量管理方面，通过了ISO9001、ISO22000和两化融合管理体系认证；主持制定了祁门红茶的省级地方标准3项、团体标准1项、企业标准2项，以建立健全标准化体系提升产品质量安全水平。

在产品营销方面，开辟了以上海、广东、福建、北京等地为主的茶叶销售市场，建立了直营经销网络300余家，产品覆盖全国29个省（自治区、直辖市）。同时，致力于海外市场的拓展，产品相继进入欧美、东南亚、中东、非洲等市场，远销世界20多个国家和地区。

（十五）安徽省祁门县祁红茶业有限公司

安徽省祁门县祁红茶业有限公司（图8-36）成立于2010年11月，坐落在美丽的黄山西麓，风景秀丽的中国红茶之乡——祁门县境内，是一家集祁门红茶传承、科研、种植、生产、检测、营销（含出口贸易）、文茶旅开发于一体的祁门红茶全产业链企业。其前身为安徽省祁门茶厂改制而来的安徽省祁门红茶

图 8-36 安徽省祁门县祁红茶业有限公司（茶园）

厂，是正宗祁门红茶的代表，祁红的旗舰和中坚，系祥源茶业股份有限公司全资子公司。

公司现高标准建有祁红示范工厂、祁红博物馆、祁红非遗传承馆、中国茶树品种园、

祁红研发中心、智慧茶园示范基地等；拥有国内首条自主研发清洁化、自动化、连续化、标准化工夫红茶初精制生产线及2万亩祁红核心产区优质茶园，具备年产祁门红茶1000t原料供应及生产加工能力。

为进一步推动祁门红茶生产过程智能化、绿色化以及可持续发展，公司率先开展物联网智慧茶园试点示范，由"水肥一体化、物联网、四情监测、追溯平台"等多系统组合并有效集成。通过对数据传输、整理、统计、分析提升企业管理水平，实现了传统农业向科技型农业成功转型。

公司现是国家高新技术企业、国家星创天地、国家4A级旅游景区、国家知识产权优势企业、安徽省农业产业化龙头企业、安徽省博士后科研工作站、安徽省"专精特新"单位、安徽省智能工厂、安徽省质量品牌升级工程教育实践基地、安徽省科普教育基地、安徽省工业消费品"三品"示范企业、安徽省中小学生研学实践基地、安徽省特色扶贫示范企业。公司党支部被评为安徽省先进基层党组织荣誉称号等。

第二节　徽茶非遗传承

非物质文化遗产的最大的特点是不脱离民族特殊的生活生产方式，是民族个性、民族审美习惯的"活"的显现。对于非物质文化遗产传承的过程来说，人的传承就显得尤为重要。

安徽茶叶非物质文化遗产所蕴含的徽茶的精神价值、想象力和文化意识，是徽茶文化身份和文化内涵的重要体现。加强安徽茶叶非物质文化遗产保护，不仅是我省茶产业发展的需要，也是社会文明对话和人类社会可持续发展的必然要求。

一、国家级非物质文化遗产项目

安徽省茶叶国家级非物质文化遗产项目有2类4项。具体如下：

① **黄山毛峰**：2008年，国务院公布第二批国家级非物质文化遗产名录，有安徽省黄山市徽州区申报的传统技艺绿茶制作技艺（黄山毛峰）。

② **太平猴魁**：2008年，国务院公布第二批国家级非物质文化遗产名录，有安徽省黄山市黄山区申报的传统技艺绿茶制作技艺（太平猴魁）。

③ **六安瓜片**：2008年，国务院公布第二批国家级非物质文化遗产名录，有安徽省六安市裕安区申报的传统技艺绿茶制作技艺（六安瓜片）。

④ **祁门红茶**：2008年，国务院公布第二批国家级非物质文化遗产名录，有安徽省黄山市祁门县申报的传统技艺红茶制作技艺（祁门红茶）。

二、省级非物质文化遗产项目

安徽省茶叶省级非物质文化遗产代表性项目共20余项，全部属于传统技艺。其中，红茶有祁门红茶、葛公红茶、润思祁红3种，绿茶有黄山毛峰、太平猴魁、屯溪绿茶、松萝茶、六安瓜片、霍山黄芽、顶谷大方、岳西翠兰、舒城小兰花、涌溪火青等17种。

① 黄山毛峰：2007年3月，安徽省公布第一批省级非物质文化遗产名录，有黄山市徽州区的传统手工技艺绿茶制作技艺（黄山毛峰）。

② 祁门红茶：2007年3月，安徽省公布第一批省级非物质文化遗产名录，有黄山市祁门县的传统手工技艺祁门红茶制作技艺。2008年12月，安徽省公布第二批省级非物质文化遗产名录，有池州市东至县传统技艺红茶制作技艺（葛公红茶）。2008年，安徽省公布第二批省级非物质文化遗产项目代表性传承人名单，陆国富、闵宣文是黄山市祁门县红茶制作技艺（祁门红茶）传承人。

③ 六安瓜片：2007年3月，安徽省公布第一批省级非物质文化遗产名录，有六安市的传统技艺绿茶制作技艺（六安瓜片）。

④ 太平猴魁：2007年3月，安徽省公布第一批省级非物质文化遗产名录，有黄山市黄山区的传统手工技艺绿茶制作技艺（太平猴魁）。

⑤ 霍山黄芽：2007年3月，安徽省第一批省级非物质文化遗产名录，有六安市霍山县的传统手工技艺绿茶制作技艺（霍山黄芽）。

⑥ 屯溪绿茶：2007年3月，安徽省公布第一批省级非物质文化遗产名录，有黄山市屯溪区的传统技艺绿茶制作技艺（屯溪绿茶）。

⑦ 松萝茶：2007年3月，安徽省公布第一批省级非物质文化遗产名录，有黄山市休宁县的传统技艺绿茶制作技艺（松萝茶）。

⑧ 顶谷大方：2008年12月，安徽省公布第二批省级非物质文化遗产名录，有黄山市歙县的传统技艺绿茶制作技艺（顶谷大方）。

⑨ 岳西翠兰：2010年9月，安徽省公布第三批省级非物质文化遗产名录，扩展项目中Ⅷ—15是安庆市岳西县的传统技艺绿茶制作技艺（岳西翠兰）。

⑩ 舒城小兰花：2010年9月，安徽省公布第三批省级非物质文化遗产名录，有六安市舒城县的传统技艺绿茶制作技艺（舒城小兰花）。

⑪ 涌溪火青：2010年9月，安徽省公布第三批省级非物质文化遗产名录，有宣城市泾县的传统技艺绿茶制作技艺（涌溪火青）。

⑫ 黄山贡菊：2014年5月，安徽省公布第四批省级非物质文化遗产名录，有黄山市歙县的传统技艺绿茶制作技艺（黄山贡菊）。

⑬ **石台雾里青**：2014年5月，安徽省公布第四批省级非物质文化遗产名录，有池州市石台县的传统技艺绿茶制作技艺（石台雾里青）。

⑭ **安茶**：2014年5月，安徽省公布第四批省级非物质文化遗产名录，有黄山市祁门县的传统技艺祁门安茶制作技艺（安茶）。

⑮ **珠兰花茶**：2017年11月，安徽省公布第五批省级非物质文化遗产名录，有黄山市歙县的传统技艺绿茶制作技艺（珠兰花茶）。

⑯ **石墨茶**：2017年11月，安徽省公布第五批省级非物质文化遗产名录，有黄山市黟县的传统技艺绿茶制作技艺（石墨茶）。

⑰ **润思祁红**：2017年11月，安徽省公布第五批省级非物质文化遗产名录，有池州市县的传统技艺红茶制作技艺（润思祁红）。

⑱ **桐城小花**：2017年11月，安徽省公布第五批省级非物质文化遗产名录，有安庆市桐城市的传统技艺绿茶制作技艺（桐城小花）。

⑲ **金山时雨**：2017年11月，安徽省公布第五批省级非物质文化遗产名录，有宣城市绩溪县的传统技艺绿茶制作技艺（金山时雨）。

⑳ **瑞草魁**：2017年11月，安徽省公布第五批省级非物质文化遗产名录，有宣城市郎溪县的传统技艺绿茶制作技艺（瑞草魁）。

㉑ **宿松香芽**：2017年11月，安徽省公布第五批省级非物质文化遗产名录，有宣城市宿松县的传统技艺绿茶制作技艺（宿松香芽）。

㉒ **塔泉云雾**：2017年11月，安徽省公布第五批省级非物质文化遗产名录，有宣城市宣州区的传统技艺绿茶制作技艺（塔泉云雾）。

三、非遗传承人

（一）方继凡

方继凡，国家级非物质文化遗产绿茶制作技艺（太平猴魁）代表性传承人，对太平猴魁的制作、培育有着丰富的经验和较高的造诣。一直以来，他坚持祖先的传统技艺手法，坚持鲜叶的"四拣八不要"、炭火锅式杀青、竹制烘笼足干等核心技艺，确保了太平猴魁"两叶抱一芽，扁平挺直，魁伟重实，色泽苍绿，兰香高爽，滋味甘醇"独特的色、香、味、形。太平猴魁的制作技艺十分精湛，从而形成独特的"猴韵"品质，在茶界独树一帜，具有一定的文化和经济价值。

（二）谢四十

谢四十，国家级非物质文化遗产绿茶制作技艺（黄山毛峰）代表性传承人，自1974

年起从事黄山毛峰生产、加工。1994年在黄山市首家引进名优茶机械，大大提高了黄山毛峰的色香味形；其广泛宣传"黄山毛峰"独特的传统技艺，并认真细心教授弟子，不断将黄山毛峰的传统制作工艺发扬光大，使得原汁原味的"黄山毛峰"茶得到了传承。

（三）王 昶

王昶，国家级非物质文化遗产红茶制作技艺（祁门红茶）代表性传承人，他潜心事茶，专注于技艺，执着于品质，只为将祁红工夫的高香氤氲传扬更为广远。作为一项传承百年的工艺，祁门红茶制作技艺随祁红产品的行销而声誉日隆。进入21世纪以来，王昶提出并实施生产性保护、创新型传承，结合提升产品的传统风味和质量，以传统制作为根本建立非物质文化遗产传习基地，言传身教、带徒授艺，培养出了一大批年轻人如今已在祁红行业中成为技术骨干，使得这一非遗项目得到了有序传承、发扬。

（四）储昭伟

储昭伟，国家级非物质文化遗产项目绿茶制作技艺（六安瓜片）传承人，他参加工作后，一直从事茶叶生产技术推广，直接从事茶叶生产经营，他不仅系统学习了茶叶生产、加工、营销技艺，同时还认真地研究了六安瓜片的历史与现状。因此，他一边从事茶叶生产，一边组织人员，积极摸索改进六安瓜片工艺。尤其是他在主持了"六安瓜片"生产工艺的恢复研究及推广工作时，从制定六安瓜片茶标准入手，推广了六安瓜片名茶传统制作工艺，使六安瓜片生产实现专业化、标准化、规模化。既有了传统技艺的保护，也有了技术创新的成果。

（五）谢永中

谢永中，安徽省非物质文化遗产红茶制作技艺（祁门红茶）代表性传承人，自小就开始跟随长辈到山上采茶。1971年，19岁的谢永中进入老祁门茶厂学习祁红的传统制作手艺。他在茶厂里工作了大半辈子，伴随着走过整个祁门红茶的黄金时代，他也从学徒一路成长为"谢师傅"。如今已年逾古稀的他，每年茶季，他还会为自己做一小批手工茶。他认为："不论技术如何改变，祁红的制作原理是永恒的，这保证了祁红能够始终保持绝佳的品质和口感。"他为祁门红茶的传承和保护做出了自己的努力和贡献！

（六）闵宣文

闵宣文，安徽省非物质文化遗产红茶制作技艺（祁门红茶）代表性传承人，1953年起开始跟随历口茶厂技术厂长陈季良先生学习祁红初制、精制技术，学习手工精制和制成品等级规格、质量要求，祁门红茶审评的品质特点等知识。1958年，闵宣文调入茶厂任技术员，在此后与祁红打交道的40多年的时光里，闵宣文成长为祁门茶厂和祁红产业的技术权威。

（七）王光熙

王光熙，安徽省非物质文化遗产绿茶制作技艺（松萝茶）代表性传承人，结缘松萝茶多年，早在20世纪80年代，他就带着松萝茶跑遍了全国很多市场，最终选择了上海作为主要市场并被誉为上海的"炒青大王"。为了让历史名茶得到传承，王光熙以"一生只做一壶茶"的匠心情怀，学习松萝茶精制技术，不断提升松萝茶品质，努力开发松萝茶产品；他坚持"做老百姓喝得起的好茶"，他秉持"绝不向市场销售一片不合格的茶叶"的销售理念和责任心，引领着松萝茶业走出了大山、走向了世界。他投资建设了松萝茶文化博物馆、松萝茶非遗传习基地等，为保护传承松萝茶做出了积极的贡献！

（八）陶自富

陶自富，安徽省非物质文化遗产红茶制作技艺（祁门红茶）代表性传承人，所在的祁门县茶场，早期只被允许做初制生产。1984年8月，陶自富接受了组建场里精制加工体系的任务，配备好了所有设备、规范了精制加工工艺，顺利将祁门县茶场的精制加工体系组建完成。此后，陶自富从普通技术员、评茶员，成长为加工生产技术总负责人兼产品质量负责人。时今，做茶30多年的陶自富，始终坚持只做传统工夫红茶，几十年如一日地较真于质量控制和传统工艺，为祁门红茶的传承作出了自己的贡献。

（九）刘同意

刘同意，安徽省非物质文化遗产红茶制作技艺（祁门红茶）代表性传承人，26岁时师从制茶大师黄重权老师和原祁门茶厂技术厂长闵宣文，学习祁门红茶生产加工制作技艺。为传承和发扬祁门红茶制作技艺，他经常参与全国各地举办的茶叶技能培训及生产加工技艺活动，将所学的知识传授给其他人，为祁门红茶的传承传习贡献着自己的才智。

（十）谢一平

谢一平，安徽省非物质文化遗产绿茶制作技艺（黄山毛峰）代表性传承人，少年时就掌握了祖传的黄山毛峰茶制作技艺；参加工作以后，他又经过了系统的专业学习，终于成了一名出色的评茶师和制茶师。谢一平在继承传统黄山毛峰技艺的同时，创新了黄山毛峰茶的加工工艺并提高了黄山毛峰的品质；同时将黄山毛峰品牌推向了市场并获得了良好的社会与经济效益！

（十一）程俊生

程俊生，安徽省非物质文化遗产绿茶制作技艺（霍山黄芽）代表性传承人，出生于茶叶世家，年轻时便熟练掌握霍山黄芽传统制作技艺的关键控制点。程俊生在长期的制茶实践中，广泛搜集文献资料，先后拜县内制茶名人陈继周、程仁和为师，多次请教著名茶学专家以及安徽农业大学教授，从而掌握了轻度闷黄工艺精髓，成为霍山黄芽茶制作专家。程俊生还致力于将现代化生产工艺相结合，为霍山黄芽的传统制作工艺的发扬光大做出了杰出的贡献。

（十二）曾胜春

曾胜春，安徽省非物质文化遗产绿茶制作技艺项目（六安瓜片）代表性传承人，自1988年从事茶叶经营，用传统工艺制作六安瓜片并向周边中、小城市销售。2002年，在六安市独山镇南焦湾村、石婆店镇三岔村建立茶叶加工基地，他和一批土生土长的茶农承包茶园，进行良种育苗、新辟茶园、集中加工，钻研制茶之道，总结了大量六安瓜片传统制作技艺精髓；同时，也不断扩大六安瓜片在市场上的知名度。

（十三）吴国振

吴国振，安徽省非物质文化遗产绿茶制作技艺项目（宿松香芽）传承人，高中毕业后就在龙河茶厂系统学习传统制茶技术，期间，多次到各地名优茶厂观摩学习。2005年，在总结前人制茶工艺的基础上，开发出名优茶"宿松香芽"，并使之传统制作技艺得到了保护和传承。

（十四）徐基峰

徐基峰，安徽省非物质文化遗产绿茶制作技艺（塔泉云雾）代表性传承人，业茶伊始，从认真学习制茶技艺，在茶叶专家教授的精心指导下，塔泉云雾茶制茶家族传人徐基峰经过多年挖掘、整理、研究塔泉云雾茶及传统制作技艺，对传统制作工艺进行探索、优化整合，制定了一套完善规范的工艺流程和技术标准，为塔泉云雾茶传承做出积极的贡献！

（十五）吴建军

吴建军，安徽省非物质文化遗产绿茶制作技艺（金山时雨）代表性传承人，自习茶开始，就不断收集金山时雨茶历史资料，认真学习茶叶制作技术。在老师傅的带领下，从茶叶的采摘到加工制作，都是用心学习，认真制作，始终坚持，终于掌握了金山时雨茶的传统手工制作工艺；同时，他还改进制作工艺，不断提高金山时雨茶品质以及产量，满足市场和消费者需求，为保护和传承非遗技艺作出了积极的努力！

（十六）冯立彬

冯立彬，安徽省非物质文化遗产绿茶制作技艺（岳西翠兰）代表性传承人，1983年参加岳西翠兰研制工作，是岳西翠兰的创制人之一。1985年，冯立彬参与制作的岳西翠兰，被农业部和中国茶叶协会评为首届"全国新十一大名茶"。在此后的30多年，冯立彬就一直与茶叶打交道，如今已成为岳西翠兰手工制作工艺的集大成者之一。他一手创办的冯立彬茶厂，至今仍然保留着岳西最好的手工茶制作车间，传承着岳西翠兰传统的手工制作工艺。

（十七）陈全荣

陈全荣，安徽省非物质文化遗产绿茶制作技艺（瑞草魁）代表性传承人。"瑞草魁"茶是历史名茶，自唐以来，声名鹊起并获得众多赞誉。但是，"瑞草魁"茶也是失传多年。1985年，农业部门开始恢复研制瑞草魁茶，陈全荣全程参与了"瑞草魁"的恢复、研制和开发工作；经过几年的试验和努力，终于制作并生产出品质优良的"瑞草魁"茶，并在当年的北京首届农业博览会上获得银质奖，对于瑞草魁传统制作技艺的保护以及传承均有着重要的作用。

（十八）李明智

李明智，安徽省非物质文化遗产绿茶制作技艺（黟县石墨茶）传承人。20世纪90年代，李明智毅然放弃在外的工作，转而从事茶叶制作。经过二十多年的努力，黟山石墨茶成为"中国农产品地理标志产品"，成功申报"安徽省非物质文化遗产"。黟山石墨茶的传统加工技艺，不仅反映出条索状炒青绿茶向颗粒状炒青绿茶的转变，也是研究绿茶演变进程中不可或缺的资料。

（十九）陈华静

陈华静，安徽省非物质文化遗产绿茶制作技艺（霍山黄芽）传承人。霍山黄芽现代手工技艺，基本沿用了明清时代的制茶方法，是对古老茶艺的继承和发扬。1915年，霍山"抱儿钟秀"黄芽，获巴拿马万国博览会金奖。然而经过战争年代至新中国成立前夕，霍山黄芽由于工艺传承机制中断，仅闻其名，未见其茶，濒临失传。1971—1972年，霍山县政府组织茶叶专家、老茶工、老茶农深入金鸡山、乌米尖等黄芽产地，挖掘历史名茶，恢复了霍山黄芽茶传统制作工艺，使"闷黄"和"堆放"传统制作工艺得到了传承和保护。

（二十）刘会根

刘会根，安徽省非物质文化遗产绿茶制作技艺（岳西翠兰）传承人。1979年，刘会根高中毕业回乡创办岳西县姚河乡竹山茶厂，40多年来，他一直从事茶叶栽培、加工、研究、销售工作；参与岳西翠兰创制全过程，为岳西翠兰主要创始人之一。他有着丰富的制茶经验、深厚的专业素养和全面精湛的制茶技艺，在茶叶生产加工技术创新、应用、科研成果转化和专利技术发明等方面都有着很深的造诣。他依托岳西香炉悠久种茶历史和古老茶园的独特优势，为岳西翠兰的牌子从初期研制、创立到走出深山、走向全国乃至走向世界做出了一定的贡献。

第九章

徽茶创新

徽茶文化历史悠久、文化底蕴深厚，徽茶作为徽州当地最具代表性的特产之一，在全国茶产业中久负盛名。在国民经济逐渐提升以及国民消费意识向文化和健康转变的同时，徽茶蓄势待发，茶产业发展进入新阶段，在科教方面不断取得喜人硕果，让徽茶焕发新的生命。

第一节　徽茶科教成果

茶叶经济在安徽省经济结构中占据着重要的地位，而安徽茶叶经济的快速发展和茶产业的提质增效与转型升级，均与安徽省茶叶科技的创新发展和教育成果密切相关。

一、科技成果

安徽是我国最重要的名茶产区之一，名茶不胜枚举，茶叶品质优异，茶树种质资源丰富。茶产业历来就是安徽山区脱贫致富的民生产业，是安徽省众多县（市）的特色优势资源和支柱产业，也是重要的文化产业、生态产业，在推动山区农业结构调整、乡村振兴、精准扶贫、产业优化、生态美好、社会和谐、人民幸福等方面发挥着越来越重要的作用。同时，安徽现代茶叶科学技术的不断革新与丰硕成果，亦是推动茶产业高质量发展的核心动力。

（一）安徽茶叶科技发展历程

安徽茶叶科技起步早、发展快，早在民国时期就达到全国领先水平，其后一直保持在全国先进行列。1915年，北洋政府在祁门县创立了农商部安徽模范种茶场，1917年更名为农业部茶业改良场，这是我国近代第一个国家级茶叶科研机构，开创了现代茶叶生产技术试验研究之先河。其后又在1940年组建了屯溪茶业改良场，开展茶叶品质及相关技术研究，并取得了诸多可喜的成果，在当时具有相当的影响力和知名度，也奠定了安徽成为全国茶叶科技创新高地的基础。1958年，国家领导在皖西六安市舒城县视察时，发出了"以后山坡上要多多开辟茶园"的指示，激发了广大茶叶工作者开展茶叶技术试验和发展茶叶生产的热情。

纵观改革开放40多年来安徽茶叶科技的发展历程，20世纪80—90年代，茶叶科技创新主要以服务茶叶生产发展，恢复和发展名优茶，提升茶叶品质和茶叶机械化水平为目标，在茶叶加工技术、茶树新品种选育等方面取得了初步成果。进入21世纪，安徽茶叶科技发展突飞猛进，在一大批科研工作者的辛勤努力下，安徽茶叶科技飞速发展，成就斐然，位列全国领先水平，在茶叶科技发展的各个领域如茶叶加工技术集成创新、茶叶质量与安全、茶叶健康、茶树基因研究等各个领域均取得了骄人的成绩，极大地提高了安徽乃至我国茶产业信息化、智能化、精深化、标准化、现代化水平，提升了我国茶叶科技在原始创新与基础研究领域的国际竞争力和话语权，为我国茶业现代化和健康可持续发展提供了重要的科技支撑。

（二）安徽茶叶科技发展成就

1. 科研人才队伍建设

1978年，为适应茶产业发展的需要，受全国供销合作总社委托，安徽农学院（安徽农业大学前身）创办了我国第一个机械制茶本科专业，旨在培养具有机械制茶理论、茶叶基础理论、茶叶贸易理论和设计制造能力的高级专业人才。这为改革开放新时期安徽乃至全国茶业的恢复和发展培养了一大批高素质茶叶技术型人才。

改革开放40多年来，安徽茶叶科技创新人才智库的建设可谓是成效显著，人才荟萃，为安徽茶叶科技事业的腾飞提供了有力的智力支撑。

安徽农业大学茶学国家重点实验室、教育部茶叶化学与健康国际合作联合实验室、安徽省农业科学院茶叶研究所是安徽茶叶科技创新体系中的领头机构，国家茶产业技术体系安徽分中心、黄山茶叶综合试验站、黄山市茶叶研究所、六安市茶叶局、安庆市种植业局、祁门茶叶研究所以及安徽省茶业学会等高校科研组织是安徽茶叶科技创新中的重要力量。此外，还有各地市（县）茶叶办、茶叶所、茶叶试验站、茶叶行业协会以及各大茶叶龙头企业，一起构成了安徽茶叶科技创新的中坚力量。近几年新成立的安徽省茶产业技术创新战略联盟、安徽省茶产业标准化技术委员会、安徽省有机茶研究会、黄山茶产业技术研究院等单位也成为安徽茶叶科技创新队伍中的新兴力量。

值得一提的是，安徽农业大学茶学专业已有80年的历史，茶学专业（团队）先后被评为国家级特色专业、教育部"长江学者和创新团队发展计划"创新团队、全国专业技术人才先进集体、全国高校首批黄大年式教师团队，茶学学科入选"世界一流学科"建设计划。安徽农业大学还建设了整个园艺一级学科唯一的国家重点实验室——茶树生物学与资源利用国家重点实验室。此外，安徽农业大学茶业系还建有茶叶科学研究所和中华茶文化研究所。当前，安徽省已成为世界重要的茶学科学研究中心、全国茶学人才培养重镇（图9-1）。

图9-1 安徽省农业科学院茶叶研究所

2. 茶树品种选育

安徽茶树品种，在悠久的栽培历史中，经过自然变异和人工选择，形成了丰富的种质资源，在保护茶树遗传多样性，优化茶园品种结构，助推茶树品种创新，推进茶园良种化改革，加快名优茶的创制与开发，促进茶叶增产提质和茶产业健康可持续发展等方面发挥着极为重要的作用。安徽模范种茶场（安徽省农业科学院茶叶研究所前身）是安徽省乃至我国最早从事茶树品种选育工作的茶叶专业研究机构，早在1936年则开始茶树品种变异试验和具有广泛适制性的茶树新品种选育研究。

自1975年开始，安徽省农业厅在全省适茶地区建立茶树良种繁育基地14个，后又陆续扩大繁育点20余个，推广新繁育的无性系品种。改革开放之初，经安徽省农业厅批准，建立休宁茶树良种场，1987年改建为安徽省冬至茶树良种繁育示范场。经过30余年的发展，该场现为农业部重点茶树良种繁殖、示范推广基地，拥有国家级良种48个、省级良种39个、各品系124个、国外品种10个，良种茶苗销往全国12省市。安徽省茶树种质资源调查始于20世纪60年代。自1980年开始，安徽省农业厅组织对全省21个县（市）区开展调查，对地方茶树品种和优良类型进行了摸底盘清，到1984年完成。1982年，安徽省茶树良种审定委员会成立，并于同年11月开展了第一批茶树良种审定，其后又开展了4次集中审定工作。

近年来，随着茶树育种研究的推进，我省又多次组织了不定期的申报与审定工作。2009年，安徽农业大学茶树育种专家江昌俊对省内具有地域特色和适应性的地方茶树品种进行了全面调查，发掘地方优质茶树品种30余个，并进行了创新性挖掘和新品种选育研究，取得了多项成果。2017年，蒋敏等对安徽省茶树种质资源做了较为全面的考察和搜集工作。经过长期的选育和搜集整理，据不完全统计，目前安徽省有地方优良茶树品种32个，省级茶树良种24个和国家级茶树良种11个，共计64个。

安徽省茶树种质资源丰富，性状优良，对于推动我省名优茶开放、品种再创新、茶产业提质增效及健康可持续发展具有重要价值。但毋庸讳言的是，当前安徽省无性系良种推广较为落后，据2014年农业部数据，安徽省无性系良种茶园占比为22.61%，近年来虽有所提升，但仍远低于全国60.94%（2017年）的占比，因此尚需要广大茶叶科技工作者大力推广无性系茶树良种资源，以提升茶叶生产的质量，提高茶叶经济效益，推动徽茶产业振兴发展。

3. 茶叶科技创新

茶叶科技创新是茶产业发展的核心动力，只有大力发展茶叶科技才能提升茶产业发展的层级和经济附加值。

近40年来，在安徽省农委、科技厅的支持下，各级政府、企事业单位、高校科研院所积极开展茶叶技术领域的"产—学—研—政"合作，组建安徽茶产业技术创新战略联盟，在茶叶加工工艺、茶叶品质与安全、茶树基因组测序等一大批关键技术与基础研究领域取得了许多标志性成果，并逐步产业化，极大地提升了安徽茶产业的现代化水平、科技含量和经济效益，促进了徽茶产业的转型升级和创新发展。择其要者，总括如下：

1）成果示范及产业化

20世纪80年代，何世华成果研制了集杀青、理条、整形于一体的往复式槽体炒茶锅，核心技术是多槽式锅体及其往复运，后经浙江人改进成多种类型的名优茶生产机械，使我国名优茶生产逐渐步入机械化行列，推动了我国茶叶的机械化和名优茶的生产。

20世纪90年代初期，祁门茶区茶农试验研制了筛网制茶法，用该制茶法研制的黄山翠兰茶"色泽翠绿、鲜活、光泽"，品质优异。2005年，安徽农业大学茶学专家团队研发设计了我国首条炒青绿茶初制清洁化生产线并大规模投产，极大地提升了我国炒青绿茶初制的现代化水平，这是安徽乃至我国茶叶科技创新领域的标志性事件。2007年，安徽农业大学茶业系联合黄山市汪满田茶业公司成功申报了国家农产品加工技术研发茶叶加工专业分中心，在新技术的研发、新装备的研制等方面取得了一系列重要成果，并广泛运用于茶叶生产中，提升了茶叶生产效率和企业科技实力。同年，安徽休宁松萝茶业公司开展了外销绿茶清洁化生产技术研究并取得了多项技术成果，实现了外销绿茶从种植、茶园环境管理、生产加工到精制等全流程的清洁化，极大地提升了我国出口绿茶的品质和经济效益，同时也取得了良好的生态效益，推动了外销绿茶的良性可持续发展。

2009年，安徽农业大学茶学团队与谢裕大茶叶股份有限公司联合开展了黄山毛峰清洁化生产技术研究，建成了我国首条黄山毛峰全自动清洁化生产线，实现了黄山毛峰茶的清洁化、智能化、标准化生产。该生产线的投产和推广，为黄山毛峰茶的现代化生产做出了重要贡献，促进了黄山毛峰茶产业提质增效和技术升级。同时，安徽农业大学大科研团队还联合相关企业开展了数字化智能茶叶色选机技术研究，取得了突破性成果，弥补了我国在该邻域研究的不足，打破了国际技术垄断，推进了我国茶叶生产加工方式的重大变革。同时，安徽农业大学大研究团队还成功研发了基于PLC的茶叶滚筒杀青机温度控制系统和杀青机双模糊控制系统，较大程度地提升了制茶机械的智能化水平，实现了对茶树鲜叶杀青温度的稳定把控（图9-2）。

图 9-2 鲜叶摊晾

2）茶叶贮藏技术

在茶叶贮藏技术方面，安徽农业大学教授李尚庆研究了冷藏式茶叶保鲜库对干茶色泽变化的影响，结果表明，在正常温度与相对湿度较低的组合和温度较低与相对湿度一般的组合下，都可以较好的保持干茶色泽，但若需要大规模保鲜，则要选择后者组合。

张正竹等研究表明，利用微波杀青技术对茶树鲜叶进行杀青后低温冷冻存贮，是一种行之有效的方法，名优绿茶杀青进行冷藏处理也具有类似的效果。

3）茶叶标准

在茶叶标准方面有一定建树。安徽敬亭山茶场于1978年成果研制恢复了我国重要历史文化名茶——敬亭绿雪，其起草的《敬亭绿雪茶》行业标准于2002年被农业部列为国家农业行业标准，该标准的实施促进了敬亭绿雪茶的标准化生产和品质体系的构建。

2015年，由安徽农业大学茶与食品科技学院实验室宛晓春教授及其团队主持的《茶叶分类》国际标准提案获得国际标准化组织茶叶分技术委员会正式立案，这标志着我国茶叶标准正式打破国际垄断，开始参与国际标准的制定，提升了国家话语权。此外，张正竹还参与了GB/T 33915—2017《农产品追溯要求：茶叶》国家标准的制定，与此同时，安徽农大茶学团队还是GB/T 39592—2020《黄茶加工技术规程》国家标准和DB34/T 2891—2017《皖西黄茶加工技术规程》地方标准的主要起草人。

4）无公害茶园

在无公害茶园方面，安徽省农业科学院茶叶研究所研究员廖万有等试验研究了去除茶园重金属的新途径——采用植物修复技术，并取得了一定的成效。可喜的是，目前，安徽省在无公害茶园建设和茶叶无公害生产方面均取得了突出成绩，全面实现"无公害化"（图9-3）。

图9-3 无公害生态茶园

5）深加工利用

在深加工利用方面取得相应成就。安徽省农业科学院茶叶研究所专家舒庆龄等较早的在省内开展茶多酚在日用化工上的应用研究，以及茶资源综合利用与防癌研究。

近年来，安徽农业大学还与安徽抱儿钟秀茶业股份有限公司在夏秋茶资源综合开发利用方面取得突出成效，并开发了具有地域特色的黄大茶及其速溶茶等深加工产品，也受到了市场的认可。

中国科学技术大学研究团队与黄山市新安源有机茶开发有限公司合作开发了冬茶系列产品，包括冬茶（原叶茶）、冬茶啤酒（图9-4）、冬茶饮料等产品，创造性的推动了安徽省冬茶资源的开发利用。如冬茶啤酒，2018年5月，黄山冬茶研究院的研发团队在前期冬茶系列产品的基础上，开发出两款冬茶啤酒（精酿型），经专业人士试喝品鉴，一致认为口感醇和、爽口回甘。冬茶啤酒（精酿型）的冬茶原料来自新安江源头海拔800m以上有机茶园，经过四季滋养，冬天的茶叶内含物丰富、香型独特、口感香甜，运用现代科技萃取冬茶精华，冬茶啤酒（精酿型）富含多种营养物质，并具有独特的口感和香气，谨呈茶叶与啤酒融合的美妙。冬茶啤酒（精酿型）立足现有精酿啤酒的制作方法，并进行生产工艺的重要创新，采用英国爱尔酵母，融入冬茶萃取液，经多次混合发酵而成，产品呈现琥珀色。同时，经反复试验确定的麦汁浓度和酒精度的对应比例，符合啤酒产品的国内外标准。

图9-4 茶叶深加工产品——冬茶啤酒

当前，国内市场上茶啤酒已有研发和销售，但总体品类极少，仍属个别现象，以冬茶作为原料的啤酒更是没有，冬茶啤酒（精酿型）产品具有的特殊性和唯一性无可比拟。再如超微茶酸奶加工技术，该技术是利用气流微粉碎技术，将茶鲜叶经过蒸汽杀青和干燥处理后进行超微粉碎成200目甚至1000目以上的茶叶超微细粉，技术采用凝固型酸奶的加工工艺，可最大限度地保持了茶叶原有的色香味品质和各种营养成分。酸奶是一种具有较高营养价值和特殊风味的饮料，它比牛奶更易被人体吸收，而茶叶中含有的茶多酚、咖啡碱是酸奶中所不具有的，将茶粉添加到酸奶中去，提高了酸奶的食疗价值。

6）茶叶安全

在茶叶安全方面，2008年，安徽皖垦茶业集团敬亭山茶场研制的采用商品条形码作为信息载体的茶叶制品安全溯源系统顺利建成，该系统可实现对茶叶种植、加工生产、销售等的全流程信息跟踪，这在安徽茶制品追溯研究领域尚属首次。

7）茶与健康

在茶与健康方面，2016年，安徽农业大学茶与食品科技学院实验室宛晓春教授和张劲松教授研究小组合作研究发现，与绿茶、红茶相比，黄大茶具有显著降血糖功效。该研究的主要结果发表于"Scientific Reports"，研究生韩曼曼、赵广山以及青年教师王一君为论文共同第一作者。研究观察比较了黄大茶、绿茶、红茶、黑茶对ICR小鼠糖脂代谢以及体重、饮水量和摄食量的影响。结果发现，小鼠连续25天摄入高脂，当同时饮用黄大茶、红茶和绿茶茶汤（茶水比1∶30）时，仅黄大茶能够显著降低实验组小鼠的空腹血糖，且小鼠对黄大茶茶汤耐受性更好，说明黄大茶具有很好的降血糖效应。研究同时发现，黄大茶降糖的机理可能与早期抑制小鼠肝脏中Txnip（硫氧还蛋白互作蛋白）蛋白表达有关。

2018年10月17—20日，由安徽农业大学茶树生物学与资源利用国家重点实验室主办，中国茶叶学会、中国农业科学院茶叶研究所、浙江大学茶叶研究所、湖南农业大学茶学教育部重点实验室、中华全国供销合作总社杭州茶叶研究院协办的"第一届可可、咖啡、茶（亚洲）国际学术大会"（First International Congresson Cocoa Coffee and Tea Asia）在安徽合肥举行。大会上，安徽农业大学的周秀红博士报告了研究的新发现——即黄茶中的重要品类黄大茶可以改变肠道的菌群并引起降低血糖和血脂的功效。这在国际上属于首次发现，该研究极大地推动了安徽皖西特色黄大茶以及夏秋茶资源的开发利用与市场推广，在茶区精准脱贫、产业振兴、提质增效等方面也发挥了重要作用。此外，宛晓春团队还研究了绿茶和红茶在降低高尿酸血症方面的效应，研究发现，绿茶和红茶提取物可以使模型小鼠血浆中的尿素氮（BUN）、肌酐（Cr）和尿酸（UA）水平显著降低，推动了红茶和绿茶在抗高尿酸血症领域的应用。值得一提的是，安徽农业大学茶学团队还搭建了茶与健康研究领域重要的信息资源库和分析平台TBC2 health（http: //camellia. ahau. edu. cn/TBC2health）。

8）茶叶滋味与香气

在茶叶滋味与香气方面，安徽农业大学校长夏涛等破解了影响茶叶苦涩味的关键酶和基因，这是学界首次发现酯型儿茶素合成的关键酶，为全面研究茶叶苦涩味的产生机理提供了新的思路。安徽农业大学教授魏书等人首次揭示了茶树橙花叔醇和芳樟醇生物合成调控的新机制，为茶叶香气和品质的提升提供了新的研究路径和可能性。

9）茶树基因组

在茶树基因组的研究方面，安徽农业大学茶学团队先后联合国内外多家研究机构围绕茶树基因组测序开展了多项卓有成效的研究，并取得了重大突破，建立了国际上首个茶树基因组BAC文库，为茶树基因组学公用数据库和研究平台的搭建以及相关生物信息学资源库和工具的开发做了有效的基础性研究。同时，以宛晓春团队为首的多个研究团队成功揭示了中国种茶树的全基因组信息，为茶叶风味学和山茶属植物进化等方面的研究奠定了基础。此外，安徽农业大学茶学实验室还主导开发的茶树基因组数据库网（http：//tpia. teaplant. org/index. html）。

该数据库以该实验室前期测序完成的"舒茶早"茶树品种基因组信息为基本框架，同时整合了茶树和其他21种山茶属植物的转录组测序数据、基因跨物种、组织以及胁迫和激素处理下的表达模式概况信息、大量的茶叶品质相关的代谢物信息、功能基因信息以及国内外的主要茶树种质资源信息等。

10）茶多糖等有效成分综合提取工艺

在茶多糖等有效成分综合提取工艺上，茶多糖、茶多酚及咖啡碱是茶叶中主要药理成分，本工艺着重于茶叶深加工综合利用的角度，研究了适合工业化的溶剂多阶式分步提取法，一次性从茶叶中提取茶多糖、茶多酚及咖啡碱等产品。引用本工艺能提取到2%~4%茶多糖、1%~2%的咖啡碱和4%~7%的茶多酚，其得率同各成分单独提取量差异不大，且质量优于单独提取。1994年12月通过安徽省科委成果鉴定，专家认为：该工艺比现行的单独提取节省能源、原材料及设备投资，降低环境污染，从而使从茶叶中提取有效的成分的成本大为降低。该工艺具有高效、低耗、简便、易行的特点，工艺研究居于国内领先水平。

11）天然茶色素制备及新产品开发

在天然茶色素制备及新产品开发方面，以中、低档绿茶、红茶或茶废弃物为原料，采用超临界CO_2萃取技术分离除去咖啡碱，再用沸水浸提茶叶，茶浸出液经吸附树脂柱层析纯化除杂，采用双液相发酵技术，使之形成茶色素，再经膜分离，浓缩干燥制成了茶橙色素和茶红色素系列产品，其产品的提取及规模生产为国内首创，并获安徽省科学技术二等奖。

12）茶油精制新工艺

在茶油精制新工艺方面，茶油油质纯天然，无任何污染，其物理、化学特性与橄榄油极为相似，茶油中不饱和脂肪酸（油酸、亚油酸）含量达94%以上，碘值适中（80~83），因此，它的平均组合和特性优于橄榄油。茶油的营养价值相当高，尤其在预防心、脑血管疾病等方面具有独特的保健作用。精制茶油是指对毛茶油进行精制，将毛油中对食用、贮藏等有害的杂质去除使其达到国家标准的成品油。

13）绿茶清洁化加工流水线成套设备产业化

炒青绿茶清洁化生产线是我国自主设计建造的第一条集自动化、连续化为一体的炒青绿茶初制清洁化加工生产线。它改变了现有茶叶加工机械单机作业的状况，实现了从鲜叶到干茶的全过程连续化加工生产。采用自动控制技术，实现了生产全过程的数字化控制。通过清洁能源的选择利用、清洁化加工材料的选用、污染和噪音控制、加工环境卫生的改进等，实现了清洁化加工。该项目受到农业部948项目支持，中央电视台七套进行专题报道，2005年12月通过农业部组织的专家论证。安徽农业大学拥有该生产线的全部知识产权，部分设备核心技术已申请了国家专利。

14）茶叶专用叶面肥——催芽素

催芽素（专利号CN1092399A）是根据茶树生理代谢特点、茶叶品质及卫生保健要求研制的茶叶专用叶面肥。产品由生物活性物质、茶树生育营养物质等经工艺处理配制而成。1993年12月通过省级鉴定，催芽素配方科学合理，技术水平国内领先。经多年多点的跟踪调查表明，应用催芽素对促进春茶早发、早采、早问市效果显著。一般能使春茶提前5天开采，增值20%以上，且提高茶叶品质、增强保健功能。连年使用均有效。催芽素生产工艺简便，生产设备可因陋就简、生产原料易购无毒，生产不受电、汽限制，因此农机站及大型茶场均可转让应用。

4. 名茶恢复与创制

安徽自古以来就是我国名茶生产最重要的省份之一，名茶数量众多，制茶技术水平高。20世纪80年代以来，为满足国内外茶叶市场发展的需求，开始逐步发展传统名茶，恢复历史名茶，创制新名茶。安徽省名茶开发工作始于1972年，经过近50年的发展，创制了黄山绿牡丹、黄山翠兰、汀溪兰香、东至云尖、华山银毫、黄山松针、九华翠剑、白云春毫、黄魁、响洪甸1号、金寨红、金寨蓝茶、雾里青等40余个现代名茶（图9-5）。

图9-5 鲜叶挑选

1953年，我国著名茶学家、制茶专家、安徽农业大学教授陈椽先生开始着手恢复安徽历史名茶金寨菊花型茶，其后又先后恢复了天柱剑毫、汀溪兰香、天山真香等历史名茶。到了20世纪80年代，名茶恢复工作开始广泛开展，在一大批茶叶科技工作者的辛勤努力下，又逐步恢复了高峰云雾等30多个历史名茶。1985年安徽省在农业部和中国茶业学会举行的全国名茶评比中，黄花云尖、岳西翠兰、天柱剑毫被评为全国十大新名茶，泾县特尖被评为优质茶。随着一大批历史名茶的重新恢复、现代名茶的创制、传统历史名茶的发展以及相关茶叶科技的创新，茶叶品质和经济效益得以显著提升，安徽茶业发展的质量和层次也得到了大幅提升。

5. 科技文化专著

为指导茶叶生产发展，推广茶叶生产经验和最新科技成果，普及茶叶生产知识，早在1957年，安徽省农业厅就编著了《安徽省茶叶生产经验》一书。1960年，安徽农业大学陈椽教授编写的《安徽茶经》出版；同年，安徽省农业科学研究所编写了《安徽茶叶生产技术》。

1954年，安徽省茶业学会创办《茶业通讯》杂志，为普及茶叶栽培、生产技术，推动徽茶快速发展做出了积极贡献（图9-6）。自20世纪80年代起，有关安徽名茶文化、茶叶生产技术的专著层出不穷，如安徽省徽州地区茶学会编写的《茶叶科技问答》（1982），江昌俊等编著的《安徽茶区生态与茶叶生产技术》（2009）等。其中，王泽农于1981年编著的《茶叶生化原理》一书，被我国第一部地方技术通史《安徽科学技术史稿》全文收录。此外，为培养茶叶科技人才和茶学高层次应用型人才，安徽茶学教育工作者、科研工作者还率先编撰了一批应用于茶学高等教育的教材，填补了茶学专业人才培养教材的空白，如陈椽的《制茶学》（1961）、《制

图 9-6 茶业通讯

茶技术理论》（1985），王泽农的《茶叶生物化学》（1961），姜含春的《茶叶市场营销学》（2010），等。据粗略统计，从20世纪60年代起，安徽茶叶工作者先后编撰了有关安徽茶叶生产经验技术、名茶文化、茶业经营管理等方面的专著达50余部，成果丰硕。

6. 科技成果保护

当前，我国正在实施自主创新、科技强国发展，知识产权保护也成了近年来社会普遍关注的热门话题。只有将创新成果进行知识产权保护，才能保证科技成果不受侵犯，从而鼓励科研工作者进行源源不断的创新，激发创新热情和潜力。很长一段时间以来，受科技创新水平限制以及专利申请成本高等因素的影响，我国茶行业对知识产权保护的认识还不够深刻，对茶叶科技创新成果的保护意识相对薄弱，申请的国家专利尚少。"十一五"期间，我国申请并公开的茶叶发明专利共有2228件，其中439件获得授权，在发明专利申请量排名前十的单位中，安徽农业大学位列第6名，从申请地区来看，安徽

省排在第六名。近十年来，由于茶叶科技的飞速发展与企业对创新成果的保护意识显著增强，我国涉茶专利申请数量增长迅速。

近年来，随着国家大力实施创新驱动战略和茶企事业单位知识产权保护意识的提高，国内茶叶专利的申请量也在逐年提升。与此同时，2015年度，安徽省专利申请数量位居全国前列而呈连年增长趋势。

7. 科技普及推广

为大力推广茶叶科技成果，提升茶产业发展质量，提高茶业发展经济效益，助力乡村振兴和精准扶贫，安徽省先后实施了"金寨大专班"工程、新型农民职业培训计划、茶叶非遗传承培训计划，并结合星火课堂等活动，开展了系列科技推广活动。

1）茶叶科技扶贫

20世纪80年代初，为走好"大别山科技扶贫扶智道路"，安徽农业大学与金寨县联合创办"金寨大专班"，自"金寨大专班"开设以来，先后开设了茶学、动物科学等十多个专业，为大别山地区特色产业的开发和经济建设培养了一大批的技术型、实用型专业人才，为大别山区经济社会发展提供了有力的人才保障和智力支撑。2012年年底，安徽农业大学茶与食品科技学院院长张正竹教授应学校走好"大别山道路"的号召，选择到国家级贫困县——金寨县挂职扶贫，任"茶县长"。茶叶是金寨县的主导产业，是金寨县脱贫攻坚的第一"引擎"。任职期间，张正竹教授深入实地，调研该县每一片茶园，亲手指导茶农生产，推广茶叶科技，改善当地茶叶品质，创制名茶，为金寨县茶产业的快速发展和茶农脱贫致富做出了重要贡献。2016年，在考察安徽金寨县时，走进金寨县花石乡"徽六"茶业扶贫点，详细了解"徽六"扶贫点茶农的收入情况，表达了党和政府对革命老区人民的殷切关怀，也展现出茶叶在山区贫困地区承担着精准扶贫的重任（图9-7）。

图 9-7 茶农炒制六安瓜片

2019年是打赢扶贫攻坚战、决胜全面小康的关键一年。为全面总结中国徽茶产业扶贫攻坚的工作经验，充分发挥表彰推动工作的作用，大力营造学习典型、争当先进的浓厚氛围；以调动全省徽茶产业积极参与扶贫攻坚工作的积极性、主动性和创造性，深入推进徽茶产业扶贫成果巩固提升工作，确保与全国同步步入小康社会。同年，安徽省茶叶行业协会在岳西举办的年会期间，对新中国70周年徽茶荣耀称号——产业扶贫先进单位进行颁奖；岳西县被评为产业扶贫先进县。

潜山市农业农村局、泾县茶业协会、祁门县祁门红茶协会、舒城县茶叶产业协会、岳西县茶叶局茶业协会、桐城市杨头有机茶专业合作社、舒城县九一六茶叶专业合作社、金寨县绿野茶叶专业合作社、安徽省东至茶树良种繁殖示范场、峨桥瑞丰国际茶博城10个单位被评为产业扶贫先进集体。天方茶业股份有限公司、黄山市猴坑茶业有限公司、谢裕大茶叶股份有限公司、安徽省祁门县祁红茶业有限公司、霍山汉唐清茗茶叶有限公司、安徽省六安瓜片茶业股份有限公司、黄山王光熙松萝茶业股份公司、黄山市新安源有机茶开发有限公司、安徽省抱儿钟秀茶业股份有限公司、安徽白云春毫茶业开发有限公司10个企业被评为产业扶贫先进企业。

2）新型职业培训

自2014年起，为贯彻国家关于培育新型职业农民的决策部署，安徽省开始全省范围内开展新型农民职业培训。全省各大产茶县（市）农机推广中心、茶叶协会等积极与安徽农业大学茶业系开展合作，课程涉及茶叶乡村旅游、茶叶科技创新与应用、标准化茶园建设、茶文化产业化、茶叶品牌建设、茶叶市场营销等。据统计，全省先后有茶农、茶技人员6000余人次参与了该培训。

除此之外，为强化茶叶科技创新与成果示范推广，提高全省茶叶现代化水平和科技含量，促进茶业增产增收（图9-8）。近年来，安徽农业大学茶业系、安徽省农业科学院茶叶研究所、省茶叶龙头企业积极与地方政府合作，结合阳光工程等活动，大力开展茶园绿色防控、茶树病虫害防治、茶叶优质高产培训工作，先后受训茶企员工、茶叶科技人员

图 9-8 制茶师傅制茶过程

和茶农高达30多万人次。经过40年的发展，安徽茶叶科技已初步构建了涉及茶叶相关的一、二、三产业高度融合的茶叶科技创新大格局。在茶叶科技创新体系方面，安徽茶产业已形成以茶学高校、科研院所、龙头企业和行业协会组织为创新主体；以安徽农业大学茶学国家重点实验室、安徽农业科学院茶叶研究所试验基地以及各市区茶叶试验站为创新平台和基础设施；以安徽省茶产业技术体系专项资金、安徽省（地市）政府农业技术研发和推广资金，省内茶学高校科研单位茶叶科技工作者等为创新资源；以茶树栽培管理、茶树育种、茶叶机械设计、茶叶深加工、茶叶天然产物等为创新的客体要素；政、

产、学、研相结合的综合性科技创新体系。在应用技术和关键技术创新方面，安徽茶产业还初步构建了从茶树栽培管理、茶树品种选育、茶园标准化管理、制茶机械、茶叶加工装备、茶资源综合利用、茶叶新产品开发、技术推广到茶叶贸易、流通、茶旅游产品开发与服务、茶艺创新、茶文化传播等全产业技术创新链条。但不可回避的是，当前安徽省茶叶科技创新与技术推广方面依然存在诸多不足，例如，无性系茶树良种普及率较低、科技创新成果转化率低、茶叶各项标准有待完善、茶叶绿色和有机食品认证亟待加强等。未来，随着对2016年农业部《关于抓住机遇做强茶产业的意见》和2018年安徽省政府《关于做优做大做强茶产业助推脱贫攻坚和农民增收的意见》等相关政策措施的全面落实推进，将进一步推进安徽茶叶科技创新和整个茶叶产业的跨越式发展，发挥茶产业在脱贫攻坚、乡村振兴、生态文明、文化中国、健康中国等国家战略中的重要作用。

二、教育成果

（一）安徽省农业科学院茶叶研究所

安徽省农业科学院茶叶研究所是我国最早建立的茶叶专业研究机构（图9-9）。其前身始于1915年农商部在安徽省祁门县南乡平里建立的"农商部安徽模范种茶场"。1917年11月改名为"农商部茶业改良场"。至新中国成立前，该机构名称与隶属关系多次变动，但试验示范从未间断。

图 9-9 安徽省农业科学院茶叶研究所

在创建初期，我国老一辈的茶叶专家陆溁、吴觉农、胡浩川、冯绍裘、庄晚芳、钱梁等曾在这里艰苦创业。20世纪30—40年代已具一定规模，成为当时几乎所有茶叶科技工作者向往的学习、实验基地，被誉为"茶叶科研艰苦创业的典范"和"茶叶专家的摇篮"。

新中国成立后，1950年2月更名为祁门茶叶试验场，先后由中茶公司皖南分公司及安徽省农业厅领导；1962年改名为安徽省农业科学院祁门茶叶研究所，成为省农科院直属专业研究所之一。

"文化大革命"期间，安徽省农业科学院撤销，茶叶研究所于1969年下放到祁门县。1973年又归属安徽省农业科学院至今。1995年，安徽省编委下文定为安徽省农业科学院茶叶研究所。历经一百多年的创业，全所拥有试验、示范茶园10hm²，科研、示范生产用房17544m²。现有在职职工57人，其中科技人员36人（正高级职称4人，副高级职称7人，中级职称12人，初级职称8人）。所内设茶树育种研究室（国家茶树育种中心安徽分中心）、综合栽培研究室、茶园环境研究室、茶叶加工研究室、所办公室、屯溪研发中心、祁门基地管理办公室。

安徽省农业科学院茶叶研究所从创建初期至今，各方面工作如下：

① **栽培方面**：开展了茶籽播种试验、扦插试验、压条方法、茶苗移栽时期和方法、施肥试验、采摘试验、茶树病虫防治等研究。在国内首次建立了单行和双行密植茶园，并提出适合当时应用的改进播种和采摘的试验结果。

② **品种方面**：对祁门种进行了调查并进行了选种准备工作。

③ **制茶方面**：进行了萎凋程度试验、揉捻程度试验、发酵程度试验、干燥程度试验、原料质地与萎凋、揉捻、发酵等相关作用试验等，为提高红茶品质提供了技术依据。首次在国内创制工夫红茶机械初制设备，开展初制工艺规程的研究，为制茶机械化奠定了基础。

④ **茶叶化学分析方面**：在当时仪器药品常受限制的情况下，开展了茶树叶灰分含量、茶叶水溶性灰分测定、茶叶内单宁与全涩量同生长期间气温高低、降雨量的关系；发酵时间与茶的主要成分变化的关系研究。此外还进行了一些精茶与鲜叶化验工作。

⑤ **技术人才方面**：编印多种书刊，设置各类示范茶园并培训出一大批茶叶技术人才，输送到全国各地，为我国茶叶生产和科学技术发展做出重大贡献。

安徽省农业科学院茶叶研究所所有茶树育种、茶树栽培、茶园环境和茶叶加工4个研究室，分别对应茶树种质资源与新品种选育、茶树生理与有害生物综合治理、茶园土壤肥料、茶叶加工品质调控与资源利用4个研究方向和茶树种质资源与品种选育、茶树病虫草害绿色防控、茶园土壤环境与地力提升、茶叶加工与装备4个团队。主要工作是：开展安徽茶树种质资源保护、新品种选育繁育技术研究；开展茶园环境治理、茶树优质高效生态栽培、低效茶园改造、茶园管理机械化、茶树病虫草害绿色防控技术研究；开展名优茶加工、茶叶精深加工与工程装备研究；适时向农业主管部门提出茶叶生产关键技术，为全省茶叶生产提供技术指导。

（二）安徽大学

1936年7月，安徽大学农经系招生19名，农艺学系招收第二届学生18名。农艺学系教师贺峻峰去日本留学，考察茶树品种改良、制茶技术、茶叶贸易等情况，回来在农学院设了茶叶研究科，培养各农校教师，农场技术员。

1946年1月，教育部决定恢复安徽大学，聘请朱光潜为安徽大学筹备委员会主任，陶因为任委员会秘书。4月20日，筹委会决定接收原安徽大学校舍财产为安徽大学使用；安徽大学设文学院、法学院、农学院3院，其中农学院设农艺系、森林系、茶叶专修科。

5月，筹委会搬到安庆办公。

1946年6月，陶因为写信给其留德学友，时在兰州任西北技艺专科学校校长的齐坚如博士，"专函恳求先生回皖筹备农学院……"。6月底，安徽大学筹委会正式接收原安徽大学校舍；夏天，齐坚如教授到安庆筹备安徽大学农学院。在安徽大学校内造平房办公，建农林牧场，购图书、仪器，聘任师资，年底就绪。

1946年9月30日，教育部任命陶因为安徽大学校长。陶因为即聘齐坚如为农学院院长，同时还聘任其他各学院院长及教务长、总务长、训导长等。10月初，安徽大学分南京、安庆两地招生。其中，农学院招新生39人。11月11日，举行新生开学典礼，这一天为安徽大学纪念日。复校后的安徽大学设4院13系，其中农学院设农艺系、森林学、园艺系。下设有大渡口农场、畜牧场。

（三）安徽农业大学茶业系

1937年，抗战爆发，复旦大学部分师生在吴南轩校长带领下，辗转内迁到重庆北碚办学。

在"当代茶圣"吴觉农先生等人的倡议下，1939年复旦大学成立茶叶组，开设茶叶专修科，招收四年制本科生，这是中国第一个茶学专业。

在抗战的烽火中诞生，在振兴华茶的呼号中起步。

中国茶学高等教育由此开启了"薪火相传八十载生生不息兴华茶"的奋斗历程。

80年来，吴觉农（第一任系主任）、胡浩川（第二任系主任）、姚传法（第三任系主任）、蒋涤旧（农艺系主任）、王泽农（第四任系主任）、陈椽（第五任系主任）、范和钧、张志澄、张堂恒、庄晚芳、周海龄、王镇恒（第六任系主任）等一大批茶学名家先后执鞭任教。

从复旦大学茶叶专修科到现今的安徽农业大学茶业系，80年来，已经为国家培养茶学本科毕业生7000多人、专科毕业生近2000人、硕士毕业生450人、博士毕业生60多人，毕业生遍布全国各地，一大批校友已经成为我国茶产业的领军人才，大多数校友都成为产业发展的技术中坚和管理骨干。

从内迁重庆北碚，到回迁上海办学；从院系调整到芜湖，到选址省城合肥；从下放滁州沙河集，到回迁合肥办学；再到合并皖南农学院茶学专业骨干教师。

茶学专业从星星之火到燎原之势，八十年生生不息。

从茶叶组、茶叶专修科，到茶学、机械制茶、茶叶贸易、农业贸易、茶文化与贸易等新专业创办；从两年制专科，到专本硕博多层次办学；从自编讲义，到构建覆盖全产业链的课程体系。我国茶学高等教育从复旦起步，已经发展到覆盖全国茶叶主产区的71

所涉茶高校。

80年前，"当代茶圣"吴觉农先生本着"为振兴茶叶经济，维护华茶在国际市场上的声誉"的初心，开创了中国茶学高等教育的源头。

新中国成立后，王泽农、陈椽、王镇恒等老一辈茶学家为创立我国茶业教育体系、复兴我国茶叶产业殚精竭虑。

改革开放以来，宛晓春、夏涛等新一代安徽农业大学人为振兴我国茶叶科技、建设世界茶业强国接续奋斗。创立六大茶类分类方法；创构茶学专业课程与教材体系；建立红茶发酵的生物化学机制；创制茶叶静电拣梗机；开发茶树不浇水覆膜四季扦插繁育技术；开发推广绿茶大容量保鲜库；研建首条炒青绿茶清洁化生产线；创建茶树生物学与资源利用国家重点实验室；创建茶叶化学与健康国际合作联合实验室；完成中国茶树基因组测序；创建茶树生物信息学数据库平台……一代代安徽农业大学茶人前赴后继、薪火相传，挥洒着智慧和汗水，一步步走近从世界茶业大国到世界茶业强国的中国梦。为茶叶产业谋振兴、为茶叶强国谋复兴。这是安徽农业大学茶人的初心和使命，是激励一代代安徽农业大学茶学学子前赴后继、薪火相传的不竭动力。

三、徽茶博物馆

（一）谢裕大茶文化博物馆

2007年，谢裕大茶叶股份有限公司投资建设安徽省首家茶叶博物馆——谢裕大茶文化博物馆（图9-10、图9-11）。茶博馆建筑面积7000m^2，分为茶史溯源、徽茶之光、茗香天成3个版块12个单元详细的展示中国茶叶及安徽茶叶的历史和文化。同时配有品茶室、禅修空间、购物超市、VIP接待区、多媒体教室、学术报告厅和临展区。依托400hm^{2}生态茶园、2条微型茶叶生产线、120名博物馆工作人员以及9年的行业服务经验，提供最完善的体验服务。通过"听、看、采、制、品、学"，立志打造全国最优质的茶文化旅

图9-10 谢裕大茶文化博物馆

图9-11 谢裕大茶文化博物馆内景

游景区。在谢裕大茶文化博物馆，不但可以了解安徽茶叶的历史和文化，品尝到正宗好茶，更能在茶园中漫步骑行，垂钓休闲，同时可以进行茶叶的采摘制作、茶文化的深度学习和研修。

（二）黄山松萝茶文化博物馆

松萝茶文化内涵丰富、表现形式多种多样，为后人留下了极其宝贵的茶文化遗产，也为了弘扬徽州茶、松萝茶文化，黄山王光熙松萝茶业股份公司于2012年投资建设了黄山松萝茶文化博物馆（图9-12、图9-13）。

图 9-12 黄山松萝茶文化博物馆　　　　图 9-13 黄山松萝茶文化博物馆内景

该博物馆建筑面积4100m²，总投资3200万元，博物馆展厅面积1200m²，专题展厅（茶艺室）面积200m²，公共服务区面积1500m²，库房面积500m²，办公区面积1200m²。博物馆采取的是企业投资、理事会管理，专家策划、团队合作、市场化运营的模式，在充分利用徽州茶、松萝茶文化资源的同时，也加强整合黄山和休宁的旅游资源，充分结合茶文化产品以获取良好的经济效益和社会效益。在松萝茶文化博物馆中，不仅仅体现出历史、内涵、特色、徽派元素等，同时也能够将徽州茶和松萝茶的文化特点充分展示出来。将"徽州茶文化、徽州茶和松萝茶"作为主线，通过清晰的展陈内容设计，能够对徽州茶文化历史作出认真的梳理，并提炼茶的精神以及文化。另外在内容选取和分类的时候，结合历史和教育因素，将"徽茶与松萝"的历史地位与作用作为切入点，多角度、多形式地展示出徽州茶与松萝茶的重大事件以及其发展，进而充分地表现出徽州茶与松萝茶文化的内涵及特点。所设计的展示方案，坚持了简洁、朴素的装修和发展风格，这样就能够更加客观、真实地反映出徽州茶与松萝茶的历史、茶文化以及茶俗茶礼。比如在博物馆中展示了徽州茶自唐代以来的发展历史；在生产、经营茶活动中徽州茶商的风采与业绩；关于松萝茶的传说、掌故、故事、文献、史实资料等；松萝茶公司创业、成长、发展全过程以及所获得的荣誉，将松萝茶的科学价值、养生保健价值、文学艺术价值充分演绎出来。

（三）六安瓜片茶文化博物馆

六安瓜片茶文化博物馆（图9-14）坐落于风景秀丽的国家4A级旅游度假景区——金寨县大别山玉博园。

该馆是一座传播六安瓜片茶文化的公益性文化馆，也是皖西地区第一家茶文化博物馆，建筑面积为2200m²，分为茶史溯源、高山秀水、茶香一脉、史册留香、百年沧桑、良工妙手、名茶名企五个版块。通过丰富详实的收藏展品和历史文献、文物，用大量的图片、文字、实物资料讲述六安瓜片的发展史、制作工艺流程展示、茶具茶道的种类变迁及演变过程；讲述了历代文人墨客、茶人对茶文化的独到见解，向游客展示了中国茶文化的博大精深。它的建成不仅是旅游观光、寓教于乐的场所，同时又是文化考察、科学研究、文化教育的基地，对"六安茶谷"的建设及茶旅的融合起到了积极的推进作用。茶博馆收集金寨县境内的所有的名茶历史资料、文物，建立六安瓜片茶的标准样品展览室。以展陈形式，用大量的图片、文字、实物资料讲述六安瓜片的发展史，以及历代茶人对茶文化的独到见解；以图文并茂的形式结合多年制茶师傅的亲自讲授，寓教于乐，强化游人对茶文化的理解。茶博馆致力于宣传安徽茶文化，吸引海内外游客前来参观并由此推动金寨茶旅游的发展（图9-15）。

图 9-14 六安瓜片茶文化博物馆　　图 9-15 六安瓜片茶文化博物馆展厅

（四）莫问茶號徽茶博物馆

2018年，莫问茶号建立莫问茶號徽茶博物馆（图9-16、图9-17），本着以茶会友的理念，设置序厅、茶事缘起、茶中圣经、茶之传承、制作技艺、茶人之家等几大展厅，这座位于徽州深处的徽茶博物馆，旨在普及徽茶文化知识，加强茶人之间的交流，帮助海内外朋友们走近黄山，了解更多的徽茶文化和徽州文化。

莫问徽茶博物馆分为"序厅""茶事缘起""茶中圣经""茶之传承""茶人之家"等展厅；使用大量的图片、文字、实物资料，详实地展示了黄山云雾茶的生产环境、加工

图 9-16 莫问茶號徽茶博物馆

图 9-17 莫问茶號徽茶博物馆内景

制作工艺以及古往今来的文人墨客的赞誉；通过讲述徽茶的历史、制作工艺的流程展示、茶类变迁以及茶道的演变过程等。既展示了徽商经营茶叶的各种文书和商标，同时也介绍了云雾茶非物质文化遗产的古法制作流程；在全面推广徽茶文化的同时，也宣传了徽州茶商诚信为本、坚守以义取利的儒商精神。莫问茶號徽茶博物馆内，不仅陈列有徽州府名茶分布图和徽州名茶样品，同时还收藏了许多珍贵的茶史资料。

（五）安徽池州国润茶业老厂房

安徽池州国润茶业老厂房位于安徽省池州市（图9-18、图9-19），2017年12月2日，由中国文物学会、中国建筑学会、池州市人民政府、中国建设科技集团股份有限公司联合主办的"第二批中国20世纪建筑遗产项目发布暨池州生态文明研究院成立仪式"在池州举行，会上隆重发布了第二批100项中国20世纪建筑遗产，安徽国润茶业祁门红茶老厂房名列其中。

图 9-18 国润茶业老厂房内部

图 9-19 国润茶业老厂房

池州茶厂1951年建成，经历了大半个世纪的风雨，这里的一砖一木，记载着池州茶厂一路走来的兴衰荣辱；茶厂的制茶车间是锯齿形厂房，外观简洁朴素，整体呈苏式风格，较多地采用了新技术、新材料，代表了当时中国茶产业的先进水平，也是新中国初期工业建筑的佳作。据老职工回忆，当时有8个施工队同时施工，场面非常壮观。车间的内部采用大跨度设计，完全由56根空心廊柱支撑，形成无隔断墙的柱网空间，廊柱中空，还便于雨天排水，至今仍有建筑学借鉴意义。一面坡顶为垂直的玻璃墙与斜坡之瓦面组成，顶部天窗一律北向，不受日照影响，既减少了夏季日照热量，又保证了均匀的自然光线，便于茶叶品质的稳定。手工拣场是苏式整体二层建筑，方形设计，苏式风格，轴线对称，严谨规整，手工拣场的这处建筑底层空间宽敞，苏式高窗的采光明亮，居中一列木柱上承横梁，而横梁由上下两层木板挟蜂巢状木格组成，具有简略而不失装饰性的美感，见证了当年劳动者的聪明智慧。包装车间是标准的无尘车间，凡是要进入其中，必须要做到套上鞋套等措施，以保证车间内的清洁卫生。

（六）祁红博物馆

2015年6月28日，位于祥源茶业祁红公司厂区内的祁红博物馆正式成立（图9-20）。

祁红博物馆是目前安徽省规模最大的茶叶专业博物馆，亦是中国唯一的祁门红茶博物馆。茶界泰斗、中国工程院陈宗懋院士为"中国祁红博物馆"题写馆名，进入馆中，一代伟人邓小平对祁红的赞叹"你们祁红世界有名"更是醒目的展示在一进博物馆的主视觉中。中国祁红博物馆重点展示了祁门红茶深厚的历史文化脉络、优异品质形成、名扬四海盛况和祁红科普知识，共分为"千年一叶、神奇茶境、精工细作、风云际会、蜚声四海、红色梦想、品饮时尚"七大展厅，博物馆展示了祁门红茶在各个历史阶段所取得的国内以及国际大奖，以及初建时期留下的技术文献、工作笔记、工厂印章和不同年份的祁红茶样，向人们全方位展示了祁门红茶的传奇历史与无上荣耀。

图9-20 祁红博物馆

（七）西黄山富硒文化展览馆

2018年2月23日，西黄山富硒文化展览馆开馆，位于石台县大演乡，历经三年多的酝酿、规划和建设，由安徽石台县西黄山茶叶实业有限公司投资兴建而成（图9-21、图9-22）。

该展览馆是一座具有典型徽派风格的五层建筑，一楼是秋浦河源国家湿地公园展示馆和西黄山富硒生活馆，二楼是西黄山富硒文化展览馆，两个特色茶室以及一个富硒养生餐厅，三楼、四楼是西黄山富硒主题客栈，五楼是西黄山茶业研发中心。远远望去，粉墙黛瓦掩映在碧空之下，远处山影绰绰，近处溪流淙淙，构成了一幅静美的水墨画卷。西黄山富硒文化展览馆由国家湿地科普宣教馆和富硒文化展览馆两部分组成。秋浦河源国家湿地馆部分，通过鸟类、鱼类、动物等100多种实物标本，运用图片展馆、投影等方式，充分展示秋浦河湿地物种的多样性，以实物的形式突出中国原生态最美山乡的独特魅力。富硒文化展览馆，从窦子明炼丹、李白寻丹、发现富硒村、三大富硒地、硒的现代科学以及科学补硒六大部分，通过场景、墙绘、灯光和现代多媒体科技等多种手段，将石台硒的历史，发展以及硒的近代科学做出一个多角度和多维度的展示。西黄山富硒文化展览馆，是一座矗立于秋浦河畔的硒文化殿堂，将牯牛降原生态文化、秋浦河源头文化、茶文化、硒文化、农耕文化有机融合，淋漓尽致地展示出硒被誉为人类"生命的火种"和石台作为"中国最美原生态山乡"的迷人风采。

图 9-21 西黄山富硒文化展览馆　　　　　　图 9-22 西黄山富硒文化展览馆

（八）天之红祁门红茶博物馆

天之红祁门红茶博物馆位于黄山市屯溪区迎宾大道56号的徽州文化艺术长廊百师宫，茶博馆为三层框架结构的徽派建筑，极具徽州特色，旨在提高祁门红茶品牌形象，进一步弘扬祁红文化，提升黄山乃至安徽茶文化内涵（图9-23、图9-24）。

一馆藏万象，祁红香高长。祁红文化综合展示区内，集中展示了祁红茶史、茶萃、茶事、茶缘、茶具、茶俗六大板块，一件件茶器茶具无声描述着祁红百余年茶史的风雨

| 图 9-23 天之红祁门红茶博物馆 | 图 9-24 天之红祁门红茶博物馆内景 |

沧桑，一桩桩茶缘茶事铭记着祁红一路走来的荣耀相伴。各大板块相对独立而又互融的设计风格和理念，从不同的视角对祁门红茶传统制作工艺、名人轶事、文化传承等进行深刻诠释，生动体现了祁红文化和历史的丰富多彩、源远流长。在祁门红茶制作体验区的祁红体验馆内，游客可以亲身体验神秘而极富特色的祁门红茶制作技艺，亲手揉制一番茶叶，静下心来挑剔杂叶老梗……在感受制茶艰辛的同时，体会祁红制作技艺中的奇妙和乐趣。

文之高，不过诗写梅城月；茗之香，无非茶煎祁门红。品茗区内设有格调雅致的品茶室，茶艺师煮水烹茶，姿态优雅且美轮美奂，游客们在此欣赏祁红冲泡之美，品鉴祁红的高香味醇，从视觉到嗅觉再到味觉，充分领略祁门红茶作为世界三大高香红茶之首的独特魅力。

（九）石台县茶文化博物馆

石台县茶文化博物馆（图9-25），由石台县农业产业化国家重点龙头企业——天方茶业股份有限公司于2015年投资两千多万建造，博物馆整间房由十万块茶砖搭建而成，占地面积两千多平方，馆中收藏了许多珍贵的历史文物，记录了石台茶叶的发展历程，甚至还有了道光年间的地契。石台县茶文化博物馆是池州市首家以茶文化为主题的博物

图 9-25 石台县茶文化博物馆

馆，附设秋浦民俗文化馆以及土特产展示中心。馆内有七大展区：石台茶文化展馆、雾里青展馆、祁门红茶展馆、石台硒茶展馆、黑茶展馆、詹罗九纪念馆、中华名茶展馆以及黑茶手工作坊。整个博物馆内部结构共耗十万块黑茶茶砖，透露出浓浓的茶香和茶文化气息。

（十）太平猴魁茶文化博物馆

太平猴魁茶文化博物馆于2015年12月在徽茶中心屯溪正式开馆，展馆面积超900m²，由"黄山六百里猴魁茶业股份有限公司"投资兴建。展馆以直观实物展示太平猴魁柿大茶的优良品种；以制茶器具加上图文说明的方式生动形象地展示太平猴魁加工制作技艺；以器具陈列展示，以实物反映中国茶文化的传承和发展；对伟人与猴魁的经典轶事和对太平猴魁历史文化的展示讲述了太平猴魁走出深山迈向大城市进而步入国际舞台的发展历程，成为展示太平猴魁悠久茶文化的重要载体（图9-26、图9-27）。

图9-26 太平猴魁茶文化博物馆

图9-27 太平猴魁茶文化博物馆内部

（十一）黄山徽茶文化博物馆

黄山徽茶文化博物馆占地2hm²，核心展区约4000m²，展示有关徽茶文化的文物、书籍、产品、实物5000多件，全面展示安徽自唐代以来几千年徽茶文化历史发展情况（图9-28）。黄山徽茶文化博物馆坐落在徽州区经济开发区迎宾大道118号，占地10.47hm²，建筑面积14000m²，总投资7000万元。该馆于2012年5月经安徽省文物局批准对外开放。展厅面积约700m²，分5个展区和6个接待大厅。上下二层，定位主题为"家有仙茗在高山"，主要内容分为茶史、茶萃、茶道、茶艺茶礼、名士与茶、茶具，共七大部分。整个陈列呈散文式结构，以千载话茶香、尘寰有神品、行止寄胸怀、灵境交相悦、追忆似水流年、茗器盛薪海、体验观赏趣为题，各部分看似相对独立，实为逻辑缜密，以形散神不散的灵魂，构建出完整丰满亮丽的展览。整座展馆茶具、手稿、

图9-28 黄山徽茶文化博物馆

家谱、加工工具、遗址图片等，琳琅满目，满满当当。展陈的珍贵文物和历史资料，充分显示徽州茶及老谢家茶历史文化的博大精深和多姿多彩，加之表现形式充满故事性、情节性、参与性、互动性，以及表现手段以多媒体、动画、影像等高科技辅助，全馆立意高远，主题凝练，风格庄重，色调古朴，为黄山市民营企业茶文化特色博物馆之一。

四、茶务讲习所

（一）皖北茶务讲习所

清宣统元年（1909年）闰二月间，农工商部上奏朝廷，请求在各产茶省份设立茶务讲习所。

清宣统二年（1910年），安徽省第一所以茶业改良为主要任务的讲习机关——皖北茶务讲习所成立。陶企农在童祥熊先生的力邀下，旋即"驰赴皖北"走马上任。他"邀集绅商反复开导，组织讲习所许由公家筹款，不取商家分毫，一面编订章程规则，拟于麻埠地方租赁校址，并于左近相度地势，择一宽大房屋，兼有晒场者以为改良制茶试验之场。拟再选择宜于植茶之山一所，以为改良植茶试验之场。于是购置书籍、仪器及一切用物，招生招考。开学三月有奇，即放暑假。假后开校两月有余。"

茶务讲习所开办不久，辛亥革命成功，清王朝覆灭。"适值武汉之变，谣诼纷纭。该处人民素称剽悍，土匪乘间而出，所中员司夫役陆续星散，校址复为他人占据，所有书籍器具抢掠一空，十年辛苦遂付云烟，回首往事，徒自慨叹而已！"

皖北茶务讲习所从1910年初的提议倡办，到1911年因辛亥之变而停办，前后历时一年有余。讲习所有校址、试验山场、书籍、仪器，并招有学生，实际开课也有近六个月时间。由于该所开办时间极为短暂，且处政权更替、战乱频仍之时，关于该所的具体教学组织、试验实习等情况，没有留下相关的史料记载。但笔者相信，该所的开办对当地的茶业改良起到了一定的示范推动作用，也为当地培养了不少茶业人才，其开风气之先的功绩不应被抹杀，被遗忘。

（二）安徽省立第一茶务讲习所

1918年，安徽省实业厅指派赴美考察归国的屯溪茶商俞燮在屯溪高枧创办茶务讲习所。俞燮在办学的同时，也注重茶务讲习所的经济效益。他将制茶师指导学员试制的茶叶推向了市场，以弥补讲习所经费的不足。

其时，茶务讲习所学员采取茶区选送，学校考试择优录取的两种方式。第一期计划招收学员40名，学制3年；设有茶树栽培、制茶法、茶业经营等专业课以及栽培、制作茶叶的实习课程，还有国文、数学和英语课程（图9-29）。

学员由茶区择优选送，学制2年，必办两期。创办期间购有日产制茶机一部，1.13hm²土地供学员实习用。茶界前辈胡浩川、方翰周、傅宏镇都毕业于此。讲习所开设有茶树栽培、制茶法（即茶叶制造）、茶叶经营（或茶叶贸易）等专业课程。省立第一茶务讲习所因为各种原因，时办时停，一直延续到1923年停办，讲习所不但为地方培养专业人才，在科技方面也为当地起到一定的示范和促进作用。

图9-29 茶务讲习所课余刊物、学员自办刊物

（三）祁门茶叶训练班

1935年，安徽祁门设立"全国经济委员会茶叶训练班"，在休宁设立安徽茶业讲习所，招收初中生，毕业后派去指导茶农合作事业。

（四）春季合作制作讲习会

1935—1936年，祁门茶业改良场开办春季合作制作讲习会和训练班3次，提高茶叶合作社职员和职工子弟的制茶水平。

（五）安徽省茶叶高级技术人员训练班

1941年，各省农、商部门应生产需要举办多种茶叶训练班，安徽省茶叶管理处委托祁门茶业改良场举办安徽省茶叶高级技术人员训练班（1938—1941年），学制1年，招收两届。

（六）茶初级技术人员训练班

1939—1942年，安徽省茶叶管理处又在屯溪茶叶改良场举办茶叶初级技术人员训练班，学制3年，招收一届学员。这些训练班都开设有茶树栽培、茶叶制造、茶树病虫害、茶叶经济（或茶叶合作、工厂经营管理）等专业课，并有试验茶场（厂），毕业生大部分从事茶叶生产、教育、科研工作。

（七）安徽省黄山茶业学校

1951年6月，安徽省农林厅在祁门初级中学内附设茶叶初技班，名为皖南区祁门初中茶科学校。

1952年7月，正式在祁门县南门建校（今祁门二中），同年10月，改名为安徽省祁门茶业学校。

1955年9月，该校迁址屯溪高枧，改名为安徽省屯溪茶业学校。校址前身为1918年安徽省实业厅在此创办的省立第一茶务讲习所所在地。

屯溪茶校担负培养中级茶叶技术人才任务，经逐年发展，至1958年有学生493人。同年，该校与屯溪实验茶场合并。

1960年4月，一度升格为大专，名为安徽茶业专科学校，并请全国人大常委会委员长朱德亲题校名。

1962年7月，安徽茶专裁并下马，保留中技部，校名仍为安徽省屯溪茶校。"文革"期间，学校因动乱和长期停课，师资队伍和教学设施严重受损。

1972年7月，该校恢复，确定仍以茶业为主，为全省培训茶业技术力量。同时，根据地区需要，学校可附设其他专业。

1973年4月至12月，学校为皖东茶区举办一期茶训班。同年7月，招收工农兵学员中专班。

1977年恢复中专统考招生，学校重新步入正轨。

（八）祁门县茶业学校

该校由祁门茶业研究所于1964年11月创办，归属安徽省农业科学研究院领导，校址初设所内，后迁该所的七里桥工区。首届招生42人，学制3年，第二届招生50人，学制1年。1966年停课，1968年撤销。

（九）屯溪实验茶场培训班

屯溪实验茶场主要职责以茶叶生产为主，同时不定期开展茶叶科技人员培训。其中1953年为四川、贵州两省培训茶叶技术干部19人；1962年举办学制1年的半工半读茶叶训练班，招收学生38人；1964年招学制3年的半工半读学生38人；1966年为陕西汉中地区培训茶叶技术干部20人。

五、行业组织

① **安徽省茶叶行业协会**：1997年经安徽省民政厅批准，1998年正式成立，团体会员有706家，个人会员194名。常务理事95名，理事189名。协会下设秘书处和5个工作委员会，会长王传友。

② **安徽省茶文化研究会**：成立于2009年3月，内设秘书处、学术委员会、学校茶文化传播工作委员会、社会茶文化传播工作委员会、茶馆文化工作委员会、传统插花专业委员会、培训中心，现有个人会员400余人，单位会员20多个，会长丁以寿。

③ **黄山市茶叶行业协会**：成立于2020年1月。成立大会上审议通过了《协会章程（草案）》《协会会费收缴标准及使用办法（草案）》《第一次会员大会选举办法（草案）》，会长谢一平。

④ **黄山市黄山区茶业协会**：成立于2005年6月，经黄山区民政部门登记成立，会长方继凡。2010年末有团体会员7家、个人会员231人。

⑤ **黄山市休宁县茶叶行业协会**：成立于2005年9月28日，由黄山市新安源有机茶开发有限公司、黄山市松萝有机茶叶开发有限公司、休宁县科兴名优茶厂等14家茶叶企业负责人发起，县直有关单位负责人参加，首任会长施丰声，现任会长王光熙。协会创办《休宁茶叶》简报，进行信息交流。

⑥ **黄山市徽州区茶叶行业协会**：成立于2008年3月17日。成立大会上选举产生一届理事会，讨论并通过协会章程，召开一届一次理事会，选举产生常务理事、会长、副会长和秘书长，通过聘请协会顾问和名誉会长名单。会长汪明平。

⑦ **祁门县祁门红茶协会**：成立于2003年12月8日。协会现有会员252个，其中个人会员125人，企业团体会员127个，会长王昶。

⑧ **池州市茶业协会**：成立于2002年11月，协会共吸纳全市茶叶生产、科技、经营等各界的个人会员87人，茶叶加工、经营企业团体会员34个，会长殷天霁。

⑨ **宣城市茶叶行业协会**：成立于2004年9月，成立大会上选举产生了协会会长，讨论并通过协会章程（草案）及选举办法，选举产生协会理事、监事，并召开首届理事会。会长陈宁。

⑩ **宁国市茶叶协会**：成立于2018年12月，会长覃世勇。2020年10月16日协会协办了由徽茗传媒策划的2020宁国黄花云尖品牌推介会。

⑪ **广德市茶叶协会**：成立于2015年9月，会长戈照平。2020年协会承办了由徽茗传媒策划的2020广德黄金芽（杭州）品牌推介会，2020广德黄金芽（上海）品牌推介会，2020广德黄金芽（合肥）品牌推介会等。

⑫ **六安市茶叶产业协会**：成立于2009年3月，目前有会员103名，会长曾胜春。

⑬ **舒城县茶叶产业协会**：成立于2016年8月，会长李贤葆。2020年协会主办了"赏万佛好山水，品舒城小兰花·5.21国际茶日"舒城县全民饮茶活动。

⑭ **合肥市茶叶行业协会**：成立于2012年1月，会长赵玉贵。

⑮ **巢湖市茶叶行业协会**：成立于2006年5月26日，单位会员40个，个人会员113名，会长郭克保。

⑯ **安庆市茶叶行业协会**：于2009年3月6日召开成立大会。选举产生协会第一届理事会，余华明当选为会长，理事会聘请韩冰、李念华为名誉会长，聘请戴德民、杨庆和朱银祥为高级顾问。

⑰ **安庆市岳西县茶业协会**：成立于2002年11月，会长钱子华。2010年末有会员180

人。协会下设三个专业委员会，即无公害茶叶生产及基地建设专业委员会、市场营销及信息咨询专业委员会、品牌管理及技术质量监督专业委员会。

⑱ **太湖县茶产业协会：**成立于2019年9月，会长程勇。

⑲ **潜山市茶叶产业协会：**成立于2019年12月，会长江成生。

⑳ **泾县茶业协会：**成立于2011年3月，由泾县民政局批准成立的社团组织，会长李自红，现有会员150多户，会员单位50家，其中常务理事9家，理事单位23家，内设发展规划与生产技术工作组，营销宣传与市场监管工作组。近几年协会承办了由徽茗传媒策划的第十二届中国西安国际茶博会泾县兰香推介会、2019泾县兰香品鉴暨品牌推介会（北京）、2020泾县茶叶（南京）品牌推介会等多场活动。

㉑ **桐城市茶业协会：**成立于2020年12月，会长王忠平。

第二节 徽茶书籍刊物

徽商是儒商，撰文存史，代有奇人。民国时期，随屯绿、祁红名声日旺，徽州茶商在经商生涯中，善于学习和总结经验，举凡经历和所涉过程，以及感悟心得，想到手到笔到，留下文字记录，日积月累，集腋成裘，聚沙成塔，形成一手史料，成为文书，多如牛毛。与茶业相关的《接洽外商札记》《江湖备要》《行情节略》《洋庄茶总眷清册》《产业增添册》等，为后人研究徽州茶商，留下极为宝贵的文化遗产外，其直接以文学形式叙述茶事风情，也有诸如《屯绿做茶节略》《茶事竹枝词》等，不胜枚举。这些著作分别从加工技艺、风情民俗角度，展示风貌，殊为可贵。

20世纪30年代，政府为复兴中国茶业，开始加大力度，以组建机构、抽调人员、拨付经费、展开调查等举措，深入茶区，开展工作，大办扶持和发展茶产业。其间以吴觉农等一大批爱国茶人，不负使命，奋起担当，来到徽州。他们一方面筚路蓝缕，亲身奋战在茶叶生产运销第一线，一方面对中国茶业现状，进行细致调研，深刻思考，撰写文章，以求良策，力促中国茶业崛起（图9-30）。

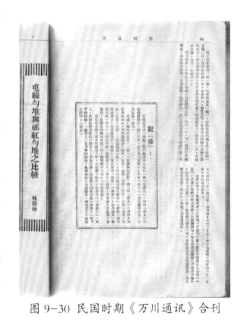

图9-30 民国时期《万川通讯》合刊

一、《祁门之茶业》

该书系农村复兴委员会委托调查著作，执笔人为祁门茶业改良场傅宏镇先生，于1933年6月刊印发行。全书由吴觉农作序、胡浩川作跋。全书分19章，内容详细叙述了祁门自然状况、红茶产区、制造技术、茶商经营与茶叶运销、税赋捐纳等情况，并初步阐述今后发展思路。史料丰富，内容全面，对研究祁红历史生产情况极具参考价值。

二、《祁红茶复兴计划》

此为当时政府实业部上海商检局农作物检验组的专题报告，于1933年11月刊发，执笔人为吴觉农和胡浩川两位先生。报告共分绪言、祁红情况、复兴计划、结论四大部分，约16000字。其中祁红情况部分详细记载了祁红产地的范围、运输、品质、加工、销售，以及茶号、茶栈、洋商、茶户等内容，细致入微，全面周到；复兴计划部分提出了目标、组织、生产技术指导，以及对茶号、销售、经费等方面进行改革的思路，创新意识较强，其中机制改革的中心主题是走"统制"之路。实践证明统制的改革思路，后来确实付诸了行动，并收到了一定的成果。

三、《皖浙新安江流域之茶业》

该书系农村复兴委员会委托调查著作，执笔人为祁门茶业改良场傅宏镇先生，于1934年刊印发行。内容叙述1929—1933年5年的茶事情况。具体内容分为绪言，第一篇"皖南徽州"介绍了各县产茶之概况，包括歙县、休宁、婺源、黟县、绩溪、屯溪镇，以及各地产额及面积统计，其中对于各县主要产地，分东南西北四乡细列到村。第二篇"浙西遂淳"（略）。该书还介绍各县种植之方法和成本核算、制造工序和成本以及箱栈、锡栈情况，各县产茶之品质，徽茶之运输、徽茶之负担、歙屯茶叶店之营业、茶商之组织。该书史料丰富，叙述完整，弥足珍贵。

四、《祁门红茶之生产制造及运销》

此为篇幅较长的调研报告，于1936年6月刊行。报告属于豫鄂皖赣四省农村经济调查报告的第十号，由中国农民银行委托金陵大学农学院农业经济系调查编纂。报告约10万字，分绪言、调查范围、方法、天然环境、茶地与产额、茶叶生产、红茶精制、红茶运销、输出贸易、茶价、祁门茶业改良事业、结论等12章，共56节，有些节下又细列出目，另外加7个附件，图文表照（片）并列，是一份十分详细周密的报告，资料详实，数据可信，事例生动。报告详尽记录了祁红从种植、采制到加工、外运，以及销往国外的全过程，集科学性、实践性、地方性于一体，对祁红自1930—1934年的全部情况做了精确的记载，是十分珍贵的资料。

五、《祁红区茶叶产地检验工作报告》

该报告于1936年冬刊行，共分绪言、茶区概述、茶区产地检验组织和实施概况，以及结论五部分，其中对祁红质量的检验和原因分析是报告的主题。尤为珍贵的是，报告较完整地记录了祁门、至德（东至）、浮梁三县茶号的情况，有地址、名称，以及规模和法人代表，并有全县茶号区域分布图。

六、《屯溪茶业调查》

该书由范和均著，于1937年刊于《国际导报第九卷第四号》，内容分为：屯溪茶业概况、屯溪之茶厂经营情况、屯绿茶粗制与精制、屯溪之茶工、屯茶包装、屯茶之运销、屯溪之茶税、屯溪毛茶问题，共八部分。该书详述当时茶叶产区包括婺源、休宁、歙县、黟县、祁门、太平，以及屯溪的茶号、茶栈、茶行名称和经营数据，还记载了捐税征收机构和捐税种类和征收数据。

尤为珍贵是，该书详细将茶叶制作过程，列为示意路线图表，直观性很强。还且详尽介绍了三年来箱栈业、锡罐业、篾篓业、布袋生存业态，其中尤其对茶箱尺寸有二五箱、三七箱、方箱、放方箱，锡罐制作有熔锡、铸片、剪形、过秤、焊接、糊纸等工序，十分细致。

七、《屯溪绿茶产地检验》

由上海商品检验局农作物检验组茶检课编写，1937年刊于《国际导报第九卷第五号》。具体内容有：筹备经过、实施检验区域、开始检验前之处置、检验手续及程序、发给验讫证和合格证、包装改良、工厂巡查。其中详述检验过程，设立组织机构有总务股、技术股、纠审股，开展内容程序有申请监管均堆、监管均堆和扦取茶样、品质检查、水分测验、灰分检验、着色检验。资料详实，结构严谨，既有简练文字，又有茶号花色等表格，证书式样，图文并茂，属丰富难得史料。

八、《祁红》

这是1937年安徽省地方银行的第四号专刊报告，作者费同泽。报告共分绪论、祁红概况、复兴计划三个部分，中心主题乃是复兴祁红，在全部报告的20节中占去12节，所以该报告又称"祁红复兴计划"。计划中提出的"设定学术兼治事权的统一机关，确定关税政策"等一些新思路，较有见地，观点新颖。报告刊行后，随即抗战爆发，付诸实践成为空话。

九、《祁茶漫记》

这是一本专程到祁门督导茶业工作的调研报告，作者刘树藩以省特派员身份深入祁门，对茶叶合作社创办情况作了深入细致地了解，在掌握大量第一手资料的基础上，写出此报告。报告共19章节，分茶社之创立、资金之供给与管理、指导一般、改进工作、红茶之产运、到上海去、申江夜话、初晤、皖赣红茶运销处、红茶之检验、对抗之下、红茶品质评定委员会、酬酢记、中国茶叶公司访问记、汪裕泰茶号访问记、二十六年红茶第一声，以及茶话会琐记、杂谈、茶交尾声、附录等构成，约15万字。报告记载细致，资料详实，视野开阔，文笔出彩，被称为"研究祁红的第一部创作"，于1938年刊行。

十、《祁门茶业调查组工作报告》

此书于1941年刊行，为当时政府下属的东南茶叶改良总场和中国茶叶公司技术处组成的专门调查组，在赴祁门进行深入的调查后所写出的工作报告，篇幅6万余字。内容详细介绍了祁门改良场（县城总场及所属平里、历口、凫溪口分场）及祁门茶叶经济（祁门茶园、祁红制作及茶号生产、祁红运销）状况，并附有照片及插图近百幅，弥足珍贵。该书对抗战时期的祁门茶区与祁红生产科研记述得十分生动而详尽，颇具史料性。

十一、《祁门红茶的生产和运销》

这是一本由日本人编著的祁红茶书，印刷人为小仓新太郎，著作兼发行人为大冢令三，发行所为上海中支建设资料整备事务所，发行时间为日本昭和十六年（1941年）六月十五日。全书从绪言到结论共11章，另附录图5幅，各种指数表格5幅，是一本对祁门红茶系统的了解、调研而写成的书籍，属于"编译汇报"第67编，钤有"北支那开发株式会社调查局"之印，属"非卖品"。依日本学人治学的严谨，成书前，作者亲身到祁门红茶产区实地考察的可能性极高，当时对祁门红茶进行了系统的考察、了解之上写成的第一手资料。

十二、《中国绿茶》

本书由夏涛著，2006年由中国轻工业出版社出版发行，本书内容包括绿茶溯源、绿茶产销、绿茶品饮与健康、绿茶选购与贮存四个部分。

十三、《中国茶谱》

本书由宛晓春主编，2007年由中国林业出版社出版发行，《中国茶谱》以国内外中国茶爱好者、普通茶叶消费者、茶业从业者及科技人员为主要读者群体，是一部特色鲜明的茶叶新作，集科普性、知识性、直观性、观赏性和收藏性于一体，以图片为主，辅以精炼的文字说明，图文并茂、通俗易懂。在编写本书过程中，作者有针对地从全国20个产茶省（自治区、直辖市）征集了300多只茶样，组织专业人员逐个审评，结合我国茶业发展的历史和现状，综合考察，从中精挑细选出近200只最具代表性的茶样代表中国茶。

十四、《中国茶叶经济的转型》

本书由詹罗九著，2004年由中国农业出版社出版发行，全书共分10章，论述茶叶流通体制、茶叶市场、茶叶企业、茶叶产业化、茶叶消费与茶文化建设、茶叶生产与技术进步、县域茶叶经济、中国茶叶经济的回顾和展望，最后2章分别是案例和茶业统计。本书后半部分录入了这些来自经济主战场一线的声音，悦耳动听。在本书最后，詹罗九还提供了他半生积累下来的一些茶叶统计资料，以作为后人继续研究的基础。

十五、《黄山毛峰》

本书由丁以寿编著，上海文化出版社2008年出版。全书约有7万文字和200张图片，铜版纸彩印。内容包括黄山毛峰茶的历史文化、名人评说、传说故事、名茶传人、产地生态、旅游景观、栽培加工、品质特征、分级分等、品牌商标、泡饮技艺、获得奖项等，内容详实、权威、系统而全面。

十六、《中华茶艺》

本书由丁以寿著，2008年由安徽教育出版社出版发行。《中华茶艺》集中国美学、音乐、书画、插花、服装等于一体，是一门综合性的艺术。《中华茶艺》融茶艺理论知识和操作技能于一炉，是我国第一部关于中华茶艺的大学教材。《中华茶艺》全面、系统地论述了中华茶艺的基本概念和分类原理、茶艺要素和环节、茶席设计原理、茶艺礼仪、茶艺美学特征、茶艺形成与发展历史、茶艺编创原则、茶艺对外传播，并以图文并茂的方式详解习茶基本手法和基本程式、中国当代各种形式的茶艺。

《中华茶艺》既可作为茶艺、茶文化、茶学及相关专业的教材，大学生文化素质教育教材，茶艺师职业培训教材，也可作为社会大众了解中华茶艺的科学读本。

十七、《茶叶生物化学》（第三版）

本书由宛晓春著。《茶叶生物化学》1980年第一版出版发行后，1984年第二版出版发行。为了加强基本概念、基本理论和基本技能教学，根据学科发展趋势和21世纪人才培养的要求，第三版对教材的编写体系做了较大的修改，强调与普通生物化学、有机化学等基础课和茶学专业课之间的分工与衔接，注重教材的系统性和内容的新颖性。突出介绍茶树次级代谢的特色，产物性质以及在不同的环境、加工条件下的转化规律及对产量和品质的影响等。专设一章为"茶叶中的化学成分及性质"，把茶树中生物碱、茶氨酸、多酚类物质和芳香物质代谢集中列为一章以突出茶树次级代谢的特点；新增绿茶贮藏过程中的物质变化，茶叶中的糖类、皂苷，其他茶类及深加工化学，茶叶功能成分化学和茶叶生物化学研究法等内容。

十八、《茶叶生物化学实验教程》

本书由张正竹著，2009年由中国农业出版社出版发行。《茶叶生物化学实验教程》从编写大纲到编写内容和形式上，认真梳理了传统茶叶生物化学实验课内容，进行了较大幅度的调整和改革，形成了内容先进、适用性强、符合学生实际情况、及时反映本学科领域最新科技成果的教材，对实验课程中的教学内容进行整合与优化，注意与现有国际和国家标准的衔接，取消了一部分简单的单元演示、验证性实验内容，代之以重新设计的综合设计和研究性实验项目，并将这些训练环节有机地串联起来，形成了由浅入深、理论与实践结合、基础教育与专业技能相促进的实验教学体系，从而更好地适应了茶叶生物化学实验教学的需要。

十九、《安徽茶区生态与茶叶生产技术》

本书由江昌俊著，2009年由安徽大学出版社出版发行。本书以通俗易懂的语言，从专业的角度对安徽省茶区的生态环境条件和茶叶生产主要实用技术做了详细阐述。详细介绍了安徽四大茶区的土壤特征和气候条件；重点介绍了安徽茶区推广的茶树品种及地方种质资源；对采穗园的管理、剪穗与扦插及苗圃地整理与管理进行了具体描述；重点介绍了无公害茶园的种植、管理技术和绿色食品茶与有机茶的认证，以及茶树冻害成因与类型及防御技术。

二十、《茶叶深加工技术》

本书由夏涛、方世辉、陆宁、李立祥著，2011年由中国轻工业出版社出版发行。《茶叶深加工技术》主要介绍茶叶功能性成分，速溶茶加工技术，袋泡茶加工技术，茶粉加工技术，液态茶饮料加工技术，茶食品加工技术，茶酒加工技术。

二十一、《中国农业百科全书·茶业卷》

本书由中国农业百科全书编辑部编，王泽农为主要编写人员，1988年由中国农业出版社出版发行。《中国农业百科全书·茶业卷》为16开本，90万字。本书以茶业自然再生产和经济再生产知识为基本内容，在概述基本理论的同时，重视应用技术的介绍，具有一定的专业深度和实用性。条目分类目录为十类：茶业总论、茶树生物学、茶树栽培、茶树育种、茶树病虫害、茶业生物学、制茶、茶叶审评检验、茶业机械、茶叶经济。另有彩图插页目录、条目汉字笔画索引、条目外文索引、内容索引。前有《中国农业百科全书》前言、凡例，及王泽农撰写的《茶业》专论。

二十二、《制茶技术理论》

本书由陈椽著。《制茶技术理论》是一本茶学专著，1984年6月由上海科学技术出版社出版。全书61.8万字，共分八章，第一章"茶叶的化学成分"，着重介绍直接和间接影响制茶品质的化学成分以及与制茶香味有关的微量化学成分；第二章"制茶技术和品质的关系"，介绍鲜叶质量与制茶品质的关系，以及根据不同的鲜叶质量和气候条件应采取的制茶技术；第三章"毛茶加工技术与制茶品质"，着重介绍毛茶加工与制茶品质的关系，提出毛茶加工的基本技术措施；第四章"制茶的化学作用"，介绍制茶化学变化的动力，制茶过程中物质的氧化与还原反应，以及物质的分解与合成，六大茶类在制作过程中所发生的化学变化；第五章"酶与微生物的作用"，介绍制茶过程中的酶促作用，与制茶有关的微生物及其在制茶过程中的作用；第六章"制茶的物理作用"，阐述制茶过程中的蒸发作用、热作用、光作用和吸附作用；第七章"制茶的力作用"，介绍揉捻作用和造型的压力作用；第八章"制茶的机械作用"，介绍筛的运动作用、拣剔机振动作用、风力作用以及切磨和电的作用。

二十三、《茶业通史》

本书由陈椽编著。《茶业通史》是一本茶史专著，由1984年5月中国农业出版社出版。

《茶业通史》本书系作者四十余年拾零累积的分题茶史，是中国第一部比较系统全面的茶叶通史。本书分15章50节，各章依次是：茶的起源、茶叶生产的演变、中国历代茶叶产量变化、茶业技术的发展与传播、中外茶学、制茶的发展、茶类与制茶化学、饮茶的发展、茶与医药、茶与文化、茶叶生产发展与茶业政策、茶叶经济政策、国内茶叶贸易、茶叶对外贸易、中国茶业今昔。这是中国近年研究茶史的重要成果。

二十四、《茶声》

《茶声》于1939年6月20日正式创刊，是由当时财政部贸易委员会安徽办事处主管，实际上是由安徽茶叶管理处主办。其主要栏目有：社评、代评、调查、本社本刊、茶区漫游、工作实录、行情市况、专载、茶叶小品和诗歌等。《茶声》半月刊的内容十分丰富，从茶叶的栽培管理到加工制作，从茶叶科技到茶市行情，从安徽到全国各地茶区，从沦陷区茶情到国外茶叶销售概况都有涉及。

二十五、《安徽茶讯》

1941年1月15日，安徽省茶叶管理处主办的《安徽茶讯》月刊，在安徽茶叶主产区的屯溪（今安徽黄山市）正式创刊。《安徽茶讯》编辑、发行者为安徽省茶叶管理处，因为当时的安徽省茶叶管理处设在屯溪（今黄山市），所以，承担《安徽茶讯》印刷的是屯溪印刷生产合作社。《安徽茶讯》创刊后，主要是刊发全国和本省的茶叶法规、管理办法以及运销、检查规则等内容，并且将其作为刊物重要的编辑工作；《安徽茶讯》在创刊伊始，就刊出了《安徽省茶叶管理处管理规则》《安徽省茶叶管理处箱茶互保办法》《安徽省茶叶管理处检验所检查规则》以及《安徽省内销茶叶平衡费鉴定准则》等政策性规定、办法和规则等。

二十六、《茶业通报》

《茶业通报》是由安徽省茶业学会主办的学术性期刊，国内外公开发行，刊物主要刊登国内外有关茶叶高产、优质、高效的栽培、制茶技术、良种选育、病虫害防治、生理生化、茶叶机械、审评检测、贸易出口、经营管理、茶叶历史、茶叶文化、茶叶商品知识等方面的科学研究成果、典型经验及动态。《茶业通报》创刊于1957年10月，至1963年由于纸张紧缩原因停刊，共出刊16期。直至1979年复刊，为双月刊。1987年调整为季刊，至2010年末共发行139期。

二十七、《徽茶》

《徽茶》是由安徽徽茗文化传媒有限公司主办的DM专业刊物，主旨是宣传徽茶历史、资源、品牌、文化。2010年由安徽省徽茶文化研究会批复创办，主编高超君，双月刊，每期发行量20000册。安徽徽茗文化传媒有限公司除拥有《徽茶》DM杂志外，还开设华夏徽茶网、徽茶生活官方微博、徽茶微信公众号、徽茶头条号、徽茶生活一直播等多元化的全媒体发展格局，成为安徽及全国茶行业中权威性强、聚集度高、影响力大的专业媒体。

第十章 徽茶规划

安徽一直是中国产茶大省，茶产业经历了曲折的发展。茶产业的历史变化是诸多因素共同作用的结果，从生产角度看，自然气候条件、劳动力数量、粮食作物的生产、茶叶种植的专业化水平、茶叶种植技术、其他国家的茶叶生产等，这些因素不同程度地影响着徽茶产业的变化。同时，茶商和交通的发展，从流通层面影响茶叶种植地域变化。而国内外消费的增减，也对茶叶生产起到促进或抑制的作用。另外，政府行为、茶叶机构的作为以及文化的推动、和平的发展环境等，也是影响徽茶贸易变化的因素。

第一节　近现代安徽茶叶政策

茶叶贸易的兴盛或衰落，与政府的政策与制度密切相关且受到直接影响。民国时期，政府出台过许多政策，变革过一些制度，对安徽茶叶贸易既有过推动和促进的作用，也带来许多阻碍和束缚。后期的战争虽然破坏了茶叶贸易的运销路线，导致贸易衰退，但真正令安徽茶叶贸易在新中国成立前陷入绝境的，却是茶叶政策与制度的剥削和束缚。新中国成立后，政府以新的茶叶贸易政策，切实地减轻了茶农的负担，同时还采取各种奖励措施以激励茶农的生产积极性，既然推动了茶叶生产的发展也促进了茶叶贸易的恢复和兴盛；同时，人民政府还将新的购销方式制度化，并不断修改完善，切实保障了安徽茶叶贸易在1949—1966年的持续发展。

一、政　策

政策对茶叶贸易作用最为明显，或积极或消极，可以说是最直接最立竿见影的。民国时期的政府打破了茶引制度，为安徽茶叶贸易解除了流通地区的限制；实施茶业改良政策，如兴办组织茶业合作社、进行茶业统制、举办茶业贷款等，都曾明显地有效地推动了安徽茶叶贸易的发展。同时，税收政策却不断加重着茶农、茶商的负担，这无疑也阻碍了茶叶贸易的增长。尤其是茶业统制后期，茶叶价格政策的不合理、"茶贷"政策的变味等，都严重阻碍着安徽茶叶贸易的发展。新中国成立以后，政府以收购政策调动茶农积极性，确保货源；以税收政策减轻茶农负担，同时积累资金；以价格政策稳定市场，杜绝投机等；虽然各项政策在其执行过程中，难免有这样或那样不尽如人意的地方；但总体上在1949—1966年中，各项政策都对安徽茶叶贸易起到了十分积极的作用。

（一）确保货源的政策

茶叶收购是茶叶贸易的第一个环节，联通着茶叶的生产和流通，直接影响茶叶贸易的开展。因此，新中国成立后，政府为保证茶叶收购的顺利进行，专门出台过许多政策。

而这些收购政策的最大作用就是调动茶农生产积极性，保障安徽茶叶贸易的货源。

1. 购留政策

民国时期，政府对茶叶收购没有明确的管理政策。只是通过官方茶叶机构、私人茶号（茶庄）、私人行商三条主要渠道收购茶叶，从未对收购量和收购比例作出相应的规定、管理以及调整等。

新中国成立后，茶叶收购业务逐渐由国营机构掌握。1949—1953年，安徽茶叶收购并没有明确的购留比例，但是，茶叶商品量很高。如1952年，安徽茶叶的商品量占到生产量的95.21%，1953年略有下降，为94.90%。然而，其中私商收购占到总收购量的15.23%和12.03%；在此之前的年份甚至都超过30%（主要是在内销茶叶收购上，外销货源于1951年起就由国家垄断）。

1954年，国家禁止私商进入茶区从茶农手中收购。为了保证货源，安徽省就对茶叶的购留比例做出了规定：重点产茶区茶农茶叶自留量为3%，产茶数量少的分散茶区为5%；并且要求留次卖好，以支援国家建设。到1960年，茶叶收购量已经占生产总量的94%以上。

1962年，安徽省对于购留比例作出新规定：人民公社、生产大队、生产队所生产的茶叶，应根据历史习惯合理留用，14个重点产茶县一般不超过2%；其他产茶县不得超过5%，除应留部分外，其余应全部卖给茶叶公司或供销社；加强教育工作，动员茶农尽量少留多卖，留次茶卖好茶，支援国家建设；国营农场所生产的茶叶，除留必需的样品和极少量的自用茶外，应全部卖给茶叶公司或供销社，不得自行出售或送礼；要求加强茶叶市场管理，任何机关、部队、企业、事业单位都不许直接到产地收购茶叶；坚决制止投机贩卖茶叶。1966年以后虽没有重申购留比例，但年收购量仍然超过原定购留比例。

2. 奖售政策

1960年，安徽茶叶贸易出现严重缩水。因此，自1962年起，为鼓励茶叶生产，激励茶农售茶的积极性，国家实行奖售政策。当时由于粮食仍然很紧，进口粮食也有困难，因此多奖化肥，少奖粮食。具体奖售标准为：级内茶每收50kg，奖售粮食12.5kg，化肥62.5kg；级外茶每收50kg，奖售粮食5kg、化肥20kg。安徽省则根据上述标准，结合实际情况，按照好茶多奖，次茶少奖的原则规定：级内外销茶和内销细茶（毛峰、烘青、大方、条茶、片茶）每50kg奖售化肥62.5kg、粮食12.5kg；内销黄、绿大茶，兰花茶每50kg奖售化肥40kg、粮食5kg；级外茶每50kg奖售化肥20kg、粮食5kg。1963年安徽省则规定拉开档次，采取分级奖售的办法（奖售标准见表10-1，国营茶厂不奖售粮食）。

表 10-1 1963 年安徽茶叶分级奖售标准

茶叶级别	每收购 50kg 茶叶奖售物资		
	化肥 /kg	粮食 /kg	香烟 / 盒
1	80	45	40
2	70	40	30
3	50	25	50
4	40	20	15
5	35	15	10
级外	25	5	5

资料来源:《安徽省志·供常合作社志》,方志出版社,1997 年。

从 1964 年开始,安徽省规定收购茶叶,按收购金额奖售。1965 年奖售的标准是:收购 100 元毛茶,奖售粮食 40kg,化肥 30kg,补助布票 2.6 尺。这对于中、高级内销茶收购的奖励很有好处。如 1964 年,片茶的奖售标准虽然低于外销茶,但今年按金额奖售后,每 50kg 茶叶得的奖售品仍然高于去年。既能保证外销茶的任务,又能保持片茶的生产。奖售政策虽好,但执行起来总有不尽人意的部分。由于香烟在当时是紧俏的商品,自交售茶叶以香烟为奖售品开始,就曾出现合作社干部将奖售香烟挪作私用,茶农不能按期如数兑换香烟;还出现了"不法小商贩投机倒把"等现象。如 1963 年茶叶收购期间,舒城县河棚、晓天、曹家河、南港、张桥五个基层供销社,由于干部政策性不强,擅自挪作私用茶叶奖售香烟 1121.5 条,使茶农售茶所得奖售香烟烟票证不能全部兑现。事情发生之后,基层供销社"处理不及时,拖延 7 个月尚未解决",引起群众很大意见。对此,省社提出要组织专人全面清查,建立完善汇报制度,杜绝此类事件的发生。尽管在执行中存在着物资调拨不及时,分配标准不合理,账目不清,克扣挪用,不法小商贩投机倒把等问题,但奖售政策对衰退后的安徽茶叶贸易在促进生产发展,保证出口货源等方面,都起到了很大作用。

(二)税收政策

民国时期,安徽省"茶税率较高,既有政府征收的茶税名目,也有在茶叶贸易过程中茶商的种种剥削和勒索";各项厘税的金额占茶叶总成本的 19%~57%,平均达 28.75%,这些负担最终被全部转移到茶农身上。为了减低成本,茶农只有降低茶叶质量,但随之造成茶价下降,交易减少;如此往复,将安徽茶叶贸易拖入恶性循环。新中国成立之后,政府减免了绝大多数茶叶税收,生产中只余一项农林特产税,其税率在 7%~9%,减轻了茶农的负担,降低了茶叶生产成本。

工商税中，1949年9月皖南、皖北区沿袭旧制开征货物税《华东区货物税税目税率表》，规定茶叶的税率为5%。到1958年9月，征收工业和农产品采购环节的工商统一税，茶叶适用40%以上的高税，茶叶商业税率一路攀升。虽然茶叶在工商环节需要交纳的税款一再上升，但这些负担并未转嫁到茶农身上，而是以高积累为目的，尽可能多的将资金截留在国家手中，这也是1949—1966年茶叶税收政策的最大特点。

1. 农林特产税

农林特产税是对从事农林特产品生产，取得农林特产收入的单位和个人征收的农业税。

1954年，安徽省人民政府颁发的《安徽省1954年农业税施行细则》中规定：茶叶、制茶用花按其当年收获量及产品质量，以初级市场收购价格计款，折合主粮打六折归户一并计征。1956年，安徽省人民委员会颁发《关于木材、茶叶、制茶用花农业税征收工作的几项规定》规定：茶叶、制茶用花的计税收入，一律按照实际出售价款计算，采用比例税率（具体数据见表10-2）。这是新中国成立之后，针对茶叶生产收购，向茶农征收的唯一税收，相较民国时期，茶农的税收负担大大减轻。总体上，个体农户适用税率高于集体经济（包括国营农场、茶场、农业生产合作社），徽州专区茶叶适用税率高于芜湖、安庆专区，六安专区最低。同时还规定：纳税人15天的缴税期限，"如隐瞒不报或少报，一经察觉，除补税外，并加征5%的罚金。"

表 10-2 1956 年不同地区和计税单位农林特产农业税的茶叶应税税率

地区	计税单位	税率
徽州专区	国营农场、茶场、农业生产合作社	7%~8%
	个体农户	8%~9%
芜湖、安庆专区	国营农场、茶场、农业生产合作社	6%~8%
	个体农户	7%~9%
六安专区	国营农场、茶场、农业生产合作社	5%~7%
	个体农户	6%~8%

资料来源：《安徽省志·财政志》，方志出版社，1998年。

1958年10月，安徽省人民委员会颁发的《安徽省农业税暂行实施办法》，对农林特产的农业税征收有了系统的规定：一是茶叶、制茶用花一律按照实际出售价款计算。二是长江以南地区茶叶、制茶用花税率为8%，长江以北地区为7%，并按正税30%计算征收附加，随正税一起入库。三是新开辟的和恢复荒芜的茶园收益未满两年且经过批准者；出售各类茶的级外茶朴、茶干、茶末、茶籽等凭收购部门的鉴定者；茶叶、制茶用花自产自饮的部分，均可予以免税。四是由县人民委员会制发纳税登记卡，凭以随出卖随征收。五是茶叶税收委托收购部门代征，其代征之手续费，由县财政部门按征起税额的

0.5%到1%的比例付给，列入农业税征收购经费内开支。

1963年，又做了部分修订。修订后单独订率征收的品目有17项，茶叶、制茶用花的税率为9%，按照出售数量计征。

2. 工商各税

工商各税是茶叶税收主要部分，民国时期，茶叶商税名目繁多，茶农、茶商负担极重。1949年5月，皖南行署沿袭民国旧制，开征货物税，茶叶的税率为10%；6月，皖北亦开征货物统税；9月起，两区共同执行《华东区货物税税目税率表》，货物税政策才趋于一致，茶叶应税税率为5%；1950年1月30日，政务院公布《货物税暂行条例》，茶叶税率提升为20%，推销站等流通部门也应缴纳营业税及印花总贴。

1953年1月，国家再次修正货物税税制，主要调整了税目；将产制应税货品工厂原来缴纳的印花税、营业税及其附加，并入货物税内缴纳；修改核价计税办法，应税货物一律按国营公司批发牌价核税，国营公司无批发牌价的，采用当地市场批发价格核税；相应地调低税率，使税收负担基本不变。同年，国家根据从商品的生产到消费实行一次课征的原则建立商品流通税，一般由国营企业在产地设立的批发、收购或接货机构于第一次批发或调拨时纳税。工厂没有批发机构的，于第一次批发时纳税；工厂自销的，于出厂时纳税；工厂连续加工或使用的，于移送加工或使用部门时纳税；采购农林、畜产品的，于商品起运时纳税。同时将课税商品原来缴纳的货物税、棉纱统销税、棉花交易税、印花税、营业税及其附加合并，综合制定税率，一次征收，茶叶应税税率为25%。税制的变化令纳税单位在执行税收政策时常出现各种问题，最常见的就是多缴少纳的现象。如1952年中茶安徽省公司有3.5万元的货物税，因成本计算错误而多收，虽然办理退税，但拖延长久。1953年公司吸取上年的经验，主动与税务局联系，在茶叶公司各处茶厂均设有驻厂员，与税务局填票员一起协商帮助完成，简化手续协调工作。经办人员经过培训和学习，减少了失误，提高工作效率，配合运输部门做的速制速运的要求，加速商品流转。1953年，仅有安庆、芜湖、六安、歙县四厂发生多缴而金额3240余元，并且退税迅速。1958年9月起，茶叶税制进一步改革，以一切从事工业品生产、农产品采购和外货进口的单位和个人为纳税义务人，按收购金额在工业和农产品采购环节征收工商统一税。应税产品只在销售或采购环节征收，"中间产品"一般不再纳税，茶叶适用40%以上的高税率。零售环节则按照零售量征收3%的营业税。商业收购中茶叶的高税率政策，加大了茶叶的购销差价，抑制了茶叶消费，这在茶叶当时仍为短缺性资源的状态下，有利于国家将有限的货源供给出口，换取外汇。但当茶叶供过于求时，却限制了茶叶贸易内部的发展动力，阻碍了其发展。除在国营商业系统内流通时需要纳税之外，

1957年1月起，安徽统一农村工商税收政策，征收农村工商税。农村工商税不是独立税种，是安徽省为适应农业合作化的新情况，按照"不鼓励经营商业，不允许弃农经商"原则的一种调控手段。茶叶也在应税范围之内，除社内公用或供应社员自用的不纳税外，凡对外出售的，都要照章纳税。1962年，高级茶和中级茶销售价格提高以后，为了避免购销差价过大而影响茶叶收购，对高级茶和中级茶还采取了加征内销差额税的办法。

（三）价格政策

民国时期，政府对茶叶价格缺乏相应的管理，以致茶商之间恶性竞争，洋商乘虚而入，操控茶叶价格。茶栈依附其上，受其剥削的同时，又以茶贷和多达十数种费用名目，令茶商在茶叶价格的达成上毫无置喙的余地，而茶农成为这一切最终的负担者，在与茶商交易之时又无统一标准，只能任其摆布。茶叶统制之后，虽然在收购环节规定了毛茶成本的参考因素，也制定了最高价、最低价和中准价，但由于茶价形成过程中积弊太深，政府实行统制之时也不敢操之过急，依然需要同洋商妥协。在这样的价格体系中，茶叶价格常常出现波动，但不一定是市场经济中价值规律的体现，有时实际是由于洋商在产量低的年份故意以高价收购，来年茶叶丰收又压低差价，赚取暴利。循环往复，造成茶价起落，对安徽茶叶贸易造成严重影响。

茶叶收购价格经常出现波动，令茶农苦不堪言。除受外部因素影响之外，其内在因素实际是因为没有建立统一的收购标准茶样，无法对样评茶，因此收购价格，或根据交售日期推算，或随行就市，常出现不正常的波动。如皖西地区有时春茶价格低于夏茶价格，有时有钱无市，有时有茶无钱收购。

新中国成立后，国家以茶叶价值为基础，参照毛茶生产成本、国家税收和茶农收益三个因素，制订茶叶价格。国家主管部门（包括授权中国茶叶公司）制定国家主管茶类的收购价格，并掌握执行情况；安徽省茶叶主管部门和物价委员会则根据国家主管茶类的收购价格水平，安排省管各类茶叶收购价格，督促、检查市、县对茶叶收购价格的贯彻执行情况。以等价交换为原则，在执行上坚持对样评茶，按质论价，好茶好价，次茶次价的政策。1950年3月25日，中国茶业公司第一次区、分公司经理会议决定，结合华东区茶叶产销实际，对1950年茶价掌握提出如下原则：

① 在正常时期，中准价以直接生产成本加合法利润为准。② 出口畅旺时期，在不刺激产地物价条件下，适当提高。③ 外销不振时，以维持茶农生产成本为原则。④ 注意掌握季度差价，避免因季节关系，茶价大起大落。当年4月，中国茶业公司屯溪分公司在具体执行中仍沿用开、收盘价的方法计价，价格区间从每50kg红毛茶折大米204kg（收盘价）到1100kg大米。

1953年，中国茶业公司正式建立茶叶收购标准样，设有部、省两级标准，安徽省选报祁毛红、霍毛红、屯毛绿、舒毛绿、徽烘青、黄大茶6套收购样品属部管标准，收购价格标准由国家核定。条茶、尖茶、大方、片茶等34套收购样品，属省管标准，其收购价格标准由省茶叶主管部门核定。对样评茶、按质给价的茶叶收购政策的实施革除了民国时期茶叶收购中，无样可对，随行就市的积弊，保护了茶农的利益，茶农纷纷反映：茶价不低、茶价稳定。但在新的价格政策开始执行时，必然会遇到各种问题。比如在价格政策贯彻执行掌握上出现不稳时有压级压价的情况发生，影响收购。又如国家虽然强调对样评茶，但评茶员业务能力有高有低；1953年，安庆地区春茶收购时，因为"评茶技术低的（评茶员），不能对照样品，价格忽高忽低。如有茶农送茶到收购站，一人评为1.6元/kg，后有人评为0.52元/kg"；或者因各地站间缺少交流，站点之间价格不同，造成茶农对收购站的怀疑，茶叶流动性很大。茶叶样品到站延迟，造成价格先松后紧。

对此，1953年对外贸易部，农业部和中华全国供销合作总社在《收购夏茶的联合指示》中专门指出："改进评茶方法，防止（茶价）忽高忽低，应即在收购站组织收茶评级委员会……吸收评茶员及在群众中有威望的茶农代表参加，根据核定的标准样茶，分级定价，计价收购。"同时，针对"个别小贩以物易茶，自动提高价钱""有私人茶厂，化整为零进入茶区收茶，价格有时明提暗降""不法茶商造谣，茶价不同，使得茶农往返探价，浪费时间"的现象，该指示明确提出："适当加强市场管理，稳定茶叶收购价格，制止私商抬价抢购，以保障国家外销茶收购计划的完成。"随着国民经济状况的好转，茶叶收购价格政策的执行也更加趋于成熟。1955年，安徽省在茶叶收购价格掌握中把握三个基本环节：第一，收购开始强调一次给足价格，好茶必须好价；第二，根据生产季节和品质的变化，稳步掌握价格；第三，夏茶季间，为照顾农忙工贵，鼓励茶农大力采摘夏、秋茶；坚决贯彻上调80%的价格。在方便茶农售茶的同时，保证茶叶收购价格的稳定。

1956年，茶叶行业在社会主义改造中，实现全行业公私合营。为大力发展茶叶生产，国家决定较大幅度地提高收购价格，上调总幅度为12.79%。1958—1960年，虽然国家将收购标准下放给地方，但价格政策依然从严掌握，期间安徽茶叶收购价格只对个别地区的个别茶类有所调整。最大的变化在于，安徽省计划委员会决定取消夏茶提高两个等级价，不再照顾夏秋茶的生产收购，执行一样一价，与春茶实行同质同价。

1961年，安徽省增挂了特级茶价，并且自行调整了一部分茶叶收购价格，但于1962年根据中央指示停止执行。1962年，国家收回了茶叶生产收购标准，为照顾茶叶生产成本的提高在国家收购牌价基础之上，增加20%的价外补贴。1964年，茶叶价外补贴改为正式价格，在执行上的分级、分等，并将祁毛红分级分等的价格，按国家规定中准级每担提高2元，以鼓励祁红茶生产。自此，安徽茶叶收购价格进入一段较长的稳定期，除了个别地区的个别茶类有所调整之外，整体收购价格直到1978、1979年才有所提升。

二、制 度

民国时期的政府也曾多次发布茶叶改进办法，制定各项制度和标准，寻求茶业的复兴和发展。在茶叶贸易中，如茶叶合作社、茶业统制等尝试都在前期获得了一定的成就；但是，由于当时缺乏相应的管理机构和其自身制度的不完善，不仅未能持续地发挥作用，反而因贪腐和弊案等问题为人诟病。新中国成立之后，随着政权以及局势的稳定，安徽茶叶贸易规模在各项政策的激励下不断恢复，在购销环节中，建立了新的方式；同时，还将这些方式制度化并不断完善，从而保障了安徽茶叶贸易持续地恢复和发展。

（一）收购制度

民国时期，茶叶收购通过官方茶叶机构、私人茶号（茶庄）和私人行商三条渠道开展。官方茶叶机构，如祁门茶叶改良场，通过该场门庄收购茶叶，并派遣专员到产区，通过当地士绅张罗收茶；私人茶号（茶庄）开门收购茶叶，就地加工运销；私人茶商则进入茶区抢购茶叶。因此茶叶收购时价格、收购量都没有制度以及相应的管理可以规范，只能随市场情况而变动。行情好时，茶农尚能兼顾生活和再生产；行情不好时，茶农只能忍受来自多方的压榨和剥削。新中国成立之后，国家十分重视茶叶收购工作，通过代购制度将国营商业和集体经济结合起来，通过预购制度直接资助茶农的生产生活。

1. 代购制度

1950年，徽州专区将部分内外销茶的收购开始委托给产茶县供销社代购。1951年，宣城专区内外销茶均由茶业公司委托供销社代购。江北茶区将外销茶委托供销社代购。1952年，省商业厅、茶业公司和省合作总社推销处遵照省人民政府财政经济委员会决定，开始每年签订《委托代购协议书》。各产茶专区和县合作社、茶业公司，双方按省代购协议精神，签订相似协议或合同，下达基层执行将茶叶的代购制度扩大到全省执行。1953年，中国茶业公司、安徽省公司委托供销合作社的收购量占总任务的92.87%。1954年，中国茶业公司和中华全国供销合作总社推销局、供应局联合通知："凡合作社能够负担茶叶收购的地区，公司应委托合作社进行收购。在合作社力量不够的地区，应尽量创造条件，扩大收购业务，积极完成国家委托的代购任务。"随后，省茶业公司下属的收购站，逐步转交当地基层供销合作社。1955年，茶区基层供销合作社普遍担负起茶叶收购任务。

1956年，安徽省农产品采购厅成立，茶叶代购合同由该厅和地、县采购局与同级供销社签订。1957年，农产品采购厅、局撤销，茶叶业务划归供销社经营，停止代购。

1958—1961年合作社撤销，业务划归商业厅，又恢复向基层供销社委托代购。1961年国家茶产量骤降，为收购到更多的茶叶，国家实行派购，规定集体生产单位和国营农（茶）场生产的茶叶，完成国家派购计划任务后，仍应卖给国家。派购任务的完成仍然是由商业厅委托基层供销合作社代购完成的。1965年，国家重申代购工作的重要性，中央人民政府对外贸易部、中华全国供销合作社总社，在《关于进一步加强茶叶、蚕茧、畜产品代购工作的联合指示》中提出："国、合双方必须密切配合，同心协力，共同做好代购工作……基层供销合作社是社会主义商业在农村的基层组织，是国营商业的有力助手，做好农副产品的代购工作是它应尽的责任。这对打击投机倒把，发展集体经济，巩固工农联盟，有着十分重大的意义……对外贸易部门一定要注意发挥供销合作社的积极作用。把国家需要的商品尽量地收购起来"；并且"基层供销社必须把收购深入到生产过程中去，帮助生产队制订生产规划，并且尽可能地根据收购计划与生产队签订收购合同或购销结合合同，把这些商品的生产逐步纳入国家计划轨道中。"

2. 预购制度

1954年开始，为稳定茶农生产情绪，增加茶叶产量，保证国家内外销茶的需要，限制农村高利贷活动，支持茶农组织起来，国家采取预付一定比例的预购定金的方式，实行茶叶预购，以济茶农当年生产资金不足；并通过合同和协议，引导小农经济逐步纳入国家计划轨道。中央人民政府对外贸易部、中华全国供销合作总社《关于印发1954年预购茶叶协议的通知》中规定："收购时（收购价格）按当地当时国家规定之收购牌价计算""按当地1953年收购茶叶之中准价作为计价标准""并结合按质计价的原则收购。按预购茶叶总值20%以内预付给茶农定金"。预购对象以农业生产合作社、常年互助组和临时互助组为主要对象，但为完成预购数量，亦得向个体茶农预购，惟不向富农进行预购。在预购定金分配上，组织起来者多付，单干者少付，贫苦困难者多付，无困难者少付的原则，重点使用，不应平均分配。基层收购单位于3月中旬将预购款发至茶农手中。春茶收购时，由供销社负责分期分批收回，预购期间省茶叶公司按照预购总值1%付给供销社组织费。当年，安徽省内各地合作社抓紧了收购前的短促时间，迅速地在各产区展开了预购工作，截至4月中旬全部完成。总计全省共投放预购金额1053949.29元，占预定投放计划1494090元的70.54%。既解决了茶农在生产和生活上的困难，鼓励了茶叶生产情绪；又打击了城乡资本主义的活动和逐步把分散的小农经济纳入国家计划轨道。春茶收购结束后，绝大部分茶农都能如期归还，使预购款的回收工作能顺利进行。至10月，根据各茶厂报告，共收回了964228.34万元，占实际投放款的91.4%。

1956年，国家继续执行茶叶预购制度，相较1954年，1956年茶叶预购以生产外销红绿茶和内销绿茶的集中产区为主，在改制红茶地区进行全面预购，对于其他茶叶根据各地力量进行部分预购。预购定金比例为：细茶15%~25%，粗茶20%~40%。预购定金的分配应该是农业生产社、互助组较多于个体农民，以促进农业合作化的发展，但是差幅不宜过大。另外，为照顾茶农在收茶季节临时雇人摘茶的实际需要，在预购区和非预购区对于茶农都给予增加粮食供应的优待。

这种优待的办法是：根据茶农预计售茶量（进行预购地区按预购数量）和茶叶品类的不同，每50kg茶叶增加供应8~16kg（平均12.5kg）；在茶叶生产季节以前将粮票发给茶农（进行预购地区于签订预购合同时发给）在摘茶季节，凭票购粮。粮食部门要组织好调运工作，保证及时供应。1957年，国家在预购时补充：特种名茶全部预购，其高级品的定金比例还可以高一点；同时，采购站应配合有关部门帮助预售单位合理安排定金的使用，既要保证生产的需要，又要帮助农民解决生活上的困难。预购制度的实行，极大地帮助了了茶农生产生活；茶农还款时也讲信用、不拖欠，交售春茶时，主动分批归还。到夏茶结束时，能基本还清，个别尾数未还者，第二年全部归还。

1958年，安徽为了支持农业生产"大跃进"及保证主要技术作物的国家收购任务；根据国务院的指示，继续实行预购办法。省政府安排对茶叶实行全面预购，凡生产茶叶的农业社（户），均须安排预购任务。预购对象以人民公社、生产大队和生产小队为主。贫苦和受灾的个体茶农也在预购之列。芜湖专区预购任务14250t，定金分配50万元；六安专区收购任务3900t，定金分配30万元；安庆专区收购任务3500t，定金分配20万元。另外，对茶叶原则上不发预购定金，但对生产有困难的农业社或新辟的茶园可以酌量少给一些。预购的具体地区，由各专署、市人委自行决定，茶叶、麻类、蚕茧应在三月底以前结束预购。

1960年，根据国务院的指示，决定对主要农副土特产品继续预购，发放预购定金。这是为了巩固和发展人民公社，支援农业生产继续跃进，进一步促进商品生产和商品交换，帮助比较贫穷的和遭受自然灾害的人民公社、生产队发展经济。要求发放预购定金，应该通过人民公社并以公社的生产队，即基本核算单位（或直属公社领导的核算单位如社办茶厂）为对象；一般应该首先照顾贫穷的、受灾的和生产国家急需物资的生产队；对国营农场不发放预购定金。除此之外，茶叶预购定金发放时还要掌握外销茶适当大于内销茶的原则。1960年，安徽省茶叶预购定金发放的比例有所下降，基本掌握在10%~15%。"大跃进"结束之后，为恢复茶叶生产收购，外贸部、中国人民银行及中华全国供销合作总社于1963年联合发出《关于发放1964年，蚕茧、茶叶预购定金的联合通知》，其规定：预购定金仍按照收购牌价的20%支付。预购定金的发放对象只限于人民公社、生产队和集体生产单位。全民所有制的生产单位（包括国营的、机关企事业的农林场），不发放预购定金。预购定金利息按月息四厘八分计收，由外贸部门负担；并计入成本。

（二）销售制度

1950年以后，在国营商业系统内部，实行茶叶调拨制度。1953年，茶叶公司停止越区供应茶叶，使得所有流向省外的茶叶都只能以计划调拨的形式流转。市场管理制度逐渐严格，抑制私营茶商的经营。1956年之后，茶叶行业实现全行业公私合营，茶叶的调拨和市场管理制度也渐趋固定。这样从严的销售制度，有利于国家对茶叶的垄断经营，为国家积累资金创造有利条件。

1. 计划调拨制度

1954年前，安徽省茶叶调拨，根据上级单位安排下达茶叶供货计划，结合产销区茶叶生产收购、销售等实际情况，经过调出、调入双方联系协商达成协议后进行调拨。

调往省内和省外的毛茶和内外销成品茶的调拨方式，一律实行送货制。茶叶调拨作价，按上级主管部门下达作价办法和计算公式，算出每个品种，每个级别，一县（市）一厂一价的计价方法，调拨茶叶货款一律以托收承付方式结算，由中国茶叶公司安徽省公司负责管理调运事宜。主要环节是"编报调拨计划"。各茶厂、市场根据计划调出商品，并发出调运通知。调运部门接到通知后，通知仓库准备货物，逐级办理进口手续，向承运机构提货；在提货时注意检查，填制调入进库通知单。

发生损溢时，需填报损溢报告单，运输损溢由运输员填制，仓储归保管员填制。超过定额损耗之调入商品，运输损耗由运输部门填报运输损耗通知单。随着调拨制度的不断完善，安徽茶叶省际调拨，由国家茶叶主管统一管理。根据上级主管茶叶部门下达的茶叶调拨供货计划，安徽省茶叶公司结合茶叶生产、收购、加工情况的预测，进行综合平衡统筹安排。茶季前下达年度茶叶调拨控制数，收购定局后立即编制年度茶叶调拨供货计划。供货计划由省茶叶公司分解各专（地）区与茶厂，专（地）区根据计划，分茶类、品名、数量安排到县（市），并抄报省茶叶公司。安排茶叶调拨计划时，贯彻内销服从外销，适当照顾销区饮用习惯。山东、江苏、陕西、山西等销区省（市），收到产区省茶叶调拨供货计划后，每年都要派专人常驻合肥、屯溪等地协助茶叶调运。为明确茶叶调拨业务中的责任范围，产销区双方根据上级茶叶主管部门下达的茶叶调拨计划和要求，通过双方密切协商，制订有关茶叶调拨工作的管理办法、协议，作为调出、调入产销区双方共同遵守的准则。因为茶叶调拨是按计划的执行，自然会出现计划外的情况。有时调拨计划可以超额完成，有时也会出现计划未完成的现象。如1950年，中茶合肥分公司在《计划执行情况总结报告》中就提到，当年该公司的茶叶调拨量为16485.4t，完成计划的103.48%；其中国内调拨协议2690.65t，完成计划的123.09%，属于超额完成。外销协议调拨量计划13240.35t，实际调拨13174t，占计划量的99.48%，未能完成。还有的时候，调拨计划执行过程中会出现各种缺点和问题，甚至是突发情况。如1956年，安徽省农产品采购厅在《安徽省农产品采购厅1956年茶调拨和供应工作报告》提道："本年对各省市签订茶叶调拨合同数为16336.35t，后修改为15273.75t。1—9月份完成了13736.14t，占年度合同的89.93%。"虽然完成计划的速度并不慢，但采购厅认为：当年月、季度与地区间茶叶调拨实绩完成不够均衡，有的个别品种完成合同很差。如本年调拨北京条茶到9月底仅占年度合同的12.51%。调出茶叶往收货单位验收发现有夹杂不卫生物品、单货不符、净重不一，包装不合规格；如合肥站在转运六安厂调上海霍红一批，由于在阴雨天气里未对逐个的毡布加以确认检查，致漏湿37箱，经抢救运回茶厂加工。

1957年，中国茶叶公司安徽省公司撤销，茶叶业务交给供销合作社系统，合作社提出了新的调拨办法，以完善调拨制度。新的办法相较之前具有如下特点：调拨合同的变更更加灵活，并且对调拨商品制订调拨标准样茶，明确了茶叶商品调入的品质与标准样不符时的价款退补问题，厘清茶叶调拨出现品质劣时的责任问题。1958年后，由于管理体制变化，由条条核算，改为块块核算。安徽省茶叶公司只管理茶叶调拨计划安排，督促执行计划任务的完成，调解和仲裁产销双方难以解决的分歧意见。

2. 市场管理制度

1950年5月24日，徽州专署发布第一号布告，规定茶贩到产区收购茶叶，必须进行申请登记，这是新中国成立后安徽第一个茶叶市场管理制度。

1951年，由新成立的茶叶协商委员会，确定了收购中的公私经营比例，规定合理价格，实行出境凭证制度。随后，茶叶管理趋紧，私商收购茶叶，按投机倒把论处，农民自行贩运茶叶，要进行教育并按国家牌价收购，外埠行商未经茶委会批准，不得直接在市场收购茶叶。

1953年，开始安徽省茶叶公司采取"禁止茶叶越区供应"的原则，导致当年的销售计划未能完成。如蚌埠市场上，因销售茶类受地区限制，根据历年情况，计划里以黄大茶为主，而当年为限制山东来蚌的私商，防止私商套购，遂采取不越区供应的原则，而其他茶类又不符合山东市场，因此也影响了其他茶类的销量。又如芜湖、合肥、蚌埠三市是茶叶的集散地，1953年前销区的坐商直接到产区采购，随鲁、津、苏等销区国营茶叶公司先后建立，和中茶公司有计划地对销区市场调拨供应的扩大，及停止越省供应，销区合作社和私商都在当地进货，削弱了中间市场的作用，所以三市茶叶批发量及各种成分批发比重从1953年开始下降，批发量准递减。

1954年，安徽省人民政府颁发《茶叶市场管理办法》，规定内销茶由国营茶叶公司、供销社经营。私商经营茶叶，须经工商行政部门批准，委托代购或自行收购，但不准外销。省外茶商必须通过计划调拨供应。茶农自产茶，除卖给国家外，可以在区内自行出售，饮用茶自由购买。茶叶公司规定私商必须凭《供应登记证》自茶叶公司下设推销站购买茶叶，机关团体购回饮用，应凭机关介绍信。同年，安徽省商业厅就茶贩管理问题，发出通知：茶农由当地区乡政府发给自产自销证明，限制在产区县内活动。零售茶商购茶，必须呈报计划，县市财委批准，供销社代购。1957年，茶叶正式列入国家二类农副产品，禁止市场自由流通。

1962年，安徽省委通知：茶叶不准进入集市贸易市场，由国家统一收购，社队之间不得互相调剂，群众携带茶叶限额为0.5kg。省内销售业务，八市一矿，由商业部门负责；专、县和农村集镇，由供销社负责。坚决取消所谓"内部供应办法"。高级茶和中级茶，一律在市场上按计划供应，公开销售，由国营和公私合营的专业茶店或专柜零售；其他兼营的商店只卖低级茶。后来，恢复茶叶平价供应，各级茶叶由省公司按季核定销售计划，各地必须按照核定的数量，品种和等级，计划供应。不得超销，不能动用库存。

第二节　谋划安徽茶业振兴

安徽省是全国重点产茶区，有着悠久的茶叶生产历史。"十三五"以来，安徽围绕农业供给侧结构性改革这一条主线，持续推动茶产业向优质化、标准化、规模化、品牌化方向发展，着力构建现代的茶产业体系、生产体系和经营体系；从而呈现出稳中有进的总体态势。

一、"十三五"时期茶业发展

（一）生产规模逐步做大

据2019年底统计数据显示，安徽省实有茶园面积由"十二五"末的167900hm^{2}增长至187100hm^2，增幅11.44%；安徽全省开采茶园面积由143700hm^{2}增长至16.56hm^2，增幅15.24%。全省茶叶产量由11.29万t增长至12.2万t，增幅8.06%。根据农业农村部门调度的数据显示，2019年，安徽省茶园面积已发展至202800hm^2，开采茶园面积186867hm^2，干毛茶产量达13.71万t。全省干毛茶产值由82亿元增长至145.5亿元，增幅77.44%。茶叶出口量由5.65万t增长至6万t，增幅6.19%；出口产值由2.27亿美元增长至2.48亿美元，增幅9.25%；出口均价由4016.99美元/t增长至4133.33美元/t。由此可以看出，安徽茶产业呈现出规模逐年稳步扩大的态势。

（二）生产结构不断调优

近年来，面对国内外茶叶消费市场变化，安徽主动调整生产结构，适应消费需求。一方面是细分消费市场，合理配比名优茶产品档次，深入挖掘大宗茶利润空间。名优茶产销向好势头不减，大宗茶则在市场饱和的大环境下，依然在经济效益上取得了长足进步。就名优茶而言，安徽在传承发展历史名茶的同时，也积极创新开发新品。以广德市为例，他们充分利用区位及生态资源优势，结合长三角地区消费习惯，主推出"黄金芽"茶。通过多年选育推广和市场拓展，产业规模已突破10亿元，使广德市成了名副其实的"中国黄金芽第一县"。另一方面是积极寻求差异竞争，均衡发展绿茶和红茶、黄茶、黑茶、青茶品类。据2019年统计数据显示，绿茶产量10.63万t，与"十二五"末的10.42万t基本持平，略有增加。同时，红茶产量由0.64万t增长至0.69万t，黄茶由0.2万t增长至0.57万t，黑茶、青茶产量也相应增长但总体体量不大。

安徽黄茶的发展，站在全国层面来看，也是值得一提的亮点。这主要得益于霍山、金寨等地在恢复传统工艺，壮大名优黄芽茶的同时，依托安徽茶叶科研优势，挖掘出黄大茶的品质和功效特性，提升产业附加值，为黄茶的市场推广注入了新鲜活力，有效的打开了内销市场。

（三）茶叶品质有效提升

"十三五"期间，安徽省先后实施了茶产业绿色增效模式攻关、有机肥替代化肥行动及绿色高质高效示范创建等项目。2020年，黄山市在全省率先实施全域茶园病虫害绿色防控，推广应用"黏虫黄板＋生物农药＋生态农艺"的技术模式，在全市39个重点产茶乡镇、239个村和6个企业基地先行先试，茶园实施绿色防控面积约26133.33hm²，配送黏虫黄板1600万张。目前，第一年的工作已经进入尾声，黄板回收工作结束后将组织最验收并报告评估结果。总之，各地通过试验示范，探索出了全域绿色防控、茶园"有机肥＋配方肥""水肥一体化"等技术模式，普及推广了一批绿色生产关键技术。截至2019年底，全省累计改造低产茶园28726.67hm²，实施茶园绿色防控面积达106666.67hm²。茶叶有机肥替代化肥试点示范区自创建以来，化肥用量减少逐年分别减少16%、19%、19.49%。另外，安庆市开展茶园绿色防控、茶叶多元化利用等7个方面的试验示范工作，并以桐城市为核心，建立了有机肥替代化肥示范区1066.67hm²，推广"有机肥＋配方肥""水肥一体化"等模式，从而使示范区全年化肥用量减少21.48%，有机肥增施21.43%，土壤有机质提高5%。

当前，随着消费者对茶叶质量安全问题的关注度与日俱增，在各级政府、生产经营主体的共同努力下，"三品一标"认证工作得以扎实推进。根据调度情况来看，安徽在茶园面积不断增加的同时，茶园"三品"认证面积占比由"十二五"末的80%左右，提升至2019年底的87.92%，认证面积达到164500hm²。其中，绿色食品、有机认证面积共达到52793.33hm²，占"三品"认证面积比重由15.38%提升至32.09%。同时，"农产品地理标志"认证由"十二五"的8个增长至23个。全省茶叶质量品质正在逐步转型升级，绿色茶、有机茶、地标茶已成为产品主力军。

（四）经营体系日趋完善

近年来，安徽省坚持引导生产经营主体强强联合、抱团发展，鼓励龙头企业做大做强并且发挥带动作用。通过"龙头企业＋合作社＋基地＋农户"模式实现专业分工，利益共享。从企业规模来看，截至2019年底，安徽全省已有国家级龙头企业3家，省级龙头企业58家，国家级示范社31家，省级示范社77家。全省亿元以上规模企业达20家，其中黄山市11家、六安市3家、池州市3家、宣城市3家。另外，谢裕大茶叶股份有限公司、抱儿钟秀茶业股份有限公司及王光熙松萝茶业股份公司3家企业先后在新三板成功上市。

全省出口企业中，出口额100万美元以上的21家，500万美元以上的11家，1000万美元以上的7家。值得一提的是，黄山市通过招商引资，相继引入联合利华、北京小罐茶、中茶集团、上海光明食品等企业落户。特别是小罐茶业有限公司落户黄山市后，与本土茶企建立了紧密的合作关系，共同提升生产基地条件，开发具有市场影响力的产品。去年，年销售额达到了20亿元，为当地贡献税收8000余万元，在"2019中国茶业百强企业"榜单中，小罐茶业有限公司位居全省15个上榜企业之首。

从流通环节来看，线上销售呈现增长态势，已从2015年的6500万元迅速增长至2019年的近30亿元，特别是今年新冠肺炎疫情来袭，线上销售更是"异军突起"。据不完全统计，2020年仅4月、5月两个月，各地通过线上网店、直播带货，全省就实现网上销售额5亿元。线下虽然不及线上增幅迅猛，但仍是销售市场的主要流通形式，为沟通产销、促进销售提供了较大支撑。目前，县级及以上正常运作的茶叶专业市场依旧保持在20余个，总营业额超过60亿元。这一时期，虽然峨桥茶叶批发市场交易量逐年减少，但黄山茶城、大别山绿色商城等产区交易市场销售额依旧稳定；江南茗茶城、华夏国际茶博城等新兴的销区批零专卖市场正在逐步发挥作用。

（五）品牌塑造逐步成熟

安徽名优茶荟萃，"黄山毛峰""六安瓜片""祁门红茶""太平猴魁"四大历史名茶家喻户晓。20世纪80年代，各地开展名优茶创制工作，又涌现出"岳西翠兰""天柱剑毫""天山真香""白云春毫"等一批备受消费者青睐的新创名优茶。目前，全省传统名茶和新创名优茶已达百余种，位列全国第一。

"十三五"期间，安徽坚持以传统四大名茶为重点，兼顾地方小品种，塑造区域公用品牌。在2017年由农业农村部主办的首届中国国际茶叶博览会上，首次评选出的全国十大区域公用品牌中，"六安瓜片""黄山毛峰"位列其中，成为入选最多的省份之一。同时，"祁门红茶"入选全国优秀区域公用品牌。

值得一提的是，"六安瓜片"先后获得了"全国十大区域公用品牌""中国农产品百强标志性品牌"等称号，品牌价值连年蹿升，这与品牌战略的深入谋划、企业家的抱团发展是分不开的。六安抓住了区域公用品牌中的"区域"和"公用"两个核心：一方面，是在产区上（既包括核心产区、也包括辐射产区）予以统筹和明确；另一方面，是规范行业标准，做好授权管理，确保"公用"不变"乱用"。目前，全市共审核授权49家企业使用六安瓜片地理标志产品专用标志，95家企业使用六安瓜片地理标志证明商标标志。在浙江大学农业品牌中心发布的中国茶叶品牌价值评估中，"六安瓜片"等多次入选中国茶叶区域公用品牌价值十强，"祁门红茶""岳西翠兰""霍山黄芽"等区域公用品牌价值逐年攀升。

根据2020年发布的茶叶区域公用品牌价值评估显示，六安瓜片位列第9，价值35.69亿元；祁门红茶第11，价值34.32亿元；太平猴魁第14，价值32.7亿元；霍山黄芽第33，价值24.99亿元；岳西翠兰第44，价值19.63亿元。截至2019年底，全省已有县级以上茶叶区域公用品牌50个，中国驰名商标18个，省级著名商标167个。

（六）产业融合更加紧密

安徽茶叶资源丰富，茶文化底蕴深厚。因此，安徽各地在创新产业业态、推动产业融合上都做了大量有益的探索和尝试。

一是茶旅结合类，将茶产业与休闲观光、旅游度假、养生养老等产业深度融合，形式涵盖生态茶园基地、"古茶道""茶家乐"及非遗展示等。全省现有茶旅精品线路86条。诸如丝路上的松萝茶神秘之旅、皖南川藏线茶旅、黄山毛峰非遗体验之旅等一批颇具名气的线路。六安市自2014年启动"六安茶谷"建设以来，集全市之力，打造全域茶旅，建成茶谷小院、小站400余个，每年吸引140万游客，带动域内农民人均增收1200元以上。

二是文化科普类，以茶博物馆、文化馆、茶博园为主，宣扬安徽名茶及茶文化，塑造茶企品牌和文化形象。作为徽文化传承发展的核心地区，黄山市先后建成并对外开放了黄山毛峰、太平猴魁、松萝茶和祁门红茶等20家茶博馆，为安徽茶文化"走出"提供了窗口和交流平台。

三是创新产业类，各地积极探索直供直销、个性定制、加工体验、茶园认领等互动式茶产业新业态。池州市天方茶叶集团将茶的理念融入生活全过程，开发出诸多茶衍生产品，推出的"一亩茶山""慢庄"模式也让传统茶园焕发产业新生。

（七）带动脱贫成效明显

习近平总书记早前在浙江工作期间就提出"一片叶子，成就了一个产业，富裕了一方百姓"的经典论述。2020年，习近平总书记在考察陕西时又一次对茶产业作出指示："因茶致富，因茶兴业，能够在这里脱贫奔小康，做好这些事情，把茶叶这个产业做好。"安徽大别山区、皖南山区等地既是茶叶主产区，又是脱贫攻坚的"主战场"，发展茶产业带动山区脱贫攻坚成为"十三五"期间的一个重要工作。为此，安徽省政府于2018年出台了《关于做优做大做强茶产业助推脱贫攻坚的意见》，省农业厅和省扶贫办共同配套制定了三年行动计划。安徽各地充分利用自身茶叶资源优势，大力推广"四带一自"产业扶贫模式，即茶产业园区、龙头企业、农民合作社、茶叶大户（家庭农场）带动和贫困户自身发展；以强化茶产业利益联结，带动贫困户抱团发展、受益增收。据农情调度显示，截至2019年底，安徽全省山区贫困村共有茶园60800hm²，每公顷茶园年收益约9万元，茶叶已成为贫困山区特色产业扶贫的主导产业，持续稳定带动贫困户脱贫增收。

2020年，省农业农村厅和农业农村部专家组一起开展了茶产业专题调研，其中就去到位于大别山区的岳西县石佛村，村里通过"四改"（改园、改树、改土、改管理），将原有的低产茶园改造为高标准良种茶园，并引入当地的茶叶企业，成立合作社；一方面鼓励贫困户以茶园和资金"入股"，一方面在茶季时，进入"扶贫车间"加工茶叶，实现就业。该村茶叶以其优异的品质，畅销周边地区，带动全村共511位贫困户脱贫致富。

（八）"十三五"时期发展总结及思考

"十三五"以来，安徽茶产业发展的总体趋势和取得成果是喜人的，但在欣喜的同时，安徽农业农村厅明确指出：从全国层面来看，全省茶产业发展虽未停滞，但步伐不大。安徽省茶园面积、产量、产值常年分别位居全国第7位、第8位、第8位左右，未能实现突破。安徽茶叶出口量虽然稳居第二位，但出口额被福建超越，跌至第三位，也就是说茶叶出口效益并不容乐观。总的来说，一方面，安徽与浙江、福建等传统产茶大省相比，差距仍在拉大；另一方面，贵州、陕西、江西等省份利用后发优势，正在蚕食全省的市场份额，应当引起重视。同时，安徽农业农村厅对制约全省茶产业发展的瓶颈问题，从第一、二、三产业以及要素资源4个方面，也提出了希望和要求，具体如下：

1. 从第一产业层面来看

安徽高山茶园、生态茶园面积比重大，茶园道路、水利、电力等配套基础设施相对薄弱，且部分老茶园为20世纪70—80年代建园，良种覆盖率低，茶树老化、退化现象较为明显。一方面，导致了茶园机械化管理程度不高，茶叶资源利用不足。全省茶园机械化管理面积仅35933.33hm²，机采茶园面积更是只有24133.33hm²，仅分别占2019年全省开采茶园面积19.23%和12.91%。另一方面，又导致生产成本居高不下，优质供给又跟不上，从而直接影响了茶园亩均效益。2019年，安徽全省茶园亩均产量仅为48.91kg，低于全国平均亩产60.75kg；亩均产值5190.87元，与全国平均基本持平，但低于福建的9068.83元、浙江的7344元。

2. 从第二产业层面来看

安徽全省虽然有各类茶叶企业5700余家，专业合作社7800余家；但是，小、散、弱的特征明显。茶农一家一户的生产经营模式还占有相当比重，加工条件和水平不高。以2019年为例，省级以上龙头企业、专业合作社仅分别占比1.1%、1.4%，可以说是比例偏低。而且龙头企业、专业合作社与茶农利益联结紧密程度不够，未能充分发挥带动作用；产业集聚化、组织化程度不高，生产经营主体抗风险能力弱。同时，相较于其他主产省份，安徽茶叶企业还普遍缺少资本注入，没有形成类似浙茶集团、湘茶集团等产值超20亿元的大型行业龙头，制约了产业进一步做大做强。

3. 从第三产业层面来看

从内销市场来看，安徽茶叶区域公用品牌总体数量较多，可以说是"一县一品"，甚至"一县多品"，这既是我们的特色与优势，但同时也造成品牌宣传、市场推广、营销策略上的力量分散，导致部分区域公用品牌虽然"名声在外"，但"叫好不叫座"。同时，安徽省内的茶叶交易市场规模不大，在省外的营销体系不够成熟，安徽的茶企在拓展外部市场时显得捉襟见肘，有心无力。从外销市场来看，安徽省茶叶出口份额的90%为低端市场，其中80%为非洲市场，10%为亚洲市场；欧洲和北美的两个中高端市场仅占10%；且产品多为贴牌代加工，出口平均单价不高。而且，大部分出口企业主要依靠退税营利，极易遭受外汇冲击。

4. 从要素资源来看

目前，安徽茶产业有三个严重不足。一是专业人才严重匮乏。安徽茶业教育资源虽然丰富，有安徽农业大学这一茶界"黄埔军校"，也有国内最早的茶叶研究机构"茶科所"，但受就业大环境影响，人才外流现象明显。在各茶叶主产市，基本都设有茶叶局（站、办）从事茶叶生产管理和技术推广，但面临编制少、人员结构老化、职称待遇提高难等问题，特别是乡镇农业技术推广队伍中，缺乏专业的"新鲜血液"。二是资金投入力度不够。安徽全省用于茶叶的专项资金少，大部分专项资金来源于农业农村部。近几年，安徽省争取到茶叶有机肥替代化肥行动、绿色高质高效示范创建等国家项目，每年资金3000余万元；但是，项目覆盖的县（市、区）不多，覆盖的产业链环节不全。三是金融工具运用不足。农业产业化发展基金政策性直投、信用贷款担保、特色农业保险等政策工具在茶产业上应用不多，导致茶叶生产经营主体抗市场风险能力弱，做大做强市场规模难度大。

二、新时期安徽茶叶振兴

随着2020年脱贫攻坚工作如期收官，"三农"工作重心也将全面转向乡村振兴，而要实现乡村振兴，产业兴旺是重点。茶叶作为安徽皖南山区、皖西大别山区等地区的主要特色产业，如何聚焦重点、突破难点、顺势而为、乘势而上，逐步形成以国内大循环为主体、国内国际双循环相互促进的新发展格局，是安徽全体茶业界同人要共同思考、群策群力、共同努力解决的问题。安徽省委、省政府高度重视茶产业发展；张曙光副省长今年已先后多次召开专题会议，研究解决应对新冠肺炎疫情及"倒春寒"天气下茶企用工难、销售难、资金难、物流难等问题，谋划推动安徽茶产业振兴的政策举措。张曙光副省长还就安徽茶产业发展提出四个重点要求；即抓好稳产提质、强企创牌、延链增值和产业融合，要高位推进、整合资源、吸引人才、强化创新，要走出符合安徽实际的振兴之路。为贯彻省政府专题会议精神以和对"十四五"规划的分析研判，安徽省农业农村厅在研究"十四五"时期的茶产业振兴发展时提出了以下3点。

（一）突出稳产提质，走高质量发展之路

目前，农业农村部领导在参加北京茶博会活动时提出，"全国现有约4600万亩茶园，干毛茶年产量有280万t，人均干茶占有量4斤，已经是供大于销，茶园面积不应该再增了"。从安徽省情况来看，也同样存在着茶园饱和的问题。因此，安徽省政府在《茶产业振兴实施意见》中，提出在巩固现有茶园的基础上，立足市场导向，推动绿色增效，实现转型升级。具体要求是：

一是加快茶园更新换代：通过推广"龙头企业+合作社+基地+农户"模式，加快老旧低产茶园改造进度，建成一批基础设施完善、品种结构合理、良种良法配套、标准化管理的高标准良种茶园或生态茶园。

二是大力实施科技兴茶：聚焦优质高效栽培、茶园机械化管理及茶叶精深加工等课题，继续深入实施农药化肥减量、有机肥替代化肥等行动，开展技术攻关和试验示范，推动"绿色增效"和"机器换人"。

三是提升产品质量安全：今后，全省部将引导未进行"三品一标"认证的茶区开展

认证，鼓励生产经营主体重点搞"绿色食品""有机食品"认证，搞"地理标志"认证。大力推广黄山市、六安市的做法，建立茶园投入品的负面清单，杜绝高毒高残留农药、除草剂进入茶园。同时，也要注意将区块链、5G等新技术与质量安全追溯体系进行嫁接，完善社会公众监督。

（二）突出强企创牌，走集聚化发展之路

产业要发展，没有龙头不行，没有品牌也是不行。2020年，安徽茶叶成功进入第一批国家农业优势特色产业集群创建试点，这不仅为龙头企业和区域品牌做大做强提供了难得的机遇，更是为探索茶产业"生产基地标准化、加工营销集群化、经营体系一体化、要素集聚先进化、利益联结共赢化"发展模式提供了试验的平台。

一是要继续加大对新型经营主体的培育力度。各地要在支持龙头企业跨区域整合资源，发展壮大的同时，重点探索龙头企业与专业合作社、家庭农场通过订单、合同、股份等形式，实现利益共享、风险共担的生产经营模式。

二是要坚持实施区域公用品牌"走出去"战略。这就要求各市、县对品牌宣传有规划，对市场推广要布局，重点先把拳头品牌打出去，打响亮。安徽2021年安排一部分资金用于支持各地的主要区域公用品牌去销区宣传办展，提升市场影响力和竞争力。

三是要充分发挥政策的导向作用和资金的杠杆作用。安徽将设想以国家优势特色产业集群创建思路和模式为蓝本，探索建立2~3个跨区域的产业集群，对发挥出规模效益和带动效应的市、县可以在项目安排中予以重点支持。

（三）突出延链增值，走融合发展之路

安徽省茶叶资源丰富，茶文化底蕴深厚，这为我们延长产业链条，丰富产业内涵提供了基础优势。同时，也应该看到优势转化为经济效益，仍需要进一步补齐精深加工、产销融合的短板。

1. 要坚持市场导向，提升加工水平

一方面，要做好对传统名优茶加工工艺的改进创新和加工设备配套，努力向清洁化、连续化、自动化、标准化加工方向发展。另一方面，要引导茶叶生产经营主体根据市场需求，合理配置茶类品种，开发丰富茶叶产品。要鼓励具有产业基础的茶叶精深加工企业加大夏秋茶开发和茶衍生产品的开发力度，如茶饮料、茶食品、保健品、化妆品等，延伸茶叶产业链，提高茶叶资源综合利用率和产品附加值。

2. 要结合市场需求，发展新兴业态

在内销方面，要主动适应茶叶消费新形势，创新流通和消费业态。既要抓住现有的主力消费群体，又要满足80后、90后乃至00后这一批潜在消费群体。要鼓励茶产品进超

市、铺卖场、设专卖；同时，也要将网络销售的"东风"继续刮下去，形成由传统营销业态向"线上＋线下"的现代商业业态转型升级。在外销方面，要积极应对当前出口的"绿色壁垒"，加快出口农产品质量安全示范区建设，引导出口企业在主销国注册，走自主品牌、自主销售道路。

3. 发挥文化优势，推动三产融合

要将茶产业与美好乡村建设结合起来，打造特色小镇、精品线路，推动茶产业与休闲、旅游、教育等产业深度融合。要开展茶文化活动"进社区、进校园、进企业"，宣扬安徽茶文化，营造安徽茶氛围，推动喝茶、饮（料）茶、吃茶、用茶、玩茶、事茶等融入乡风民俗，融入群众生活。要突出统筹协同，走产业振兴之路。茶产业涵盖了生产、加工、流通、营销等多个环节，涉及领域广；因此，需要多系统、各部门及众多专家学者共同努力。下一步，将建立健全茶产业发展联席会议制度，以加强统筹协调，共同发力。

目前，在安徽省"十四五"规划中，省农业农村厅已将茶产业作为种植业的一个重要部分纳入规划。各地也应该及早谋划，科学安排，画好茶产业振兴的蓝图。

一是要与重大战略紧密结合起来。为实现乡村振兴中的"产业兴旺"，助推长三角农业一体化发展，安徽已开始实施了长三角绿色农产品生产加工供应基地"158"行动计划；即每个县（市、区）至少重点培育1个三产融合的主导产业，建立500个长三角绿色农产品生产加工供应示范基地，面向沪、苏、浙地区的农副产品和农产品加工品年销售额达到8000亿元。这不仅为加速茶产业振兴创造了良好的外部环境，更是为安徽省茶叶打通长三角进而辐射全国市场，提升行业竞争力提供了宝贵机遇。因此，需要各地在规划"十四五"时统筹考虑、做好设计。

二是要与发展要素结合起来。各地要加强与相关部门之间的协同配合，加大茶产业发展用地、人才、资金等要素的支持保障力度。特别是需要在用活金融工具上下点真功夫。要鼓励涉农银行、担保机构等创新产品和服务，加大对茶产业信贷支持。积极拓展茶产业直接融资渠道，引导社会资本投入茶产业发展。同时，要鼓励农业保险经办机构开发茶叶保险专项险种，有效防范自然风险与市场风险，推动茶产业健康、有序、高效、长足发展！

参考文献

[1] 沈冬梅. 茶经校注[M]. 北京：中国农业出版社，2006.

[2] 赵璘. 因话录[M]. 上海：上海古籍出版社，1979.

[3] 罗时进. 丁卯集笺证[M]. 南昌：江西人民出版社，1998.

[4] 乐史. 太平寰宇记[M]. 北京：中华书局，2007.

[5] 顾祖禹. 读史方舆纪要[M]. 北京：中华书局，2005.

[6] 李昉. 太平广记[M]. 北京：中华书局，1961.

[7] 王象之. 舆地纪胜[M]. 扬州：江苏广陵古籍刻印社，1991.

[8] 李德淦. 嘉庆泾县志[M]. 台北：台北成文出版有限公司，1975.

[9] 杨晔. 膳夫经手录[M]. 南京：江苏古籍出版社，1988.

[10] 董诰. 全唐文[M]. 北京：中华书局，1983.

[11] 彭定求. 全唐诗[M]. 北京：中华书局，1999.

[12] 梅尧臣. 宛陵集[M]. 长春：吉林出版集团有限责任公司，2005.

[13] 释印光. 民国九华山志[M]. 台北：台湾明文书局，1938.

[14] 王之道. 相山集（宋集珍本丛刊）[M]. 北京：线装书局，2004.

[15] 林逋. 林和靖诗集[M]. 杭州：浙江古籍出版社，1986.

[16] 李贤. 大明一统志[M]. 西安：三秦出版社，1990.

[17] 王禹偁. 小畜集[M]. 上海：商务印书馆，1937.

[18] 祝穆. 方舆胜览[M]. 北京：中华书局，2003.

[19] 王钦若. 册府元龟[M]. 北京：中华书局，1960.

[20] 胡有诚. 光绪广德州志（中国地方志集成本）[M]. 南京：江苏古籍出版社，1991.

[21] 陈少峰. 黄山指南[M]. 上海：商务印书馆，1929.

[22] 朱美予. 中国茶叶[M]. 上海：中华书局，1937.

[23] 谢永泰，程鸿诏. 同治黟县三志（中国地方志集成本）[M]. 南京：江苏古籍出版社，1991.

[24] 绩溪县地方志编纂委员会.绩溪县志[M].合肥：黄山书社，1998.

[25] 吴坤修，何绍基，卢士杰，等.光绪重修安徽通志（中国地方志集成本）[M].南京：江苏古籍出版社，1991.

[26] 余谊密，徐乃昌.民国南陵县志（中国地方志集成本）[M].南京：江苏古籍出版社，1991.

[27] 张赞巽，周学铭.宣统建德县志（中国地方志集成本）[M].南京：江苏古籍出版社，1991.

[28] 秦达章，何国佑.光绪霍山县志（中国地方志集成本）[M].南京：江苏古籍出版社，1991.

[29] 吴兰生，王用霖，刘廷凤.民国潜山县志（中国地方志集成本）[M].南京：江苏古籍出版社，1991.

[30] 王毓芳，江尔维.道光怀宁县志（中国地方志集成本）[M].南京：江苏古籍出版社，1991.

[31] 廖大闻，金鼎寿.道光桐城县志（中国地方志集成本）[M].南京：江苏古籍出版社，1991.

[32] 陆鼎敦，王寅清.同治霍丘县志（中国地方志集成本）[M].南京：江苏古籍出版社，1991.

[33] 曾道唯，王万甡.光绪寿州志（中国地方志集成本）[M].南京：江苏古籍出版社，1991.

[34] 东亚同文会.别全志第十二卷·安徽省[M].安徽：东亚同文会，1919.

[35] 陈宗懋，杨亚军.中国茶经（修订版）[M].上海：上海文化出版，2011.

[36] 汤奇学，施立业.安徽通史[M].合肥：安徽人民出版社，2011.

[37] 薛居正，等.旧五代史[M].北京：中华书局，1976.

[38] 王存.元丰九域志[M].北京：中华书局，1984.

[39] 郑建新，郑毅.徽州茶[M].北京：中国轻工业出版社，2006.

[40] 周必大.周益公文集（宋集珍本丛刊）[M].北京：线装书局，2004.

[41] 徐松.宋会要辑稿[M].北京：中华书局，1957.

[42] 孙承泽.春明梦余录[M].北京：北京古籍出版社，1992.

[43] 刘若愚.明宫史[M].北京：北京古籍出版社，1980.

[44] 日本藏中国罕见地方志丛刊：万历六安州志[M].北京：书目文献出版社，1991.

[45] 李东阳，申时行.大明会典[M].北京：中华书局，1989.

[46] 中国第一历史档案馆.宫中进单[M].北京：档案出版社，1985.

[47] 查慎行，石继昌.人海记[M].北京：古籍出版社，1989.

[48] 徐珂.清稗类钞[M].北京：中华书局，1984.

[49] 允禄.雍正朝大清会典[M].康熙二十九年刊本，1690.

[50] 吴康霖.安徽历代方志丛书·六安州志（上、下）[M].合肥：黄山书社，2008.

[51] 张庭玉.词林典故[M].南京：江苏广陵古籍出版社，1979.

[52] 冯煦，陈师礼.皖政辑要[M].合肥：黄山书社，2005.

[53] 陈康祺.清代史料笔记丛刊·郎潜纪闻二笔[M].北京：中华书局，1984.

[54] 王鑫义.淮河流域经济开发史[M].合肥：黄山书社，2001.

[55] 李白，王琦.李太白全集[M].北京：中华书局，2015.

[56] 赵庶洋.《新唐书·地理志》研究[M].江苏：凤凰出版社，2015.

[57] 韩鄂，缪启愉.四时纂要校释[M].北京：中国农业出版社，1981.

[58] 吴钢.全唐文补遗（第9辑）[M].西安：三秦出版社，2007.

[59] 洪迈.夷坚志[M].北京：中华书局，1981.

[60] 李焘.续资治通鉴长编[M].北京：中华书局，1995.

[61] 杜牧，陈允吉.樊川文集[M].上海：上海古籍出版社，2009.

[62] 季羡林，金克木，张岱年.文苑英华[M].北京：群言出版社，2015.

[63] 高彦休.唐阙史[M].北京：线装书局，2000.

[64] 傅璇琮，等.全宋诗[M].北京：北京大学出版社，1995.

[65] 司马光.资治通鉴[M].北京：中华书局，2012.

[66] 马令，陆羽.南唐书[M].南京：南京出版社，2010.

[67] 欧阳修.新五代史[M].北京：中华书局，1974.

[68] 龙衮.金陵全书·江南野史[M].南京：南京出版社，2012.

[69] 陆游.金陵全书·南唐书[M].南京：南京出版社，2012.

[70] 赵汝愚.宋朝诸臣奏议[M].上海：上海古籍出版社，1999.

[71] 李新.跨鳌集（四库全书珍本初集）[M].沈阳：沈阳出版社，1998.

[72] 脱脱，等.宋史[M].北京：中华书局，1977.

[73] 卡尔·马克思.资本论[M].北京：人民出版社，2004.

[74] 马克思，恩格斯.马克思恩格斯全集[M].北京：人民出版社，1963.

[75] 王博.唐会要[M].北京：中华书局，1960.

[76] 郑樵.文献通考[M].台湾：新兴书局，1963.

[77] 祖无择.洛阳九老祖龙学文集（宋集珍本丛刊）[M].北京：线装书局，2004.

[78] 欧阳修.欧阳修全集[M].北京：中华书局，2001.

[79] 欧阳修，等.新唐书[M].北京：中华书局，1975.

[80] 刘昫，等.旧唐书[M].北京：中华书局，1975.

[81] 吴任臣.十国春秋[M].北京：中华书局，1983.

[82] 罗愿，萧建新，杨国宜.《新安志》整理与研究[M].合肥：黄山书社，2008.

[83] 宋敏求.唐大诏令集[M].北京：中华书局，2008.

[84] 潜说友.咸淳临安志[M].杭州：浙江古籍出版社，2012.

[85] 上海书店.二十五史[M].上海：上海古籍出版社，1986.

[86] 董诰.全唐文化[M].上海：上海古籍出版社，1990.

[87] 李吉甫.元和郡县图志[M].北京：中华书局，1983.

[88] 郑建新.徽州古茶事[M].沈阳：辽宁人民出版社，2004.

[89] 姚贤镐.中国近代对外贸易史资料：第一册[M].北京：中华书局，1962.

[90] 梁嘉彬.广东十三行考[M].广州：广东人民出版社，1999.

[91] 叶松年.中国近代海关税则史[M].上海：三联书店，1991.

[92] 彭泽益.中国近代手工业史资料：第二卷[M].上海：三联书店，1988.

[93] 夏燮，高鸿志.中西纪事[M].长沙：岳麓书社，1988.

[94] 曾国藩.曾文正公全集[M].台北：文海出版社，1974.

[95] 萧荣爵.曾忠襄公（国荃）奏议[M].台北：文海出版社，1969.

[96] 胡武林.徽州茶经[M].北京：当代中国出版社，2003.

[97] 麦仲华.皇朝经世文新编[M].台北：文海出版社，1972.

[98] 殷梦霞，李强.民国经济志八种（第2册）[M].北京：国家图书馆出版社，2009.

[99] 严可均.全上古三代秦汉三国六朝文·全汉文[M].北京：中华书局，1958.

[100] 钱易.唐宋史料笔记：南部新书[M].北京：中华书局，2002.

[101] 朱翌.猗觉寮杂记[M].上海：商务印书馆，1939.

[102] 胡仔.苕溪渔隐丛话[M].北京：人民文学出版社，1962.

[103] 方岳，秦效成.秋崖诗词校注[M].合肥：黄山书社，2013.

[104] 黄山志编纂委员会.黄山志[M].安徽：黄山书社，1988.

[105] 张文端公.聪训斋语[M].上海：上海文瑞楼.

[106] 李懋仁.雍正·六安州志（影印本）[M].北京.

[107] 尹文.梅花二友汪士慎高翔[M].上海：上海人民出版社，2001.

[108] 李蔚，王峻.同治六安州志[M].南京：江苏古籍出版社，1998.

[109] 祁门县地方志编纂委员会.祁门县志[M].合肥：安徽人民出版社，1990.

[110] 卞利.徽州民俗[M].合肥：安徽人民出版社，2005.

[111] 余悦.事茶淳俗[M].上海：上海人民出版社，2008.

[112] 程琪.安徽省志·农业志（第19卷）[M].北京：方志出版社，1998.

[113] 荔祝成，王岳飞.中国茶产业：产业组织、政策和绩效[M].杭州：浙江人民出版社，2003.

[114] 詹罗九.中国茶叶经济的转型[M].北京：中国农业出版社，2004.

[115] 中国科学技术协会.中国科学技术专家传略[M].北京：中国农业出版社，1999.

[116] 全国供销合作总社畜产茶茧局.茶叶收购业务知识[M].北京：中国财政经济出版社，1981.

[117] 施立业.近代安徽茶业述论[J].安徽史学，1986（2）：30-36.

[118] 许正.安徽茶业史略[J].安徽史学，1960（3）：1-16.

[119] 赵克生.明清时期六安茶的上贡与贸易[J].皖西学院学报，2002（2）.

[120] 汤雨霖.六立霍茶麻产销状况调查报告[J].安徽政务月刊，1935（13）.

[121] 王明渊.皖西茶叶调查报告[J].中国茶讯，1950（11）.

[122] 张本国.皖西各县之茶业（续）[J].国际贸易导报，1934（7）：187-203.

[123] 佚名.安徽六安茶之产销状况[J].中外经济周刊，1927（218）：20-27.

[124] 史可.安徽茶业研究（一）[N].申报，1936-4-7（7）.

[125] 刘宝健.御碗佳茗中的六安茶[J].三联生活周刊，2014（12）.

[126] 鲍云飞，傅敏，高大鹏.近三十年六安茶文化研究的回顾与展望[J].皖西学院学报，2017（12）.

[127] 夏玉润.一个真实的朱升[J].紫禁城，2011（11）.

[128] 郑毅.徽茶人物影像之张孝祥[J].徽茶，2020（10）.

[129] 郁欣怡.丁云鹏人物画艺术研究[J].美术研究，2018（2）.

[130] 李玉敏.时大彬紫砂壶的艺术特色[J].民间文艺，2014，2（3）.

[131] 章望南.弥复闲适墨香清远：中国徽州文化博物馆馆藏许承尧书法艺术赏析（上）[J].文物鉴定与鉴赏，2014（4）.

[132] 张小坡.近代安徽茶业产销格局形成过程中的交通因素[J].安徽史学，2010（5）.

[133] 马育良.淠河"茶麻古道"再探[J].皖西学院学报，2013，29（1）.

[134] 柏娜.赊店：万里茶路上的一颗明珠[J].大众文艺，2017（3）.

[135] 李菁.大运河茶叶贸易[J].中国社会经济史研究，2003（3）.

[136] 陶德臣.民国时期皖西茶叶贸易的衰败破产：皖西茶叶贸易史研究之二[J].皖西学院学报，2016（3）：10-16.

[137] 王兴序.安徽茶业之概况[J].安徽建设，1929（5）.

[138] 陈序鹏.皖北茶业状况调查[J].安徽建设，1929（8）.

[139] 安徽徽属六县茶产之概况[J].中国建设，1990，2（4）.

[140] 余怡生.歙县茶叶概述[G].歙县文史资料（第1辑），1985.

[141] 陈序鹏.皖北茶业状况调查[J].安徽建设，1929（8）.

[142] 洪范.中国各种运输方法运价之比较[N].大公报，1936-9-30.

[143] 傅承忠.淠河航运漫话[G].六安市文史资料（第1辑），1986.

[144] 金陵大学农业经济系.屯溪绿茶之生产制造及运销[R].豫鄂皖赣四省农村经济调查报告（第12号），1936.

[145] 特赖贡尼.中国茶叶销售问题[J].国际贸易导报（茶业专号），1934，6（7）.

[146] 董明.唐代中叶至北宋末年皖江地区的茶叶生产[J].农业考古，2016（5）.

[147] 李晓.论宋代的茶商和茶商资本[J].中国经济史研究，1997（2）.

[148] 周靖民.中国历代茶税制简述[J].茶叶通讯，1995（1）.

[149] 范和钧.屯溪茶业调查[J].国际贸易导报，1937，9（4）：133.

[150] 丁以寿.吴敬梓的六安茶情[EB/OL].（2019-5-23）.http://blog.sina.com.cn/s/blog_6686bc070102yejz.html.

[151] 赵赟.竹枝词中的徽商妇形象研究[J].妇女研究论丛，2008（3）.

[152] 舒俊程，向阳文.106年前的共和党党员证"现身"屯溪[J].黄山日报，2018（6）.

[153] 陶德臣.中国近代茶学教育的诞生和发展[J].古今农业，2005（2）.

[154] 覃延佳.茶与民族主义：中国茶文化的叙事困境[EB/OL].（2017-11-07）.https://mp.weixin.qq.com/s/SMFzqLgagO9Ofjvc8JS30g.

[155] 吴宁.贲于丘园，束帛戋戋：回忆爷爷吴觉农好友方翰周先生[J].茶叶，2013（39）.

[156] 陶企农.调查皖苏浙鄂茶务记[J].中华实业界，1915，2（5）：1-8.

[157] 黄涌泉，郑旼.拜经斋日记初探[J].美术研究，1984（3）.

[158] 舒耀宗.黟县方音调查录[J].国学季刊，1932（4）.

[159] 李强.我国茶产业组织结构现状与整合重构[J].中国茶叶，2008，30（12）：14-16.

[160] 中国茶业公司.中茶安徽省公司1953年第三季度工作总结[R].安徽省档案馆，1953.

[161] 中国茶业公司安徽省公司.中国茶业公司安徽省公司1955年工作总结[R].安徽省档案馆，1955.

[162] 中国茶业公司安徽省公司.1955年销售、调拨工作执行情况[R].安徽省档案馆，1955.

[163] 安徽省商业厅，安徽省对外贸易局，安徽省供销合作社.关于恢复高、中级茶叶平价供应的联合通知[R].安徽省档案馆，1962.

[164] 王永增.茶叶流通价格[J].茶业通报，1989（2）：3-7.

[165] 安徽省供销社.关于1957年茶叶收购价格的安排[R].安徽省档案馆，1957.

[166] 中国茶业公司安徽省公司.1953年茶叶收购工作总结[R].安徽省档案馆，1953.

[167] 叶知水.近十年来中国之茶业[J].中农月刊，1944，5（5/6）：19.

[168] 歙县供销社.关于1957年茶叶收购价格茶类之间差价幅度较大者应与明确执行幅度的报告[R].安徽省档案馆，1957.

[169] 安徽省农产品采购厅.关于烘青毛峰及烘青级外茶与烘青脚茶之间关于差价如何掌握问题的批复[R].安徽省档案馆，1957.

[170] 安徽省对外贸易局.关于歙县、休宁、广德县屯毛绿收购价格补贴的通知[R].安徽省档案馆，1962.

[171] 安徽省物价委员会.关于茶叶价格问题的批复[Z].安徽省档案馆，1962.

[172] 安徽省茶叶公司徽州分公司，徽州专区物价委员会.关于宁国茶样茶价问题的报告[R].安徽省档案馆，1963.

[173] 宁国县茶叶公司.关于茶叶价格问题的报告[R].安徽省档案馆，1963.

[174] 安徽省农产品采购厅.补编1956年茶叶调拨计价表的报告[R].安徽省档案馆，1956.

[175] 安徽省农产品采购厅.安徽省农产品采购厅1956年茶调拨和供应工作报告[R].安徽省档案馆，1956.

[176] 安徽省茶叶公司.关于1962年毛茶调厂调拨价格的通知[R].安徽省档案馆，1962.

[177] 安徽省茶叶公司.关于1963年茶叶省间调拨作价问题的通知[R].安徽省档案馆，1963.

[178] 中国茶业公司安徽省公司.中国茶业公司安徽省公司销售部门工作细则初稿[R].

安徽省档案馆，1954.

[179] 中国茶业公司安徽省公司.报请核示产区茶叶市场销售牌价厘定办法[R].安徽省档案馆，1954.

[180] 中共安徽省委、安徽省人民委员会转批省外贸局、供销社、商业厅.关于提高内销高级茶和中级茶价格的报告[R].安徽政报，1962（4）：112-115.

[181] 陶德臣.民国茶业统制述评[J].安徽史学，2000（3）.

[182] 安徽省人民委员会.关于茶叶、蚕茧奖售标准问题的通知[J].安徽政报，1963（3）：66.

[183] 安徽省对外贸易局.关于调整片茶奖售标准的复函[R].安徽省档案馆，1964.

[184] 安徽省对外贸易局.全国外贸计划会议贯彻情况和报告[R].安徽省档案馆，1963.

[185] 安徽省供销合作社.关于舒城县晓天河棚等基层供销社擅自挪用茶叶奖售香烟的通报[R].安徽省档案馆，1963.

[186] 朱正业，杨立红.民国时期皖西茶业改良述论[J].皖西学院学报，2009（4）.

[187] 张玲，丁以寿.晚清、民国安徽茶叶商税之沿革[J].农业考古，2011（2）.

[188] 安徽省人民委员会.关于颁发征收农林特产农业税的几项规定的通知[J].安徽政报，1958（5）.

[189] 中央人民政府政务院.货物税暂行条例[N].人民日报，1950-12-22.

[190] 中国茶业公司合肥茶叶公司.为转呈蚌埠推销站罚缴税款滞纳金叙述情况并提出我处意见[R].安徽省档案馆，1951.

[191] 政务院财政经济委员会.商品流通税实行办法[N].新华月报，1953.

[192] 孙淑松.南京国民政府时期茶政研究（1927—1937）[D].济南：山东师范大学，2007.

[193] 安徽省对外贸易局.关于调整茶叶收购价格意见的报告[R].安徽省档案馆，1962.

[194] 安徽省供销合作社.安庆专区茶叶改进委员会春茶收购总结[R].安徽省档案馆，1953.

[195] 中国茶业公司安徽省公司.中国茶业公司安徽省公司所属各茶厂基本建设三年来投资检查总结表（1950—1952）[R].安徽省档案馆，1953.

[196] 中国茶业公司安徽省公司.中国茶业公司安徽省公司1954年茶叶收购工作总结[R].安徽省档案馆，1954.

[197] 安徽省人民委员会. 关于茶叶、棉花、麻、烤烟、蚕茧预购工作的通知[J].安徽政报，1958（2）：13–15.

[198] 安徽省人民委员会.关于商业系统继续发放农产品预购定金的指示[J].安徽政报，1960（2）：15–16.

[199] 中国茶业公司安徽省公司.中国茶业公司安徽省公司及所属单位商品流转调拨作业程序[Z].安徽省档案馆，1954.

[200] 中国茶业公司安徽省公司.中国茶业公司合肥分公司1950年度计划执行情况总结报告表[Z].安徽省档案馆，1953.

[201] 中国茶业公司安徽省公司.商品流转计划执行情况检查报告[R].安徽省档案馆，1953.

[202] 金涛.徽州记忆（二）[Z].黄山：黄山市文化新闻出版局，2009.

[203] 上海茶叶对外贸易编辑委员会.上海茶叶对外贸易[Z].上海，1999.

[204] 中国茶业公司安徽省公司.安徽省历年来（1949—1954年）茶叶产销资料汇编[Z].合肥，1954.

[205] 吴觉农.皖浙新安江流域之茶业[Z].安徽，1934.

[206] 全国供销合作总社畜产茶蚕局.茶叶业务文件汇编[G].北京，1980.

附 录

徽茶大事记

秦、汉

《桐君录》记载："酉阳、武昌、庐江、晋陵皆出好茗。"

东 晋

元帝时记载："温峤官于宣城，上表贡茶一千斤，贡芽三百斤。"

陶潜《续搜神记》记载："晋武帝时（265—286年），宣城人秦精入武昌山采茗，遇一人，长约长余，引精至山下，示以丛茗而去，俄尔复返，乃探怀中橘以遗精，精怖负茗而归。"这说明早在1700年前，宣城人就有喝茶，采茶的习惯了，这也是中国关于茶的历史最早记载之一。

汉

献帝建安（196—219年），华佗在他所著的《食论》里说："苦茶久食益思"（苦茶久食可以益思）。

唐

天宝年间（742—756年），刘清真与20人到寿州买茶，"人致一驮为货"，采用陆路人挑的运输方法。

建中元年（780年），陆羽完成《茶经》。是年，开始实行茶税，茶首次作为独立的商品被征税。

建中三年（782年），纳赵赞议，诏征天下茶税，十取其一，是为茶税之始。二年后罢停。

贞元九年（793年），常税制度确定，茶税自此开征。

开成五年（840年），增加江淮茶税，开始禁缉私茶，凡私贩茶叶者，依法处置。

元和十年（815年），李肇《唐国史补·卷下》记载："风俗贵茶，茶之名品益众……寿州有霍山之黄芽。"黄芽为唐代近二十种名茶之一。

宝历元年（825年），《唐国史补》载："常鲁公使西蕃，烹茶帐中。蕃使赞普曰：'此为何物？'鲁公曰：'涤烦疗渴，所谓茶也。'赞普曰：'我此亦有。'遂命出之，以指曰：'此寿州者，此舒州者，此顾渚者，此荆门者，此昌明者，此浥湖者。'"

大中十年（856年），《膳夫经手录》成书，其中记歙州茶事，说到歙州、祁门、婺源方茶，制置精好，赋税所入，商贾所赍，数千里不绝于道路。

咸通三年（862年），歙州司马张途著《祁门县新修阊门溪记》，记歙州茶运往浮梁茶市水道情况，成为中国较早的地方茶事文献。

五代十国

后梁乾化元年（911年），两浙进贡大方茶二万斤。两浙即浙江东道和浙江西道。

935年前后，蜀人毛文锡撰《茶谱》曰："宣城有丫山，小方饼横铺茗芽装面……太守尝荐于京洛人士，题丫山阳坡横纹茶……又歙州牛榜岭者尤好。"

南唐升元二年（938年），刘津著《婺源诸县都制置新城记》，有婺源、祁门等地茶货实多记载。

约950年，毛文锡著《茶谱》，记唐时歙州茶事有二：一为歙州牛栀岭者尤好，二为祁门人张志和的渔童、樵青的茶事。

宋

987年前后，乐史撰《太平寰宇记》说："丫山出茶，尤为时贵。太平县，上泾下泾，'产茶味与黄州同'。歙州土产茶，池州地产茶，浮梁县等，按《郡国志》云：'斯邑产茶，赋无别物'。"

咸平六年（1003年），光禄寺丞王彬出任"提举榷货务茶场"，总领六榷务十三山场事。

景德四年（1007年），诏减诸郡贡物66种，其中歙州有7种，为表纸、麦光纸、芽茶、细布等。

天禧四年（1020年），六榷务十三山场纳入三司管理系统，令三司副使、判官、转运副使、制置茶盐使举荐，监榷务以京朝官、殿直以上使臣充；茶场以幕职、令录充任。

嘉祐四年（1059年），宋代东南茶叶废禁重开通商，六榷务十三山场也随之告终。

嘉祐六年（1061年），实行茶叶专卖，全国设立13个山场收购茶叶；六安境内有麻埠场、霍山场、开顺场、舒城王同场4个，收茶量占全国的30%。

熙宁年间（1068—1077年），歙县北乡凤凰山产名茶，黟县丘寺丞命名为甘白香。

崇宁四年（1105年），蔡京改茶叶通商法为茶引法。

《本草衍义》（1116年）记载："东晋元帝（317—322年）时，温峤官于宣城上表贡茶一千斤，供茗三百斤。"这是中国有明确记载的最早贡茶记载，说明早在晋朝，宣城茶叶已经享誉全国了。

宣和三年（1121年），改歙州为徽州，至此徽州地名沿用至800余年后。

淳熙二年（1175年），罗愿《新安志》纂成，书中多处提及徽州茶叶，其中卷二《货贿》说茶有胜金、嫩桑、仙芝、来泉、先春、运合、华英等，为片茶；另有散茶。

元

景炎元年（1276年），茶引法改为长短引法，商人纳税领取长引，每引购茶120斤，短引购茶90斤。是年，在休宁县置江西榷茶都转运使司。

明

洪武四年（1371年），定茶课制，即茶商贩茶按比例纳课，园茶类三十分抽一分，芽茶、散茶按园茶比例纳税；茶园每十株官取一分。其余所收之茶，官府作价购买。

洪武二十四年（1391年）九月，朱元璋下诏："罢造龙团，唯采芽茶以进。"自此进贡茶叶由龙团凤饼改为散茶，促进了炒青散叶茶的发展。

宣德二年（1427年），休宁人朱升在《送分宪张公序》中记述安徽茶赋有云："每百株赋其十株，责其纳茗二十两。殚其地之出，而供其本色已不堪矣，今又不收本色，以钱米代。"

成化十四年（1478年），徽州知府周正奏裁歙县梅口批验茶引所，改由街口巡检司带管批验茶引。

弘治十三年（1500年），冯时可《茶录》记载："徽郡向无茶，近出松萝茶，最为时尚，是茶始比丘大方。"

正德十年（1515年），为便于交易，巡茶御史王汝舟重新制定每篦重量，即每一千斤定为330篦，每篦茶6斤4两（加包装物为6斤4两），名为"中制"。

嘉靖年间（1522—1566年），吏部尚书婺源人汪鋐以婺源大畈灵山茶进贡，获金竹峰金匾；户部右侍郎婺源人游应乾以婺源济溪上坦源茶进贡，获银匾。

万历六年（1578年），李时珍撰《本草纲目》，介绍松萝药效。同时期，龙膺撰《蒙史》，详述自己履职徽州时，亲见的松萝茶炒青工艺。

万历二十五年（1597年），许次纾撰《茶疏》曰："歙之松罗，吴之虎丘，钱唐之龙井，香气浓郁，并驾齐驱。"

万历三十三年（1605年），文学家闻龙《茶笺》介绍："茶初摘时，须拣去枝梗老叶，惟取嫩叶；又须去尖与柄，恐其易焦，此松萝法也。"是年，罗廪《茶解》亦记载："松萝茶僧大方所创造，其法将茶摘去筋脉，银挑炒制。予理璋日，始游松萝山，亲见方长老制茶法甚具，予手书茶僧卷赠之。"

万历三十六年（1608年），休宁刻《松萝山碑记》，记述松萝山"群山环抱，庙门独开"的"亭亭秀色"以及"名僧大方，岁岁辛劳，精心焙制"松萝茶的历史……

崇祯十二年（1639年），休宁茶商闵汶水在金陵卖茶，他用松萝制作的浓烈花香的"闵茶"，吸引了当时的名流雅士，如文学家张岱等人。

清

顺治七年（1650年），贡茶由户部执掌改属礼部执掌，确定各省定额，规定所贡芽茶需谷雨后第10日起解，限期为25~90天，凡延缓者必处。

康熙四十一年（1702年），英国面对茶叶急需，在浙江舟山岛上设立贸易站，令船载要装满茶叶，其中分配松萝茶三分之二……而在1721—1730年的进口数字中，松萝茶为458万磅。

康熙五十六年（1717年），中国14艘帆船在巴达维亚（荷印属雅加达）与荷兰东印度公司进行了松萝茶交易。

乾隆十年（1745年），瑞典商船"哥德堡号"第三次从广州载货回航，不幸触礁沉没，船上载有370t中国茶叶，数量最多的是松萝茶。

乾隆二十八年（1763年），"扬州八怪"之一的郑板桥七十大寿，他用松萝款待朋友，并即席吟诵了"不风不雨正晴和，翠竹亭亭好节柯，最爱晚凉佳客至，一壶新茗泡松萝"的美妙诗句。

嘉庆元年（1796年），松萝茶开始向"屯绿茶"演化，岁销五六万引，到了1821—1850年，"屯绿"每岁外销至五六百万引（每引旧秤120斤）。

嘉庆二十二年（1817年），清朝廷命官蒋攸铦在奏折中说："闽、皖南人贩运武夷、松萝茶叶，赴粤省销售，向由内河行走。"禁止"出洋贩运"。

道光二十年（1840年），茶商胡采瑞等在屯溪开设茶号，生产外销绿茶。

道光二十二年（1842年），《南京条约》签订，五口通商开始，受国际茶市拉动，徽州茶大量出口，洋庄茶兴起。

道光二十七年（1847年），绩溪余川人汪立政在上海老北门外大街创办汪裕泰茶庄。同时期，绩溪龙川人胡沇源到江苏泰兴创办胡源泰茶庄，后经多年努力，又相继开办胡裕泰、胡震泰、胡永泰等茶庄。

咸丰元年（1851年），据郑恭《杂记》载，祁人胡元龙、陈烈清相继在祁门南乡西乡创设茶厂，厂名胡日顺、陈怡丰，招工授以制茶方法，祁红自此萌芽，后因太平天国战事起而停滞。

咸丰二年（1852年），英国植物学家福钧出版《从松萝山到武夷山》，书中记载作者乔装打扮，从中国休宁、婺源、武夷山等地盗取茶种、茶技，带走茶工，以及后在印度种茶成功的史实。

咸丰三年（1853年），朝廷开征厘金，皖江南、江北设盐、茶牙厘各局，厘务总局设安庆，芜湖。

咸丰七年（1857年），婺源龙腾村人俞顺在江西饶州（今波阳）创办协和昌茶庄。

咸丰九年（1859年），为筹集军饷，朝廷加大厘金征收力度。是年，曾国藩入皖接办厘金，十一年在省城安庆设立牙厘总局，同时在祁门设立皖南茶引局，专门征收茶叶厘捐，由皖南道督办，安庆牙厘总局综理，省局派员驻局经管。

咸丰十一年（1861年），胡适祖父熙奎先后在上海城内、宝山高桥、大东门开设茂春号、嘉茂号等6家茶庄以及拥有瑞馨泰茶店股权。

咸丰年间（1851—1861年），徽州及附近浙江、江西各地炒青到屯溪集散外销，逐渐改名为屯绿。

同治元年（1862年），两江总督曾国藩奏准茶引新章，每引由100斤改为120斤，征正项银、公费银、捐银、厘金银，计2两4钱8分。徽州茶区设征收茶局自此始。

同治二年（1863年），皖南牙厘分局由湾沚迁至渔亭，统管徽州各厘卡。

同治三年（1864年），张星焕《皖游纪闻》记载："白茶，皖省产茶之区甚多……石埭某山近日闻产白茶，其味绝殊，但不可多得，或千百株中偶有一株变白，或今年色白，明年仍复原色，土人以为瑞茶，得则珍藏之，不以出售，且绝少，不中售，故人罕见者。"

同治七年（1868年），中国海关开始记录历年茶叶输出量。

光绪元年（1875年），歙人谢正安创制黄山毛峰面世。祁人胡元龙在祁南贵溪，黟人余干臣在祁西历口，分别创制祁门红茶。

同治六年（1880年），中国输英茶叶达7.29万t，其中红茶占63%，是1949年前的历史最高纪录。

光绪十年（1885年），九江茶市开盘，祁红售价每担33两银上下，并寄汉口外销。《申报》载：汉口自16日茶市开盘以来，祁门最好。是年，皖南茶厘总局自大通移驻屯溪。

光绪十二年（1886年），中国茶叶外销达13.41万t，创历史最高纪录。

光绪十五年（1889年），经孙华梁、李维勋、洪廷俊、李邦焘、邵鸿恩、李应蛟、江人铎、罗运莹、叶铃、俞国桢等人倡议，屯溪下街创办新安公济局，施送医药，经费以茶商捐输为主，每箱茶捐钱6文。是年，安徽合肥（今肥西大潜山麓）人，台湾巡抚刘铭传特命茶业人员组织茶郊永和兴，旨在团结创业，为台湾最早的茶业民间组织。

光绪十九年（1893年），歙县定潭张文卿在北京花市大街首开张玉元茶庄，8年后在观音寺路再设张一元茶庄。是年，歙县知县何润生在其《茶务条陈》中称，徽州六县所产之茶"内销者不及十分之一二，外销者常及十分之八九"。

光绪二十二年（1896年），茶商洪其相、李荔枝等发起成立屯溪茶叶公所，经费则于出口茶中每引抽取3分作开支。是年，屯溪长干磅福和昌茶号老板余伯陶制成抽芯珍眉，最高售价每担360银两。是年，歙县岔口绍村茶商张亦光从浙江塘栖引进白菊花。

光绪二十三年（1897年），程雨亭主政皖南茶厘局，于征捐稽税外，着力整顿徽州茶务和吏治，以及禁制阴光茶等。

光绪二十四年（1878年），祁门县成立茶业公所，所址设县城。

光绪二十六年（1900年），太平县人王魁成创制王老二魁尖，后称太平猴魁。

光绪二十七年（1901年），徽州六邑茶商联络同业组织茶务总会，会址设在屯溪。是年，歙人吴荣寿在阳湖外边溪开始挂牌吴怡和茶号。

光绪三十一年（1905年），南洋大臣两江总督周馥派浙江慈溪人郑世璜、翻译沈鉴少、书记陆溁、茶司吴文岩、茶工苏致孝、陈逢丙为中国首批茶叶考察团，赴印度、锡兰（今斯里兰卡）考察茶业产制情况。是年，何承道修、李树春纂《定远县乡土志》，其应用植物学知识记载了茶树的特征，这是近代较早的记述。是年，文学家苏曼殊在日本东京编纂出版英汉对照诗集《文学因缘》；书中出现了充满诗情画意的《松萝采茶词》三十首。

宣统元年（1909年），徽州知府刘汝骥为迎接南洋劝业会，在屯溪举办徽州府物产会，评出休宁永记茶号凤眉获一等金牌、同昌永茶号娥眉和李祥记茶号贡珠二等银牌、歙县吴清泉的茶菊、休宁同昌永茶号毛峰、祁门王兰馨、王成义、公顺昌、胡元龙、汪广洲的红茶三等铜牌。是年，婺源茶商组织了茶商工会请驻屯皖南茶税局立案。

宣统二年（1910年），茶商吴荣寿等人在屯溪阳湖创办徽州乙种农业学堂，以蚕桑为主科，翌年增设中等农科、预科两班。是年，屯溪"同益"南北货店开业。是年，屯溪商界茶、钱两业捐地捐资创办崇正学堂，后由徽郡太守刘汝骥疏请更名为徽州农业学堂。是年，徽州婺源县茶商"汪晋和茶号"精制的"屯绿"贡熙茶，参加清廷农工商部在南京举办的劝业会上展出并获一等奖。是年，徽商著名汪裕泰二代传人汪志学在上海福州路开设第三家茶庄。

宣统三年（1912年），两江总督呈递"设茶务讲习所"的奏折，而且其所提还特别具体。指出皖、赣等省茶叶向运宁、沪出洋销售。"宁垣为南洋适中之地，拟设茶务讲习所，专收茶商子弟及与茶务有关系的地方学生……开办及常年经费，均由皖南茶税局拨支，学生毕业以农工商部之艺师、艺士等职分别委用。"是年，屯溪茶业公所改组为徽州茶务总会，同时制定《徽州茶务章程》，内容为维持茶务，协调六邑同业组织茶务总会，力图发展等。

1913—1948 年

1913年，歙籍茶商张一元在北京大栅栏增设张一元文记茶庄，绩溪茶商汪裕泰在上海南京路开设第四家茶庄。

1914年4月，著名教育家黄炎培来屯溪并且走访吴美利茶行、参观乙种农业学堂；同时对徽州茶业情况进行调研。临别赠茶联："率水由山，其民好礼；春蚕秋稼，有女知茶。"

1915年春，英商代表柏雷德偕同茶师海里思进徽州茶区考察；农商部派金事陆漾陪同。是年，祁门红茶、太平猴魁、婺源珠兰精绿茶等，分别在获美国旧金山巴拿马万国博览会获奖；"屯绿"贡熙茶，在万国博览会上展出并获二等奖。是年，绩溪汪裕泰的祁门乌龙等12种红绿茶获上海国货展览会最优奖。是年，祁门设立"农商部安徽模范种茶场"是安徽最早的茶叶改良机构，也是当时国内唯一的茶业技术改进机构。

1916年3月15日，《农商公报》载："安徽改制红茶，权兴于祁（门）建（德），而祁建有红茶，始肇始于胡元龙。"

1917年11月，农商部安徽模范种茶场更名为农商部茶业实验场，管理范围扩大到至德和江西浮梁、修水等县，后在皖赣两省共分场80余处。

1918年5月26日，农商部祁门茶业改良场场长陆漾在祁门平里，主办徽州首次茶叶品评会。祁（门）浮（梁）秋（浦）宁州（修水）茶界学界数百人到会。是年，安徽省实业厅在屯溪成立"安徽第一茶务讲习所"，委派俞燮任所长，拥有日本产制茶机1台及茶园17亩，后于1921年停办。

1921年春，国际茶坛时局动荡，祁门茶业会馆致函上海会馆，商议祁红暂行停办一年；然年底销路稍通，又无茶可售。是年，徽州茶商组织成立徽州茶务总会，制定了《徽州茶务总会章程》。是年，胡浩川赴日本静冈茶叶实验所专学制茶，此后，安徽又派陈序鹏、方翰周至日本留学。10月，绩溪汪裕泰的碧螺春茶获江苏省第二次地方物品展览会一等奖。

1923年，祁门历时八年的请裁重复设立的厘金卡成功，民众刻碑志庆。是年，安徽六安省立第三农业学校创设茶业专业。

1924年，屯溪第一家同业公会茶漆业同业公会成立。屯溪茶叶公会于1947年改组一分为二，成立茶漆业和制茶业两个公会，由汪子嘉任茶漆业公会理事长，洪纯之担任制茶业理事长。

1925年，农商部祁门茶业实验场开办制茶讲习会，此为徽州茶叶专业技术培训开始。是年，屯溪同昌成茶号制祁门红袍、黄山明前、寿眉3种茶叶，被安徽省第一森林局选送参加美国费城万国展览会。是年，屯溪胡开文墨店的"张果老像"墨，胡学文墨店的"金章八座"墨；同昌成茶号的"祁门红袍""黄山明前""寿眉"茶以及石翼农药店的"祁门白术"，由安徽省第一森林局征集选送美国费城万国展览会。

1926年9月，因北伐军入境，农商部祁门茶业改良场经费中断停办；后于1928年4月，由安徽省政府接办，更名为安徽省立第二模范茶场，8月又更名为安徽省立第一模范茶场。

1927年，汪裕泰在上海金陵西路开设第五茶庄且内设茶栈。次年，又在上海开设第六、第七家茶庄以及正源祥茶庄，同时将业务扩展到苏州、奉贤等地，并在杭州西子湖畔建汪氏别墅。

1931年，因国际茶市变化，祁红贸易一改多年困境，外销上升，茶号激增。是年，休宁茶叶公会（屯溪）成立，由洪朗霄任主席，茶叶出口生产企业有了正规的行业组织和会员章程，屯溪作为绿茶出口的生产基地进一步加快发展。是年，安徽省立祁门第一模范茶场又更名为安徽省立祁门茶业试验场。

1932年，行政院农村复兴委员会组建中国茶业改良委员会。11月，吴觉农只身来到徽州祁门，执掌安徽省立茶业改良场。后于1934年，该场改由全国经济委员会实业部和安徽省政府合组管理，更名为祁门茶业改良场，同时江西修水茶业改良场并入，祁门茶业公所改为茶业同业公会。

1933年6月2日，法国茶叶技师哥博阿克斯到屯，对《徽州日报》记者发表改良茶叶的意见。11月，吴觉农以祁门茶业改良场名义，在平里创办茶叶运销合作社，此为中国茶叶产销合作之始，后因政局不稳而半途夭折。是年，祁门茶业改良场购进揉捻机、干燥机和蒸茶机数台，徽州机械制茶自此始。

1934年，祁门茶业改良场从祁南平里迁县城燕窝里（今县委大院），历口制茶模范工场改为分场，胡浩川任场长。是年，"农商部安徽模范种茶场"改名为"祁门茶业改良场"，修水改良场并入祁门茶业改良场。是年，因杭屯公路通车，汽车运输祁红从此始。

1935年，全国经济委员会农业处从全国11个省39个县代征茶籽70种，汇集于祁门县平里村，由祁门茶业改良场观察选择，进行良种培植，此为中国专业育种之始。是年，吴觉农、胡浩川在祁门编著《中国茶业复兴计划》一书，由上海商务印书馆出版。

1936年，皖赣红茶运销委员会在安庆成立，并在上海设立总运销处，负责运销统制、产地检验、生产改良等。是年，冯绍裘来徽州祁门，主持祁红采摘夏茶试验项目，并以机械制茶成功，在上海市场夺茶价顶盘，轰动一时。是年，安徽大学派农学院教授贺峻峰赴日本考察茶叶改良情况，贺峻峰教授进修半年回国后编辑了《茶之制法》教材。是年，屯溪镇茶业公会第一次理监事联席会议召开，强化了茶叶公会内部机构总务股、调查股和经济股的职能，明确了茶叶公会日常工作的开支标准和新入会会员费标准。是年，全国经济委员会农业处召开技术讨论会，安徽省政府提出了"祁红运销办法"一案。由于对素来垄断茶叶运销的上海茶栈有重大不利，此案仅获原则通过。4月，安徽省政府以迅雷不及掩耳之势，联合全国经济委员会农业处及江西省政府，在安庆成立了"皖赣红茶运销委员会"，并制订编制两省红茶（祁红、宁红）的运销办法，将祁红大茶区的运销分为三路。次年，政府筹组了中国茶业公司。

1937年1月17日，皖南屯溪茶叶公会开设茶叶银行。是年，安徽省茶叶管理处在屯溪成立。由贸易委员会借贷资金交茶叶管理处办理茶叶产制和收购，贸委会（后由中国茶业公司）负责运销。是年，上海成立检验监理处，并在祁红、屯绿两茶区试行茶业产地检验。是年，安徽省政府在霍山设立皖西茶业指导所，主要负责茶叶品种的改良，茶树栽培与茶叶采摘、加工的指导等。12月，由省建设厅接办，改成皖西茶业管理处。

1938年1月17日，皖南屯溪茶叶公会开设茶叶银行。是年，吴筱竹在休宁松萝山创办松萝垦殖团，同时还制作了"松萝茶"三角商标并起草了松萝茶宣传广告。是年，中茶公司在安徽设立砖茶厂，厂址设屯溪坑口孙氏宗祠，厂长为歙人方翰周。是年，休宁县屯溪镇茶叶商业同业公会姚毅全、江彤侯出面，求得皖南行署主任戴戟支持，策动安徽地方银行行长程振基去汉口贸易委员会争取资金200万元，发放茶贷，解决当年收购资金。箱茶制成，又配合贸委会、茶管会组成评议会，遴选有经验的茶商看样评价收购，使公、私两不吃亏。是年，吴觉农先生在财政部贸易委员会的支持下，在武汉与苏联谈判长期易货协定，签订了年度茶叶贸易合同。是年，政府特指定茶叶为统购、统销物资，由财政部贸易委员会管理茶叶出口贸易，该委员会公布《管理全国茶叶出口大纲》。

1939年1月起，实行全国茶叶统制。3月，安徽省茶叶管理处在屯溪成立处长程振基，副处长胡浩川。是年，屯溪茶叶改良场经安徽省茶叶管理处批准，在屯溪柏树金家庄筹备创建，潘忠义担任首任场长；后于1940年，屯溪茶叶改良场正式在休宁临溪的姚家大屋成立，设了茶树栽培、茶叶制造、茶树推广三个组，分别由王义庐、董少怀、鲁纯福任组长负责技术管理。是年，订立了《休宁县屯溪镇茶叶商业同业公会章程》，共12页47条，进一步规范和促进了屯溪绿茶产业的生产发展，加大了徽州茶叶产业对外出口贸易的规模。是年，中国茶业公司安徽办事处于在屯溪成立。是年，中国茶业公司在祁门历口设立实验茶厂。是年，因受抗战影响，祁门茶业改良场迁回祁南平里办公。是年，安徽茶叶管理处创办《茶声》半月刊创办，地址在屯溪交通路49号。是年，皖赣红茶运销委员会改组为安徽茶业管理处，处长程振基，副处长胡浩川。是年，安徽省财政厅筹设皖西茶叶贷款审查委员会；后于1940年，在立煌、霍山、六安等县设立办事处。

1940年3月，产出茯茶、米砖茶、青砖茶等8个品种，外销苏联，内销西北各省；后于1942年停产，原址改为安徽省茶精提炼厂。3月，屯溪茶叶改良场成立，研究和改进绿茶生产；后于1943年6月，易名"省立祁门茶叶改良场绿茶部"，场址在高枧铁马山。5月，中国茶业公司到屯溪接管"屯绿""祁红"统制工作。是年，行政院公布实施《管理全国内销茶叶办法大纲》，安徽省茶叶管理处在歙绩区之街口及三阳坑等要地，设点检查出境茶叶的运茶许可证及其他准运证件。是年，中国茶业公司在祁东凫溪口设立实验茶厂，由中茶安徽办事处领导。

1941年12月15日，安徽省茶叶管理处独立创办的《安徽茶讯》月刊创刊。社址设在屯溪交通路49号。10月，中国茶业公司安徽办事处改组为中国茶业公司安徽分公司；后于1942年10月，改组为中国茶业公司安徽办事处；1945年4月1日，因中茶公司与复兴商业公司合并，办事处更名为复兴商业公司安徽分公司。是年，东南场厂联合会成立，由该会介绍屯溪中国银行贷款；嗣后，中国茶业公司、中国农民银行农贷处，中央合作金库筹备处均先后放茶贷。

1942年，祁屯区茶叶更新站成立，实施复兴茶园。是年，皖浙一带洪水泛灌，新安江两岸大批箱茶被浸；经协调水侵茶箱全部运往安徽屯溪茶素厂，提取茶素（即咖啡喊）供作药用。

1943年，安徽省茶叶管理处投资五万元在高枧铁马山筹建"屯绿茶叶改良场"；负责筹建的潘忠义首任场长，以后董少怀、丁符若均担任过；新中国成立以后，更名为"屯溪实验茶场"，由余怡生负责；以后隶属关系数度变更，1982年划归屯溪领导。是年，安徽学院在休宁万安建皖南分院，特设茶叶专修科。是年，皖西茶业指导所改组为省立霍山茶业改良场，其工作范围包括品种采选、育种试验以及对播种、施肥、病虫害防治等工作。

1944年，祁门茶业改良场再次进行改组，以原有祁门茶业改良场为红茶部，接收全省茶业管理处所办的屯溪茶业改良场为绿茶部，潘忠义为绿茶部主任。

1945年，屯溪茶业改良场并入祁门茶业改良场，总场从祁南平里迁回祁城办公。10月4日，皖南行署在屯溪召开"茶叶复兴会议"，出席会议的除党政及有关部门各方人士外，还有众多茶农、茶商代表、茶叶研究人员。

1946年，安徽省善后救济分署派茶叶专家到徽州搞茶树更新，实施以工代赈复兴茶园工程。

1947年8月，祁门茶业改良场集邮爱好者发起成立时代邮会，会员百余人遍布全国，成为其时颇有影响的全国性集邮组织。是年，茶业公会改组，一分为二，成立茶漆业和制茶业两个公会。

1948年，婺源武口改良场并入祁门茶业改良场。5月，中央信托局杭州分局在屯溪大规模设立茶厂收购毛茶，形同独占，原来的茶号老板及其茶工生计受到极大威胁。制茶业同业公会在《徽州日报》登载大幅申明文告，向各界紧急呼吁。6月1日，中央银行总裁俞鸿钧发布停止收购，以免与民争利的指示后，方告平息。

新中国成立以后

1949年2月，中共皖浙工委在歙县岔口吴新记茶行召开扩大会议，布置接应解放军南渡长江等工作。4月26日，祁门解放，祁门茶业改良场职工成建制转入祁门茶厂。5月，屯溪解放，"皖南贸易公司"所属土产公司接管了国民党政府所设的茶厂，成立徽州地区行政专员督察公署，简称徽州专区，婺源县划属江西省，旌德县划入徽州专区；是月，为保护茶农利益，皖南贸易总公司所属土产公司接管国民党中央信托局在屯溪所设的茶厂，委托祁门茶业改良场屯溪分场及怡新祥等十几家茶商，大量收购积压绿茶，加工外售给苏联；屯溪解放后，"皖南贸易公司"所属土产公司接管了国民党政府所设的茶厂。

1950年1月，"中国茶业公司屯溪支公司"（不久改称"中国茶业公司皖南分公司"，后迁合肥改称"安徽省茶业公司"）成立，负责经营"屯绿"与"祁红"内、外销售业务，在屯溪、歙县、祁门建立茶厂，精制绿、红茶，统一调往上海口岸出口。1月，屯溪成立中国茶业公司屯溪分公司，经理于黎光。7月，上海商品检验局在杭州、绍兴、温州、祁门、屯溪设立5个站，从事浙皖两省外销茶叶的产地检验。9月，屯溪分公司改组祁门茶业改良场，分设为祁门精制茶厂、历口茶厂和祁门实验茶场（茶研所前身），另筹建屯溪、歙县精制茶厂和歙县内销茶窨制厂，进行出口茶和内销茶加工；后历口茶厂并入祁门茶厂，歙县内销茶窨制厂并入歙县茶厂。10月，为庆祝新中国建立，祁门编排胡浩川《天下红茶数祁门》剧本公演。12月，中国茶业公司在北京成立，由农业部副部长兼任总经理，祁门胡浩川调任该公司任总技师，统管全国茶叶生产收购加工出口和内销业务。12月16日，毛泽东出访苏联，携祁红为礼品，为斯大林祝寿，掀开徽州茶为国礼序幕。是年，中苏贸易协定在莫斯科签订，规定苏联给中国3亿美元贷款，中国以祁红等茶叶和原料偿还本息。是年，屯溪外销茶厂尚有23家，成立制茶业同业公会，选举孙友樵担任主任委员，并由他代表茶厂与全市茶工签订劳资合同，规范统一工资、工时、福利、工伤等各项待遇规则，由市劳动局监督执行。是年，贸易部制定出口茶叶检验标准，上海商检局于7月在杭州、祁门、屯溪等地设5个检验站。是年，中茶公司皖北分公司在霍山县诸佛庵镇建立红茶精制厂。是年，六安地区茶叶公司派员在苏口，利用江家茶行筹建茶厂。

1951年，安徽省农林厅在祁门创办祁门茶叶中等技术学校。后于1955年10月迁屯溪隆阜，更名为安徽省屯溪茶业学校。是年，六安中心茶厂诸佛庵分厂成立。是年，金寨县在麻埠、马店、茅坪收购茶草制作红茶，运六安出口。1951—1959年，苏联茶叶专家或考察团曾先后5次来屯溪茶厂参观，考察"屯绿"制作工艺并提出分级制茶、分段拌和与降温减速等改进意见。内销则以私营为主，国营公司对市场进行调剂。

1952年，复旦大学茶叶专修科调整到安徽大学农学院；后于1954年2月，安徽农学院单独建院，7月迁至合肥，1956年茶叶专修科改为4年制的茶业系。是年，由安徽省财经委拨款，中茶公司皖北分公司和舒城县政府共同建舒城茶厂。是年，金寨县改制红茶，当年生产毛茶40万斤，成立流波茶叶精制厂，隶属"六安茶叶精制厂"。是年，苏联2名茶叶专家到霍山县考察红茶制作，称赞其品质优良。此后，霍山县将黄大茶改制成红茶出口。是年，歙县机器制茶厂与歙县内销茶厂合并为安徽省茶叶公司歙县茶厂。

1953年，歙县汪家互助组25亩茶园施用肥田粉（硫酸铵），璜田乡胡根发互助组9亩茶园施用肥田粉催芽，致春茶增产、品质提高，这是徽州境茶园第一次施用化学肥料。4月，苏联茶叶专家贝可夫参观考察屯溪等地制茶业，提出分级制茶，分段拌和，降温减速等改进意见。

1954年，中国著名茶叶专家吴觉农教授深入霍山县考察茶叶资源、生产、品质情况。

是年，"怡新祥"等七户资金较多的茶厂，安排转业投资"祁门瓷土厂"，剩下的或组织生产自救或代国营屯溪茶厂加工；至1956年，延续55年的私营茶商同业组织无形地消失了。

1955年，祁门实验茶场扩建为祁门茶叶试验站，成为专业研究机构。是年，中国茶叶公司内部评定黄山毛峰、太平猴魁、老竹大方、六安瓜片、洞庭碧螺春、西湖龙井、泉岗辉白、蒙顶云雾、君山银针、信阳毛尖为中国十大名茶。是年，安徽省公安厅在太平县谭家桥西潭成立黄山茶林场；后于1965年移交给上海市作为知识青年上山下乡基地，更名为上海市黄山茶林场。

1956年6月，苏联茶叶专家谢·赫·皮尔茨哈拉石维里等5人，考察歙县洽舍、长潭茶业生产合作社，提出用压条法改造老茶园，长潭黄泥坡因此更名友谊坡。是年，安徽农学院茶叶专修科升格为茶业（学）系，学制2年。

1957年，祁门茶叶试验站研制成功卷帘式手摇萎凋架，降低成本，提高工效。是年，舒城县"舒绿"茶在全国绿茶品质排名榜上被列为第一名。是年，金寨县因建梅山、响洪甸两大水库，流波茶叶精制厂被撤销。

1958年，毛泽东主席在皖西六安市舒城县视察时，发出了"以后山坡上要多多开辟茶园"的指示。是年，安徽省举办农具创新展览会，祁门茶农创制的水动木质四桶揉捻机参展，受到朱德委员长高度赞赏。是年，祁门茶场建立。

1959年，祁门茶厂成功引进和安装苏联大型萎凋机、揉捻机和干燥机等全套初制设备。

1960年，祁门茶叶试验站开始进行茶树病虫害预测预报工作。

1962年，祁门茶叶试验站更名为安徽省农业科学院祁门茶叶研究所。

1964年，中共中央宣传部部长陆定一以及画家赖少其、陆俨少参观祁红茶乡，老舍携夫人参观屯溪茶厂并赋诗赞誉祁红屯绿。7月3日，金寨县茶叶公司成立。

1965年3月，中共安徽省委第一书记李葆华视察舒城县茶公社。6月8日，越南民主共和国主席胡志明，在国家副主席董必武陪同下参观安徽省屯溪茶厂。他称赞"祁红屯绿，世界闻名。"

1968年9月16日，毛泽东主席视察舒茶公社10周年纪念活动在舒茶举行，时任省革委会主任李德生出席并视察建设中的"九一六"茶场。

1969年，六安市霍山县茶叶工程师吴巧生、王惟杰受农业部派遣赴柬埔寨传授茶叶生产加工技术。

1970年2月，安徽省科委生产指挥部批准霍山县"关于红茶改制绿茶报告"，此后霍山县的红茶改制炒青绿茶。

1971年，霍山县开始挖掘、研制，恢复生产"霍山黄芽"茶。

1972年4月，霍山县组织茶叶技术人员和老茶农采摘鸟米尖鲜茶叶，炒制14斤"霍山黄芽"茶，用白铁桶封装送中南海，作为国家招待贵宾之用。是年，霍山人李儒瑶创作的庐剧（茶山新歌）参加全省汇演，获音乐创作一等奖，演唱二等奖。

1973年3月，国务院召开全国茶叶生产会议，金寨县被列为全国一百个全省十四个重点产茶县之一。4月，霍山县佛子岭公社给毛泽东主席寄去一包霍山黄芽茶，并附信汇报生产情况。9月15日，中央办公厅信访处回信，你们于1973年5月送给伟大领袖毛主席的黄芽茶8斤已收到，谢谢你们！遵照伟大领袖毛主席关于要艰苦奋斗，厉行节约，反对浪费，勤俭办一切事的历来教导和中央关于不准向任何单位和个人赠送礼物的规定，希望你们不要再送礼。现将送来的东西折款48元寄给你们。9月16日，舒城县举办毛泽东主席视察舒茶公社15周年纪念活动，舒城县庐剧团演出庐剧"茶山红日"。（来源：人民网）

1974年，祁门茶厂经多年技术革新，将精制12道工序成功设计为自动生产线，年生产能力为万吨；至此，除拣剔还需人工辅助外，祁红精制均由机器操作，成为全国红茶企业标杆。是年，祁门县编写的《祁红》一书由安徽人民出版社出版。

1978年9月16日，舒城县举办毛泽东主席视察舒茶公社20周年纪念活动。是年，安徽农学院（安徽农业大学前身）创办了我国第一个机械制茶本科专业，旨在培养具有机械制茶理论、茶叶基础理论、茶叶贸易理论和设计制造能力的高级专业人才。

1979年7月15日，邓小平在黄山观瀑楼发表黄山谈话并高度赞誉黄山茶；他说"你们祁红世界有名！"他还说，"祁红世界有名，你们的祁红、绿茶搞小包装。一两、二两的，包装一定要漂亮，外国人不是为喝茶'是当纪念品，他带回去送入，表示他到过黄山，了不起！'"8月，中共安徽省委第一书记万里视察舒城县舒茶公社茶叶生产。（来源：人民网）

1980年9月，祁门茶厂的工夫红茶获国家优质产品证书和金奖奖章。是年，休宁茶厂筹建。

1981年，中共安徽省委第一书记张劲夫视察舒城县舒茶茶叶生产。是年，国务院转发商业部文件，规定茶叶属二类商品，实行派购，剩余产品可自行议购议销。是年，石台建红茶精制厂，自行精制。是年，屯溪茶厂生产的特珍一级茶获得国家优质产品银奖。

1982年，金寨县重新组建的茶叶精制厂（隶属县供销社），次年试产。11月1日，中共中央总书记胡耀邦在祁门接见县委书记杜来春，详问祁红产销情况。（来源：人民网）

1983年，国务院调整茶叶工商税率：毛茶由45%调为25%，精制茶改为统一税率15%。

1984年，国务院下达75号文件规定：除边销茶外，内销茶和出口茶彻底放开，实行议购议销。是年，祁门工夫红茶1、2、3级获商业部优质产品称号，祁红工夫茶被评为安徽省优质食品。是年，瑞典打捞出1745年（时隔239年）触礁沉没的"哥德堡号"商船，从船中清理出被泥淖封埋的370t乾隆时期的茶叶，据考证是休宁松萝茶。

1985年，屯溪茶厂生产的"屯绿"特珍特级、特珍级、珍眉一级、贡熙一级茶被授予部优质产品称号。是年，眉茶特珍一级和珍眉一级获国家银质奖；祁门茶厂的祁红特级、一级获国家优质产品证书和金质奖章。

1986年，祁红1、2、3级，屯绿特珍特级、特珍1级、珍眉1级、贡熙1级被授予部优产品。6月，商业部在福州召开名茶评选会，评出全国名茶43个，太平猴魁、黄山银钩、祁门红茶榜上有名。7月，中国祁红屯绿茶叶贸易公司改为祁红屯绿茶业公司，同时恢复中国茶业公司徽州地区分公司。

1987年1月，祁门茶叶研究所培育的安徽1号、3号、7号三品种被认定为"国家级茶树良种"。9月，祁红红茶在比利时首都布鲁塞尔第26届世界优质食品评选会荣获金质奖。是年，黄山毛峰、黄山银钩被商业部评为优质名茶。

1988年，屯溪茶厂生产的"中茶"牌特珍一级珍眉参加首届中国食品博览会名、特、优、新产品的评选，获金奖。9月，在雅典举行的第二十七届世界优质食品评选大会上，"屯绿"特珍特级、特珍一级获得银质奖。是年，歙县创制的黄山绿牡丹造型工艺茶，获国家首届发明博览会三等奖。是年，霍山县茶厂精制的炒青绿茶"特珍特级41022"和"特珍1级9371"，在希腊雅典举办的第27届世界优质食品博览会上获得银奖。

1990年，"霍山黄芽"荣获商业部授予的优质产品称号。

1991年5月，中共中央总书记江泽民应邀出访苏联，特地将4千斤特级祁红和礼茶，作为国礼茶赠送给苏方领导人及莫斯科、列宁格勒（即圣彼得堡）两市人民。是年，省农牧渔业厅批准建立休宁县茶树良种场，此为安徽省第一个茶叶专业良种场。是年，歙县茶厂的珠兰黄山芽获全国同窨次花茶窨制质量第一名。是年，中共中央总书记江泽民携制2t祁红为国礼，出访苏联。是年，"祁山"牌工夫红茶获香港国际食品博览会金奖。是年，屯溪茶厂取得自营出口权。（来源：人民日报）

1992年，瑞典驻华大使向中国茶叶博物馆赠送从海底打捞出清乾隆间沉没的哥德堡号茶叶，其中有松萝茶。是年，祁门安茶复产成功并通过农业部茶叶质量监督检验测试中心鉴定；参加安徽省名优茶展获优质特种茶奖。是年，黟县创制的名优茶黟山雀舌，获首届中国农业博览会获优质产品奖。

1994年，中国农业出版社出版《中国名优茶选集》，书中提及黄山市名茶有祁红、屯绿、黄山毛峰、太平猴魁、琅源松萝共5个。

1995年8月20日，时任中共中央书记处书记的温家宝同志视察舒城县舒茶镇，参观了九一六茶园。是年，祁门县创制的黄山翠兰名优茶，获第二届中国农业博览会金奖。是年，祁门工夫红茶第四次获国家优质产品金奖。（来源：新华社）

1997年，歙县茶厂被黄山市三山茶叶公司和深渡橡胶厂两单位兼并。

1998年9月16日，舒城县举办纪念毛主席视察舒茶40周年活动，安徽省茶叶学会年会同时在舒茶镇召开。是年，舒城县茶叶产业协会成立。是年，黄山茶校更名为安徽省黄山茶业学校。

1999年4月，国家总理朱镕基在华盛顿布莱尔国宾馆，向江泽民老师顾毓秀赠黄山毛峰。（来源：人民日报）

2000年起，市府拿出100万元改造资金，用5年时间重点改造20万亩茶园，5万亩桑园，10万亩干鲜果园，以推动全市茶桑果业发展。

2001年4月，六安市和裕安区政府主办首届六安瓜片茶文化节；同时，500g六安瓜片在"广夏杯"优质茶拍卖会上拍出46万元"天价"并获茶王称号。5月，中共中央总书记江泽民到黄山，品饮黄山毛峰、太平猴魁茶，并给予高度赞赏。11月，祁门县被林业部等部门命名为"中国红茶之乡"。

2002年，休宁县首办茶交会，全国有10多省市及本市三区四县2000多名茶商参加，此会后连办七届。是年，祁门政协主编的文史《茶业专辑》出版。

2003年8月16日，时任国家副主席曾庆红视察金寨县茅坪茶叶高科技示范园。是年，舒城县举办了第三届六安瓜片茶文化节。

2004年4月19日，第四届六安瓜片茶文化节暨六安瓜片论坛在裕安区独山镇冷水村开幕。是年，金寨县"无公害茶叶生产技术"项目获全国农牧渔业丰收奖二等奖。是年，北京市农业考察团到金寨县考察，考察团成员北京吴裕泰茶叶公司负责人考察了天堂寨、全军等地茶叶生态环境。10月，霍山茶叶市场大别山绿色商城被中国茶叶流通协会授予"全国重点茶市"称号。

2006年，黄山市与北京市宣武区、中国茶叶流通协会联合举办中国黄山茶叶（北京）展示暨旅游推介会，全市近50家农企带近200种农产品参会。是年，中国轻工业出版社出版郑建新、郑毅著的《黄山毛峰》《徽州茶》。

2007年3月26日，中共中央总书记、国家主席胡锦涛出席俄罗斯中国年活动，携黄山毛峰、太平猴魁、黄山绿牡丹茶，作为国礼赠送俄罗斯总统普京。6月，祁红历史文化展览馆建成。8月，霍山县三河茶叶专业合作社正式挂牌成立。10月，祁门香茶叶公司"祁香"牌祁红获第四届中国（北京）国际茶业博览会金奖，为安徽省唯一茶类金奖。是年，"霍山黄芽"茶制作技艺列入安徽省级非物质文化遗产名录。（来源：新华社）

2008年7月10—15日，中国国际茶文化研究会会长刘枫率领茶文化考察团一行6人，赴黄山、六安、池州和宣城市考察茶产业发展情况。是年，安徽茶叶进出口有限公司"LUCK BIRD"品牌再次荣获"安徽出口名牌"称号。是年，六安瓜片茶制作技艺列入国家级非物质文化遗产名录。是年，祁门红茶制作技艺列入国家级非物质文化遗产名录，《祁门红茶制作技艺》《绿茶制作技艺（黄山毛峰、太平猴魁、屯溪绿茶、松萝茶）》入选中国第二批国家级非物质文化遗产保护名录。是年，"国盛"牌祁红获广州茶博会名茶评比金奖；新茗堂茶业公司"七律"牌祁红入选奥运五环茶。是年，安徽省茶叶行业协会获得"2007—2008年度全国茶叶行业优秀社团组织"荣誉称号。是年，黄山市茶叶经济促进会创立。是年，池州市茶业协会举办"挑担徽茶雾里青、徒步北京庆奥运"活动。

2009年3月25日，安徽省徽茶文化研究会在合肥正式成立，安徽原省委书记卢荣景担任名誉会长，安徽省政协副主席张学平担任研究会会长。5月23日，安徽省徽茶文化研究会在北京举行"徽茶品鉴会"，全国政协原副主席陈锦华、李贵鲜，北京市市长郭金龙，安徽省副省长赵树丛，安徽省政协副主席张学平以及卢荣景、季昆森等领导出席。11月3日，中国安徽农业产业化交易会在合肥会展中心开幕，全国政协李兆焯副主席、安徽省委书记王金山、安徽省副书记王明方等参加了活动。是年，黄山市农委和茶叶经济促进会联合承办CCTV-4"茶通超人"大赛。是年，舒城小兰花传统制作技艺列入安徽省级非物质文化遗产名录。是年，舒城"舒茶早无性系茶树良种选育与推广"科研项目获中国首届茶叶科技进步三等奖。

2010年4月18日，以"绿色石台茶、生态养生地"为主题的石台茶叶节开幕，副省长花建慧出席开幕式，30个国家驻华使节应邀参加活动。是年，《徽茶文化研究丛书》系列丛书由安徽人民出版社出版。是年，休宁新安源银毫茶，被作为国礼赠予俄罗斯总统梅德韦杰夫。是年，黄山茶业学校与黄山卫生学校、黄山市中华职业学校合并，组建为黄山职业技术学院。是年，霍山黄大茶获农业部批准"中国地理标志瓮中保护农产品"称号。是年，黄山市猴坑茶业有限公司投资600多万元建成太平猴魁茶文化楼，公展出实物1000余件。是年，舒城县被中国茶叶学会、中国茶叶流通协会评为"中国名茶之乡"和"全国重点产茶县"。

2011年11月25—26日，安徽省茶业学会、徽茶文化研究会以及有机茶研究会在岳西县举办年会暨学术研讨会，安徽省政协副主席、安徽省徽茶研究会会长张学平作了重要讲话。是年，舒城县被中国茶叶流通协会授予"中国茶产业发展示范县"称号。是年，霍山县茶叶产业协会荣获国家科协授予的"全国科普示范基地"称号。是年，国内首条红茶生产流水线在祁红发展有限公司建成投产。是年，祁红发展有限公司研发的"祁红皇茶系列特种名茶"获国家发明专利。是年，祁门县红醉茶业贸易有限公司"国醉红螺"获第九届"中茶杯"名优茶评比一等奖。

2012年，国家技术质量监督局批准颁布《黄山毛峰原产地域产品保护规定》。是年，"霍山黄芽"被国家工商行政管理总局认定为"中国驰名商标"，被农业部认定为"全国最具影响力区域公用品牌"。是年，歙县茶商杨莲花和儿子杨林川，先后研制"小溪野茶"和"莲果玉月"茶并申请了国家专利商标。

2014年，《祁门安茶制作技艺》入选安徽省第四批非物质文化遗产代表作保护名录。10月30日，李克强总理在合肥"和庄"与到访的德国总理默克尔互赠礼物，李克强总理赠送的是黄山毛峰、祁门红茶和安徽丝绵画。是年，由中国《农村工作通讯》和《徽茶》举办2014年徽茶产业发展十件大事评选结果揭晓，17家茶企入选全国茶叶百强，11个徽茶品牌被评为中国驰名商标。是年，祁门安茶制作技艺被列为安徽省第四批非物质文化遗产名录，同时被质检总局批准为地理标志保护产品。是年，休宁县松萝公司创办的黄山松萝茶文化博物馆开馆。是年，安徽茶企出席中国茶叶经济年会暨六堡茶博览会，金寨荣获"全国十大生态产茶县"称号，祁门荣获"十大转型升级示范县"称号，谢裕大茶叶公司谢一平荣获"十大年度经济人物"称号，安徽茶叶进出口有限公司等茶企荣获"2014综合实力百强茶企业"称号。（来源：中国政府网）

2015年，祁门祥源公司创办的祁红博物馆开馆。是年，祁门红茶连续六年以24.26亿元荣获"中国茶叶区域公用品牌价值十强"，是红茶类唯一入选的品牌。是年，"天之红"牌祁门红茶在米兰世博会上荣获金奖。

2017年5月13日，祁门红茶作为国礼赠送给来华出席"一带一路"国际合作高峰论坛的波兰总理贝娅塔·希德沃。8月29日，绩溪"金山时雨"通过国家级地理标志示范样板创建验收。12月28日，为打造茶行业产业基地，小罐茶黄山运营总部智能工厂开工。是年，润思红茶制作技艺成功入选第五批省级非遗代表性项目名录。是年，润思祁门红茶67年老厂房入选"第二批中国20世纪建筑遗产"项目。是年，岳西翠兰和舒城小兰花茶双双获得世界绿茶评比会金奖。是年，安徽14款茶叶进入中国茶叶博物馆名茶样库，省茶叶行业协会秘书长朱飞鸣荣任推广大使。是年，舒城县荣获"2017年度全国十大魅力茶乡"。是年，岳西县荣获"2017年度全国茶乡旅游特色区"。是年，黄山蜈蚣岭白茶庄园、舒城县舒茶九一六茶园、黄山王光熙茶业松萝5号生态茶园均荣获"2017年度全国三十座最美茶园"称号。是年，岳西县荣获"中国名茶之乡"称号。

2018年，阿里巴巴在六安设立淘乡甜六安瓜片直供直销标准化生产基地。是年，冬茶交流品鉴会在中国科学技术大学成功举行。是年，黔皖两省茶业渠道建设高峰论坛暨茶叶企业考察交流会在皖举行。是年，黄山市获评茶叶项目全国快递服务现代农业示范基地。是年，泾县举办第七届"泾县兰香"茶叶博览会。是年，国家茶产业技术体系茶树主要虫害测报技术培训会在安庆市举办。是年，农业农村部"十三五"规划教材《中华茶艺》编写工作会议在安徽农业大学召开。是年，首届中国（安徽）少儿茶艺形象网上评选活动在合肥举行颁奖典礼。是年，安徽3人荣膺首批"中国制茶大师"称号，分别是谢裕大公司谢一平、光明茶业公司谢四十、六安瓜片公司武卫权。是年，六安瓜片茶和霍山黄芽茶国家实物标准样品出台。是年，安徽省第十二届国际茶产业博览会首届"谢裕大杯"斗茶大赛在合肥举行。是年，2018中国（安徽）一带一路徽茶文化高峰论坛在合肥市举行。是年，第一批农产品地理标志产品"泾县兰香茶"和"黄石溪毛峰"榜上有名。是年，松萝公司王光熙、谢裕大公司谢一平、猴坑公司方继凡入选科技部第一批农业农村创业导师称号。是年，徽府茶行"黄山毛峰"（四茶五语）系列产品荣获2018年世界绿茶评比金奖。是年，舒城举办纪念毛主席视察舒茶（1958—2018）六十周年纪念活动。是年，国家文化和旅游部副部长项兆伦莅临池州国润茶业参观指导。是年，"广德云雾"和"广德黄金芽"茶得国注册，成为地理标志证明商标。是年，首届全国评茶员职业技能竞赛安徽省赛区"安财贸"杯预选赛开幕。是年，黄山市举办"莫问杯"首届斗茶大赛暨茶艺展演活动。是年，合肥市召开茶叶行业协会第二届会员代表大会。

2019年1月11日，2018"汉唐清茗"杯中国徽茶辉煌40载巡礼活动颁奖典礼暨徽茶产业发展论坛在合肥隆重举行。4月29日，第四届亚太茶茗大奖颁奖仪式在北京举行，黄山龙合公司的太平猴魁荣获特别金奖，泾县茶业协会的兰香茶、泾川提魁公司的束氏提魁、祁门高香红茶厂的祁门红茶、祁门正阳茶厂的祁门工夫红茶、黟县金元公司的黟金黄山毛峰、黄山耕香园公司的太平猴魁、安徽华国茗人公司的大别山黄茶、安徽方达公司的磨子源兰花荣获金奖，另有多家徽茶企业产品荣获银奖。6月9日，北京世界园艺博览会举行"安徽日"活动，绿茶制作技艺（六安瓜片）、红茶制作技艺（池州润思）参加文化遗产精品展。6月21日，中国茶叶流通协会黄茶专委会主办"中国黄茶高峰论坛"，霍山黄芽、霍山黄大茶参展。6月23日，冬茶（冷泡型）专家品鉴交流会在中国科学技术大学举行。8月22日，国家标准化委员会组织专家对抱儿钟秀茶业公司承建的国家黄茶生产标准化示范区项目进行目标考核。8月24日，在日本举办的2019世界绿茶评比会审评结果公布，谢裕大茶叶公司"揉道·黄山毛峰"、太湖县茶叶公司"天华谷尖"荣获最高金奖，安徽白云春毫茶业公司"白云春毫"荣获金奖。10月30日，祁门县安茶协会成立，审议通过了《祁门安茶协会章程》并选举产生了协会第一届理事会成员理。11月7日，2019年世界绿茶评比会在日本静冈举行，谢裕大茶叶公司"揉道·黄山毛峰"茶、太湖茶叶开发公司"天华谷尖"茶荣获最高金奖，安徽白云春毫茶业公司"白云春毫"茶荣获金奖；评比会期间，《徽茶》应邀出席并赴日本静冈茶博物馆、茶园等地学习交流。11月12日，国家文化和旅游部办公厅公布了《国家级非物质文化遗产代表性项目保护单位名单》，六安市裕安区茶叶产业协会被认定为传统技艺"绿茶制作技艺（六安瓜片）"项目的保护单位。11月15日，具有代表性特色农产品区域公用品牌名单正式发布，由六安市裕安区茶叶协会申报的六安瓜片、黄山区茶业协会申报的太平猴魁、巢湖市都督山茶叶产业协会申报的都督翠茗、石台县硒产业协会申报的石台硒茶和滁州市南谯区滁菊协会申报的滁州滁菊五个徽茶公用品牌入选。是年，安徽省首批安徽省绿色食品50强公示，"绿环"牌绿环兰香（茶），"大南坑+图形"牌大南坑兰香绿茶，"瀚徽"牌金山时雨（绿茶）榜上有名。是年，2019中国茶叶区域公用品牌价值评估结果揭晓，六安瓜片获"2019中国茶叶区域公用品牌价值十强"、品牌价值33.25亿元，祁门红茶获"最具品牌传播力的三大品牌"。是年，中国茶叶流通协会授予霍山县"中国黄茶之乡"称号。是年，太湖县成立茶产业协会并召开第一次会员大会。是年，潜山市茶叶产业协会成立并选举产生了协会首届理事会及机构负责人。是年，泾县兰香茶获农业农村部颁发的中华人民共和国农产品地理标志登记证书。是年，农业农村部官网公示中国特色农产品优势区名单（第二批），安徽占据4席，分别是长丰县县长丰草莓、黄山市黄山区太平猴魁中、砀山县砀山酥梨、霍山县霍山石斛中国特色农产品优势区。

2020年3月6日，黟县首家茶产业合作社联合体——黟县明智茶林专业合作社联合体在安徽弋江源茶业有限公司成立，并召开了联合体第一次会议。是年，安徽省祁门红茶发展有限公司申报的"国家祁门红茶生产标准化示范区"顺利通过国家市场监管总局组织的评审，成功立项，这也是祁门县首个国家级祁门红茶农业标准化示范区项目。是年，举办"5·21"首个国际饮茶日系列活动。6月8日，安徽省农业科学院茶叶研究所与姚河乡人民政府共建的茶叶专家工作站成立揭牌仪式在姚河乡举行；茶叶专家工作站的成立标志着姚河乡茶产业在推进茶叶产学研合作、引进高层次人才方面迈出了新的步伐。6月13日，潜山市茶文化研究会成立，潜山市领导余华明、王军、黄晓安、王续旺参加成立大会仪式。8月7日，安徽省茶叶行业协会四届四次理事会暨助力徽茶发展报告会在合肥隆重举行。是年，《祁门红茶茶艺规范》省级地方标准由安徽省市场监管局依法批准发布，该标准于2020年7月22日起正式实施。是年，岳西翠兰入选2020年地理标志运用促进工程项目名单。是年，黄山市政府批准并公布第六批市级非物质文化遗产代表性项目名录（共计26项）和第六批市级非物质文化遗产代表性名录扩展项目名录。是年，陈宗懋院士团队成果获国家科学技术进步奖二等奖。是年，28个茶叶地理标志产品入选中欧地理标志协定保护名录。是年，评比选出安徽省首届十大最美茶旅线路。是年，我省设立中国绿色食品协会加工与推广分会，具体在品牌农产品的深加工、产业开发与推广、技术成果转化、绿色生资和展示展销对接服务、国际国内交流与合作等方面开展工作。是年，安徽茶文化研究会成立"互联网营销师"培训基地，这是全国第一批、安徽省首家拥有中国轻工企业投资发展协会授权的基地；培训基地的成立，是现阶段安徽省内培养"互联网营销师"的唯一培训基地。是年，天之红祁门红茶博物馆在黄山市文创小镇盛大开馆；它是黄山市首个以祁红非遗制作技艺展示与体验、茶艺表演、品茗为一体的主题博物馆。是年，中国农业科学院茶叶研究所与安庆科技合作对接暨2020年国家茶叶体系安庆试验站技术培训会在岳西召开。是年，第十六届中国茶叶经济年会上，舒城县被授予2020年度全国茶业生态建设十强县，全国茶业百强县荣誉称号，安徽兰花茶业有限公司获2020年度茶业新锐十强企业称号。是年，润思祁红茶文化传播基地暨池州茶文化形象大使活动基地揭牌仪式在池州学院举行。是年，黄山市政府出台《黄山市茶产业高质量发展实施方案》。是年，桐城市茶业协会成立暨第一届会员大会在桐城召开，安徽省茶叶行业协会会长王传友、桐城市人大常委会副主任何智为桐城市茶业协会揭牌。是年，黄山市全面建成的国家茶叶及农产品检测重点实验室新近研发出原产地识别技术；目前该实验室可开展检测项目2000余项，认可项目涵盖农药残留、重金属、食品添加剂、茶叶理化成分等诸多领域，将助力安徽省乃至全国特色农产品快速发展。

后记

经过近四年的努力，《中国茶全书·安徽卷》终于编纂成稿。

我国是茶的故乡，经过漫长的历史跋涉，茶叶已然渗透到中国人生活的各个角落，可谓是一叶知华夏。

安徽地理位置恰巧处在神秘的北纬30°上，是我国产茶大省，产茶历史悠久。得天独厚的生态环境使得这里的茶叶品质极佳，茶品众多。中国十大名茶中，安徽茶几乎占据半壁江山。

安徽，物宝天华，人杰地灵，文风昌盛。安徽人讲究以茶待客，以茶怡情，衣食住行到婚丧嫁娶，无不有茶的踪迹；以致茶诗、茶联、茶风、茶俗、茶歌舞等茶文化悄然而生，繁荣盛兴。为将安徽茶业风貌记录下来，让茶客和读者了解安徽茶，在中国林业出版社的策划指导下，动员茶企、茶人共同行动，编纂《中国茶全书·安徽卷》。虽途经些许波折，然而我们最终接下了这项重任。编纂工作，道阻且长，知易行难。对于这项艰巨而光荣的任务，我们是既兴奋异常，又难免忐忑不安。既兴奋于能为安徽茶文化的传播与宣扬贡献一份力量，又因自己尚不及业内前辈们的经验丰富而心有惴惴。幸原安徽农学院党委书记、著名茶学家王镇恒教授，他在得知我们接手此项任务后，十分支持和重视，以逾八旬的高龄亲任该书名誉主编，并不辞辛苦，授业解惑，传予方法。在此，我们再次衷心感谢王镇恒教授的不吝赐教和悉心指导，使我们拾起信心、明确方向，顺利完成了编纂任务。

2017年以来，编纂团队先后数次组织召开筹备会议，讨论并拟定大纲以及安排具体编纂工作。为了更好地开展编纂工作，我们组建了编委会。对此，王镇恒教授鼓励大家："安徽有人才，有名茶，有决心，编委会出头，有难同当，总会有成。"在大家的齐心协力下，一切工作步入正轨。我们向中共安徽省委原书记、安徽省徽茶文化研究会原名誉会长卢荣景汇报了工作概况，邀其为书作序。他欣然应允，表达了对此书编纂出版的重视和看好。在此，特向卢荣景会长表示衷心的感谢。

　　《中国茶全书·安徽卷》从构思到成稿，是集体智慧、团队合作的结晶。特别要感谢黄山市徽茶文化研究中心主任郑毅，他担任主编，亲自执笔编撰书中重要章节，为该书成稿做出了积极的努力和无私的奉献。安徽省农委特产处原副处长杨庆亦为该书的编写提供了极大的帮助，为该书的面世做出了重要贡献。《中国茶全书》总主编王德安老师和总策划段植林先生多次来安徽亲自指导编写工作，在此表示由衷感谢。

　　《中国茶全书·安徽卷》的成功面世也离不开编纂小组全体同志的努力，为尽善尽美完成编纂工作，编纂小组还亲往茶区走访，对重大事件、重要人物以及存疑或缺失的部分进行考证和调研，力求完整客观。期间，宣城市农业农村局、安庆市农业农村局、黄山区茶产业促进中心、休宁县茶产业发展中心、祁门县祁红产业发展中心、霍山县农业产业发展中心、金寨县农业农村局、舒城县茶谷建设管理服务中心、泾县农业农村局、广德市农业农村局、黄山市茶叶行业协会、宣城市茶叶行业协会、六安市茶叶产业协会、池州市茶业协会、黄山区茶业协会、广德市茶叶协会、桐城市茶业协会、潜山市茶叶产业协会、太湖县茶产业协会、祁门县祁门红茶协会、泾县茶业协会以及各茶区的相关部门、有关人士纷纷提供资料，给予支持；众多茶企与茶人亦给予了大力支持，特别是黄山王光熙松萝茶业股份有限公司、黄山市猴坑茶业有限公司、安徽兰香茶业有限公司、泾县汀溪兰香茶业开发有限公司等企业提供了许多详实史料，在此一并感谢。

　　《中国茶全书·安徽卷》共分为十个章节：分别从徽茶的地理分布、历史文化、茶商贸易、茶人人文、科学教育、创新发展等方面详细地介绍了徽茶的发展历程和前景。由于时间和水平有限，掌握的资料有限，本书难免有疏误之处，恳请茶叶相关专家学者、广大读者批评指正。

高超君